流域区域水污染治理模式与技术路线图丛书

流域水污染治理模式与路线图

宋永会　魏　健　许秋瑾　谢晓琳 等　著

科 学 出 版 社
北　京

内 容 简 介

本书综合我国淮河、海河、辽河“三河”，太湖、巢湖、滇池“三湖”等重点河湖流域治理管理实践，研究建立了河湖流域水污染治理模式与路线图方法学。系统梳理了“三河三湖”流域水污染治理历程，建立了流域“治理进展—时间”历史演进图并进行治理阶段划分；总结剖析了国内外流域水污染治理典型模式，凝练了流域治理的理念及策略，提出流域治理模式及治理技术方法。创新研发河湖流域水污染治理技术路线图制定技术，路线图编制原则、思路和流程，统筹提出了近中远目标，以结构化方式表达“三河三湖”各流域治理技术路线图。基于太湖、辽河系统治理总体思路，研究提出了流域有机物和营养物治理技术路线图。针对近年国家长江、黄河大保护战略需求，研究提出了长江保护修复路线图和黄河治理保护路线图。

本书可供从事流域区域水污染治理、水生态环境保护的科研人员和管理工作者参考。

审图号：GS 京（2024）0517 号

图书在版编目（CIP）数据

流域水污染治理模式与路线图 / 宋永会等著. -- 北京 ：科学出版社，2024. 12. -- (流域区域水污染治理模式与技术路线图丛书). -- ISBN 978-7-03-079918-0

Ⅰ. X52

中国国家版本馆 CIP 数据核字第 2024K8U153 号

责任编辑：郭允允　程雷星 / 责任校对：郝甜甜
责任印制：徐晓晨 / 封面设计：无极书装

科学出版社出版
北京东黄城根北街 16 号
邮政编码：100717
http:// www.sciencep.com
北京建宏印刷有限公司印刷
科学出版社发行　各地新华书店经销
*
2024 年 12 月第　一　版　开本：787×1092　1/16
2024 年 12 月第一次印刷　印张：15 1/4
字数：360 000

定价：228.00 元

（如有印装质量问题，我社负责调换）

丛书编委会

《流域水污染治理模式与路线图》作者名单

主 笔 人　宋永会

副主笔人　魏　健　许秋瑾　谢晓琳

其他作者　（按姓氏笔画排序）

王　成　王丽婧　王维业　乔肖翠

刘　琰　刘录三　许　超　李　丹

李明月　杨鹊平　邹天森　汪　星

张新怡　郑丙辉　单保庆　胡小贞

段　亮　夏　瑞　钱　锋　高红杰

郭　壮　常　明　彭剑峰　曾　萍

谢新月　廖海清

丛书序

我国自20世纪80年代开始，伴随着经济社会快速发展，水污染和水生态破坏等问题日益凸显。大规模工业化、城镇化和农业现代化发展，导致水污染呈现出结构性、区域性、复合性、压缩性和流域性特征，制约了我国经济社会的可持续发展，人民群众生产生活和健康面临重大风险。如果不抓紧扭转水污染和生态环境恶化趋势，必将付出极其沉重的代价。为此，自“九五”以来，国家将“三河”（淮河、海河、辽河）、“三湖”（太湖、巢湖、滇池）等列为重点流域，持续开展水污染防治工作。从“十一五”开始，党中央、国务院更是高瞻远瞩，作出了科技先行的英明决策和重大战略部署，审时度势启动实施水体污染控制与治理科技重大专项（简称水专项）。国家水专项实施以来，针对流域水污染防治和饮用水安全保障的技术难题，开展科技攻关和工程示范，突破一批关键技术，建设一批示范工程，支撑重点流域水污染防治和水环境质量改善，构建流域水污染治理、流域水环境管理和饮用水安全保障三个技术体系，显著提升了我国流域水污染治理体系和治理能力现代化水平。为全面推动水污染防治，保障国家水安全，支撑全面建成小康社会目标实现，国务院于2015年发布《水污染防治行动计划》（简称“水十条”），加快推进水污染防治和水环境质量改善。

流域是包含某水系并由分水界或其他人为、非人为界线将其圈闭起来的相对完整、独立的区域，是人类活动与自然资源、生态环境之间相互联系、相互作用、相互制约的整体。我国主要河流流域包括松花江、辽河、海河、黄河、淮河、长江、珠江、东南诸河、西南诸河及西北内陆河等十大流域。我国湖泊众多，共有2.48万多个，按地域可分为东部湖区、东北湖区、蒙新湖区、青藏高原湖区和云贵湖区。统筹流域各要素，实施流域系统治理和综合管理，已经成为国内外生态环境保护工作的共识。水专项的实施充分考虑了流域的整体性和系统性，而在水污染治理和水生态环境保护修复策略上，考虑水体类型、自然地理和气候类型等差异，按照河流、湖泊和城市进行分区分类施策。与国家每五年一期的重点流域水污染防治和水生态环境保护规划相适应，水专项在辽河、淮河、松花江、海河和东江等5大河流流域，太湖、巢湖、滇池、三峡库区和洱海等5大湖泊流域，以及京津冀等地开展了科技攻关和综合示范，以水专项科技创新成果支撑流域水污染治理和水环境管理，充分体现流域整体设计和分区分类施策，即“一河一策”“一湖一策”“一城一策”，为流域治理和管理工作提供切实可行的技术和方案支撑。随着“十一五”“十二五”水专项的实施，水污染治理共性技术成果和流域区域示范经验越来越丰富，与此同时，国家“水十条”的发布实施，尤其是“十三五”时期打好污染防治攻坚战之“碧水保卫战”，对流域区域水污染治理和水环境质量改善提出了明确的目标要求，各地方对于流域区域水污染系统治理、综合治理的认识越来越深刻。但是由于各流域区域水污染治理基础、经济社会发展水平和科技支撑能力差别较大，迫切需要科学的水污染治理模式、适宜的技术路线图，以及经济合理的治理技术支撑。因此，面向国家重大需求，为更好地完成流域水污染治理技术体系构建，“十三五”期间，水专项在“流域水污染治理与水体修复技术集成与应用”项目中设置了“流域（区域）水污染治理模式与技术路线图”课题（简称路线图课题），旨在支撑流域水污染治理技术体系的构建和完善，研究形成适应不同河流、湖泊和城市水环境特征的流域区域水污染治理模式，以及流域区域和主要污染物控制技术路线图，推动流域水污染治理技术体系的应用，为流域区域治理提供科技支撑。

路线图课题针对流域水污染治理技术体系下不同技术系统的特点，研究分类技术系统的流域区域应用模式。针对流域区域水污染特征和差异化治理需求，研究提出水污染治理分类指导方案和流域区域水污染治理技术路线图。结合水污染治理市场机制和经济模式研究，总结我国流域水污染治理的总体实施模式。路线图课题突破了流域水体污染特征分类判别与主控因子识别、基于流域特征和差异化治理需求的水污染治理技术甄选与适用性评估等技术，提出了河流、湖泊、城市水污染治理分类指导方案、技术路线图和技术政策建议，形成了指导手册，为流域中长期治理提供技术工具。研究提出流域区域水污染治理的总体实施模式，形成太湖、辽河流域有机物和氮磷营养物控制的总体解决技术路线图，为流域区域水污染治理提供技术支撑。路线图课题成果为流域水污染治理技术体系的构建和完善提供了方法学支撑，其中综合考虑技术、环境和经济三要素，创新了水污染治理技术综合评估方法，为城镇生活污染控制、农业面源污染控制与治理、受损水体修复等技术的集成和应用提供了坚实的共性技术方法支持。秉持创新研究与应用实践紧密结合的宗旨，按照水专项“十三五”收官阶段的要求，特别是面向流域水生态环境保护“十四五”规划的重大需求，路线图课题“边研究、边产出、边应用、边支撑、边完善”，为国家层面长江、黄河、松辽、淮河、太湖、滇池等流域和地方“十三五”污染防治工作及“十四五”规划的编制提供了有力的技术支撑，路线图课题成果在实践中得到了检验和广泛的应用，受到生态环境部、相关流域局和地方的高度评价。

“流域区域水污染治理模式与技术路线图丛书”是路线图课题和辽河等相关流域示范项目课题技术成果的系统总结。丛书的设计紧扣流域区域水污染治理、技术路线图、治理模式、指导方案、技术评估等关键要素和环节，以手册工具书的形式，为河流、湖泊、城市的水污染治理、水环境整治及生态修复提供系统的流域区域问题诊断方法、技术路线图和分类指导方案。在流域区域水污染治理操作层面，丛书为水污染治理技术的选择应用提供技术方法工具，以及投融资和治理资源共享等市场机制的方法工具。丛书集成和凝练流域水污染治理相关理论和技术，提出了我国流域区域水污染治理的总体实施模式，并在国家水污染治理和水生态环境保护的重点流域辽河和太湖进行应用，形成了成果落地的案例。丛书形成了流域区域水污染治理手册工具书 3 册、技术评估和市场机制方法工具 2 册、流域案例及模式总结 2 册的体系。

丛书既是“十三五”水专项路线图等课题的攻关研究成果，又是水专项实施以来，流域水污染治理理论、技术和工程实践及管理经验总结凝练的结晶，具有很强的创新性、理论性、技术性和实践性。进入“十四五”以来，《党中央　国务院关于深入打好污染防治攻坚战的意见》对“碧水保卫战”作出明确部署，要求持续打好长江保护修复攻坚战，着力打好黄河生态保护治理攻坚战，完善水污染防治流域协同机制，深化海河、辽河、淮河、松花江、珠江等重点流域综合治理，推进重要湖泊污染防治和生态修复。相信丛书一定能在流域区域水污染防治和水生态环境保护修复工作中发挥重要的指导和参考作用。

我作为“十三五”水专项的技术总师，乐见这些标志性成果的产出、传播和推广应用，是为序！

吴丰昌

中国工程院院士

中国环境科学学会副理事长

前　言

长江、黄河、珠江、松花江、淮河、海河、辽河七大河流，东南诸河、西南诸河及西北内陆河三大片区，以及众多的湖泊，构成了我国主要的河湖水系，为经济社会发展提供了水资源供给和水生态环境安全保障。20 世纪 80 年代起，随着经济社会快速发展，河湖水系污染问题日趋严重，水污染防治成为流域治理和管理的主要任务之一。国家“九五”计划起，将淮河、海河、辽河“三河”，太湖、巢湖、滇池“三湖”列为重点流域，从“九五”到“十三五”25 年间连续制定实施了五期重点流域水污染防治规划，持续推进水污染防治工作；先后实施“一控双达标”“污染物总量控制”“控制污染物排放许可制”等制度和措施，着力控制污染物排放，不断改善流域水环境质量。为全面推动水污染防治，保障国家水安全，支撑全面建成小康社会目标实现，2015 年，国务院发布《水污染防治行动计划》（简称“水十条”），加快推进水污染防治和水环境质量改善。2018 年，《中共中央　国务院关于全面加强生态环境保护　坚决打好污染防治攻坚战的意见》，提出着力打好碧水保卫战，并确定了到 2020 年的具体指标；同时，城市黑臭水体治理、渤海综合治理、长江保护修复、水源地保护、农业农村污染治理等涉水内容被列入七大攻坚战。实施流域系统治理和综合管理，是国内外流域资源和生态环境保护的共识；我国流域水污染防治和水生态环境保护的发展历程进一步表明，流域的系统性治理和整体性保护不仅要统筹山水林田湖草沙等自然要素，更要综合运用经济、法律、行政、市场等手段，尤其要重视科学研究发现、技术创新和模式凝练，走出一条我国自己的流域水污染治理和水生态环境保护道路。

为了加强对流域水污染治理的科技支撑和战略引领，“十一五”至“十三五”期间国家实施了水体污染控制与治理科技重大专项（简称水专项），针对流域水污染防治和饮用水安全保障的瓶颈技术难题，开展重大科技攻关和工程示范，支撑重点流域水污染防治和水环境质量改善，构建形成流域水污染治理、流域水环境管理和饮用水安全保障三个技术体系，显著提升了我国流域水污染治理体系和治理能力现代化水平。水专项的技术创新和示范，紧密结合重点流域水污染防治规划、“水十条”和“碧水保卫战”等治水实践，既发挥了科技支撑作用，又面临着从理论与技术创新到应用实践、总结经验进而持续创新的良好机遇。我国河湖流域所处地理位置差异大，不同流域自然禀赋各异、经济社会发展不均衡、污染特征和成因各异，水专项以“三河三湖”等流域为重点，开展了不同尺度、不同层面的技术创新、集成与总结，结合工程示范和流域地方的治理实践，提出了“一湖一策”“一河一策”等流域治理策略和模式。梳理水专项治理技术成果，紧密结合流域区域治理实践，总结科研和实践两方面经验，凝练形成我国自己的流域水污染治理模式与路线图，不仅具有重要的现实意义，更可为未来流域治理保护提供指导和借鉴。

“十三五”期间，水专项“流域（区域）水污染治理模式与技术路线图”课题（2017ZX07401004）（简称路线图课题）针对流域区域水污染特征和差异化治理需求，研究提出水污染治理分类指导方案和流域区域水污染治理技术路线图，为流域中长期治理提供技术工具；结合水污染治理市场机制和经济模式研究，提出流域区域水污染治理的总体实施模式，形成太湖、辽河流域有机物和氮磷营养物控制的技术路线图，为流域区域水污染治理提供技术支撑。

本书基于“三河三湖”等河湖流域特征诊断、治理历程梳理与治理需求分析，综合应用课题研发的技术方法，形成了流域水污染治理模式与路线图。第 1 章梳理了我国流域水体污染治理历程；第 2 章研究提出流域治理策略与模式；第 3、4 章分别给出了“三河”等典型河流水污染治理技术路线图、“三湖”等典型湖泊富营养化控制与修复技术路线图；第 5 章是太湖、辽河两个典型流域有机物和营养物控制路线图；第 6 章针对近年国家长江、黄河大保护战略需求，运用水专项路线图研究技术成果，研究提出了长江流域保护修复路线图和黄河流域治理保护路线图。

对于我国流域水体污染治理历程，运用历史分析和文献综述法，时间上自中华人民共和国成立至现今，要素上以流域水环境质量为核心指标和因变量，从治理和管理两个方面进行梳理，治理方面侧重于水利工程、水污染治理工程等的实施，管理方面侧重于方针政策、规划制定、体制机制等，建立了“三河三湖”各流域“治理进展—时间”历史演进图，进而结合流域自然状况和经济社会发展进行流域治理阶段的划分，探寻因果关系，总结水专项在“三河三湖”各流域科技创新、应用示范及支撑成效，展现了科技创新与流域治理管理的互促共进。鉴往知今，可为流域未来发展和治理保护提供参考和借鉴。

为了总结我国流域水污染治理对策与模式，运用国内国际对比研究、类比分析等方法对欧亚发达国家的经验和典型案例进行了解析；对近年来国内流域区域治理的经验进行了比较、分析与总结，从理念创新、科技创新、管理创新，水污染控制、水环境治理、水生态修复等多维度系统剖析了洱海保护、浙江“五水共治”、山东“治用保”、辽河保护区等模式和经验。凝练了流域治理的理念，即水资源调控、水环境治理、水生态修复“三水统筹”，流域分区、分类、分级、分阶段治理，“一河一策”“一湖一策”；提出了流域治理的策略，即“高效利用水资源，扩大水环境容量”“控源截污，严格控制污染物进入水体”

"实施生态修复和综合调控，让江河湖泊休养生息"。凝练了流域治理"三水统筹"的实施模式，并提供了系统的创新技术方法和模式。展望"十四五"及未来远期目标，提出应流域治理和发展同向发力，推动流域绿色发展、低碳发展和循环发展。

针对辽河、淮河、海河三条典型河流，创新研发河流水污染治理与生态修复技术路线图制定技术，开展河流水环境问题诊断和评估，针对流域水污染特征，提出近期（2020～2025年）、中期（2026～2030年）和远期（2031～2035年）的目标、任务和关键技术问题，以及分期治理的总体目标和原则，形成"三河"治理技术路线图。该路线图从河流治理重大需求出发，基于河流生态完整性保护凝练战略任务，突出"重大需求—战略任务—技术重点"之间的整体性和相互关联性，将主要内容以结构化方式表达出来，清晰呈现河流治理战略路径，为河流治理与保护修复提供了指引。针对太湖、巢湖、滇池三个典型湖泊，创新研发富营养化控制与修复技术路线图制定技术，形成了"三湖"治理技术路线图，为湖泊治理与保护修复提供了指引。

基于太湖富营养化治理"先控源截污，后生境改善，再恢复生态系统"的总体治理思路，运用系统动力学模型模拟研究，研发了太湖流域有机物和营养物控制的总体解决技术路线图。提出太湖流域近、中、远期氮磷削减目标、水质目标，以及水生态目标；提出水华灾害防控、控源减排、生态修复、综合调控、生态管理等相应技术措施，通过上述技术的实施实现入湖污染负荷持续削减，主要入湖河流水质稳定达到地表水Ⅲ类、湖体水质稳定在Ⅲ～Ⅳ类，彻底消除水华湖泛灾害。路线图近期重点任务在于"三水统筹"、系统施治，中远期主要任务是深化"三水统筹"，强化污染减排和生态扩容，建立河湖系统综合调控管理体系。基于辽河流域"流域统筹、分类控源、协同治理、系统修复、产业支撑"的总体治理思路，研究提出了辽河流域近、中、远期有机物和营养物控制目标，提出流域水污染治理先进技术模式与组合技术模块，按照控制目标—治理模式—指标分解—技术措施—保障条件等关键步骤和流程，形成了辽河流域有机物和营养物控制技术路线图。

总结自"九五"计划起以"三河三湖"为重点的流域水污染治理历程，经过艰苦努力，到"十三五"末我国流域水生态环境发生了历史性、转折性、全局性变化，全国地表水水质优良断面比例提升到83.4%。"三河"中，辽河轻度污染，优良水质断面比例为70.9%；淮河水质良好，优良水质断面比例为78.9%；海河轻度污染，优良水质断面比例为64.0%。"三湖"中，太湖轻度污染，环湖河流水质为优；巢湖和滇池均为轻度污染，环湖河流均为轻度污染。这些成绩的取得也标志着我国流域水污染治理和水生态环境保护进入了新阶段。如果说"九五"至"十三五"的25年是流域治理能力和水平"补短板"的阶段，迈入"十四五"我国流域治理进入了质量优先、生态优先、"三水统筹"，实现治理能力和治理水平现代化的新阶段。从规划看，"十四五"重点流域规划，由过去的"水污染防治"转变为"水生态环境保护"。从重点治理保护的流域看，2018年"长江保护修复”成为七大攻坚战之一，生态环境部和国家发展和改革委员会两部门联合印发《长江保护修复攻坚战行动计划》；2022 年，生态环境部等 17 部门联合印发《深入打好长江保护修复攻坚战行动方案》，生态环境部等 12 部门联合印发《黄河生态保护治理攻坚战行动方案》；长江、黄河两大流域的大保护成为新时期流域治理保护的重中之重，也成为以高水平保护支撑经济高质量发展的优先区域。流域水生态环境治理保护科技创新、治理管理、工程实践面临新的机遇和挑战。

为科技支撑长江与黄河保护攻坚战，自 2018 年起生态环境部陆续启动长江生态环境保护修复联合研究、黄河生态保护和高质量发展联合研究，针对长江与黄河大保护的痛点难点问题，组织联合 400 余家优势产学研单位开展流域共性问题诊断和共性技术攻关，派出驻点科研团队深入长江流域 66 个城市、黄河流域 32 个城市开展跟踪研究和科技帮扶，着力实现科技攻关、管理支撑和工程实践的有机结合，推动科技成果的落地见效。运用水专项等研发技术成果，针对长江与黄河流域实际情况，研究流域治理保护修复路线图，对于两个流域的大保护具有重要的科学和应用价值。本书梳理分析了长江与黄河联合研究、管理支撑、治理实践等的科技成果与研究进展，基于国家长江与黄河大保护的愿景，分析了压力状态与驱动力，明晰了长江保护修复与黄河治理保护的近、中、远期目标，从水资源、水环境、水生态及管理四个方面分别提出了技术措施，形成了长江保护修复路线图和黄河治理保护路线图。

本书是著者团队多年来关于流域治理保护部分研究成果的总结，针对流域水污染治理模式与路线图的研究探索仍在进行中，书中不足之处敬请读者不吝指正。书中涉及的文献资料众多，谨向这些文献资料的作者表达崇高敬意和衷心感谢！本书研究得到国家水专项课题 2017ZX07401004 的支持，在此诚挚感谢。

著　者

2023 年 12 月

目　录

第 1 章　我国流域水体污染治理历程

为防治水污染、保护水环境，实现可持续发展，自“九五”计划起，国家将淮河、海河、辽河（简称“三河”）、太湖、巢湖、滇池（简称“三湖”）列为重点流域，持续开展水污染防治工作，积累了大量的实践经验。本章介绍了我国“三河三湖”流域概况，从水质变化、治理和管理三个方面梳理了“三河三湖”水体污染和治理历程，并对流域科技攻关的主要成效进行了介绍。

1.1　典型流域概况

1.1.1　典型河流流域

1. 辽河

辽河流域位于我国东北地区南部，北部与松花江流域相接，南部毗邻渤海湾（图 1-1）。流域范围为 116°E～128°E、39°N～45°N，全长 1345km，流域面积为 21.9 万 km^2，流域地跨河北、内蒙古、吉林、辽宁四省（自治区），是我国七大流域之一。

辽河流域属温带季风气候。年降水量约为 350～1000mm，从东南向西北递减。年径流量为 89 亿 m^3，山地多于平原。流域年降水量的 65%集中于每年的 4～9 月。二龙山、大伙房、参窝连线以东流域，年径流深 150～400mm，占总径流量的 25%左右；西辽河沙丘草原区，年径流深在 50mm 以下，仅占总径流量的 10%。辽河流域夏季多暴雨，强度大、频率高、集流快，常使水位陡涨猛落，造成下游地区洪涝。此外，辽河的含沙量较高，仅次于黄河、海河，为中国第三位，年输沙量达 2098 万 t。

辽河上游为老哈河，沿东北向流至海流图，老哈河与西拉木伦河汇合后称西辽河，西辽河东流至吉林境内折向南，于辽宁省昌图县福德店与东辽河汇合后称辽河，辽河向西南流并先后接纳招苏台河、清河、柴河、泛河、柳河等主要支流，于台安县六间房分成两股，一股称双台子河，在盘山县纳绕阳河后入渤海；另一股南行原称外辽河，在三岔河纳浑河和太子河后，称大辽河，经营口注入渤海辽东湾。1958 年，外辽河在六间房附近被人工堵截，辽河与大辽河自此分成两个独立水系，辽河下游盘锦段成为辽河唯一入海通道。但由于旧有的习惯称谓，河流名称并没有及时更正，浑河、太子河入海河道称大辽河，而真正作为辽河的入海河道却称双台子河。2011 年，辽宁省政府将辽河下游盘锦境内河段名称由双台子河更名为辽河。

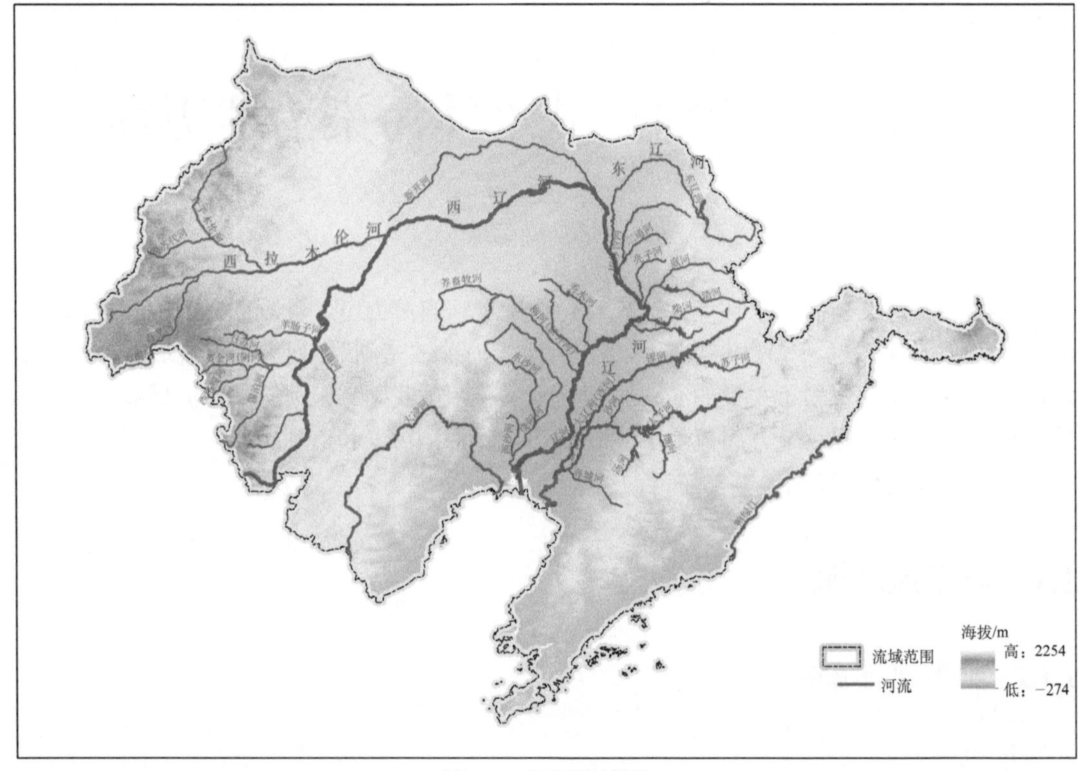

图 1-1　辽河流域图

2. 淮河

淮河流域位于 112°E～121°E、31°N～36°N 之间，横跨河南、湖北、安徽、江苏及山东五省（图 1-2）。流域西起桐柏山、伏牛山，东临黄海，东西长 700km。南紧邻长江流域，背倚大别山和江淮丘陵、通扬运河及如泰运河南堤，北与黄河流域以黄河南堤和泰山为界，南北宽约 400m，流域面积 27 万 km^2（沈雨珣，2017）。

淮河流域地处南北气候过渡带，淮河以北属暖温带区，淮河以南属北亚热带区。冬春干旱少雨，夏秋闷热多雨，冷暖和旱涝转变急剧。年平均气温为 11～16℃，由北向南，由沿海向内陆递增，最高月平均气温为 25℃左右，出现在 7 月份；最低月平均气温为 0℃，出现在 1 月份。蒸发量南小北大，年平均水面蒸发量为 900～1500mm，无霜期 200～240d。自古以来，淮河就是中国南北方的自然分界线。淮河流域多年平均降水量约为 920mm，其分布状况大致是由南向北递减，山区多于平原，沿海大于内陆。流域北部降水量最少，低于 700mm。降水量年际变化较大。降水量的年内分配也极不均匀，汛期（6～9 月）降水量占年降水量的 50%～80%。

淮河干流发源于河南省桐柏山，原来纳沂河、沭河、泗河东流入黄海，后因黄河南侵夺淮河入海，淮河干流改道南下至三江营入长江。淮河流域分为两个水系，废黄河以南为淮河水系，以北为沂沭泗河水系。流域内除山区、丘陵和平原外，还有为数众多、星罗棋布的湖泊、洼地。自三河闸起，淮河经金沟改道至高邮湖、邵伯湖，再由运盐河、金湾、太平、凤凰、新河汇入芒稻河、廖家沟达夹江，至三江营入长江，入江口地理交汇点位于扬州市邗江区头桥镇九圣村“淮河入江口公园”。淮河入海水道西起洪泽湖二河闸，东至滨海县扁担港，与苏北灌溉总渠平行，居其北侧。

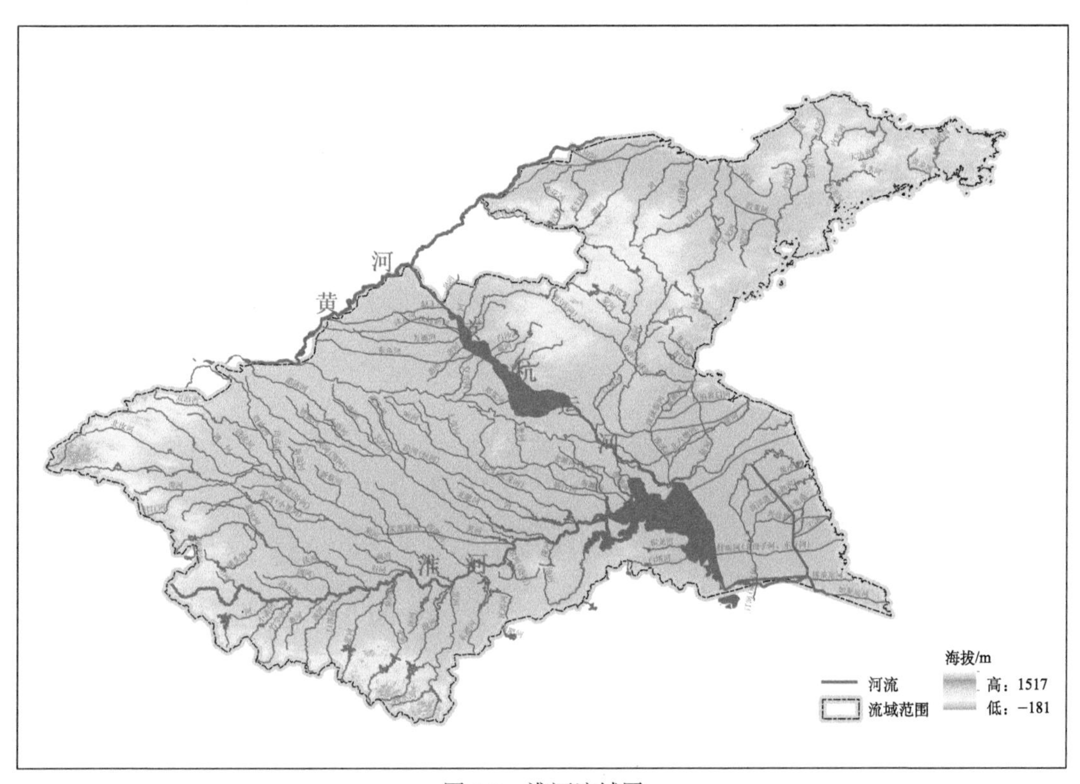

图 1-2　淮河流域图

3. 海河

海河是华北地区流入渤海诸河的总称，中国华北地区的最大水系，中国七大河流之一。海河流域位于 112°E～120°E、35°N～43°N 之间，东临渤海，西倚太行山，南界黄河，北接内蒙古高原南缘（图 1-3）。诸河干流流经河北省、北京市、天津市和山东省，支流延伸至山西省、河南省和内蒙古自治区。总流域面积 32.06 万 km^2，占全国总面积的 3.3%。流域总的地势是西北高东南低，大致分高原、山地及平原三种地貌类型，其中高原、山地面积占 60%，平原面积占 40%。

海河流域属于温带东亚季风气候区，年平均气温在 1.5～14.0℃，年平均相对湿度 50%～70%；年平均降水量 539mm，属半湿润半干旱地带；年平均陆面蒸发量 470mm，水面蒸发量 1100mm。全流域多年平均径流量 264 亿 m^3，具有地区分布不均的特点，山地年均径流深 110mm，平原则仅为 57.6mm。全流域理论水能蕴藏量 315 万 kW，平均年输沙量 1.82 亿 t。海河流域属暖温带半湿润半干旱气候。年平均降水量为 560mm，其中 70%～80%集中在汛期（6～9 月），而汛期降雨又往往集中在几次暴雨，故极易酿成洪涝灾害。

海河流域由滦河、北三河、永定河、大清河、海河干流、子牙河、黑龙港运东、漳卫新河，以及徒骇马颊河九大水系构成，从南到北呈扇形分布，具有水系分散、河系复杂、支流众多、过渡带短、源短流急的特点。其中滦河水系和徒骇马颊河水系独流入海，其他水系汇集到海河干流入海，并以北三河、永定河、大清河和海河干流为海河北系，以子牙河、黑龙港运东、漳卫新河为海河南系。海河流域包括滦河、海河和徒骇马颊河三大水系，各支流分别发源于内蒙古高原、黄土高原和燕山、太行山迎风坡。

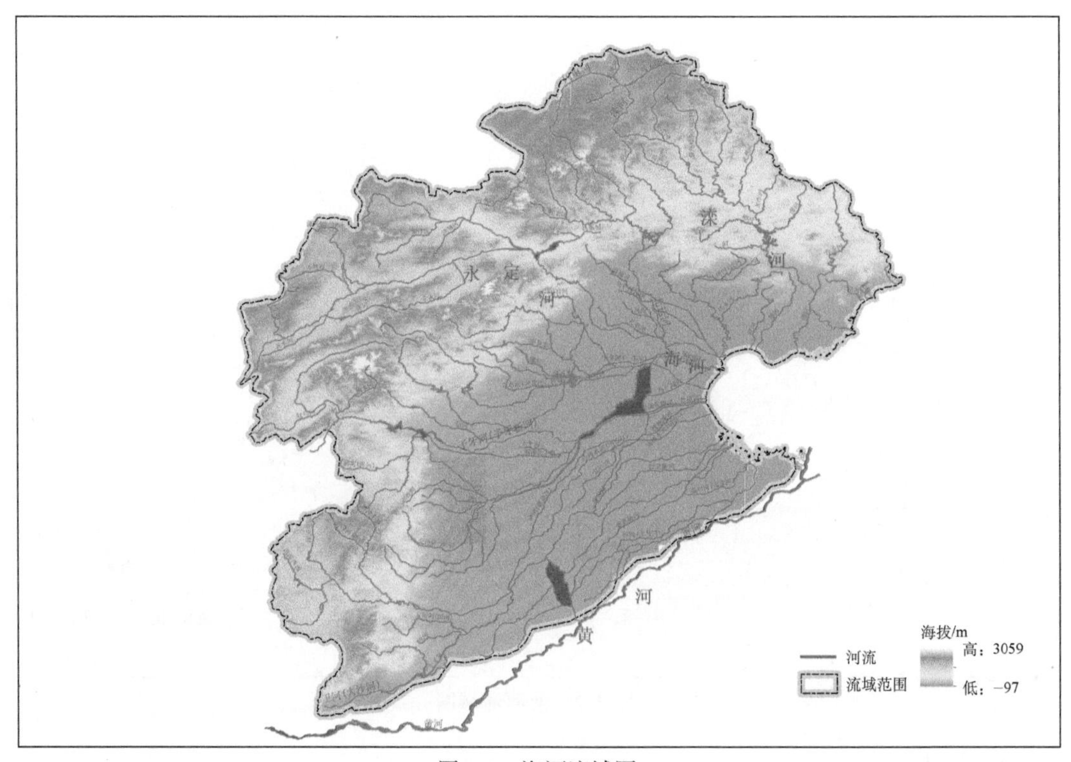

图 1-3 海河流域图

1.1.2 典型湖泊流域

1. 太湖

太湖位于江苏省南部，横跨江、浙两省，是中国五大淡水湖之一，位于 119°53′E～120°36′E、30°56′N～31°33′N 之间，北临无锡，南濒湖州，西依宜兴，东近苏州（图 1-4）。流域地处亚热带，属季风性气候，温和湿润。夏季受热带海洋气团影响，盛行东南风，温和多雨；冬季受北方高压气团控制，盛行偏北风，寒冷干燥。年平均气温为 16.0～18.0℃，年降水量为 1100～1150mm。太湖是典型的大型浅水湖泊（李一平等，2012），流域总面积达 3.69 万 km^2，东西平均宽 56km，南北长 68.5km，湖岸线长 405km，湖泊平均水深 1.89m，最大水深 2.6m，湖泊容积 4.76km^3，是流域附近人民生产生活的珍贵资源。

太湖流域地处长江三角洲，位于长江下游河口段的南侧，北濒长江，东部及东南临海，西部与西南部以茅山山脉为界岭，和秦淮河、水阳江、钱塘江流域相邻，其西和西南侧为丘陵山地，东侧以平原及水网为主。西部山丘区面积 7338km^2，中部平原区面积 19350km^2，沿江的滨海平原区面积 7015km^2。太湖湖体及其上游流域湖荡星罗棋布（面积大于 0.5km² 的有 189 个，总面积约 3159km²），河网如织，其水面总面积约 5551km²。太湖流域平原河网纵横，水流流速缓慢，总长度有 12 万 km，因其在平原区构成网络状，称为“江南水网”，一旦遇暴雨时期，涝水经河网扩散；在平常时期，污染物也伴随河网进行扩散。流域多年平均水资源总量 177.4 亿 m³，长江多年平均过境水量 9334 亿 m³，太湖全年入湖水量 8.65 万 m³，主要通过西苕溪及西部河网、望虞河等入湖；出湖水量 10400m³，主要通过太浦河、东苕溪及东部河网等出湖。

太湖是由内陆断陷基础上的海湾逐步发育而成的一个大型浅水碟形湖泊，湖盆特点为浅水平底。其西南部湖岸平滑呈圆弧形，东北部湖岸曲折多湖湾、山甲角。因泥沙淤积和人工围垦，一些岛屿分别与东、西庭山连体，近岸的则与湖岸相连成半岛，现尚存大小岛屿 48 座，以西洞庭山面积最大，为 75km²。

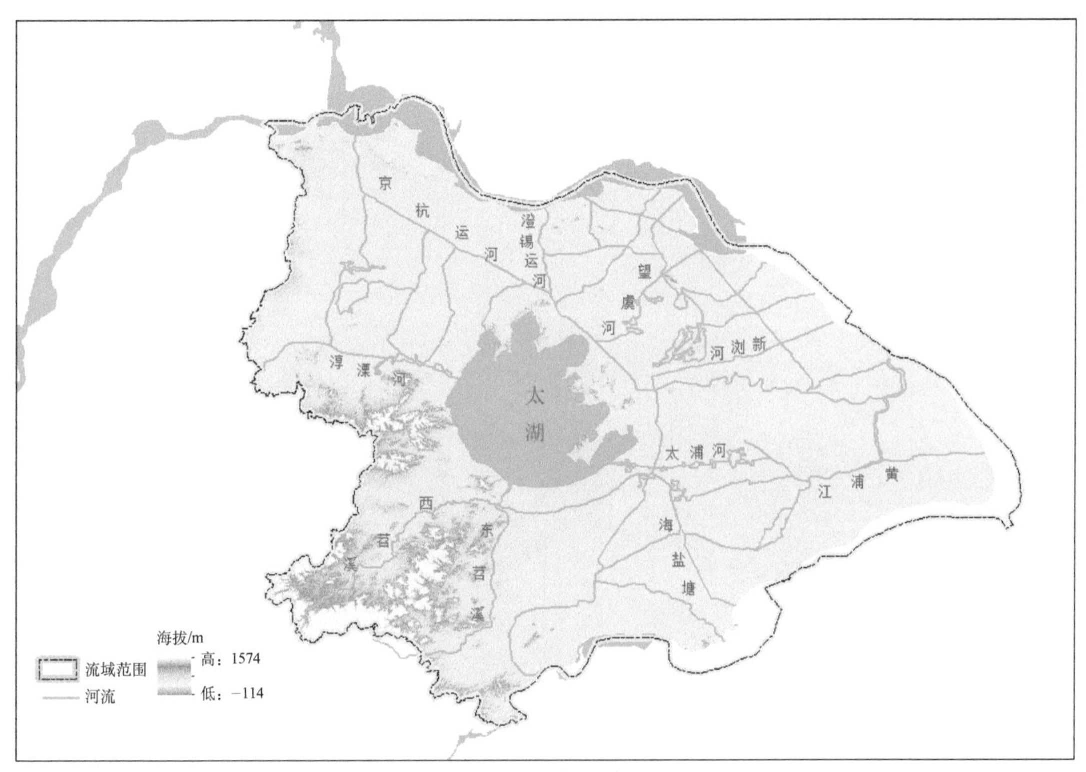

图 1-4　太湖流域图

2. 巢湖

巢湖流域位于安徽省中部，位于 116°24′E～118°0′E，30°59′N～32°6′N，处于长江、淮河两大水系之间，属于长江下游左岸水系，是我国五大淡水湖之一（肖武等，2018）。流域东南濒临长江，西接大别山山脉，北依江淮分水岭，东北邻滁河流域（图 1-5），总面积 1.3 万 km²（含铜城闸以下牛屯河流域 404km²），约占安徽省总面积的 9.3%。其中，巢湖闸以上面积 9153km²，巢湖闸以下面积 4333km²。

巢湖流域地属北亚热带湿润性季风气候，主要气候特点是：季风明显、四季分明、气候温和、雨量充沛、光照充足。年平均气温在 15.0～16.0℃之间，年气温较差在 25℃以上，年降水量 1000mm。巢湖水温年际变化很小，多年水温平均值约为 16.9℃；年内水温具有明显的差异，最高水温多出现在 7 月，最低水温出现于 1～2 月。

巢湖位于长江水系的下游，集水范围包括合肥市、巢湖市、肥东县、肥西县、庐江县、舒城县、无为市两市五县。巢湖水文特征主要为入湖水系众多、湖库深度大、水体环境相对封闭、水体更新周期长、水体流速缓慢等（张之源等，1999；奚姗姗等，2016）。沿湖共有河流 35 条，其中较大的河流有杭埠河、白石天河、派河、南淝河、烔炀河、柘皋河、兆河等。入湖河流呈向心状分布，河流源近流短，区内地势起伏不平，表现为山溪性河流的特性。巢湖水系分布很不对称，杭埠河、白石天河、派河、南淝河、烔炀河，柘皋河等主要河流全来自西部及北部的山地，其中以杭埠河、白石天河、南淝河为巢湖水系的主流，约占整个巢湖流域面积的 70%；南部的河流更短，水量也小，有石山河、谷盛河、兆河、十字河、高林河等。巢湖水系之水从南、西、北三面汇入湖内，然后在巢湖市城关出湖，经裕溪河东南流至裕溪口注入长江。

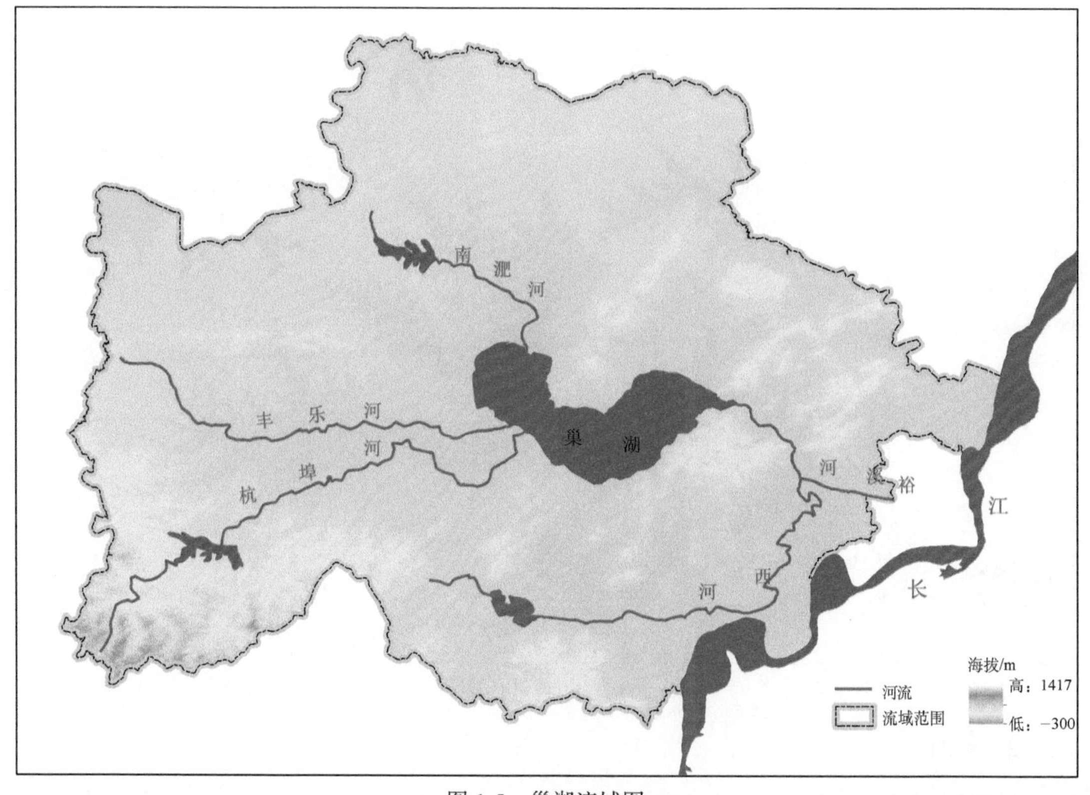

图 1-5　巢湖流域图

3. 滇池

滇池（102°36′E～102°47′E，24°40′N～25°02′N）位于云南省中部，是我国第六大内陆淡水湖，也是云南省最大的一个湖泊，全部位于昆明市内。滇池流域总面积为 2920km^2，以“海埂”为界将滇池分为南北两部分，北部称为草海，湖面面积为 10.8km；南部称为外海，是滇池的主体部分（Wang et al.，2018），湖面面积为 298.2km^2（1887.4m 高程时）。滇池整个湖岸线长 163km，湖面南北长 40km（含草海），东西平均宽 7km，平均水深 5m。

滇池流域属于亚热带高原季风性气候，降雨年内分配特点明显，雨季和旱季干湿分明，其中雨季为每年 5～10 月，旱季为 11 月至次年 4 月。昆明年均气温 15.1℃，冬无严寒，夏无酷暑，年均降雨量 1075mm，年均日照 2200h，无霜期 240d 以上。鲜花常年开放、草木四季常青，无处不飞花、处处都是景，是享誉世界的“春城”“花都”。

滇池属于金沙江水系，入湖河流众多，共有南盘江、柴河、海源河、金汁河、宝象河、马料河、昆阳河等 20 多条河流从四周不断地补给，其中南盘江最大。流域中的 29 条主要入湖河流纳入监测，其中 22 条流入外海、7 条流入草海（刘瑞志等，2012）。滇池湖盆形态呈南北长而东西窄的葫芦状或条带状，其湖盆剖面呈浅碟形。滇池之水由“海口”入螳螂川，经安宁、富民、禄劝，向北汇入金沙江（图 1-6）。

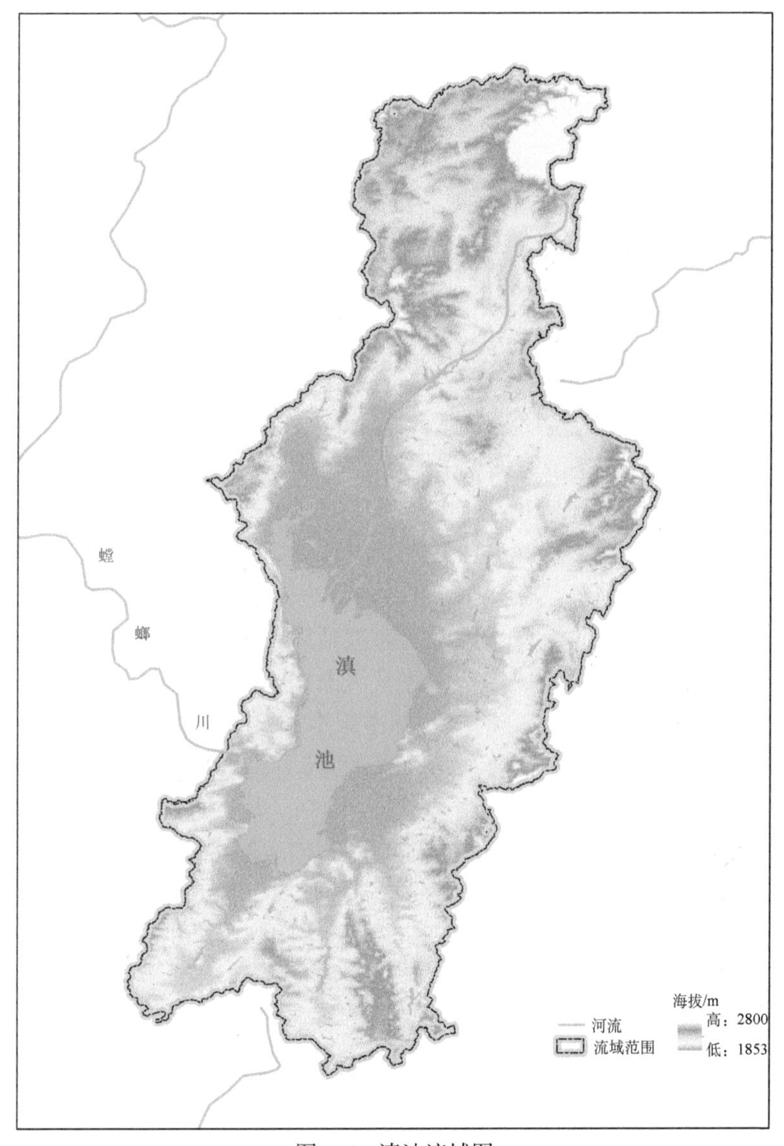

图 1-6　滇池流域图

1.2 流域水污染治理的历程

1.2.1 重点河流流域水污染治理历程

1. 辽河

自20世纪80年代中期起，作为我国的老工业基地，辽河流域经济社会快速发展的同时也造成了严重的环境污染和生态破坏，大量工业废水和生活污水直排入河，致使水体严重污染，影响沿河农业灌溉等用水安全，辽河流域一度沦为我国七大水系中污染最为严重的流域之一（袁哲等，2020）。为防治水污染、保护水环境，国家和地方陆续启动了大量的污染治理工作。本节梳理了辽河流域70余年的治理历程，将其分为四个阶段：洪涝灾害防治主导阶段（1949～1985年）、急剧污染与治理阶段（1986～1995年）、污染趋势遏制阶段（1996～2005年）和治理成效显著阶段（2006年至今），并对流域水环境治理和管理措施和成效进行了系统的总结。

1）辽河流域治理四个阶段划分及其主要问题

a. 洪涝灾害防治主导阶段（1949～1985年）

辽河流域开发较晚，流域内水利基础薄弱，历史上水旱灾害频发。1886～1985年的100年间，流域内共发生洪涝灾害50余次，平均2～3年就有一次洪水，平均每隔7～8年发生一次较大的洪水，其中1888年、1918年、1929年、1930年、1935年、1949年、1951年、1953年、1975年等年份洪水较大。这一时期，限于生产力发展水平，辽河流域水环境尚未遭到太多污染，水环境质量整体良好，水功能相对完善。针对水旱灾害，尤其是洪涝灾害问题，1949年以后，国家加大了流域水库和堤防等水利工程建设力度，直至1985年，这一时期辽河流域治理可以归结为洪涝灾害防治、水资源保护利用为主导的阶段。

b. 急剧污染与治理阶段（1986～1995年）

自20世纪80年代中期起，随着改革开放的推进，辽河流域经济增长速度明显加快，由于环保基础设施建设滞后，流域水环境迅速遭到污染，到1989年，辽河流域已成为我国七大水系中污染最为严重的流域之一，并呈污染加剧趋势。到1995年，辽河流域地表水符合《地表水环境质量标准》（当时执行标准版本为GB 3838—1988）Ⅰ、Ⅱ类水质的仅占4%，Ⅲ类水质的占29%，其余67%的水体为Ⅳ、Ⅴ类水质；主要污染指标为氨氮（NH_3-N）、高锰酸盐指数（COD_{Mn}）和挥发酚。其中，太子河本溪段、浑河沈阳段和大辽河营口段污染最为严重。这一时期，辽河流域水环境污染问题逐渐引起了国家、地方和相关部门的重视。国家针对辽河流域制定了一系列的环境保护方针并开展了广泛的经济研究政策，相关科研单位和高等院校针对辽河流域水污染治理和保护，在辽河流域实施污染物排污浓度控制。

c. 污染趋势遏制阶段（1996～2005年）

自1996年"九五"计划起，国家将辽河流域纳入水污染防治重中之重的"三河三湖"中，加大了治理力度。"九五"期间辽河流域水质仍在不断恶化，而随着治理工作的推进，"十五"期间水质恶化趋势基本得到了遏制，但污染治理效果仍不够明显。1996

年，流域监测断面水质符合Ⅳ、Ⅴ类标准的占 72.8%；2001 年，Ⅴ类和劣Ⅴ类水质断面占 70%以上，水污染呈现出区域性和行业性特征；2005 年，辽河流域属重度污染，37 个地表水国控监测断面中，Ⅰ～Ⅲ类、Ⅳ～Ⅴ类和劣Ⅴ类水质断面比例分别为 30%、30%和 40%，主要污染指标为 NH_3-N、石油类和 COD_{Mn}[①]。

d. 治理成效显著阶段（2006 年至今）

2006 年“十一五”初期，辽河流域仍为重度污染，劣Ⅴ类水体占比超过 50%，呈现出流域性污染特征；浑河中游、太子河、辽河上游等经济社会发展的 6 大重点区域化学需氧量（COD）负荷占流域 90%以上，呈现出区域性特征（马溪平等，2011；李艳利等，2013）；造纸、石化、冶金、医药、印染、化工等重点行业污染负荷高，呈现出明显的结构性污染特征。2011 年“十二五”初期，辽河流域水质总体改善为轻度污染，辽河干流为轻度污染，37 个国控断面中，Ⅰ～Ⅲ类、Ⅳ～Ⅴ类和劣Ⅴ类水质断面比例分别为 40.5%、48.7%和 10.8%，主要污染指标为五日生化需氧量（BOD_5）、石油类和 NH_3-N[②]。2016 年“十三五”初期，辽河流域及辽河干流水质均为轻度污染，106 个国控断面中，Ⅰ～Ⅴ类水质占比分别为 1.9%、31.1%、12.3%、22.6%、17.0%，劣Ⅴ类占比 15.1%，主要污染指标为 COD、BOD_5 和 NH_3-N[③]。2021 年，辽河流域水质为轻度污染，辽河干流和主要支流为轻度污染，78 个国控断面中，Ⅰ～Ⅲ类水质达 67.9%，无劣Ⅴ类水质[④]。

2）辽河流域治理与管理历程

a. 洪涝灾害防治主导阶段（1949～1985 年）

1949 年以前，辽河流域仅有二龙山大型水库一座、三台子中型水库一座和闹德海大型拦沙堰一座，堤防只有防洪标准很低的少数民堤。1949～1958 年，由于国民经济发展的需要，在浑河上修建了大伙房水库，西辽河上修建了孟家段、莫力庙等旁侧引水水库，教来河上修建了吐尔基山水库。1958～1980 年，编制并修订了《辽河流域规划要点》，在流域规划指导下，全流域有计划地修建了许多水利工程，其中有 11 座大型水库和一大批中小型水库，包括辽河干支流上的清河、南城子、柴河、棒子岭和闹得海水库，太子河的参窝和汤河水库，西辽河的红山、打虎石、他拉干和舍力虎水库。

这一时期，流域环境管理体制机制建设力度不断加强。1979 年 7 月，辽宁省环境保护办公室升格为辽宁省环境保护局，标志着辽宁省环境保护开始独立行使政府行政职能。1984 年 6 月，经辽宁省人民政府常务会议讨论，决定成立辽宁省环境保护委员会，12 个市政府也成立了环境保护委员会并开始开展工作。

b. 急剧污染与治理阶段（1986～1995 年）

20 世纪 80 年代，流域水利工程建设和水资源管理力度不断加强。重新修订了《辽河流域规划》，在新的流域规划指导下，“八五”计划期间在太子河上修建了观音阁水库，并对太子河干流堤防进行了整修加固，使太子河干流防洪标准达到了 50 年一遇；之后又改建了辽河上的双台子河闸、在辽河干流上修建了小桥子分洪工程；启动了浑河、大辽河干

① 国家环境保护总局. 2006. 2005 中国环境状况公报.
② 中华人民共和国环境保护部. 2012. 2011 中国环境状况公报.
③ 中华人民共和国环境保护部. 2017. 2016 中国环境状况公报.
④ 中华人民共和国生态环境部. 2022. 2021 中国生态环境状况公报.

流的堤防整治工程，整修加固完成后，浑河、大辽河干流防洪标准达到 50 年一遇。辽河流域坚持“蓄泄兼筹，防洪用洪结合”的防洪方针，在上游主要产流区修建控制性水利枢纽，拦蓄洪水，削减洪峰，在下游平原区修建堤防，整治河道，保证泄洪顺畅。西辽河平原分洪枢纽配合旁侧水库及蓄滞洪区蓄洪用洪。

针对伴随经济快速发展的水环境急剧污染问题，加强了环境管理。1987 年底辽宁省初步形成了省、市、县（区）、乡（镇）四级环境管理体系。1989 年，辽宁省积极推行确立深化环境管理的环境保护目标责任制、城市环境综合整治定量考核制、排放污染物许可证制、污染集中控制、限期治理、实行环境影响评价、“三同时”、排污收费 8 项制度，标志着辽宁省环境管理逐步走向成熟。1991 年底，《辽河流域规划》和《松花江辽河流域水资源综合开发利用规划纲要》修改完成。1993 年 9 月，辽宁省人大颁布了《辽宁省环境保护条例》，使环境保护工作有法可依，执法更科学、更易操作。1994 年，辽宁省政府批准了辽宁省环境保护局《关于加强环境保护促进经济发展的意见》。

c. 污染趋势遏制阶段（1996～2005 年）

1996 年辽河流域被列入重点治理的“三河三湖”，这标志着辽河流域的水污染防治和水环境保护进入了新阶段。1999 年 3 月，国务院批准了《辽河流域水污染防治“九五”计划及 2010 年规划》，并对其实施提出明确要求，确立了“九五”期间辽河流域水污染防治的工作目标，并明确了主要任务：优先保护城市和农村饮用和生活水源，重点治理大中型企业，加速建设城市污水集中处理设施，确保农业灌溉和近海海域水质安全。根据党中央、国务院的部署，辽宁省明确了到 2000 年污染防治和辽河流域治理的工作目标：全省主要污染物排放量基本控制在国家下达的指标范围内；所有工业污染源排放要达到国家标准；沈阳市、大连市的空气和地面水环境质量按功能分别达到国家标准，辽河流域城镇集中饮用水水源达到Ⅲ类标准、河流要达到 Ⅴ 类标准。对纳入 1998 年达标计划但仍未达标的企业，给予“黄牌”警告；到 1999 年未能实现达标排放的，责令其停产治理，直至达标。对因其他原因已经停产的企业，恢复生产时必须保证达标排放，并经环保部门批准，否则不得以任何借口恢复生产。2003 年 11 月辽宁省环境保护局印发《辽宁省排放污染物许可证管理办法（试行）》，为环境管理提供了依据。

这一时期，辽宁省污水处理能力得到大幅提升。“九五”计划期间已建成投产的 5 座污水处理厂增加处理能力 86 万 m^3/d，即沈阳市北部污水处理厂 40 万 m^3/d、沈阳南部污水处理示范厂 10 万 m^3/d、大连市马栏河污水处理厂 12 万 m^3/d、大连市春柳河污水处理厂由 6 万 m^3/d 改造为 8 万 m^3/d、鞍山市西部第一污水处理厂 22 万 m^3/d。“十五”期间，建成 29 座城市污水处理厂，全省新增城市污水处理能力达到 367.5 万 m^3/d，其中非辽河流域 10 座，处理能力 89 万 m^3/d。“十五”末期，全省污水总处理能力达到 576.83 万 m^3/d，其中点源治理处理能力 107.43 万 m^3/d，污水处理率达到 60%。2001 年内建成 6 座城市污水处理厂，增加污水处理能力 85 万 m^3/d，分别为沈阳凌空污水处理厂 20 万 m^3/d、鞍山市西部第二污水处理厂 10 万 m^3/d、抚顺市三宝屯污水处理厂 25 万 m^3/d、铁岭市马蓬沟污水处理厂 10 万 m^3/d、营口市城市污水处理厂 10 万 m^3/d、盘锦市城市污水处理厂 10 万 m^3/d。按“一控双达标”计划，1999 年辽河流域实现达标企业累计 369 家，2000 年流域内 532 家企业全部实现达标排放。以城市为单位制定本市辽河流域企业达标方案，将企业按治理、清洁生产、转产、预计关停和已经停产五种类型进行分类。随着辽宁省城市污水处理厂的建设和点源污染治理能力的提升，辽宁省辽河流域的水污染状况得到缓解。

d. 治理成效显著阶段（2006 年至今）

从 1996 年被国家纳入“三河三湖”重点治理流域起，经过“九五”“十五”计划 10 年的治理，辽河流域水污染严重的势头得到遏制，然而水污染严重的状况没有根本改变。

进入“十一五”，辽河流域治理速度加快。2008 年开始，辽宁省决定举全省之力，用三年时间彻底改变辽河流域污染严重、治理缓慢的局面，秉持“铁的决心、铁的手腕、铁石心肠”的“三铁”精神，打一场辽河流域水污染治理的“辽沈战役”。坚持全流域整体治理工作思路，实施“三大工程”，即以造纸企业整治为核心的工业点源治理工程、以提高城镇生活污水处理率为目标的污水处理厂建设工程、以支流河整治为抓手的生态治理工程，以实现辽河流域干流（按 COD 考核）消灭劣Ⅴ类的目标。2008 年，辽宁省一举关停了全省 417 家造纸企业，先后分两批取缔了近 300 家水污染严重和排放不达标的造纸企业；2008～2009 年两年间，全省投资超百亿元新建 99 座污水处理厂，并实施“封口行动”，即将辽河干流城市段 80 个工业直排口和 34 个市政直排口全部取消。

同时，还加快了相关政策和标准的制定实施。2008 年 8 月 1 日，辽宁省《污水综合排放标准》（DB 21/1627—2008）正式实施，该标准提高了污染物排放要求，总体水平高于《污水综合排放标准》（GB 8978—1996）。颁布了《辽宁省跨行政区域河流出市断面水质目标考核暂行办法》，规定以地级市为单位，对主要河流出市断面水质进行考核，水质超过目标值的，上游地区将给予下游地区补偿资金。加强监测监督，辽宁省环境监测中心站负责每月监测一次，使企业偷排和超标准排放污染物的行为“无处藏身”。为加快辽河的整体治理和保护修复，2010 年辽宁省创新体制机制，将辽宁省辽河干流相关区域划定为辽河保护区，成立了辽河保护区管理局，对辽河实行统一管理（段亮等，2013），这在全国大江大河管理中属于首次。为保障新的辽河管理体制实施，辽宁省人大加快立法步伐，将制定辽河保护区条例纳入辽宁省人大常委会年度立法计划；2010 年 9 月 29 日，辽宁省人大常委会审议通过了《辽宁省辽河保护区条例》，该条例于 2010 年 12 月 1 日起生效，赋予辽河保护区管理局相关行政执法职能，保证了新治理模式的有效实施。

“十一五”期间，国家层面加大了对辽河流域治理的科技支撑力度。2007 年，水体污染控制与治理科技重大专项（简称水专项）将辽河流域作为重点技术攻关和示范流域之一，针对辽河流域地处北方寒冷缺水地区、重化工业污染和城市区域污染严重等特点，研发流域治理和管理技术，着力构建技术体系，支撑流域治理管理。水专项“十一五”项目按照流域统筹、分区治理、重点突破的技术思路，针对辽河流域石化、冶金、制药、印染等重污染行业水污染治理瓶颈，突破清洁生产、过程控制、强化处理为核心的全过程污染控制关键技术 75 项，支撑流域 30 项示范工程建设，形成辽河流域 6 大控制单元和全流域污染防治的系统方案，支撑了辽河流域“工程减排、结构减排、管理减排”，以及辽河流域水污染防治“十二五”规划研究编制等工作。

经过“十一五”强化治理，辽河流域水环境质量逐渐改善。2009 年末实现辽河干流水质（COD）消除劣Ⅴ类；2010 年辽宁省河流干流水质持续好转，43 条支流水质（COD）消除劣Ⅴ类。流域综合治理体制机制、政策法规标准和科技创新等均取得重要进展，为深化流域水污染治理打下了良好基础。

“十二五”期间，辽河流域水污染治理力度进一步加大。辽河保护区积极开展各项工作，从2010年“划区设局”到2011年末短短两年时间，保护区全新治理模式就取得显著成效。一是排污整治取得成效。为确保辽河各条入干支流及排干渠全部实现达标排放，开展了14个县（区）直接汇入辽河干流的河流、排干、提水站等水体和企业排口水质监测工作，以及保护区底泥污染监测普查，初步掌握了各支流和排干渠的水质、重点流经区域、污染区域、污染物来源、入干河口等基本情况，完善了辽河保护区水质监测网络，建立了水质、水量月报制度。二是采砂治理大见成效。制定了采砂规划，辽宁省政府办公厅转发了《辽宁省辽河保护区管理局关于2010年辽河干流河道整治方案的通知》，明确了清理工作最后时限为2010年6月30日，确定了有关清理任务。在省、市、县公安部门配合下，于7月1日和10月30日，两次集中开展了砂场清理“零点行动”，清理关闭了所有砂场，清除采砂设备345台（套）、采砂船169艘。至此，辽河干流所有砂场采、挖、运全部停止，杜绝了保护区乱采滥挖现象。三是河滩地确权扎实推进。收集整理涉及土地、林业、水利、河道管理等法律法规及规章制度，了解河滩地权属问题；在新民市大喇嘛乡开展了确权工作试点；组织有关厅局和专家召开座谈会研究辽河干流河滩地确权实施方案；启动“百日会战”行动，查阅案卷、逐村逐户登记核实、实地勘查，彻底搞清了辽河干流河滩地权属问题，为恢复生态及后续工作提供了有力的保障。四是违建清理取得突破。依据《中华人民共和国防洪法》的有关规定，下发了《关于确定辽河干流无堤段河道管理范围的通知》，开展了无堤段河道管理范围具体划定、埋桩及日常管理等工作。全面清理拆除小加工厂和渡口等。五是生态工程建设全面展开。辽河保护区管理局正式与辽宁省水利厅完成了11座生态建设工程各类相关文件交接。2010年汛期前在铁岭建成3座蓄水橡胶坝，结合“百日会战”和秋冬季施工推进橡胶坝建设，确保2011年汛前河道蓄水，为河流生态流量保持和河流湿地营造创造条件。六是铁岭和盘锦两市城市段景观工程建设取得新成果。铁岭市银州区双安桥段生态治理与城市景观化建设相结合，将沿河绿化带拓宽至100～300m，实现绿化全覆盖，完成绿化面积352亩①。

辽河保护区的体制机制创新，在流域其他河流和区域得到推广。辽宁省还划定了覆盖大凌河、小凌河的凌河保护区，以及大伙房水库水源保护区，实行污染集中治理和生态空间的有效管控与保护。例如，鉴于辽河保护区的生态环境仍较脆弱，除了干旱等自然因素外，沿岸一些地区经济发展方式落后、对生态环境安全构成潜在威胁等问题，辽宁省划定严格的“生态保护红线”，划分出生物多样性保育区、湿地生态功能区、生态旅游开放区、一般控制区4类区域，分区分类实施保护，让辽河真正得到休养生息。

辽河流域强化治理管理及其取得的成效，提振了治理好辽河的信心。为进一步加快流域治理，辽宁省提出“辽河流域率先摘掉重污染‘帽子’行动”，集中资金、资源和力量加大治理力度、加快流域水环境治理改善。辽宁省的“摘帽”行动得到了中央相关部门和流域地方的大力支持。从2011年开始，全省用两年时间实施了“三大战役”，即“辽河治理攻坚战”“大浑太（大辽河、浑河、太子河）治理歼灭战”“凌河治理阻击战”，实现了

① 1亩≈666.67m^2，全书同。

辽河流域水环境质量全流域、全指标提升的历史性突破。

辽河“摘帽”，立法先行。2011 年 1 月，辽宁省第十一届人大常委会第二十一次会议审议通过了《辽宁省辽河流域水污染防治条例》（修订案），并于当年 4 月 1 日起施行。新条例总结了多年来辽河流域水污染防治的经验，从当前和今后一个时期水污染防治目标、任务和要求的实际出发，依据《中华人民共和国水污染防治法》等法律规定，扩展了治理保护的内容：将跨流域补偿写入法规，明确各级政府水污染防治的主体责任，增加了城镇污水处理、农业面源污染防治、饮用水安全保障等方面的具体规定。细化了监督管理规定，吸纳了在实践中行之有效的政策措施，加大了治理保护力度，为辽宁省根治辽河流域水污染的战略决策和工作部署提供了坚强的法治保障。

辽宁省多措并举，推进流域综合治理。一是针对突出问题开展专项行动。逐河制定污染物入河控制措施，把重污染企业关闭搬迁、截污纳管、断面预警监测及污水处理厂运行监管等措施落到实处；针对部分区域或河段突出污染问题，开展专项整治行动，彻底解决了一批长期污染严重的问题。二是加强监管。2014 年底，辽宁实施“天眼工程”，对全省 160 余座污水处理厂实施了视频监控；建立涉水国控重点源 164 个点位在线设备和全省 160 座污水处理厂视频监控系统，实现在线、实时联网传输，公众可通过手机端公众查询系统查询全省 100 座国控重点污水处理厂运行情况，属全国首例。三是建立预警制度。当河流的 COD 浓度首次超过 100mg/L 时，启动黄色预警并通报所在市政府，要求其限期整改；当超标持续 2 个月时，启动红色预警并予以公开曝光；对超标长达 3 个月的，则实施流域限批。四是推进部门协同治污。辽宁省环境保护厅与金融部门联合实施“绿色信贷”政策，从资金链上卡住污染企业发展；与电力部门合作实施“供电限制”措施，切断环境违法企业生产链条；还与公安厅、检察院和法院建立联合执法工作机制。2012 年 8 月，辽宁省依托辽河保护区建立多部门会商机制，通报水质监测情况，查清污染问题，分析成因并制定解决方案。会商机制建立后，原本十分棘手的河流污染问题迎刃而解，成功化解了沈阳与铁岭跨市界水污染纠纷案等问题。五是运用经济手段并加大资金投入。采用一系列经济手段有效惩治污染行为，建立绩效年度考核制度，将流域治理内容纳入省政府对各市政府绩效管理的重要内容；出台河流断面考核补偿制度，对出市断面水质超过规定标准的城市给予经济处罚，由省财政厅直接将罚金划拨给下游城市。争取和安排各种资金，加大流域治理投入，据统计，2008～2012 年，辽宁省在辽河流域治理累计投入的资金超过 300 亿元。

在中央相关部门的大力支持下，经过流域各方共同努力，2012 年底，辽宁省实现“辽河流域率先摘掉重污染‘帽子’行动”目标，提前 3 年完成国家重点流域治理任务。辽宁省辽河流域综合治理的实践探索，得到了国内外研究机构、管理部门和社会的广泛关注。2013 年，中国代表团应邀参加瑞典斯德哥尔摩“世界水周”，就辽河流域水污染治理进展进行了宣讲展示。辽河流域治理管理的经验和模式，值得研究和总结。辽河流域不断治理和保护的过程，也是流域核心省份辽宁省不断探索和实践以环境保护优化经济发展的过程，更是全面助力东北老工业基地的全面振兴的过程。

进入“十三五”时期，按照中央关于打好污染防治攻坚战、碧水保卫战的决策部署，辽河流域继续推进流域水污染治理和水环境保护工作。“十二五”末的 2015 年 11 月，为切实完成国家“水十条”确定的相关工作任务，规范入海排污口设置，防治陆源污染，加强近岸海域环境保护，编制并印发了《辽宁省规范入海排污口设置工作方案》，从工作任务、工作步骤、工作要求及时间安排四个方面进行了部署。2015 年 12 月，由辽宁省环境保护厅组织编制的《辽宁省水污染防治工作方案》通过省政府 72 次常务会审议并发布实施。方案提出八大重点任务：一是加强综合防治，全面控制污染物排放；二是加快调整产业结构，优化空间布局；三是加强资源管理，节约保护水资源；四是深化饮用水源保护，保障群众饮水安全；五是巩固辽河流域治理成果，全面提升河流水质；六是保护良好水体，保障河库水质安全；七是实施新碧海行动计划，保护海洋生态；八是加强能力建设，提升环境管理水平。为继续加强辽河流域治理保护的科技支撑，国家水专项设置了“十三五”“辽河流域水环境管理与水污染治理技术推广应用”项目，总结水专项成果，完善流域水污染治理和水环境管理技术体系并进行推广应用，支撑辽河流域重点流域水污染防治规划和“水十条”任务实施。2020 年，辽河流域水污染治理和水生态环境保护目标如期实现。

3）小结

本节系统梳理了辽河流域 70 余年的治理历程，将其分为四个阶段：洪涝灾害防治主导阶段（1949～1985 年）、急剧污染与治理阶段（1986～1995 年）、污染趋势遏制阶段（1996～2005 年）和治理成效显著阶段（2006 年至今），并对流域水环境治理和管理措施和成效进行了系统的总结。辽河流域水质变化和治理管理历程阶段划分如图 1-7 所示。

洪涝灾害防治主导阶段（1949～1985 年）。这一时期，流域水环境质量整体良好，水功能相对完善。重点是针对辽河洪涝灾害问题，大力开展水利工程建设力度，以洪涝灾害防治、水资源保护利用为主导。

急剧污染与治理阶段（1986～1995 年）。该阶段辽河流域水环境呈重度污染并持续恶化，劣Ⅴ类水质比例连年增加，流域水污染问题逐渐引起了国家和地方的重视并制定了一些的方针政策，针对辽河流域水污染治理和保护的研究全面开展。

污染趋势遏制阶段（1996～2005 年）。国家将辽河流域纳入“三河三湖”，加大了治理力度。“九五”期间辽河流域水质仍在不断恶化，“十五”期间水质恶化趋势基本得到了遏制，但污染治理效果仍不够明显。

治理成效显著阶段（2006 年至今）。2007 年辽河流域水质优良断面比例首次突破 40.0%，2013 年达到 45.5%的历史新高，劣Ⅴ类水质比例降到历史最低，仅 5.4%，流域水质优良断面比例整体持续提升。

2. 淮河

淮河是我国第一条开展全面系统治理的大河。作为我国七大水系之一，淮河流域在国家经济社会发展格局中占有十分重要的地位。由于淮河流域内闸坝众多、产业结构以高污染、高能耗、高排放为主要特征（解振华，2004），淮河流域的治理一直面临着巨大的压力和挑战。本节通过梳理淮河 70 多年的治理历程，将淮河治理分为三个阶段：旱涝灾害治理主导阶段（1949～1978 年）、旱涝与水污染治理并重阶段（1979～2005 年）、污染重

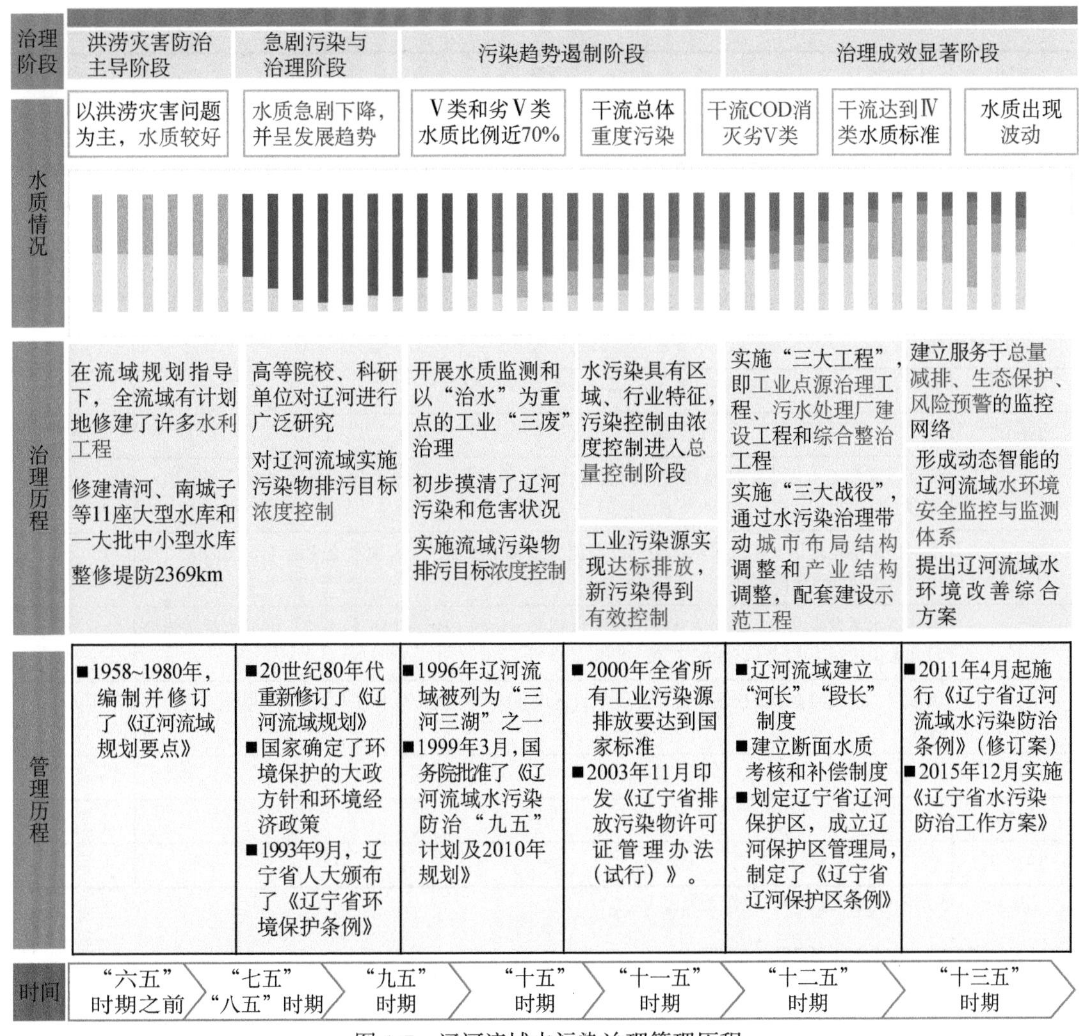

图 1-7　辽河流域水污染治理管理历程

点治理阶段（2006 年至今）（于紫萍等，2020），并对治理成效进行了总结。

1）淮河流域治理三个阶段划分及其主要问题

a. 旱涝灾害治理主导阶段（1949～1978 年）

梳理 1949～1978 年 30 年间淮河流域旱涝灾害情况（表 1-1），流域总计发生涝灾 10 次、旱灾 7 次，涝灾平均 3 年一次，旱灾平均 4.3 年一次。这一阶段，流域治理主要针对旱涝灾害的水利工程建设。

表 1-1　1949～1978 年淮河流域旱涝灾害情况

时间	涝灾	旱灾
1950 年	发生流域性洪水，正阳关洪峰流量 12770m³/s，蚌埠站洪峰流量 8900m³/s	—
1952 年	淮河流域的北淝河、濉河、颍河、涡河等地势低洼地区发生了严重的涝灾	—
1954 年	1949 年以后淮河水系最大洪水年，发生了全流域的特大洪水，全流域总计被淹耕地达 6464 万亩	—

续表

时间	涝灾	旱灾
1957 年	1949 年以后沂沭泗水系最大洪水年，汛期暴雨集中，量大面广，15d 大于 400mm 的雨区达 7390km^2	—
1959 年	—	大旱
1961 年	—	大旱
1962 年	—	大旱
1963 年	5 月流域北部地区出现大范围暴雨，7～8 月中游地区出现多次暴雨，造成淮河严重的洪涝灾害	—
1965 年	里下河地区 36d 内平均降雨量达 769mm，发生了特大洪涝	—
1966 年	—	大旱
1968 年	淮河王家坝以上发生了持续性暴雨，淮滨、王家坝出现了 1949 年以后最大洪峰，河道决口甚多	—
1969 年	淮河中游淮南地区发生大洪水，史河、淠河发生暴雨洪水，王家坝水位被抬高至 28.64m，梅山、响洪甸严重超限蓄洪	—
1974 年	沂沭泗水系发生洪水，沭河大官庄洪峰流量和水位达到 1949 年以后最大值；沂河临沂洪峰流量和水位达到 1957 年以后的第二位	—
1975 年	洪汝河、沙颍河上中游出现历史罕见洪水，造成我国第一次大型水库（2 座）垮坝，人员伤亡惨重	—
1976 年	—	大旱
1977 年	—	大旱
1978 年	—	大旱

注：“—”表示未查到相关资料，视作无灾害。

b. 旱涝与水污染治理并重阶段（1979～2005 年）

1979～2005 年，淮河流域进入旱涝灾害与水污染事件并发阶段（表 1-2）。27 年间，流域总计发生涝灾 6 次、旱灾 9 次、水污染事件 16 次。涝灾平均 4 年多一次，旱灾平均 3 年一次，比上一阶段更加频繁。水污染事件平均 1 年多发生一次，表明水污染事件几乎年年发生，直接威胁河流中下游居民的生产与生活用水安全。其中，又以 1992 年和 1994 年的水污染事件尤为严重。1992 年 1 月，淮河颍河口至洪泽湖的 350km 河道及部分湖区发生突发性水污染，河面泡沫满布，河水呈黑褐色，臭气熏天，全程历时约 70d；5 月和 8 月，涡河又发生两次水污染事件，沿河 5000 多个网箱的鱼全部死亡。1994 年，淮河发生 3 起特大水污染事件，最严重的一次发生在 7 月，淮河上游因突降暴雨而开闸泄洪，上游 2 亿 m^3 水下泄，河水泛浊，泡沫密布，下游自来水厂被迫停止供水长达 54d。

表 1-2　1979～2005 年淮河流域旱涝灾害及水污染情况

时间	涝灾	旱灾	水污染事件
1979 年	—	—	4 月，蚌埠闸关闸 8 个月，闸下红虫滋生，水黑且臭，造成蚌埠市自来水停止供水一个多月，经济损失达 5000 多万元；随后污水下泄，造成下游及洪泽湖死鱼 1000 万尾

续表

时间	涝灾	旱灾	水污染事件
1981 年	—	大旱	—
1982 年	7 月，淮河流域大片地区连续出现 5 次暴雨	—	流域发生水污染事件
1984 年	—	—	7 月，因降雨突然开闸，不牢河段解台闸下泄大量污废水，污废水进入下游，污染了骆马湖 3/4 的水域，造成骆马湖渔业损失 80%产量
1986 年	—	3 月，蚌埠闸关闸 3d，鱼类缺氧而死，淮南至蚌埠段水污染连成一片，蚌埠闸处水质严重超标	—
1987 年	—	—	4 月，山东省滕州市的污废水通过护城河排入南四湖，连续三次造成死鱼事件，经济损失达 35 万元
1988 年	—	5 月，淮河大旱，平桥闸长期关闸，拦蓄了信阳市的大量污废水，后南湾水库灌溉放水，污废水下泄流入南北干渠，造成直接经济损失 50 万元	10 月，山东省滕州市的污废水通过护城河再次排入南四湖，造成死鱼事件，经济损失达 30 万元
1989 年	—	—	2 月，沙颍河 1.1 亿 m^3 污水经蚌埠闸入淮河，形成 60km 污水带，中游发生大面积水污染事件，沿淮城乡居民饮用水告急，沿淮河城市工业生产遭受严重损失
1990 年	—	—	1 月中旬至 3 月下旬，春汛开始，清漠河上游拦蓄的污水溃堤，对下游造成污染
1991 年	淮河流域发生较大洪水，淮河正阳关、蚌埠水位居 1949 年以后第二位，淮河以南和里下河地区各站水位接近或超过 1954 年最高水位	—	—
1992 年	—	大旱	1 月，颍河口至洪泽湖的 350km 河道及部分湖区发生突发性水污染，河面泡沫满布，河水黑褐色，臭气熏天，全程历时约 70d；5 月和 8 月涡河发生两次水污染事件，沿河 5000 多个网箱的鱼全部死亡
1994 年	—	大旱	发生 3 起特大水污染事件，最严重的发生在 7 月，淮河上游因突降暴雨而开闸泄洪，上游 2 亿 m^3 水下泄，河水泛浊，泡沫密布，自来水厂被迫停止供水达 54d
1995 年	—	—	7 月，淮河干流从鲁台子至淮南平圩电厂，形成 50km 长的污水团，污染河段总长达 351km
1997 年	7 月，淮河中部遭受特大暴雨袭击，局部地区内涝严重	大旱	—
1998 年	—	—	上游超标排污导致不牢河徐州段水质恶化；亳宋河水污染事件

续表

时间	涝灾	旱灾	水污染事件
1999年	—	大旱	洪汝河上游和颍河污染水体下移，导致淮河大面积污染
2000年	7月，沙颍河特大暴雨引发大洪水；8月底，淮北地区遭受高强度特大暴雨袭击；10月上旬，淮河上游发生罕见秋汛	严重春旱	阜阳七里长沟恶性水污染事件；骆马湖水域严重污染；石梁河水库严重污染
2001年	—	大部分地区春夏大旱	淮河上游1.44亿m^3污水形成20km多污水带
2002年	—	—	上游1.3亿m^3污水下泄，仅淮安市盱眙县受污染水面就达5.3万亩
2003年	1954年以来最大洪水	—	—
2004年	支流沙颍河、洪河、涡河上游发生暴雨洪水	—	7月中旬，淮河支流局部普降暴雨，上游5.4亿t高浓度污水顺流而下，形成长达140km的污水团

注："—"表示未查到相关资料，视作无灾害。

c. 污染重点治理阶段（2006年至今）

2006年至今，是淮河水污染重点治理阶段。截至2019年，总计发生涝灾5次、旱灾3次、水污染事件8次（表1-3）。涝灾平均2.8年发生一次，旱灾平均4.7年一次，这一阶段旱涝灾害的发生频率与1949～1978年基本相当。水污染事件平均1.75年发生一次，发生频率较上一阶段下降。这一阶段发生的水污染事件大部分为突发性水环境污染，由沿岸工厂或园区偷排高浓度污水或苯、液氯等有毒有害物质泄漏造成的，并不是长时间向水体排污造成的，说明河流水质基本达标。

表1-3　2006～2019年淮河流域旱涝灾害及水污染情况

时间	涝灾	旱灾	水污染事件
2007年	2000年以来第二场流域性大洪水，洪水量级与2003年相当，仅次于1954年的流域性大洪水	—	江苏省沭阳县水厂取水口发生水质污染
2008年	1964年以来的最大春汛	大旱	8月，豫皖跨省河流大沙河发生砷污染
2009年	—	部分地区发生了1949年以来少有的严重春旱	江苏省邳州分洪道发生砷污染事故
2010年	淮河干流和支流沙颍河、竹竿河等，里下河地区的一些河流，沂沭泗水系的新沂河等发生了超警戒水位洪水，局部地区灾情严重	—	4月14日，淮河干流江苏省盱眙段发生石油污染事件
2011年	—	春季，一些地区发生了罕见的特大气象干旱	—
2012年	沂河和沭河发生了近20年来的最大洪水，一些支流发生了超过警戒水位的洪水，多个城市出现内涝灾害	—	12月，淮河干流安徽省蚌埠段发生苯污染事件
2013年	—	—	1月，惠济河发生水污染事件，淮河干流蚌埠市区及怀远县城饮用水安全受到威胁

续表

时间	涝灾	旱灾	水污染事件
2015 年	—	—	5 月，河南阜阳城镇乡村的废水和垃圾直排河沟，省交界处的淮河中游地区的一、二级支流污染严重
2018 年	淮河流域发生多次强降雨过程，新汴河和奎濉河发生超历史洪水，沭河发生 1974 年以来最大洪水	—	8 月，安徽上游提闸泄洪，大量的超标劣Ⅴ类有毒污水涌入洪泽湖，湖水水质严重恶化，大量鱼、蟹死亡

注："—"表示未查到相关资料，视作无灾害。

2）淮河流域治理与管理历程

a. 旱涝灾害治理主导阶段（1949～1978 年）

1950 年夏季淮河发生严重水灾，毛泽东主席连续四次作出重要批示，要求尽快治理淮河，周恩来总理提出了"蓄泄兼筹"的治淮方针，国务院作出《关于治理淮河的决定》，治淮工程至此启动，淮河成为中华人民共和国第一条全面治理的大河。1951 年 4 月，治淮委员会编制了以防洪为主的《关于治淮方略的初步报告》；5 月，毛泽东主席发出了"一定要把淮河修好"的伟大号召。1956 年治淮委员会编制了《淮河流域规划报告（初稿）》。1958 年治淮委员会撤销后，治淮工作由流域各省份分别负责。1964 年 1 月，全国水利工作会议提出了淮河治理的任务，豫、皖、苏、鲁四省分别编制了《淮河流域基本情况及治理初步意见》。1969 年 10 月，国务院治淮规划小组在北京召开第一次会议。会议研究了进一步治淮方案，形成《治淮规划小组第一次会议纪要》，提出今后治淮一定要在"修好"二字上狠下功夫。1970 年 10 月，国务院召集四省有关负责人研究讨论治淮工作，原则同意水电部编制的《治淮规划报告》。1971 年设立了治淮规划小组办公室，1977 年 5 月改设水电部治淮委员会，并提出一份治淮情况报告及其附件《治淮战略性骨干工程说明》，把大型骨干工程归纳为"蓄山水""给出路""引外水"三大部分。

在治理工程方面，20 世纪 50 年代，建设导沭整沂工程，建成了佛子岭水库、梅山水库、响洪甸水库、磨子潭水库等一大批水库，提出"蓄水为主、小型为主、群众自办为主"的"三主"方针。60 年代，建设灌溉面积 112.4 万亩的南湾灌区，豫、皖、苏三省开挖了兼顾灌溉、航运的新汴河，兴建鲇鱼山水库及其灌区。70 年代建成了宿鸭湖、昭平台、白龟山、孤石滩、石山口、花山等大型水库，完成了小颍河和班台以上的洪河、汝河治理工程，中游完成了淮北大堤及淮南、蚌埠等城市圈堤加高加固工程，进行了临淮岗水库的建设，建成泼河水库；建成五岳水库等，并对佛子岭、南湾等 12 座大型水库进行了加固。

b. 旱涝与水污染治理并重阶段（1979～2005 年）

1981 年水利部向国务院提出《关于建议召开治淮会议的报告》，12 月国务院召开治淮会议，提出了淮河治理纲要和 10 年规划设想。1982 年 2 月，国务院同意成立治淮领导小组，水电部治淮委员会兼作领导小组的办事机构，负责日常统筹工作。1984 年编制完成以恢复、巩固、发挥现有工程效益为主要内容的《淮河流域修订规划第一步规划报告》（讨论稿）。1985 年，编制完成了《治淮规划建议（初稿）》和"七五"期间治淮计划的安排。1990 年 2 月，水电部治淮委员会改称淮河水利委员会（简称淮委）。1991 年召开治淮治太会议，作出了《关于进一步治理淮河和太湖的决定》，提出近期以泄为主，基本完成以防洪、除涝为主要内容的 19 项治淮重点骨干工程建设任务。1992 年 5 月，国务院决定成立由副总理为组长、国务院有关部门和流域四省参加的国务院治淮领导小组；12 月，国务院治淮领导小组第一次会议在北京召开。1994 年国务院第二次治淮工作会议在北京召开。1998 年水利部下达了《防洪规划任务书》，淮委成立了淮河流域防洪规划领导小组。2004 年 10 月，《淮河流域防洪规划》通过水利部审查。

在治淮水利工程方面，1980 年黑茨河小断面通水截入新河，可分洪 1000m³/s。1986～1987 年，扩大淮河中游排洪通道，完成了董峰湖、唐垛湖、姜家湖等行洪堤退建；完成了低标准行蓄洪区部分庄台和排灌工程，撤退道路、通信报警等安全设施建设；淮北支流治理，完成了沙河南堤加固工程、泉河和洪河分洪道处理工程和黑茨河治理工程等。1991 年 11 月，怀洪新河恢复建设工程。1993 年冬季，山东临沂大官庄枢纽的沭河人民胜利堰闸破土动工。1994 年 4 月，江苏徐州境内的中运河上段航道（防洪）工程开工建设；6 月，江苏淮阴境内的怀洪新河峰山段工程开工；年底，省界段江苏段也正式开挖。1997 年石漫滩水库复建工程竣工验收；淮河入海水道工程开始建设。1999 年 10 月，淮河入海水道近期工程正式开工。2001 年利用沂沭泗水资源实施引沂济淮；12 月，临淮岗洪水控制工程复工建设。2003 年 6 月，淮河入海水道建成通水；10 月，二河枢纽和淮安枢纽工程通过验收；11 月，临淮岗洪水控制工程提前一年实现淮河截流。2004 年 9 月，怀洪新河大型人工河道竣工验收。2005 年治淮骨干工程安徽省白莲崖水库实施截流；基本完成国务院确定的 19 项治淮工程，使淮河中下游防洪标准提高到百年一遇，沂沭泗河洪水东调南下工程防洪标准达到 50 年一遇。

由于这一阶段淮河水污染事件频发，在治理旱涝的同时，开始了淮河水污染治理。1988 年成立了淮河流域水资源保护领导小组，是淮河流域的最高协调机构，主要职责是解决流域污染防治中的重大问题。1994 年 5 月，全国人大环资委在安徽省召开了淮河流域环保执法检查现场会，提出“2000 年淮河水体变清”的治理目标；6 月，颁布我国大江大河水污染预防的第一个规章制度《关于淮河流域防止河道突发性污染事故的决定》。1995 年，国务院颁布我国第一部流域性水污染防治法规《淮河流域水污染防治暂行条例》，淮河的污染治理走上了法治的轨道。1996 年 6 月，国务院批准实施《淮河流域水污染防治规划及“九五”计划》，对污染物提出总量控制，并实施“零点计划”。1997 年 7 月，国务院环委会召开第三次淮河流域环保执法检查现场会，国务院在徐州召开第三次治淮工作会议，指出要加快治淮重点骨干工程建设，并搞好淮河水污染防治工作。2001 年国家环境保护总局发布了《淮河和太湖流域排放重点水污染物许可证管理办法》，要求排污单位必须持证排污。2003 年国务院正式批复了《淮河流域水污染防治“十五”计划》，明确淮河流域水污染防治工作“十五”规划目标。2004 年国务院办公厅下发《关于加强淮河流域水污染防治工作的通知》，提出淮河流域治污的近期、中期和长期目标，并与流域四省签订了水污染防治目标责任书，每年第一季度对责任书执行情况进行检查；国家发展和改革委员会与国家环境保护总局制定了《2005—2007 年淮河流域重点工业废水治理工程规划》。2005 年 4 月，淮委发布了我国第一个流域限制排污总量意见即《淮河流域限制排污总量意见》，明确提出淮河流域水域所能容纳的污染物总量，为该流域水污染防治和水资源利用提供了科学依据；12 月，国家环境保护总局组织制订了《淮河流域水污染防治工作目标责任书（2005—2010 年）执行情况评估办法（试行）》和《淮河流域城市水环境状况公告办法（试行）》；淮委提出我国第一个流域限制排污总量，明确水域所能承载的污染物排放量。

在水污染治理工程方面，1985 年治淮会议后，开展了流域水污染防治、淮河清障和小流域试点水土保持。1994 年年底前关、停、并、转 191 个污染严重、治理难度大的企业。1995 年国家“八五”计划期间结合技术改造，沿淮四省共进行 88 个工业点源治理。1996 年关停了 3876 家 15 小企业，加强了对超标排污企业的管理。“九五”期间，流域水污染治理以整顿工业污染为主，关闭不宜在淮河流域发展的高耗水、高污染的“十五小”企业，对重点污染企业实行限期治理。到 1998 年底，淮河流域的重点污染源有 1057 家实现了达标排放，其余均实行了停产或限产治理或关停。2000 年调整产业结构，工业污染防治取得明显成效，流域纳污量明显降低，河道水质有所改善。截至 2000 年底，国家和地方共投入治理资金 2.4 亿元，打井 1855 眼，解决了 374 万人的饮水困难。“十五”期间实施重点水污染排放许可证制度，实施《南水北调东线工程治污规划》，开建污水厂 430 个，同时开展农业面源污染治理。规划建设 9 类 488 个项目，总投资 255.9 亿元，建设污水处理厂 39 座。“十五”期间，淮河流域水污染治理以城镇污水集中处理为主，以控制单元作为污染物总量控制的基本单元，主要体现江苏、山东治污适应南水北调东线工程治污任务分解的需求，主要措施有截污导流、流域综合治理、农业面源治理工程等。

c. 污染重点治理阶段（2006 年至今）

“十一五”期间，国家环境保护总局于 2006 年发布了《淮河流域水污染防治规划（2006—2010 年）》，并于每年第一季度对上一年度沿淮四省政府《淮河流域水污染防治工作目标责任书》执行情况进行评估；淮委编制了《淮委应对突发性重大水污染事件应急预案》。2007 年 5 月，国务院同意《淮河防御洪水方案》；11 月，国务院同意《国家环境保护“十一五”规划》，规划要求加快淮河等重点流域污染治理。2008 年 4 月，国务院印发《淮河、海河、辽河、巢湖、滇池、黄河中上游等重点流域水污染防治规划（2006—2010 年）》；6 月，国家防汛抗旱总指挥部批复《淮河洪水调度方案》。2009 年 3 月，国务院批复《淮河流域防洪规划》；6 月，水利部、安徽省和江苏省人民政府联合发文批复了《淮河干流行蓄洪区调整规划》；10 月，淮河防汛总指挥部更名为“淮河防汛抗旱总指挥部”。

“十二五”期间，2011 年 1 月，国务院常务会议研究部署进一步治理淮河工作；3 月，国务院办公厅转发《关于切实做好进一步治理淮河工作的指导意见》，淮委启动淮河、沂河、沭河水量分配方案编制工作；12 月，国务院印发《国家环境保护“十二五”规划》，明确淮河流域要突出抓好 NH_3-N 控制，干流水质基本达到Ⅲ类。2012 年 1 月，淮委研究制订了《2012 年淮河水污染联防工作方案》，江苏宿迁、安徽宿州等 8 个地级市签订《关于环境保护合作协议》；11 月启动《淮河流域水资源保护规划》的编制工作。2013 年 3 月，国务院正式批复《淮河流域综合规划（2012—2030 年）》；6 月，国家印发《进一步治理淮河实施方案》。2014 年 10 月，淮委印发 2015 年流域水污染联防工作方案。2015 年 4 月，国务院印发《水污染防治行动计划》；6 月，淮委发布《2015 年度淮河流域环境与健康综合监测实施方案》；11 月，淮河流域建立跨部门水环境保护协作机制。

“十三五”期间，2016 年，淮河流域水资源保护局召开会议对《淮河流域水资源保护规划》进行审议和修改，山东省、安徽省、河南省相继印发《水污染防治工作方案》。2017 年 6 月国家批复《淮河水量分配方案》；10 月，环境保护部、国家发展和改革委员会、水利部联合印发《重点流域水污染防治规划（2016—2020 年）》。2018 年 4 月，淮河防汛抗旱总指挥部 2018 年工作会议召开，全面部署淮河防汛抗旱工作；10 月，国家发展和改革委员会同意《淮河生态经济带发展规划》；11 月，国家发展和改革委员会正式印发了《淮河生态经济带发展规划》。

在水利工程建设方面，2006 年 10 月，淮河入海水道工程建成；11 月，淮河干流最大水利枢纽工程——临淮岗洪水控制工程提前一年建成。2007 年，治淮骨干工程临淮岗洪水控制工程、安徽省汾泉河初步治理工程、洪汝河下游河道近期治理工程及大型风险水库除险加固等 4 项工程竣工验收。2008 年 12 月，奎濉河近期治理工程竣工验收，涡河治理省界段和大寺闸等 3 个枢纽工程竣工验收。2010 年，治淮重点项目沂沭泗河洪水东调南下续建工程刘家道口枢纽工程竣工验收。2011 年 12 月，进一步治淮 38 项工程淮河入江水道整治工程江苏段、安徽段开工建设。2014 年，淮河干流上游唯一的大型水库开建，淮河入海水道二期工程可研通过水利部审查。2015 年 10 月，淮河流域国家水资源监控能力建设项目通过验收。

这一时期，国家加大了淮河流域水污染治理的科技支撑，国家水专项将淮河流域列为重点示范流域，从“十一五”时期起连续实施了三期项目。针对淮河闸坝众多、污染重，基流匮乏、风险高、生态退化严重等典型特征，制定了污染源、河道、管理与流域综合调控的“点-线-管-面”综合施治路线，选择淮河污染最重的支流贾鲁河-沙颍河和南水北调东线过水通道——南四湖为重点综合示范区，开展联合攻关与集成示范。针对淮河流域典型农业伴生型重点行业废水、城市和村镇生活污水和农业面源污染，攻克了一系列重点污染源控制与治理关键技术，极大提升流域“控源减排”能力，实现了废水/废弃物的资源“变废为宝”。针对淮河流域污染重和生态退化问题，研发出闸坝型河流水生态净化与修复关键技术，形成了淮河水生态修复范式，显著增强了闸坝型河流“减负修复”能力，实现了“臭水渠”变“水景区”。针对淮河流域闸坝型河流突发性污染事件发生风险高、生态用水严重不足等问题，研究水资源与水环境综合管理技术系统，提高了河流水环境管理、闸坝调度和水资源调控能力，有效防范了闸坝型河流突发污染事件发生，显著提高了河流生态用水保证率。以贾鲁河和南四湖为典型示范对象，分别创新实践了闸坝型重污染河流“三三三”治理模式和蓄水型湖泊“治用保”治污模式。以水专项关键技术成果为依托，构建了基于“技术研发—成果孵化—联盟集成—平台推广—机制保障”的全链式成果转化与产业化创新体系，推动成果转化应用。以上成果有力支撑了淮河流域治理重大规划实施和国家“水十条”任务的落实。2020 年，淮河流域水污染治理和水生态环境保护目标如期实现。

3）小结

淮河是我国第一条开展全面系统治理的大河，从 20 世纪 50 年代至今历时 70 多年，经历了早期的旱涝灾害治理为主、改革开放后旱涝与水污染治理并重，以及近 20 年来污染重点治理的三个阶段。在中央的领导和相关部委的大力支持下，在流域地方的共同努力下，淮河流域水资源管理、水污染治理和风险防控，以及用水安全保障均得到大幅度提升。淮河流域治理历程可分为三大阶段，如图 1-8 所示。

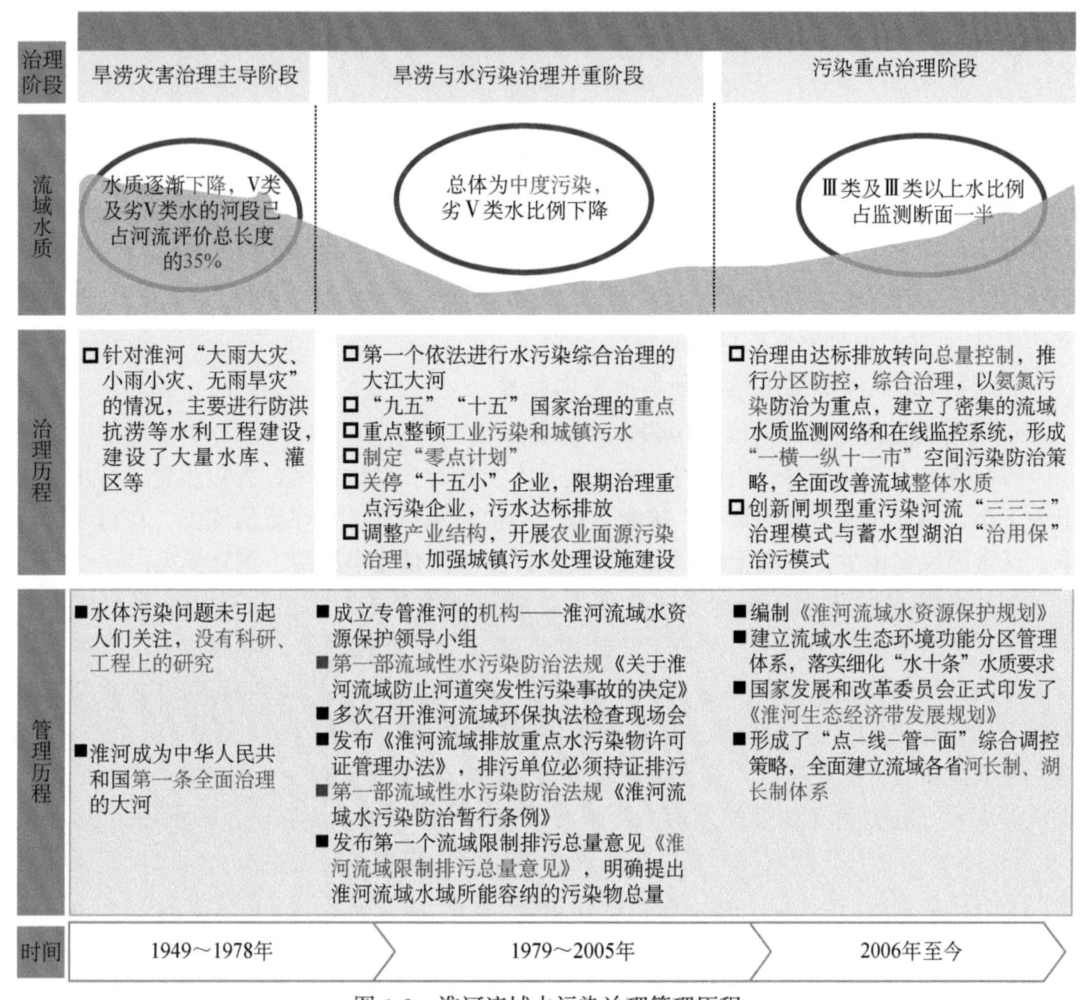

图 1-8　淮河流域水污染治理管理历程

第一阶段（1949～1978 年）。该阶段主要问题是，由于淮河地处我国南北气候的分界线，季风性气候极易形成暴雨或梅雨，引发洪涝灾害；或持续高温无雨造成严重干旱。因此，这一阶段淮河流域治理以旱涝灾害治理为主。

第二阶段（1979～2005 年）。该阶段的主要问题是防洪标准不高引起的旱涝灾害和工业、农业迅速发展引起的水污染事件，淮河流域Ⅴ类和劣Ⅴ类比例最高曾经达到 66.3%，因此治理上旱涝灾害与水污染治理并重。国家颁布了我国第一部流域性水污染防治法规《淮河流域水污染防治暂行条例》，实施了我国第一个流域水污染防治规划《淮河流域水污染防治规划及“九五”计划》，投入巨大资金和人力治理淮河。淮河水质虽有所好转，但未有根本性好转。

第三阶段（2006 年至今）。该阶段的主要问题是伴随经济社会发展的水污染，因此流域水污染治理是重点。淮河治理成效显著：2006 年，淮河流域为中度污染，Ⅰ～Ⅲ类水质断面占 26.0%，劣Ⅴ类水质断面占 30.0%①；2013 年，淮河流域改善为轻度污染，Ⅰ～Ⅲ类水质断面占 59.6%，劣Ⅴ类水质断面占 11.7%②；2020 年，淮河流域水质良好，Ⅰ～Ⅲ类水质断面占 78.9%，无劣Ⅴ类水质断面③。

3. 海河

海河流域地处京津冀都市圈，经济社会发展快，早期工业结构不合理，存在高污染低产出问题；加之上游修建了大量的闸坝水库等，拦截了上游来水，下游河道基本无天然径流补给，因此水体污染问题出现得较早。通过梳理海河 70 余年的治理管理历程，将海河治理分为四个阶段：洪涝灾害防治主导阶段（1949～1971 年）、污染初始阶段（1972～1996 年）、污染加重阶段（1997～2006 年）和污染状况改善阶段（2007 年至今）（于紫萍等，2021），并对治理成效进行了总结。

1）海河流域洪涝灾害情况和水质变化趋势

a. 洪涝灾害防治主导阶段（1949～1971 年）

海河流域上游支流多，山区与平原之间基本上没有丘陵过渡带，源短流急，行洪能力上大下小，每逢汛期，暴雨集中、排泄不畅，造成河水猛涨，往往泛滥成灾。在每年的春季，又常因风多雨少，河道干涸，出现旱灾。许多年份是先旱后涝，重复受灾。

1949 年以来，海河流域旱涝灾害频发，多数年份是先旱后涝又旱，反复受灾。其中，旱灾不仅在年内连续几个季度出现，也在年际出现连续现象，素有“十年九旱”之说，影响严重且深远。洪涝灾害比较严重的是 1954 年、1956 年和 1963 年。1954 年 6 月下旬开始，华北地区连降暴雨，洪水下泄不畅引发内涝，淹地面积近百万亩；1956 年 8 月，海河流域发生大范围、大强度降雨，五大水系均发生漫溢决口，造成广大平原地区严重洪涝灾害。1963 年 8 月，海河南系降下有历史记录以来的最大暴雨，雨量是 1956 年的 1.9 倍，降水强度大，持续时间长，分布面积广，引发流域性特大洪水，给民众的生命和财产造成巨大损失。

20 世纪五六十年代，海河流域内污水排放量较少，经过河流水体的自净，水质状况变化并不明显，也没有对生态环境造成过大的影响。所以 1949～1971 年海河流域主要进行抗涝防洪等水利建设，保障沿岸居民日常生活和生产。

b. 污染初始阶段（1972～1996 年）

20 世纪 70 年代后，随着工农业生产的发展和人口的增加，海河流域的用水量和排向河流等水域的污废水量逐年增加，治理措施不能适应形势的发展，导致水污染进一步加剧。海河流域水污染状况在全国七大流域中最为严重，70 年代初期就发生了水污染事件，十年间先后发生了 3 起闻名全国的水污染事件，即 1972 年官厅水库水污染事件、1973 年白洋淀水污染事件和 1974 年蓟运河水污染事件。

---

① 国家环境保护总局. 2007. 2006 中国环境状况公报.

② 中华人民共和国环境保护部. 2014. 2013 中国环境状况公报.

③ 中华人民共和国生态环境部. 2021. 2020 中国生态环境状况公报.

20 世纪 80 年代以后，随着经济社会快速发展，人民生活水平不断提高，流域中部京津冀都市圈基本形成，城市水资源供需矛盾突出；工业体系进一步完善，效益低、污染重、分布广的乡镇企业的兴起，以及农药、化肥的普遍施用，产生的污废水直排入河道，造成水体污染。到 1985 年，流域超过 70%的河流受到污染。80 年代末水污染形势更加严峻，已由局部发展到全流域，由下游蔓延到上游，由城市扩散到农村，由地表延伸到地下。整个海河流域面临“有河皆枯，有水皆污”的局面，河流断流严重，平原河流水污染严重，地下水漏斗扩大且污染凸显，流域水生态系统退化、功能基本丧失。

c. 污染加重阶段（1997～2006 年）

海河流域工业化、城镇化进程持续加快，化工、造纸、电力、食品、冶金等行业废水和城镇污水排放量逐年增加，导致了水体严重污染，影响了海河流域沿岸居民的饮用水安全，对居民健康产生了直接威胁，受到社会和政府越来越高的重视，民众环保意识开始提高，政府加大了污水治理力度，20 世纪 90 年代后水污染情况有所好转，但形势不容乐观。1998 年污染河流占比 51.6%，2000 年污染河流的比例升至 66.5%，2005 年Ⅳ类至劣Ⅴ类水比例上升到 24%[①]。2006 年，用浮游动物和底栖动物的种类、数量和多样性数据对海河水质污染情况进行评价。结果显示，71%的水功能区水质不达标，其中，徒骇马颊河水系、黑龙港运东水系、漳卫河水系、子牙河水系超标严重（超标河长达到 60%～80%）。

d. 污染状况改善阶段（2007 年至今）

该阶段海河流域总体水质由重度污染转变为中度污染，劣Ⅴ类水质断面比例由 2007 年的 53.1%下降到 2020 年的 0.6%，而Ⅰ～Ⅲ类水质断面比例由 2007 年的 25.9%上升到 2020 年的 64.0%，流域水环境质量明显改善。

2）海河流域治理历程

a. 洪涝灾害防治主导阶段（1949～1971 年）

中华人民共和国成立以后，党中央、国务院非常重视海河流域的水利建设，这一阶段海河流域的管理以颁布和实施防洪抗旱等水利规划为主。自 1951 年开始分河系进行以防洪为主的规划工作。1952 年河北省水利厅编制了《大清河流域规划》。1953 年水利部设计局编制了《永定河流域规划》。为了有计划地治理海河，水利部于 1955 年 1 月提出《海河流域规划任务书》，同年 8 月国家批准了规划任务书，由北京勘测设计院负责组织编制。1956 年制定了《海河流域规划》。1957 年编制了《海河流域规划（草案）》，提出在太行山和燕山出口处建设一大批大中型水库以调蓄洪水，控制径流；中下游适当利用洼地滞洪并整治河道，开辟减河，使各河系自成体系，解决尾闾不畅问题。该规划是海河流域第一个全面的综合性规划，主要包括防洪、除涝、灌溉、城市供水、航运、水能开发和水土保持等内容，为海河流域掀起第一次流域综合治理高潮提供了依据。

1963 年 9 月 21 日，中央救灾会议决定全面治理黄河、淮河和海河。毛泽东主席提出“一定要根治海河”，号召人民群众投身到“根治海河”运动中去。1963 年海河流域发生了特大洪水灾害，刘少奇提出了“上蓄、中疏、下排”的治水方针，为根治海河指明了方向。1964 年 5 月，水电部党组、河北省委向党中央、国务院提出了《关于海河规划工作

① 国家环境保护总局. 2006. 2005 中国环境状况公报.

及近期工程安排意见的报告》，确定首先在“63.8”洪水危害最重的子牙河水系打一个歼灭战，决定组建根治海河指挥部和水电部海河勘测设计院，并部署了海河流域治理规划的编制工作；当月，国务院谭震林副总理在北戴河主持召开了黄淮海三河规划座谈会。1964年9月，水电部海河勘测设计院提出了《海河流域轮廓规划意见》。随后，领导部门确定规划工作分两步走，第一步编制防洪规划，第二步再编制综合规划。1965年秋，大规模“根治海河”运动展开，在党中央国务院领导下，海河流域各地分别成立相应的“根治海河”指挥部，以此作为海河治理的领导机构。1966年，水电部海河勘测设计院提出了《海河流域防洪规划报告》，提出了“上蓄、中疏、下排、适当地滞”的防洪方针，在此规划指导下，基本形成了海河流域防洪工程体系。

在防洪工程具体实施方面，1949～1957年，重点整修了旧时期遗留下来的残破堤防，兴建灌渠工程，并对部分中下游河道潮白河、大清河进行了初步治理，使之能抵御低标准洪水；同时，在永定河上游修建了海河流域第一座大型水库——官厅水库。1958年，为了拦蓄洪水、发展灌溉和电力事业，在上游山区修建了20余座大型水库和一大批中小型水库，同时开展了水土保持工作；在中下游平原地区进行了灌渠和机井建设。1963年，采取了蓄泄兼施综合治理的方针，除积极扩建和加固上游山区大型水库，提高防洪安全标准外，还发动群众对中下游河道进行了疏浚、扩挖和全面治理，增宽了入海通道；与此同时，还进行了大规模的农田水利建设和改土治碱工作。1965年，国务院批准按鲁北1964年雨型排涝、1961年雨型防洪标准对徒骇河、马颊河进行扩大治理。河北省从1965年起于每年冬、春两季组织动员四五十万民工进行海河工程会战，形成了前所未有的群众性根治海河运动。工程分1964～1973年、1974～1980年两期实施。1965年冬至1966年春的黑龙港除涝工程，对黑龙港地区9条骨干河道进行疏浚治理。1966年冬开始治理子牙河水系，1966年冬至1967年春开挖子牙新河，打通子牙河水系直接入海通道。1967年冬至1968年春，开挖滏阳新河并加固滹沱河北大堤，使滏阳新河与滏阳河并行，减轻滏阳河排水压力，与子牙新河对接，这样子牙河水系的洪水问题得到基本解决。1968年冬至1969年春，扩挖独流减河并加固北大港围堤，以分泄大清河水，在天津南部大港区入海。1969年冬至1970年春，治理大清河南北支，疏通拓宽原有河道，增强行洪能力。1970年冬至1971年春，开挖永定新河和北京排污河，在天津北部北塘入海。

b. 污染初始阶段（1972～1996年）

1972年，官厅水库水质明显恶化，威胁人民饮用水安全，周恩来总理下达十几次具体指示，北京市成立官厅水系水源保护领导小组办公室进行专项治理，并由此诞生了一项中国独创的环境管理制度——“三同时”制度。当年，周恩来总理批准成立官厅水库水污染治理办公室，这标志着中国水污染治理的起步。1980年4月海河水利委员会成立，以加强海河水系的统一规划、统一治理和统一管理；1982年制定了海河流域第一个洪水调度方案即《海河流域各河防洪调度意见》；1986年制定了《海河流域防御特大洪水方案》；1980～1986年，组织编制完成了《海河流域综合规划》，规划以“全面规划、统筹兼顾、综合利用、讲究效益”为指导方针，涵盖了防洪、供水、除涝治碱、水资源保护、水土保持、水利管理等内容，使流域层面的水资源开发、利用、保护、管理走上了法治化和规范化的轨道；1987年发布《海河流域防洪规划》，继续坚持“上蓄、中疏、下排、适当地滞”的治水方针，巩固完善海河流域的防洪体系；1991 年，根据水利部的统一要求，海河水利委员会成立副局级水资源保护局；1993～1994 年，根据各河防洪工程现状，重新制定了永定河、大清河、漳卫河洪水调度方案；1993 年 11 月，国务院批准海河流域第一部流域综合规划《海河流域综合规划》；1995 年，山东省发布了《关于加强水污染防治工作的决定》，明确提出了徒骇马颊河流域 1997 年重点污染源达标排放的工作目标。

“根治海河”运动在 1972～1980 年主要以续建、扩建和提高防洪标准为主，扩挖疏通漳卫河，开挖漳卫新河，分泄海河南系洪水入海，完成了蓟运河、引泃入潮、潮白河吴村闸下复堤、青龙湾减河疏浚和北运河输水等工程，完成了官厅、陡河、岗南、册田等水库的加固，不同程度地提高了水库保坝标准，官厅水库还扩建了溢洪道，使总库容达到 41.6 亿 m^3，泄洪能力达到 6000m^3/s，相当于 1000 年一遇洪水设计、10000 年一遇洪水校核标准，为首都北京和下游广大地区的安全提供了保障。山东省和河南省也完成了对徒骇河和马颊河的治理。到 1980 年“根治海河”运动结束，基本改变了海河上大下小、尾闾不畅、灾害频发的状况，极大地提高了防洪除涝和灌溉能力。70 年代中后期开始，为解决水资源的供需矛盾，充分发挥水库的调蓄作用，华北地区大力推进机井建设，两次引黄济津、引岳济津；建设了朱庄、大黑汀、潘家口等大型水库，完成了引滦入津（北线）工程，引滦入唐（南线）工程。1979 年大规模排涝工程基本完成，海河流域拥有了战胜洪涝灾害的物质基础。1996 年海河南系发生了 1963 年以来最大的暴雨洪水，初步建成的“上蓄、中疏、下排，蓄滞排结合”“分区防守、分流入海”的防洪工程体系发挥了显著作用，共减少淹地 150 万 hm^2，减少经济损失 900 多亿元。

这一阶段，海河流域的水污染问题逐步显现，治理工作陆续启动。“三同时”制度刚刚建立之初，规范工业排污的措施还未实施，1973 年就暴发了白洋淀污染，1974 年暴发了蓟运河污染。1991 年海河水利委员会开展了流域入河排污口调查工作。北京市 1994 年投资 2.8 亿元用于水污染治理，完成 398 个治理项目。天津市完成了天津造纸厂、天津碱厂等大型污水治理工程。河北省投资 1 亿元完成了 362 项污染源限期治理项目，新建项目“三同时”制度执行率在 80%以上。除了污染源治理，海河流域还陆续开展了水土流失治理。海河流域有山区面积 18.9 万 km^2，水土流失面积达到 12 万 km^2，占山区面积的 60%以上，占流域总面积的 30%以上。由水土流失造成的对水源地上游河流的面源污染引起了高度重视。1980 年，开始开展以户包和“四荒”拍卖等形式的小流域治理和水土流失严重地区的重点防治工作；1983 年，对永定河上游进行治理，划定永定河上游水土流失国家级水土流失防治区；1989 年，开始治理潮白河密云水库上游水土流失；1991 年，开始治理滦河潘家口水库上游水土流失。1980～1995 年，累计完成流域水土流失治理面积 3.6 万 km^2。

1996 年，全国人大会议通过了《中华人民共和国国民经济和社会发展“九五”计划和 2010 年远景目标纲要》，将淮河、海河、辽河、太湖、巢湖、滇池水污染防治列为国家“九五”期间重点污染防治工作，“三河三湖”治理工作就此展开。1996 年颁布的《国务院关于环境保护若干问题的决定》要求，海河流域地表水水质应有明显改善。

c. 污染加重阶段（1997～2006 年）

这一阶段，水利部门和环境保护部门协同开展海河流域治理，在水资源管理和水污染治理方面均开展了大量工作。

“九五”期间，国家启动了“三河三湖”治理，通过制定区域和流域污染防治规划，实施重点污染物总量控制，开始了重点流域污染治理工作。1999 年国务院有关部门和流域内 6 省（直辖市）人民政府汇编完成了《海河流域水污染防治规划》，要求海河流域 4 省 2 市应分两步完成排污总量削减任务，海河流域实现水质目标应特别重视污水资源化，全面推行产业结构调整，贯彻“关、停、禁、改、转”5 字方针。1999 年 3 月国务院正式批准这一规划，要求到 2000 年全流域工业企业排放的废水达到国家规定的标准，城镇集中饮用水源水质达到Ⅱ类标准，农村浅层地下水水质达到饮用标准，北京、天津、石家庄、秦皇岛四城市地表水水质达到功能要求。

“十五”期间，2001 年 5 月，国务院批复《21 世纪初期（2001—2005 年）首都水资源可持续利用规划》，成立 21 世纪初期首都水资源可持续利用协调小组，加强对官厅水库上游地区的治污力度，解决首都水资源短缺问题，保障首都水源安全和水质不断提高。2002 年 7 月至 2004 年 12 月，海河水利委员会编制完成《海河流域生态与环境恢复水资源保障规划》，规划在对流域生态演变和现状评价的基础上，提出用 30 年时间，将海河流域生态环境总体上恢复到 20 世纪 70 年代水平的总目标，相应生态需水 150 亿 m^3；这是我国第一部流域生态与环境恢复水资源保障规划，确定了海河流域生态与环境恢复的总目标，分析确定了河道、湿地、河口、地下水、城市河湖、水土保持 6 个生态要素所需水量，为恢复海河流域的生态与环境提供了较为可靠的科学依据；规划于 2005 年 7 月通过水利部审查。2003 年 5 月 12 日，国务院印发《海河流域水污染防治“十五”计划》，要求到 2005 年底前，海河干流及主要支流水质进一步改善，饮用水源地控制断面水质达到饮用水标准，主要污染物排放总量在 2000 年的基础上削减 20%～30%；建立总量控制指标和环境质量指标完成情况考核制度，切实加强对海河流域水污染防治工作的领导。2003 年，为加强水功能区监督管理，结合流域水资源综合规划，海河水利委员会再次组织进行了流域内水功能区入河排污口调查，初步掌握了流域水功能区入河排污情况，为规划编制和管理决策提供了宝贵的基础资料；11 月，海河水利委员会与流域各省（自治区、直辖市）水利厅（局）共同发表了《海河流域水协作宣言》，确定了海河流域水协作机制框架，这是我国第一部流域性治水宣言。2005 年，海河水利委员会组织制定了《海河流域水功能区管理办法实施细则》，划分了海河水利委员会与各省（直辖市）水功能区管理权限、管理范围。建设完成了海河流域水资源保护信息系统，出台了流域入河排污口分级管理方案，已有 19 个城市地表水水源地和 46 个地下水水源地划定了保护区。

在海河流域治理的水利工程方面，“九五”期间安排了海河干流、永定河、永定新河、独流减河、大清河、滹沱河、漳河、漳卫新河 8 条骨干河道的治理，完成了 831.16km 的堤防治理，河道、河口清淤土方 2569 万 m^3，有效提高了一级、二级堤防防御洪水的能力；加固海堤 159km，提高了河北省、天津市等沿海地区的防潮能力；安排了岳城、密云、黄壁庄、东武仕、洋河、大黑汀等 23 座病险水库除险加固；开工建设初盘石头水库、北京市滞洪水库、桃林口水库、大洺远水库等防洪水利枢纽，大大提高了漳卫河、永定河的防洪能力。2000 年 9 月，海河水利委员会组织实施了为期 6 个月的第六次引黄济津应急调水工程。“十五”期间，2001 年，海河水利委员会漳河上游管理局组织实施漳河上游跨省有偿调水，有效缓解了相关地区的用水矛盾；2002 年再次实施漳河上游跨省有偿调水；2002 年 10 月至 2003 年 1 月，海河水利委员会组织实施第七次引黄济津应急调水工程；2003 年，沿用第七次引水线路完成第八次引黄济津应急调水工程；2003 年 9 月，册田水库向官厅水库集中输水 5010 万 m^3；2004 年，沿用第八次引水线路完成第九次引黄济津应急调水工程；2005 年 11 月，实施引岳入衡输水工程。“十五”期间，新建了盘石头水库、滹沱河倒虹吸、永定河倒虹吸、唐河倒虹吸、河北王大引水等重点水源工程；实施的 4 次引黄济津应急调水工程，累计向天津供水 22 亿 m^3，确保了天津市的供水安全。

在海河流域水污染治理方面，“九五”期间，按照规划区、控制单元、控制断面对排污总量指标进行分解，调整升级造纸、制革、酿造、化肥等行业落后工艺，广泛推行清洁生产，工业污染源达标排放，要求因地制宜建设城市污水集中处理设施，到 2000 年所有河流水质均应有明显改善，为 2010 年全流域恢复水体使用功能打下基础。主要实施了六大骨干工程，包括重要饮用水源地官厅水库及潘大水库群保护工程、漳卫南运河污染控制工程、天津市水污染控制工程、污水集中治理保护渤海湾工程、子牙河污染控制工程，以及清洁生产、产业结构调整及污水资源化工程项目；同时，将农村环境项目及基础设施建设项目作为解决重要水环境问题的流域级重点项目，推动全流域的水污染防治工作，加强水污染防治的基础能力建设，避免短期行为和投资失误。1996 年 10 月底前，取缔关停了流域内小造纸等“十五土（小）”企业 264 家，1997 年又关停万吨以下草浆造纸生产线 6 条，削减 COD 6 万多吨；制定了重点污染源达标排放计划，对流域内日排废水 100t 以上的工业污染源下达了限期治理任务，并强化了执法监督，加强了对限期治理项目的调度检查；1998 年 8 月，对海河流域 10 家重点污染源采取了停产治理措施，促使多数企业把治污工程作为“生命工程”对待，增加了污染治理资金投入。通过修梯田、挖水平沟、建谷坊坝等工程措施和植树种草等生物措施，重点安排了潘家口水库、密云水库上游和太行山区水土保持生态建设工程，有效地改善了水土流失区生态环境及生产条件。“九五”期间完成工业点源治理投资 58 亿元，城市污水处理厂建设投资 47.4 亿元。到 2000 年底，海河流域削减 COD 132 万 t，削减率为 45.4%，但与原计划的总量削减任务还有一定的差距。其中，天津、山东完成了 2000 年目标。“十五”计划规划了城镇污染治理工程、城市水资源保护工程、强化管理工程三类工程项目，主要包括建设城镇污水处理（含污水回用）工程 213 座，企业结构调整及清洁生产项目 41 个，对流域内六省市确实不能稳定达标的工业污染源提出关停并转计划，特别是化工、制革、制药、染料中间体及印染，工业点源治理项目共 154 项，截污导流和河道清淤项目 20 项，流域、区域综合整治项目 61 项，生态农业示范县建设项目 17 项，打井 5300 眼，环境监测能力建设项目 44 项。项目完成后，海河流域具备削减 COD 60.5 万 t/a、NH_3-N 6.4 万 t/a 的能力。到 2005 年，“十五”计划已完工项目 278 个。“十五”期间海河流域水污染物排放量呈下降趋势；2005 年，全流域废水排放量 54.3 亿 t、COD 排放量 144.2 万 t，与 2000 年相比削减了 4.6%。“十五”期间全流域水土流失治理面积达到 5200km^2，以小流域为单元的综合治理稳步推进。

尽管海河流域治理开展了大量工作，但水污染问题仍然严重，水环境质量甚至在恶化。1996 年，海河水系水污染问题比较严重。一些重要的地面水源地已受污染或有污染威胁，包括水库在内，符合Ⅰ、Ⅱ类水质标准的占 39.7%，符合Ⅲ类标准的占 19.2%，属于Ⅳ、Ⅴ标准的占 41.1%。2006 年，海河水系总体为重度污染。63 个地表水国控监测断面中，Ⅰ～Ⅲ类水质占 22%，Ⅳ、Ⅴ类占 21%，劣Ⅴ类占 57%[①]。因此，海河流域水污染治理需要持续发力。

2006 年，海河水利委员会正式提出了《海河流域纳污能力及限制排污总量意见》，初步划定了海河流域水功能区限制纳污红线；2006 年 11 月，实施了引黄济淀生态应急补水工程，此次补水是 1949 年以来黄河水第一次流入海河流域的白洋淀，也是继引黄济津应急调水工程后，首次跨流域调水维持海河流域生态湿地的重要尝试。海河流域水污染治理、水环境和水资源管理面临着新的突破。

d. 污染状况改善阶段（2007 年至今）

进入“十一五”，2007 年，国家环境保护总局对长江、黄河、淮河、海河四大流域水污染严重、环境违法问题突出的 6 市、2 县、5 个工业园区实行“流域限批”，对流域内 32 家重污染企业及 6 家污水处理厂实行“挂牌督办”。2008 年，经国务院同意，环境保护部、国家发展和改革委员会、水利部、住房和城乡建设部联合发布《海河流域水污染防治“十一五”规划》，要求天津市海河干流入海水质达到Ⅴ类，北京市中心城区和新城城市水系水质平水年基本达到功能要求，流域 28 个集中式地表水饮用水水源地达到功能要求，跨省界断面水质明显改善，洨河、卫河等 27 个城市水域水质有所改善。将海河流域划分为四类区域，分区提出保护目标和治理措施。加强饮用水水源地保护，严格划定饮用水水源地保护区；加强工业企业深度治理，有效削减排放量，实行强制淘汰制度，加大工业结构调整力度，积极推进清洁生产，大力发展循环经济；严格环保准入，加快污水处理设施建设，有效控制城镇污染。治理湖库污染，在污染物总量控制基础上，实施面源污染控制，治理畜禽养殖污染，建设生态修复工程和生态屏障，提高水体自净能力。规划项目共 524 个，其中工业治理项目 269 个、城市污水处理及再生利用项目 234 个、重点区域污染防治项目 21 个。截至 2010 年底，完成规划项目 464 个，完成率 88.5%。2008 年水利部印发了《关于海河流域入河排污口监督管理权限的批复》，要求海河水利委员会和县级以上地方人民政府水行政主管部门应当对管辖范围内的入河排污口开展登记、整治方案编报、建档及统计、监测等工作。2008 年 9 月，晋冀两省开始向北京集中输水，北京市集中收水 3189 万 m^3。2010 年实施了引黄济津应急调水工程和引黄入冀应急调水工程。2009 年 5 月，水利部颁布了海河流域第一部流域性水利法规《海河独流减河永定新河河口管理办法》，标志着三河口管理进入法治化和规范化轨道。2009 年，首次向河北、山西、河南、山东沿河四省人民政府通报了漳卫南运河水系省际入河污染物总量，进一步加强了省界缓冲区监督管理工作。2009 年海河流域遭受严重干旱，白洋淀缺水形势严峻，启动了引黄济津济淀应急调水工程。2010 年 9 月，在北京组织召开的海河流域水污染防治专题会议，要求加大重点流域水污染防治工作力度，确保完成“十一五”目标任务。

进入“十二五”，2011 年 12 月，国务院印发《国家环境保护“十二五”规划》，要求海河流域加强水资源利用与水污染防治统筹，以饮用水安全保障、城市水环境改善和跨界

① 国家环境保护总局. 2007. 2006 中国环境状况公报.

水污染协同治理为重点，大幅减少污染负荷，实现劣Ⅴ类水质断面比重明显下降。2012 年 3 月，水利部海河水利委员会编制了《海河流域重要江河湖泊水功能区纳污能力核定和分阶段限排总量控制方案技术细则》；8 月水利部与北京市、天津市、河北省人民政府联合发布《北运河干流综合治理规划》。2012 年 5 月，经国务院批复，环境保护部、国家发展和改革委员会、财政部、水利部联合印发《重点流域水污染防治规划（2011—2015 年）》，涵盖了海河流域水污染防治形势、规划主要任务，以及治理方案；要求海河干流水质达到Ⅴ类，滦河、沙河、黎河、唐河、淇河等河流水质稳定达到Ⅲ类，北运河、大石河、卫河、小清河、饮马河、永定新河等河流水质基本达到Ⅴ类，主要入海河流水质有所改善。2013 年 3 月，国务院批复了《海河流域综合规划（2012—2030 年）》，提出流域水资源保护与水生态修复方案，明确了加强流域水资源保护与水生态修复的措施。2015 年 4 月，国家“水十条”开始实施，要求从 2016 年开始取缔“十小”企业，专项整治十大重点行业，集中治理工业集聚区污染；推动经济结构转型升级，节约保护水资源，加强水环境管理。2015 年 4 月 30 日，中共中央政治局审议通过《京津冀协同发展规划纲要》，推动京津冀协同发展重大国家战略实施，要求在京津冀交通一体化、生态环境保护、产业升级转移等重点领域率先取得突破。纲要明确提出要推进海河流域京津冀地区滦河、潮白河、北运河、永定河、大清河、南运河六条重点河流和白洋淀、衡水湖、七里海、南大港、北大港五大重点湖泊湿地“六河五湖”的生态治理与修复。

进入“十三五”，国家“水十条”任务在海河流域全面实施，打好污染防治攻坚战及其标志性战役相关任务在海河流域全面落实。2016 年 11 月，中共中央办公厅、国务院办公厅联合印发《关于全面推行河长制的意见》，要求在全国江河湖泊全面推行河长制，构建责任明确、协调有序、监管严格、保护有力的河湖管理保护机制，为维护河湖健康生命、实现河湖功能永续利用提供制度保障。2016 年底，《永定河综合治理与生态修复总体方案》的印发，标志着内蒙古、山西、河北、北京和天津五省市的北方大河的治理工作步入新阶段。海河水利委员会出台《海河流域重要水源地管理与保护方案》，推动重要饮用水水源地达标建设。2017 年 10 月，环境保护部、国家发展和改革委员会与水利部联合印发《重点流域水污染防治规划（2016—2020 年）》，要求海河流域 2020 年达到或优于Ⅲ类断面比例大于 44%，劣Ⅴ类断面比例小于 25%。在河湖长制的落实方面，截至 2018 年底，海河流域片各省（自治区、直辖市）全面建立了河湖长制体系，各级河长、湖长纷纷上岗履职，以河长制、湖长制为平台的治水格局逐渐形成。2018 年组织引黄入冀（济淀）工程向河北省输水 3.1 亿 m^3，缓解了沿线农业灌溉缺水及地下水超采情况，改善了白洋淀生态环境。2018 年 7 月，全国开展为期一年的河湖“清四乱”专项行动，严厉打击围垦湖泊、非法占用水域岸线滩地、非法挖沙取土、违规堆放存储垃圾等危害河湖生态环境行为。海河水利委员会对京冀晋三省（直辖市）22 个市（区）58 个县 65 条河段的 614 个河湖“四乱”问题进行整改，加强河湖水域岸线管理。

这一阶段，国家还加大了对海河流域水污染治理和水生态修复的科技支撑，从“十一五”开始，在海河流域及京津冀区域连续实施了三期项目。“十一五”期间，水专项“海河流域水污染治理技术研究与集成示范”项目，围绕海河流域水资源支撑力、经济社会发展力与河流生态维系之间严重失衡这一关键症结，研发了低污染河水/污水厂尾水 COD 湿地生态工程净化关键技术与集成技术，集成建立了非常规水源补给河流水质改善技术体系，取得非常规水源补给河流治理技术创新，实现了低污染水再生资源化利用；研发了“控源—净淀—节水—调控”一体化关键技术与集成技术，集成建立了北方草型湖泊富营养化和沼泽化防治技术体系，取得北方草型湖泊治理技术创新，形成了成套的治理技术与管理手段，有效支撑白洋淀“良好湖泊”的维系与管理。系统诊断了海河流域河流退化过程与驱动机制，提出了海河流域河流水污染治理战略方案，解析了海河流域水环境问题，并给出了“十二五”期间解决海河流域河流水环境问题的建议。“十二五”期间，针对海河干流水资源短缺效应与城市排水、工业污染、面源径流及农田排污高度耦合、河流水质管理缺乏整体统筹、河流水动力条件缺失等问题与技术需求，水专项集成研发了基于总量控制的河流分级水质目标适应性管理、工业园区控源减排与面源径流污染协同控制、高效气浮—快速过滤—在线柔性立体式组合生态床集成净化、集生态清淤—多级截控—生态净化于一体的重污染黑臭河道水质改善、海河干支流水量水质联合调控 5 项关键技术，并应用以上技术建成河道强化物化与生态复合净化示范工程、海河干流中游段工业园区控源减排与面源径流污染协同控制示范工程、海河干流中游段重污染支流河道综合整治与水质改善示范工程、海河干支流循环连通运行示范工程、雨水径流入河污染快速削减技术示范工程 5 项示范工程，形成了集“控源减排—河道整治—生态净化修复—干支流联通水质水量联合调控—水质目标适应性管理”于一体的特大城市缓滞流水体综合治理模式。

面对海河流域，尤其是京津冀区域严峻的水污染状况，面向京津冀协同发展国家战略，水专项“十三五”收官阶段将京津冀与太湖流域确定为两大综合示范区。根据京津冀协同发展先行启动区“一核、双城、三轴、四区”的规划，提出了水专项的“二体系、三廊道、三区域、三城市”，即“二三三三”研究战略。其中，“二体系”指管理体系及超净排放体系；“三廊道”指永定河、北运河、白洋淀—大清河；“三区域”是将国家划定的四区划分为中部核心区、东部滨海发展区和西部生态涵养区；“三城市”是指一核双城北京、天津，以及后来启动的雄安新区。据此形成了“一河贯通、双翼齐飞、一区分三片、三廊连三城”的任务布局。在此布局下，京津冀水专项的整体目标是以山水林田湖草为统领，结合京津冀协同发展、雄安新区和北京城市副中心等国家重大战略，在区域统筹“水资源优化配置、水环境综合整治和水生态重构建设”，聚焦永定河、北运河与白洋淀—大清河流域的生态廊道建设，着力突破北京城市副中心和雄安新区（白洋淀）水质提升、城市建设等重大问题。

2020 年，国家“水十条”、碧水保卫战、“十三五”流域规划等相关任务在海河流域均顺利完成，海河流域水环境改善为轻度污染，Ⅰ～Ⅲ类水质断面比例达到 64.0%，劣Ⅴ类水质断面下降到 0.6%，流域水环境质量明显提升[①]。

3）小结

海河流域地处京津冀都市圈，是华北地区最大的水系和经济社会发展的重要支撑，水资源开发强度大、水污染严重、水生态破坏等问题长期困扰流域治理与管理。尽管海河治理难度很大，但在中央的领导和各相关部委的大力支持下，在流域地方的共同努力下，经

① 中华人民共和国生态环境部. 2021. 2020 中国生态环境状况公报.

过多年努力，海河流域水生态环境质量得到大幅提升。通过梳理海河近 70 年的治理管理历程，将海河流域治理分为四个阶段，总结了各阶段治理管理的政策、规划、工程措施及其效果。海河流域治理历程及阶段划分如图 1-9 所示。

第一阶段（1949～1971 年）。该阶段的主要问题是旱涝灾害。海河流域的温带半湿润、半干旱大陆性季风气候，流域内典型的扇形水系结构及西北部高原山区与东部平原地形骤降三大因素共同导致了海河流域洪、涝、旱灾害频繁，但流域内水质良好。主要采取“上蓄、中疏、下排、适当地滞”的方针，建设形成了海河流域防洪工程体系。

第二阶段（1972～1996 年）。该阶段的主要问题是急剧的水污染。由于工业迅速发展，城镇化进程加快，污水排放量增多，逐年累积超过水体自净能力，水质受到严重污染，水生态环境遭到了极大破坏，并且由局部发展到全流域，形成“有河皆枯，有水皆污”的严重局面。应对海河流域水污染，成立官厅水系水源保护领导小组办公室，这标志着中国水污染治理的起步，催生了“三同时”制度的建立；1996 年海河被纳入“三河三湖”进行重点治理。

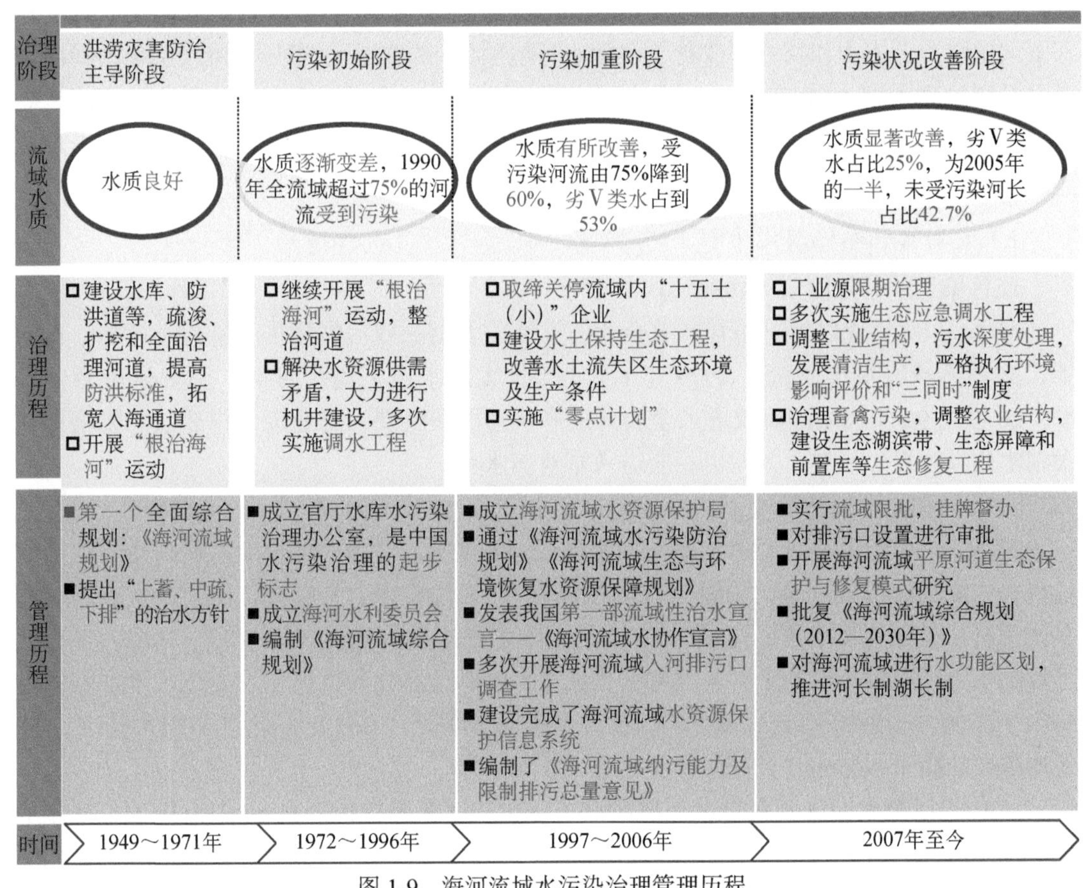

图 1-9　海河流域水污染治理管理历程

第三阶段（1997～2006 年）。该阶段的主要问题是遏制污染与污染加重并存。海河流域污染形势非常严峻，2/3 的河段失去了生态功能。在中央领导下，水利部门和环境保护部门协同开展了大量工作，制定“九五”“十五”海河流域水污染防治等计划，从国家层面统一对海河流域水资源和水污染问题进行治理管理，提升了流域治理管理能力。但是，水污染严重的局面并没有明显改善，甚至污染还在加剧。

第四阶段（2007 年至今）。该阶段的主要问题仍是水污染，但经过治理，污染状况得到明显改善。国家“水十条”、碧水保卫战及其标志性战役、“十一五”至“十三五”流域水污染防治等规划的实施，以及水专项的科技支撑，共同推动海河流域水环境质量改善。海河流域总体水质由重度污染转变为中度污染，2020 年，Ⅰ～Ⅲ类水质断面比例上升到 64.0%，流域水环境质量明显改善。流域水生态环境改善与京津冀协同发展国家战略的互馈机制正在形成。

1.2.2 重点湖泊流域水污染治理历程

1. 太湖

太湖作为国家重点治理的“三河三湖”之一，一直受到国家和地方的高度重视及社会各界广泛关注。自 20 世纪 80 年代开始对太湖进行治理算起，至今已经 40 多年，其间投入了大量财力、人力和物力，改善了太湖水环境质量，缓解了生态环境持续恶化的局面。通过系统梳理太湖 40 多年的开发与治理的历程，将太湖治理分为三个阶段：污染逐步暴发阶段（1980～1993 年）、污染和治理相持阶段（1994～2007 年）、污染逐步遏制阶段（2008 年至今），并对治理成效进行了总结。

1）太湖富营养化演化历程

a. 污染逐步暴发阶段（1980～1993 年）

20 世纪 80 年代以后，随着乡镇企业的发展，太湖流域污染物排放量持续增加。1989 年，太湖流域废水排放量是 1979 年的 1.7 倍，太湖水质平均为Ⅲ类，尚处于中营养水平；20 世纪 90 年代太湖流域进入全面开放和快速发展时期，工业废水排放量急剧增加，太湖水质降为Ⅳ、Ⅴ类，太湖也相应进入富营养水平。

b. 污染和治理相持阶段（1994～2007 年）

20 世纪 90 年代中期太湖全湖平均水质已达Ⅳ类水。其中 1994 年太湖高锰酸盐指数较高，入湖河道污染较重；总磷（TP）浓度在 90 年代出现上升趋势，而在“十五”时期有所下降，处于Ⅳ类水平；总氮（TN）是影响太湖水质的主要污染指标，其浓度一直处于较高水平，多数年份处于劣Ⅴ类水平，成为太湖水质恶化和水体富营养化程度加剧的重要因子。2001～2007 年，太湖水体 TN 年均浓度均高于 2.0mg/L，超过Ⅴ类水标准，TP 年均浓度均高于 0.05mg/L，超过Ⅲ类水标准。

1994 年以来太湖富营养化水平呈波动式变化，富营养化指数在 60 附近徘徊，整体呈现下降之势。2001 年太湖富营养化指数为 60.9，2003 年富营养化指数降至 60 以下，从中度富营养转为轻度富营养；2004 年开始，太湖富营养化程度加重，富营养化指数逐年上升，2006 年升至 63，2007 年水体污染状况略有好转，富营养化指数开始下降。

c. 污染逐步遏制阶段（2008 年至今）

2008 年以来，太湖富营养化程度呈持续减轻之势，2009～2012 年富营养化指数降至

60 以下。2012 年，太湖湖体水质 COD_{Mn} 和 NH_3-N 为Ⅱ类、TP 为Ⅳ类、TN 为劣Ⅴ类，浓度较 2005 年分别下降了 18%、71%、9%和 17%。除 TN 外，其他三项指标均达到《太湖流域水环境综合治理总体方案》确定的近期目标。2018 年，太湖 COD_{Mn} 为 3.90 mg/L（Ⅱ类），NH_3-N 为 0.16mg/L（Ⅱ类），TP 为 0.087mg/L（Ⅳ类），TN 为 1.38mg/L（Ⅳ类）。COD_{Mn}、NH_3-N 和 TN 指标已提前达到《太湖流域水环境综合治理总体方案》确定的 2020 年治理目标，TP 仍有一定差距。富营养化程度在巩固轻度富营养水平的基础上进一步改善。2019 年太湖水质为Ⅳ类，主要超标指标为 TP。2020 年，基于太湖 17 个国控点位逐月的监测数据，太湖 TP 平均浓度 0.08mg/L，TN 平均浓度 1.30mg/L。太湖营养状态指数 56，属于轻度富营养水平。

2）太湖治理历程

a. 污染逐步暴发阶段（1980～1993 年）

该阶段我国湖泊开始出现富营养化问题，科学家开始关注湖泊问题，对湖泊保护和治理的探索以调查诊断为主。1982 年江苏省承担国家科技攻关项目“苏南太湖地区主要城市水环境综合治理研究”。1983 年太湖流域综合治理召开了第一次会议并明确指出：充分认识太湖流域整治的严重性、重要性和紧迫性，局部利益要服从全局利益，太湖流域的治理不能从局部地区出发，只能从全流域出发，要有一个统一的治理规划，并要求各部门坚持团结治水，一同把太湖治理好。1987 年，水利部太湖流域管理局编报的《太湖流域综合治理总体规划方案》获得批复，重点是控制城市生活废水、工业废水的排放。

b. 污染和治理相持阶段（1994～2007 年）

该阶段湖泊治理先以“控源治污”的思路为主，后期以综合治理为主，主要体现为点源控制—点源与面源控制相结合；城市污染控制为主—城市与农村污染控制相结合；陆域污染控制为主—陆域与水体污染控制相结合。该时期生活及工业污水处理技术、湖泊污染底泥疏浚技术等技术得到了大力发展。由于太湖水环境的不断恶化，污染方面的问题不断凸显，该阶段进行了“太湖出入湖河道污染物总量及太湖环境容量的研究”“东太湖局部水域水质恶化原因及其防治对策研究”“太湖生态环境与污染源调查”等项目。对太湖的主要污染物质来源、数量调查和对太湖的环境质量进行了评估，弄清了水产养殖对东太湖地区水环境影响，提出了物理生态工程的思想，并通过实践不断发展完善。

1996 年国务院在无锡召开了“太湖流域环保执法检查现场会”，研究治理太湖富营养化问题，并将太湖作为我国水污染治理的重点“三河三湖”之一，编制了《太湖水污染防治“九五”计划及 2010 年规划》。

2001 年国务院批复实施了《太湖水污染防治“十五”计划》，其治理理念为“工程措施和管理措施”相结合。计划提出了以治污工程、生态恢复工程和强化管理工程等三大工程为主的治污方案。在湖泊富营养化的基础研究方面，开展了“湖泊富营养化过程与蓝藻水华暴发的机理研究”“土壤质量演变规律与持续利用”和“长江中下游湖泊富营养化过程机理与对策研究”等基础研究。在太湖流域，针对农村面源、湖泊水源地的水质改善和重污染湖区的底泥疏浚与生态重建等方面开展了湖泊治理的技术集成与工程示范，改善水环境质量，修复生态环境。

2002年科技部实施专项研究“太湖水污染控制与水体修复技术工程示范”课题，通过对太湖典型污染区域系统的研究开发，建立高效的集成技术，开展综合示范工程，形成我国典型的湖泊污染控制与水体修复技术支持。“十一五”时期，水专项紧密结合太湖流域水环境综合整治的科技需求，按照“控源+治河+生境改善+综合管理”相结合的思路，在太湖流域设置“太湖富营养化控制与治理技术及工程示范”项目。以湖泊富营养化综合控制成套技术研发和梅梁湾、苕溪两大综合示范区水质改善为目标，开展了太湖流域水环境系统调查、诊断和评估，制定太湖流域水污染防治及富营养化控制的思路和方案；针对流域乡镇工业污染问题，开展了源减排关键技术的研发与应用示范；针对农业面源污染型、复合污染型、闸控型、河湖连通型的入湖河流污染负荷削减问题，开展了入湖河流治理技术研发与应用示范；针对湖泊生境改善科技需求，开展了湖滨带生态修复、湖内控藻、调水引流及有毒有害污染底泥环保疏浚等技术的研发与应用示范；针对湖泊生态管理技术需求，开展了湖泊流域水环境预警预报技术与监管决策平台研发和应用示范，研究成果为科学治太提供有效的技术支撑。但这一时期整体来看，治理的速度赶不上污染的速度。

c. 污染逐步遏制阶段（2008年至今）

“十二五”时期，水专项启动了太湖富营养化控制与治理技术及工程示范，从流域出发，以太湖流域水质改善为最终目标，研发与集成太湖流域水污染治理与生态修复技术，提出太湖流域水环境改善综合方案；突破浅水湖泊营养物基准标准制定关键技术，建立我国东部浅水湖泊完善的营养物基准、底质基准和富营养化控制标准体系，以及营养盐达标减排技术体系；继续以“控源减排”为技术研发的核心，突破“乡镇污染行业节水减排和深度处理—区域面源综合控制”的系统“控源减排”技术和“湖荡湿地—入湖河流—湖滨缓冲区”为一体的“清水流域”修复技术；研发以湖泊水生态安全为目标的水华、湖泛应急技术及水资源优化调度决策平台。选择重污染湖区竺山湾及其邻近水域、太湖新城水网区和笤溪小流域三个重点工程示范区，实施水质改善和生态修复工程关键技术研发，开展工程示范；依托相关工程建设，实现点源基本控制，面源重点发生区得到有效控制；主要入湖河流水质消除劣Ⅴ类或提升1个等级；示范湖区水体消除劣Ⅴ类，控制大规模蓝藻水华不发生。2018年，太湖TN改善为Ⅳ类，COD_{Mn}、NH_3-N和TN指标已提前达到《太湖流域水环境综合治理总体方案》确定的2020年治理目标，但最近几年TP指标出现反弹，蓝藻水华暴发程度超过往年。

3）太湖管理历程

a. 污染逐步暴发阶段（1980～1993年）

1982年发布地方性法规《太湖水源保护条例》。1984年国务院批准成立长江口及太湖流域综合治理领导小组，对太湖流域的治理进行统一领导安排，同时批准成立太湖流域管理局，作为流域管理和规划的实体机构。1987年《太湖流域综合治理总体规划方案》得到国家批准，按照系统工程的方法，将太湖整个流域划分为八个子系统，通过对各子系统的渗透和调整，使全系统在防洪、供水和航运等多个方面达到优良，而后全系统反馈至各子系统，并做到重点和面上相结合，疏导与控制相结合，从整体到各部分被各地区所接受，也符合太湖流域内湖河“水网”这一独有的特点。1991 年国务院确定“八五”和“九五”的治太建设任务和目标。1991 年国务院召开第一次治淮治太工作会议，会议要求全面实施《太湖流域综合治理总体规划方案》确定的治太十项骨干工程，并将太浦河、望虞河、杭嘉湖南排工程列为国家“九五”重大工程，进一步治理太湖。

b. 污染和治理相持阶段（1994～2007 年）

1994 年底国家环境保护局和国家计划委员会联合召开三省一市治理太湖会议，拉开了综合治理太湖的序幕。1996 年太湖水污染防治领导小组成立，确立了执法控制工业和农业污染排放治理策略。同年，批准了《中华人民共和国国民经济和社会发展“九五”计划和 2010 年远景目标纲要》，将加强控制工业污染和城市环境治理作为治理战略，将太湖治污问题作为国家水污染防治的优先工作。1996 年 10 月 1 日，实施《江苏省太湖水污染防治条例》。1998 年，国务院批复《太湖水污染防治“九五”计划及 2010 年规划》，提出了工程措施和管理措施并重的污染治理战略。1998 年 12 月 31 日深夜，太湖流域开展工业污染达标排放的“零点行动”。1998 年，太湖的生态农业示范区建设和湖区流域部分河道底泥的清淤工作进展顺利，进一步保护饮用水源地，基本完成了禁止和限制销售与使用含磷洗涤剂的准备工作，水产养殖与渔业污染得到一定控制，年底前太湖流域工业企业、农业养殖业等排污单位的废水已基本达标排放。2001 年，国家环境保护总局联合监察部建立了太湖水系行政监察制度。同年，国家环境保护总局颁布了《淮河和太湖流域排放重点水污染物许可证管理办法（试行）》，这是我国第一部流域层面的排污许可证管理规定。2002 年成立“太湖流域引江济太领导小组”，统一领导和协调“引江济太”工作，并正式启动“引江济太”调水试验工程。从 2003 年起，国家环境保护总局向社会公布太湖流域水污染防治工作年度进展情况。2004 年江苏省召开整治违法排污企业专项行动电视电话会议，落实全省为期半年的整治违法排污企业行动方案，掀起新一轮严厉打击违法排污企业的专项行动，包括太湖流域违法排污问题。2005 年，国务院发布《关于落实科学发展观加强环境保护的决定》，侧重饮水安全保护和重点流域治理，加强水污染防治，把太湖流域作为流域水污染治理的重点，严禁直接向太湖排放超标工业污水，太湖流域各省市积极响应。加大了对太湖沿岸及集中式饮用水源地周边污染企业的监管力度，对化工行业开展专项整治。

c. 污染逐步遏制阶段（2008 年至今）

2008 年，由国家发展和改革委员会等部门牵头，会同江苏、浙江和上海两省一市编制了《太湖流域水环境综合治理总体方案》；建立了太湖流域水环境综合治理省部际联席会议制度和高效协调解决太湖治理工作重大问题平台；成立了太湖流域水环境综合治理水利工作协调小组，加快太湖流域水环境综合治理水利项目推进与实施。2009 年，江苏省人大常委会环资城建委召开座谈会，认真贯彻太湖水污染防治条例，促进太湖水污染防治的法治建设。

2010 年国家发展和改革委员会、水利部发布《太湖流域水资源综合规划（2010—2030 年）》。同年，国务院批复了《太湖流域水功能区划（2010—2030 年）》。2011 年国务院发布了《太湖流域管理条例》。2012 年环境保护部等四部门发布了《重点流域水污染防治规划（2011—2015 年）》。2013 年水利部发布了《太湖流域综合规划（2012—2030

年)》。2013年国家发展和改革委员会、环境保护部、住房和城乡建设部、水利部、农业部等发布了《太湖流域水环境综合治理总体方案(2013年修编)》。2014年，太湖流域管理局联合太湖流域省市水利厅(水务局)相关处室以及市水行政主管部门，召开了河湖专项执法联席会议，提出太湖流域“一湖两河”的行政执法联合巡查。2014年，浙江治理污水将“严”字当头，严格执行水污染物排放标准，落实太湖流域水污染物特别排放限值。2014年，江苏省正式实施《江苏省水环境区域补偿实施办法(试行)》，将单向补偿转变为双向补偿，进而扩大补偿范围，并对重点断面水质达标和饮用水得到安全保障的区域进行奖补。2015年，浙江省提出太湖流域未执行一级A排放标准的城镇污水处理厂全部实施一级A提标改造。2015年，江苏省太湖水污染防治委员会召开第九次全体(扩大)电视电话会议，研究部署2015年全省太湖水污染防治工作；会上，江苏省政府与太湖流域各市政府及省有关部门负责人签订了太湖水污染治理目标责任书。2015年，环境保护部和国家发展和改革委员会发布了《关于贯彻实施国家主体功能区环境政策的若干意见》，要求长江三角洲地区加强饮用水水源地保护，重点保护集中式饮用水水源地水质安全，遏制地下水超采，重点整治太湖水体污染。2015年，国务院办公厅《关于加快转变农业发展方式的意见》，要求加大对农业面源污染综合治理的支持力度，开展太湖等湖库农业面源污染综合防治示范。2015年9月，江苏省政府在无锡召开太湖综合治理工作会议，全面落实太湖综合治理各项措施。2022年，国家发展和改革委员会联合自然资源部、生态环境部、住房和城乡建设部、水利部、农业农村部印发《太湖流域水环境综合治理总体方案》，提出深入贯彻习近平生态文明思想，持续打造新时代全国湖泊治理标杆。

4)小结

如图1-10所示，我国太湖流域治理管理历程可以总结如下：

污染逐步暴发阶段(1980～1993年)：水质总体上开始恶化为Ⅴ类水质，开始重视，但投入力度不大，效果不明显。

污染和治理相持阶段(1994～2007年)：虽然开展了大量工程治理与科学研究，但是随着太湖流域社会经济的快速发展，污染一直居高不下，富营养化指数在60左右，污染和治理处于相持阶段。

污染逐步遏制阶段(2008年至今)：随着国家加大对“三湖”的重视及研发了大批技术并开展工程应用，治理效果比较显著，尽管流域社会经济的发展等带来的污染依旧较重，但水质总体上由劣Ⅴ类转为Ⅳ类，逐渐向好的方向发展。

2. 巢湖

巢湖是极具代表性的快速发展中地区的大型浅水湖泊。由于巢湖流域经济社会迅速发展，加之人口持续增加，大量工业、农业和生活污水排放入湖，导致湖泊污染负荷增加、富营养化加剧，蓝藻暴发，严重影响了合肥市、巢湖市的饮用水供给与安全，已经成为制约当地经济社会发展的重要因素。通过系统梳理巢湖近70年的治理历程，将巢湖治理分为三个阶段：治理启动阶段(1960～1995年)、全面治理阶段(1996～2005年)和治理提速阶段(2006年至今)，并对治理成效进行了总结。

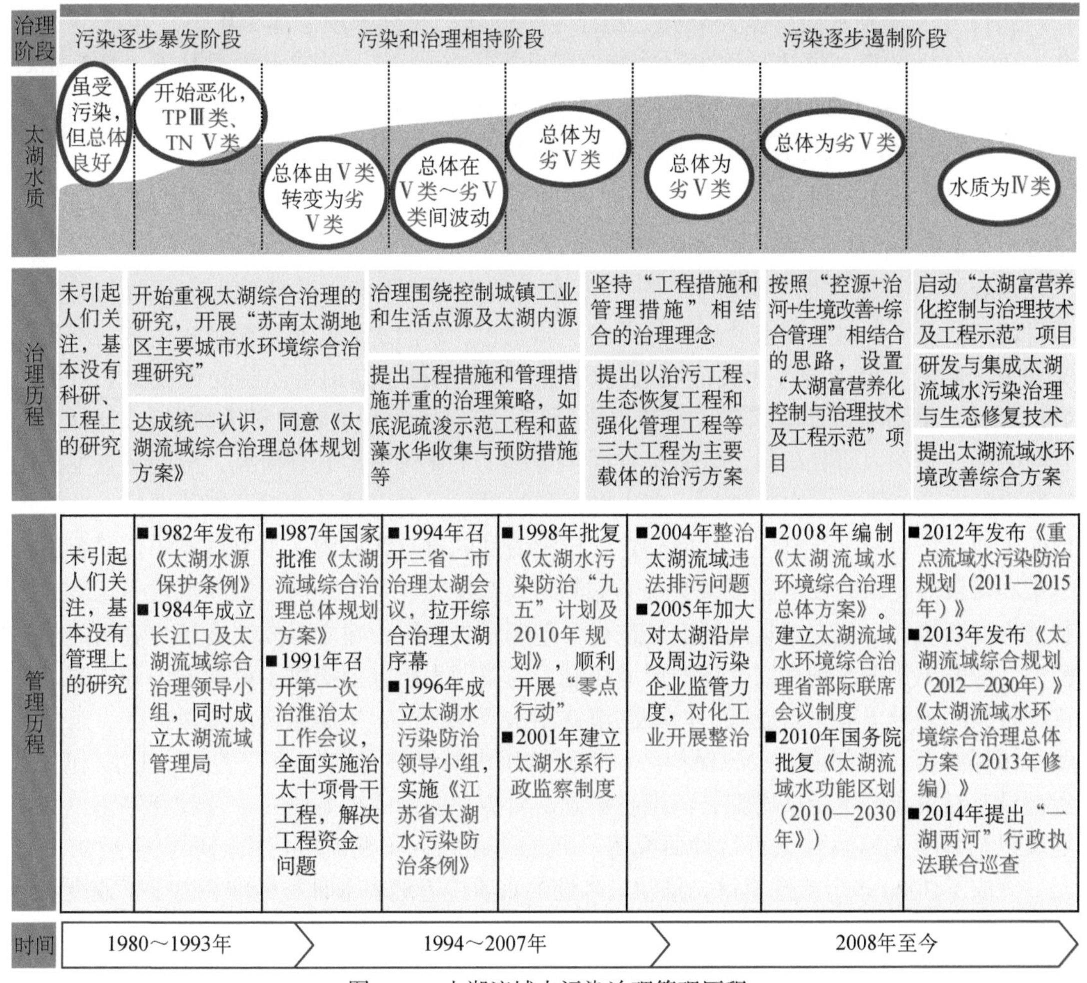

图 1-10　太湖流域水污染治理管理历程

1）巢湖水质演化

a. 治理启动阶段（1960～1995 年）

1962 年，在裕溪河上建成巢湖闸，切断了巢湖与长江的天然联系，使巢湖和裕溪河成为高度人工调控的水系。由于人工闸坝的影响，加上流域城市化和工农业生产活动步伐加快，20 世纪 70 年代开始，巢湖出现蓝藻水华污染现象，湖泊水质开始下降；80 年代，污染扩展到全湖；90 年代，全湖已经处于重度富营养状态，湖泊水质超过了国家规定的Ⅴ类水质标准。

b. 全面治理阶段（1996～2005 年）

“九五”时期，全湖已处于重度富营养状态，湖泊水质超过了Ⅴ类水质标准，均为劣Ⅴ类。“十五”期间，巢湖水质总体为劣Ⅴ类。

c. 治理提速阶段（2006 年至今）

“十一五”期间，巢湖水质总体为Ⅴ类，水生态环境总体状况没有根本好转。巢湖污染仍然严重，巢湖西半湖富营养化依然突出，但全湖总体上由中度富营养转为轻度富营养。2011年，巢湖水质总体为Ⅴ类。2012～2014年，巢湖水质总体为Ⅳ类。2015年，巢湖水质总体为Ⅴ类，湖体平均为轻度富营养状态。2017年，巢湖水质为Ⅴ类，超标指标为TP，超标倍数为1.16倍。2018年，巢湖水质类别为Ⅴ类。2019～2021年，巢湖水质上升为Ⅳ类。2017～2021年连续四年超标指标均为TP。

2）巢湖治理历程

a. 治理启动阶段（1960～1995年）

1982年，安徽省环境保护科学研究所牵头承担了“巢湖水域环境生态评价与对策”项目研究任务。针对巢湖水域环境的湖盆底质淤积、湖泊水质恶化形势及水体富营养化情况和巢湖闸的环境影响等相关问题进行研究，基本掌握了湖泊水体的变化规律和发展趋势；开展了巢湖水域环境综合评价和预测研究，获得了大量重要的科学数据和资料。“七五”时期，是深入研究阶段，安徽全省同步开展了工业污染源调查研究，全面调查了巢湖流域内的工业污染源分布、结构、废水和污染物种类，对区域污染源开展了评价，并对评价的工业污染负荷进行排序，从而确定了巢湖流域的重点污染源。多家科研单位联合进行了巢湖富营养化研究，开展了大量现场监测与模拟实验，基本摸清了巢湖富营养化的成因和发生发展规律；首次对巢湖的流场进行全湖测量与模拟，建立巢湖浓度场与流场的关系模型，探究出巢湖流场和浓度场的形成机制，为巢湖水质区划提供了科学的划分依据，并首次将巢湖划分出五个功能区，即巢湖市饮用水源保护区、中庙旅游水源保护区、东部渔业水源保护区、西部渔业水源保护区、塘西饮用水源保护区。“八五”期间，国家和安徽省都没有对巢湖开展专项研究，但围绕巢湖富营养化防治的控制研究一直没有停止，如生物操纵治理巢湖富营养化可行性研究等。政府直接投入巢湖流域污染治理资金近25.8亿元，完成了3000多个治理项目，巢湖东半湖的水质接近地表水Ⅲ类标准。由于工业废水治理进度缓慢，面源污染治理还未启动，巢湖流域的水污染治理仍未实现目标。

b. 全面治理阶段（1996～2005年）

从“九五”开始，巢湖被列入国家重点治理的“三河三湖”，加大了治理力度并实施了大量治理工程与科学研究。尽管受制于流域经济社会的发展压力，巢湖水质总体上仍为劣Ⅴ类，但这一时期巢湖经济社会发展速度总体不快，污染增速不快，水质恶化趋势得到一定缓解。1998年，巢湖底泥清淤工程可行性研究启动。2000年，实施了巢湖市水产局和巢湖管理委员会委托项目，其中包括生物操纵治理巢湖富营养化和巢湖渔业规划等项目；同年，实施了总体目标和水环境质量指标评价项目。“十五”期间，实施了《巢湖流域水污染防治“十五”计划》，共安排了49个项目，投资共计48.7亿元。巢湖流域水污染防治投入了大量的资金，应用了多种技术手段，水质恶化趋势得到控制，污染物排放总量下降，巢湖污染治理总体效果较好，但湖泊氮磷浓度依然超标。

c. 治理提速阶段（2006年至今）

“十一五”期间，水专项在巢湖实施了巢湖富营养化控制与治理及工程示范项目，主要包括工业污染源治理、农业面源污染治理、水质净化及水生态修复。选择作为巢湖市唯一水源保护区的巢湖东部典型重污染湖区的柘皋河与散兵镇以东的集中式水源功能区，面积为$10km^2$的湖区及其周边入湖河流小流域，作为巢湖饮用水源区水质改善关键技术研究与生态修复工程的主要示范区，开展入湖河流污染治理与生态修复技术及工程示范、湖泊直立堤岸基底改善与湖滨带生态修复技术与工程建设、湖泊饮用水水源保护区物理-生态净化与导流技术及其工程示范，以及饮用水源区生态调水方案研究；开展湖泊流域水源地水环境管理支撑技术研究及工程示范，研究制订巢湖流域水污染综合治理方案。"十二五"期间，水专项实施了巢湖水污染控制与重污染区综合治理技术及工程示范项目，包括重点点源氮磷削减与污染控制技术及工程示范、重污染河道旁路净化与河口湿地生态重建技术及工程示范、巢湖湖滨带与圩区缓冲带生态修复技术与工程示范、间歇性重污染入湖河流多源补水及污染削减关键技术与工程示范、巢湖重污染汇流湾区污染控制技术与工程示范研究 5 个课题。"十三五"期间，水专项实施了巢湖派河小流域水污染综合治理与湖体富营养化管控关键技术应用推广项目。项目以流域数字化精准化管控、小流域综合治理、巢湖水华控制为重点，形成了巢湖污染管控、污染治理和生态修复 3 大技术包，突破了湖底抽槽水动力收集扫除与捕获内源污染物 2 项关键技术，集成了湖泊-流域目标水质管理等 6 项成套技术，建成巢湖西北部 748km^2 污染综合治理示范区。

3）巢湖管理历程

a. 治理启动阶段（1960～1995 年）

"六五"之前，政府管理措施主要包括 1971 年成立巢湖湖泊管理处、1972 年颁布《巢湖湖泊管理条例》和 1979 年成立了安徽省巢湖管理委员会等。"六五"之前，巢湖水质污染较轻，因此还未引起社会的广泛关注，政府对巢湖的管理以巢湖资源的合理利用为主。80 年代初开始，国家实施了一系列与水环境保护有关的环境经济政策，并建立排污收费制度。巢湖流域逐步落实"预防为主，防治结合""谁污染谁治理""强化环境管理"三项政策和"环境影响评价""三同时""排污收费""环境保护目标责任""城市环境综合整治定量考核""排污申报登记与许可证""限期治理""集中控制"八项制度。1987 年，安徽省人大颁布了《巢湖水源保护条例》，这是巢湖流域污染治理的第一部地方政策法规，巢湖的水污染集中防治进入新阶段。1988 年，安徽省政府设置巢湖水源保护办公室。1989 年，为贯彻《巢湖水源保护条例》，安徽省及合肥市政府组织有关单位和重点企业负责人现场调查研究，制订治理方案，以保护饮用水源为目标，限期治理 18 家工业污染源。1991 年，安徽省成立以分管省长为首的巢湖污染综合治理领导小组，将巢湖的富营养化防治作为制定环境保护"八五"计划和安徽省碧水蓝天工程计划（1991～1995 年）的重点内容。"八五"时期，开展巢湖流域管理研究，提出了加强巢湖流域水资源管理和环境管理的对策建议；这一阶段的研究偏向于流域管理和政策研究，包括开展了巢湖流域水质、取水供水和排水，环境和水资源有关的法律法规条例及执行情况，以及水质监测和环境管理能力的评估。

b. 全面治理阶段（1996～2005 年）

"九五"时期，在亚洲开发银行和国家开发银行的资助下，污染防治的投资得到保障，水污染防治计划执行较好。巢湖流域有 51 家被定性为"十五小"企业，到期全部关闭。巢湖行署下达了"九五"期间重点老污染企业和水泥企业粉尘治理计划，对 52 家水污染企业和 32 家水泥企业实行限期治理，同时还实行环保第一审批权制度。1998 年安徽省人大颁布了《巢湖流域水污染防治条例》。同年，省政府批复了《巢湖流域水污染防治"九五"计划及 2010 年规划》，为促进计划实施，巢湖流域禁止销售和使用含磷洗涤用品。与上一阶段相比，巢湖环保政策由水源的保护转向水污染的防治，同时，加大了政策法规的落实。2001 年国家环境保护总局印发《国家环境保护"十五"计划》，目标是到 2005 年环境污染状况有所减轻，生态环境恶化趋势得到初步遏制。为确保"十五"计划落到实处，进一步加强了巢湖流域环境现场监督管理。2002 年国务院关于《巢湖流域水污染防治"十五"计划》的批复，主要要求实行水质目标管理，增加投资，加大治理力度，重视前端控制和清洁生产，以及面源污染治理。

c. 治理提速阶段（2006 年至今）

"十一五"期间，巢湖水污染监测体系初步建立，入河排污口水质和水量监测逐步开展。2007 年制定的《水利发展"十一五"规划》，其中提及巢湖水质较差，水污染严重，要加强生态建设和环境保护。2007 年，国务院发布《国家环境保护"十一五"规划》，把防治污染作为重中之重，加快产业结构调整，加大污染治理力度。同时，要加快巢湖流域污染治理，加快城市污水和垃圾处理，保障饮用水水源安全。2008 年，中央财政补助资金支持巢湖流域水污染防治"十一五"规划的城镇污水处理设施及配套管网、垃圾处理设施、工业污水深度处理设施、清洁生产、规模化畜禽养殖污染控制、区域环境综合整治等污染减排重点项目建设。2010 年，国家发展和改革委员会关于印发《促进中部地区崛起规划实施意见》的通知，要求加强巢湖等重点流域水污染防治，做好巢湖等大湖综合治理。"十二五"期间，财政部要求专项资金对巢湖流域污水管网建设集中支持。国务院要求加大环境保护和生态建设力度，加大巢湖等重点流域水污染防治力度，建立健全联防联控机制；加强巢湖等重点湖泊和湿地保护与修复；大力推进节能减排，坚决淘汰落后产能，限制高耗能和高排放行业低水平重复建设，严禁污染产业和落后产能转入，大力发展节能环保产业。2014 年，修订了《巢湖流域水污染防治条例》。同年，巢湖水质实现全天候自动监测，此后继续推进巢湖流域水污染防治项目建设，深化巢湖污染防治。建立生态环境协同保护治理机制，推进水权、碳排放权、排污权交易，推行环境污染第三方治理。2015 年，国务院印发《水污染防治行动计划》，重视农业面源污染控制，推动农业转型，推动经济结构转型升级。安徽省推进巢湖全流域湿地生态保护与修复工程。2019 年，安徽省公布了第二次修订的《巢湖流域水污染防治条例》，对巢湖流域水环境实行三级保护，自 2020 年 3 月 1 日起施行。

4）小结

巢湖流域治理管理历程可以总结如下（图 1-11）。

治理启动阶段（1960～1995 年）：水质总体上开始恶化，污染扩散至全湖，全湖富营养化，水质为劣Ⅴ类，开展一系列研究和治理，但投入力度不大，效果不够好，污染持续加剧。

全面治理阶段（1996～2005 年）："九五"开始，巢湖被列入国家重点治理的"三河三湖"，加大了治理力度，实施了大量治理工程并开展科学研究，受制于巢湖流域经济社会发展的环境压力，水质总体上仍为劣Ⅴ类，但该时期巢湖经济社会发展速度总体不快，污染增速不快，水质恶化趋势得到一定缓解。

治理提速阶段（2006 年至今）：随着国家加大对“三湖”的重视及水专项的实施，研发了大量技术并工程应用，治理效果比较显著，尽管仍受流域经济社会的发展等带来的污染影响，水质总体Ⅳ～Ⅴ类之间，总体上水质逐渐趋好。

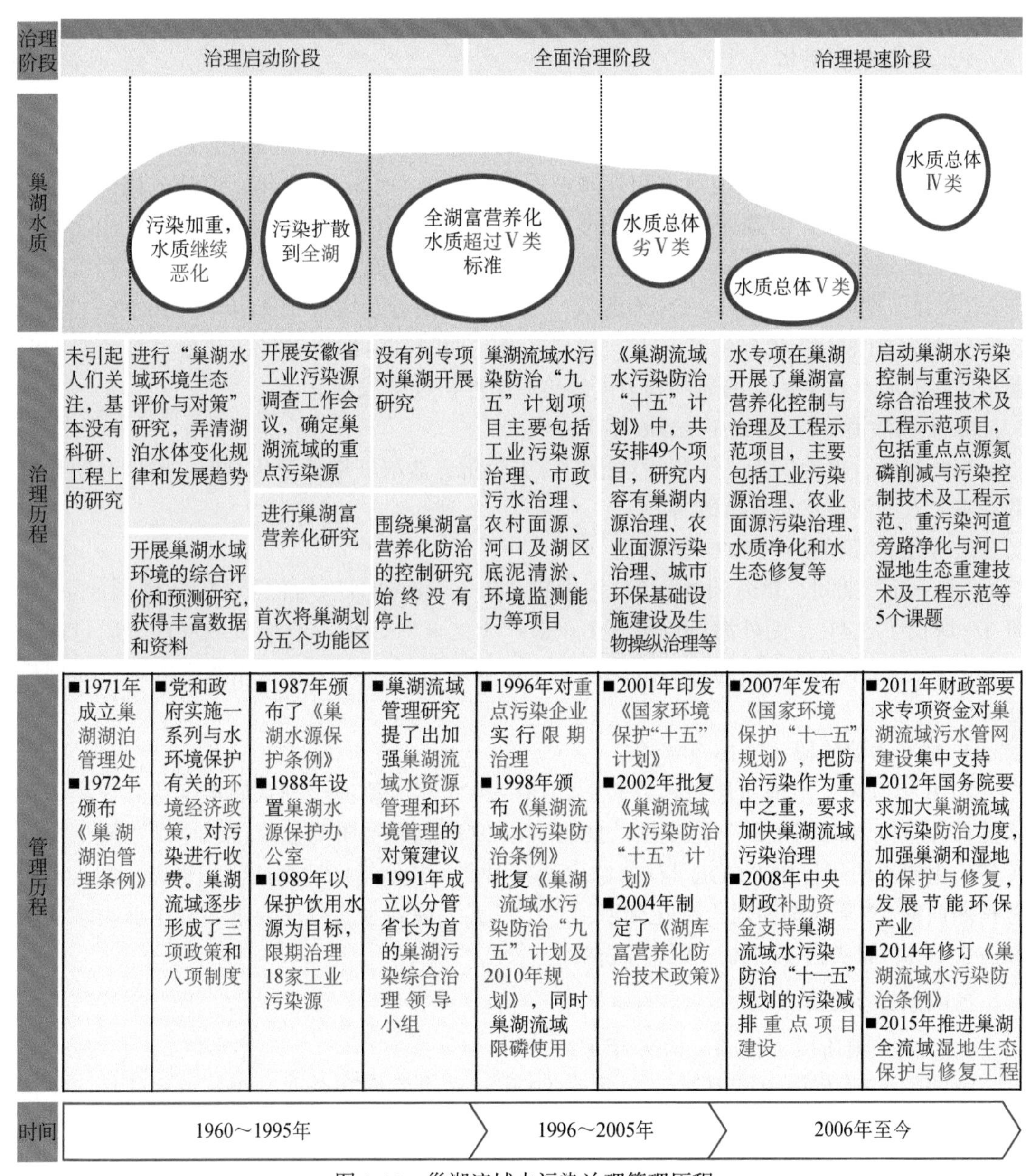

图 1-11　巢湖流域水污染治理管理历程

3. 滇池

滇池作为国家重点治理的“三河三湖”之一，也是云南省九大高原湖泊水污染防治最重要的任务。滇池作为典型高原湖泊，受气候变化与人类活动叠加影响，其治理历程对于我国湖泊治理具有重要示范意义（何佳等，2015）。迄今，滇池治理已有40多年历史，期间投入了大量财力人力物力，促使滇池生态环境恶化趋势得到了有效缓解。通过梳理滇池40多年的治理历程，将其分为四个阶段：1980～1995年为探索治滇阶段，1996～2006年为工程治滇阶段，2007～2015年为系统治滇阶段，2016年至今为精准治滇阶段（杨枫等，2022），并对治理成效进行了总结。

1）滇池水质演化

a. 探索治滇阶段（1980～1995年）

20世纪60年代以后，滇池富营养化不断加剧，湖水理化性质发生了迅速的变化，开始出现污染。70年代，滇池草海和外海水质均降为Ⅲ类水；1980年，滇池流域仍为Ⅲ类水质，水体可自净，沿湖城镇、农村的工农业用水及饮用水均取自滇池。80年代之后，滇池水质迅速下降，其TN、TP等主要营养盐浓度指标值升高较快，富营养化严重。其中，“九五”期间草海和外海TN浓度较“七五”时期分别增长了41.1%和36.5%，TP增长率分别为71.8%和42.2%。“八五”到“九五”期间是滇池流域经济社会发展最快的时期，此时流域水污染治理的速度和力度远落后于经济社会发展。

b. 工程治滇阶段（1996～2006年）

在此阶段，滇池实施了工程治理措施，主要营养盐浓度增长率相对前一阶段有明显降低，主要入湖河道水质有所改善。

c. 系统治滇阶段（2007～2015年）

“十一五”期间，草海和外海TN浓度较“十五”时期分别增长了13.4%和24.8%；草海TP增长了5.4%，而外海则降低了6.6%。“十二五”以来，滇池流域水环境质量逐年改善，滇池湖体水质企稳向好，入湖河道水质显著改善，集中式饮用水水源地水质保持稳定。

d. 精准治滇阶段（2016年至今）

2016年以来，滇池水质总体好转；2018～2021年，滇池全湖水质稳定达到Ⅳ类，但依然存在空间和时间上的不稳定性。2021年，滇池流域水质明显改善，全湖水质保持在Ⅳ类，主要水质指标中，COD与TP浓度达到Ⅳ类，其他指标达到或优于Ⅲ类；纳入国家考核断面的12条入湖河流全部达到滇池“十三五”规划水质目标要求，其中Ⅱ类水质断面占33.3%，Ⅲ类占41.7%，Ⅳ类占25%[①]。

2）滇池治理历程

a. 探索治滇阶段（1980～1995年）

滇池的治理从1980年开始，20世纪80年代城市发展和企业升级，滇池流域污染源由早先的以农业面源为主向以工业和城市生活源为主、农业面源为辅的结构转变（白龙飞，2012）。20世纪90年代滇池污染严重，建设项目侵占自然岸线，违规排放屡禁不止（赵娴，2009）。该阶段滇池入湖污染源主要为工业点源、城镇生活点源和农业面源，治理思路主要是在保障经济发展的前提下控制工业点源（何佳等，2010）。

治理措施包括实施工业源达标排放、建设城市排水管网和污水处理厂、开展滇池流域

---

① 中华人民共和国生态环境部. 2022. 2021中国生态环境状况公报.

绿化工程、对草海进行局部底泥疏浚等（昆明市滇池保护委员会，1993）。1991 年，昆明第一水质净化厂建成并投产运行，处理规模为 5.5 万 t/d（郭丽珍，2005），虽然其对城市点源污染起到的削减作用有限，至 1995 年污染削减负荷不足产生总量的 5%（何佳等，2015），但综合来看，该时期的工作为后期点源污染治理奠定了重要基础。

b. 工程治滇阶段（1996～2006 年）

1996～2000 年流域经济社会快速发展及人口快速增长，加剧了滇池污染。该阶段工业点源、城镇生活点源和农业面源污染成为滇池的主要污染来源。治理思路：全面开展工程项目建设，重点提升污水处理基础设施水平（和丽萍和赵祥华，2003）。

在工程措施上，该阶段投资达 115.4 亿元，工程内容前期主要为工业污染治理和城镇污水处理厂建设，后期扩展到截污工程和生态修复，但并未从根本上解决滇池的水污染问题。重视点源污染治理，整治入滇河道，进行城区排水管网改造，推进工业清洁生产，同步实施了滇池污染底泥疏浚、蓝藻清除、面山绿化、水生生态恢复等诸多工程。开展了达标排放"零点行动"，对流域重点工业企业进行拉网式检查，工业污染得到一定控制；逐步实施农村面源污染治理、内源污染防治及生态建设与恢复工程；先后建成并投运昆明市第三、第四、第五、第六水质净化厂，呈贡区和晋宁县污水处理厂、北岸截污泵站，进一步削减了入湖污染负荷，到 2006 年，污染物入湖负荷削减为产生负荷的 50%以内，工业点源控制初见成效。

c. 系统治滇阶段（2007～2015 年）

这一阶段滇池流域城镇化水平进一步提高，污染负荷产生量持续增长，陆域点源、农村和城市面源、内源污染和水土流失问题严峻（刘瑞志等，2012）。随着水专项"滇池流域水污染治理与富营养化综合控制技术及示范项目"的实施，滇池治理进入新阶段：治理的区域从湖盆区向全流域综合治理转变，治理的重点从主要注重滇池本身向充分考虑内外有机结合和统一治理转变，治理的时间从注重当前向着眼于长期综合治理和保护转变，治理的内容从注重工程治理向工程治理与生态修复相结合转变，治理的投入机制从政府投入向政府投入与市场运作相结合转变，治理的方式由专项治理向统筹城乡发展、转变发展方式、积极调整经济结构的综合治理转变。

在水专项的支持下，滇池治理的科学性、系统性不断加强，工业点源污染得到有效控制，对入湖河流、内源污染的重视程度不断提升。提出了以"六大工程"为主线的综合治污思路，全面实施环湖截污、农业农村面源治理、生态修复与建设、入湖河道整治、生态清淤等内源污染治理、外流域引水及节水工程；2009 年，新建了昆明市第七、第八水质净化厂，部分水质净化厂处理能力提升，处理工艺进一步优化，流域污水处理规模达到 113.5 万 t/d，出水水质均达到《城镇污水处理厂污染物排放标准》（GB 18918—2002）一级 A 标准，入湖污染负荷大幅削减，到 2015 年，污染物入湖总量占污染产生总量的 30%以下（何佳等，2015）。该阶段，特别关注由大规模水华暴发引起的水体黑臭现象。

d. 精准治滇阶段（2016 年至今）

2016 年以来，滇池水质总体好转，2018～2020 年滇池全湖水质稳定达到Ⅳ类，但依然存在空间和时间上的不稳定性。该阶段对流域点源污染的控制能力显著提升，入湖污染负荷主要来自面源污染、内源污染和水土流失。农业面源污染、雨季城镇污水溢流污染，已成为滇池流域主要污染源。该阶段滇池保护治理改变了过去“重点抓工程建设”的思路，形成了“科学治滇、系统治滇、集约治滇、依法治滇”的新思路，其实质是精准治滇。

在工程措施上，《滇池流域水环境保护治理“十三五”规划（2016—2020年）》开展了包含城镇污水处理及配套设施、饮用水水源地污染防治、区域水环境综合整治、环境管理类等共计101个项目，完成95个项目建设。《滇池保护治理三年攻坚行动实施方案（2018—2020年）》，明确了四大重点任务，即入湖污染负荷削减、河道双目标控制管理、科技支撑和实施评估，共计实施项目322个，完成310个项目建设。实施雨季溢流污染治理项目58个，完成57个项目建设。关停滇池流域重点区域采矿采砂采石点72个，恢复治理面积411.4hm^2，完成滇池面山造林补植及幼林抚育面积2666.7hm^2。开展滇池草海片区湿地建设和滇池湖滨湿地提升改造，完成湿地建设162.8hm^2，实施捞渔河、斗南等湿地提升243.7hm^2，完善古城河、白鱼河入湖口湿地补水系统等。

3）滇池管理历程

a. 探索治滇阶段（1980～1995年）

1980年5月1日，颁布《滇池水系环境保护条例（试行）》，作为滇池保护的第一部地方性法规，条例首次指出：凡是向滇池水系排放污水的单位，均要向环保部门登记领取排污许可证，排放的污水、废渣需缴纳排污费，规定了排污收费标准；要求农田少用和不用六六六、DDT等残毒农药，禁止使用汞制剂、砷制剂等剧毒农药。1981年，成立了“松华坝水库水系水源区管理委员会”，将对松华坝水库汇水区域划为水源保护区。1983年10月1日，原隶属曲靖地区的嵩明县划归昆明市，至此，滇池上游松华坝水源保护区不再跨行政区域，为保护水源、实现滇池流域系统化管理打下了基础。1988年，昆明市颁布实施了《滇池保护条例》，1989年，颁布实施了《滇池综合整治大纲》；1990年，正式成立昆明市滇池保护委员会，启动治滇工作。

b. 工程治滇阶段（1996～2006年）

1996年，滇池被列为全国重点治理的“三河三湖”之一，滇池水污染防治被列入全国环境保护“九五”重点工程。1998年，云南省编制的《滇池流域水污染防治“九五”计划及2010年规划》获得批复并实施，以中期规划为指引的滇池治理工作机制逐步形成。2002年4月，昆明市滇池管理局正式成立，在机构设置上进一步强化管理和治理滇池的职能。

c. 系统治滇阶段（2007～2015年）

在管理上，该阶段出台实施一系列重大制度举措，在制度上保障滇池水污染综合整治成效。2008年，昆明市成立了滇池流域水环境综合治理指挥部，统筹协调滇池治理工作。同年，昆明市对滇池流域主要入湖河流正式施行“河（段）长负责制”，极大地调动了各方力量综合整治滇池入湖河流。2010年5月，实施了《昆明市河道管理条例》；2011年3月，修订并执行《昆明市城市排水管理条例》。2013年，新制定并执行《云南省滇池保护条例》，对滇池保护区域进行分级划定保护，明确了各区域管理重点，滇池治理的系统性不断增强。

d. 精准治滇阶段（2016年至今）

在管理手段上，2017年滇池流域深化“河长制”，实行“四级河长五级治理”责任体系。2018 年成立滇池保护治理指挥部，依托河长制建立跨部门、跨行政区的联席会议制度。实施了两项创新性举措，一是对入滇河道实行“双目标责任制”，二是实施“河道生态补偿制”，进一步调动了各方的治滇积极性，机制性解决了滇池流域河道水质达标而湖体水质不达标的难题，促进水环境持续改善。2020 年发布《城镇污水处理厂主要水污染物排放限值》（DB5301/T 43—2020）[其 A 级标准各项指标，除 TN 外均已达到《地表水环境质量标准》（GB 3838—2002）Ⅲ类水标准]，根据各区域的水环境功能区划、水环境功能目标，以及水质现状，实行分区分级的污染物排放限值，治滇精准度大幅提升。

4）小结

滇池流域治理管理历程可以总结如下（图 1-12）。

图 1-12　滇池流域水污染治理管理历程

探索治滇阶段（1980～1995 年）：水质总体上开始恶化，外海总体Ⅳ类，草海总体劣Ⅴ类，尽管开展一系列研究和治理工作，但投入力度不大，治理成效不理想，污染一直持续加剧。

工程治滇阶段（1996～2006 年）：滇池被列入国家重点治理的“三河三湖”，开始加大治理力度，实施了大量治理工程并开展科学研究。尽管加大了治理力度，但受滇池流域经济社会发展等因素影响，滇池水质总体上仍为劣Ⅴ类且继续恶化。

系统治滇阶段（2007～2015 年）：随着国家加大对“三湖”的重视并实施水专项，研发了大量技术并工程应用，治理效果比较显著，尽管仍受流域内人口规模不断增加、经济社会发展等带来的影响，水质总体前期为劣Ⅴ类，后期转变为Ⅳ、Ⅴ类，总体上水质逐渐向好的方向发展。

精准治滇阶段（2016 年至今）：入湖污染负荷大幅削减，滇池水质总体好转，从重度污染变为轻度污染，实现了劣Ⅴ类到Ⅳ类的显著提升；2018～2020 年滇池全湖水质稳定达到Ⅳ类，但依然存在空间和时间上的不稳定性。该阶段形成了“科学治滇、系统治滇、集约治滇、依法治滇”的新思路，治滇精准性大幅提升。

1.3 水专项科技攻关与流域示范

1.3.1 水专项三阶段部署

2007 年，针对流域水污染防治迫切的科技需求，国家正式启动了水专项，开展理念与理论创新、技术与方法创新、体制与机制创新及综合与集成创新。水专项精心设计、循序渐进，分“控源减排”“减负修复”“综合调控”三阶段部署，组织一系列流域水污染控制与治理技术研究与综合示范。根据《国家中长期科学和技术发展规划纲要（2006—2020 年）》的要求，水专项实施的主要内容包括：选择不同类型的典型流域，开展流域水生态功能区划，研究流域水污染控制、湖泊富营养化防治和水环境生态修复关键技术，开展流域水污染治理技术集成示范等。

“十一五”期间，水专项主要以“控源减排”为核心，在流域治理方面开展了河流水污染治理、流域水环境监控预警等研究与技术示范。“十二五”时期，水专项以“减负修复”为核心，重点突破了面源污染控制和水生态修复关键技术，集成形成流域水环境治理整装成套技术等，重点在辽河、太湖、松花江等流域开展综合示范，引导环保战略性新兴产业发展。“十三五”期间，水专项以“综合调控”为核心，研发集成流域水循环与系统修复、流域水污染全过程治理等技术体系，支撑流域“山水林田湖草沙”系统治理，着重开展技术的标准化、规范化和系列化的研究和集成。

1.3.2 “三河三湖”布局与实施成效

水专项在任务布局上，统筹各相关流域，聚焦辽河、海河、淮河、太湖、滇池、巢湖

“三河三湖”等重点流域，以支撑重点流域水污染防治规划和国家“水十条”等重大计划实施为导向，系统梳理和设计技术研发与工程示范任务，分别设置了“河流水环境综合整治技术研究与综合示范”主题（简称河流主题）和“湖泊富营养化治理与控制技术及工程示范”主题（简称湖泊主题）开展河流和湖泊治理的技术研发，并实施了一系列工程示范。

河流主题旨在通过流域个性化问题的解决，研发和集成关键技术，破解各流域个性化难题，为流域治理和修复提供技术支撑；同时，总结凝练全国层面河流水污染治理共性技术，构建治理与管理技术体系，提升国家河流水污染控制与治理能力，形成了水专项技术研发和流域治理的矩阵式布局。湖泊主题旨在研发不同类型湖泊水污染治理和富营养化控制关键技术，并形成湖泊水污染和富营养化控制的总体方案；攻克一批具有全局性、引领性的水污染防治与富营养化控制关键技术；选择太湖流域作为综合示范区，其他不同类型典型湖泊和水库作为本专项技术示范区，有效控制示范湖泊、水库的富营养化，实现研究示范区水质显著改善，同时形成符合国情的湖泊流域综合管理体系，为我国湖泊水污染防治与富营养化全面控制、水环境状况的根本好转提供技术支撑。

1. 辽河

辽河流域是东北地区经济较为发达的工业集聚区和都市密集区。1949 年以来，经过半个多世纪的建设，逐步形成了以石化、冶金、装备制造业为核心的产业集群，工业种类齐全，是我国重要的原材料工业和装备制造业基地，建有北方最大的石化工业基地、国家级精细化工和催化剂生产基地，辽河流域河流重化工业污染严重。流域经济社会发展和城市布局的特点，致使流域水环境污染严重、治理难度大，具有结构性、复合性、区域性污染的特点。作为我国重化工密集流域的典型代表，辽河流域水专项以科技支撑水环境质量持续改善为核心，通过技术研发、综合集成和全流域的技术应用和工程示范，全面支撑辽河流域控源减排和水生态修复。突破流域重点行业清洁生产及循环经济、常规污染负荷持续削减、营养物大幅度削减、有毒有害等特征污染物有效削减的关键技术，研发流域非点源污染控制技术、湿地生态系统恢复重建与河流生态修复的关键技术，按照污染控制单元进行技术集成和应用示范，形成辽河流域冶金、石化、制药、化工、印染 5 大典型重污染行业整装成套技术，技术支撑辽河流域达到水功能区水质标准。围绕流域管理需求，开展管理技术综合示范，遵循“分区、分类、分级、分期”的水环境管理理念，建立辽河流域水环境生态、智能、科学的水污染控制与水环境管理体系；建立以流域水生态功能分区为基础，流域水质基准标准、流域水生态承载力、土地利用优化和控制单元容量总量控制等关键调控技术为主体的流域污染物减排管理技术体系，形成重点流域水生态功能分区方案及水生态承载力调控方案，以及流域水生态健康评估、水质基准、控制单元总量控制等平台，实现重点流域水质目标管理技术业务化运行。

辽河流域在水专项中的创新攻关任务定位为：推动、引领与支撑辽河流域水质改善、生态修复和流域综合管理；诊断、总结并提出辽河流域河流治理战略方案与生态修复/恢复方案，突破重化工污染河流污染控制与治理和管理技术原理、理论与方法，实践形成辽河流域污染控制与治理技术和管理技术体系。

通过水专项实施，全面支撑了大江大河管理机制创新——辽宁省辽河保护区的建设和发展。开展了辽河保护区生态治理与保护技术体系研究与示范，研究了辽河保护区湿地网构建、河岸带修复、河道综合修复和辽河保护区生态恢复管理等技术，支撑了辽河保护区划定主行洪保障区，并在全河段实现61万亩河滩地退耕还河、全面封育，形成了538km长的辽河保护区生态廊道，保障了防洪安全；将36条一级支流和排干汇入口全部设为污染控制单元，建设河口水环境综合整治工程，促进支流入干水质达标；在辽河干流两岸修建生态阻隔带700余千米，有效控制了面源污染。技术应用支撑辽河保护区治理保护取得突破性进展，促进辽河生态环境明显改善、生物多样性明显提高，为我国大型河流的生态恢复和保护提供了可行的技术途径。构建了涵盖重化工业污染控制、城镇水污染控制、农业面源污染控制与水生态修复技术的流域水污染控制技术体系，涵盖流域水生态功能分区、基于容量总量的控制单元水质目标制定、水环境风险评估、基准标准研制等技术的流域水环境管理技术体系；开展了技术体系的综合应用示范；支撑了从“十二五”到“十四五”辽河重点流域水污染防治和水生态环境保护规划的研编和实施，以及国家“水十条”辽河流域任务的落实；推动了分散式污水处理等技术的产业化，提升了流域水污染治理管理及产业化支撑能力，全面支撑了“辽河流域率先摘掉重污染‘帽子’”等重大行动，为流域水环境质量持续改善和东北老工业基地振兴提供了有力科技支撑。

2. 海河

海河流域作为我国重要的工业基地和高新技术产业基地，在国家经济社会发展中具有重要战略地位。主要工业行业有冶金、电力、化工、机械、电子、煤炭等，形成了以京津唐及京广、京沪铁路沿线城市为中心的工业生产布局。随着城市化进程的加速和经济的快速发展，水污染控制与治理已普遍成为当地经济社会发展的重要瓶颈，严重影响着区域经济社会的可持续发展进程。作为我国北方缺水地区非常规水源补给型重污染流域典型代表，海河流域水专项针对流域水资源匮乏、水污染重、水生态破坏，水环境管理机制和政策不健全等问题，研发低污染河水/污水厂尾水湿地生态工程净化关键技术与集成技术，建立非常规水源补给河流水质改善技术体系；建立北方草型湖泊富营养化和沼泽化防治技术系统，形成成套的治理技术与管理技术；提出海河流域河流水污染治理战略方案。研发河流分级水质目标适应性管理、工业园区控源减排与面源径流污染协同控制、重污染黑臭河道水质改善、海河干支流水量水质联合调控等关键技术。面向京津冀协同发展国家战略，以山水林田湖草为统领，统筹水资源优化配置、水环境综合整治和水生态重构，支持永定河、北运河与白洋淀—大清河流域的生态廊道建设，为海河流域和京津冀区域水污染防治和水生态环境保护提供支撑。

海河流域在水专项中的创新攻关任务定位为：推动、引领、支撑非常规水源补给型重污染河流水质改善和生态修复；诊断、总结并提出海河流域重污染河流治理战略方案与生态修复/恢复方案，突破在非常规水源补给主导条件下河流污染控制与治理技术原理、理论与方法，实践形成河流污染控制与治理技术和生态修复技术体系。

在海河流域，选取北运河上游开展非常规水源补给型河流水质改善与生态修复技术体系研究与综合示范，结合北运河上游清洁小流域建设、中心城污水处理厂升级改造等依托工程建设，支撑了 2015 年北运河北京出境断面 COD 浓度降低至 40mg/L，NH_3-N 降低至 5mg/L 目标实现；在北运河下游，依托北运河郊野公园、双街都市农业示范园、天津田歌纺织有限公司等，开展了北运河下游水系河道水质保持与生态修复、设施农业非点源污染控制等技术示范，支撑了北运河下游、潮白河、蓟运河中上游及潘家口水库入库污染河流氮磷、有机污染物等负荷削减，实现了河道水质达到地表水Ⅴ类标准；选取子牙河流域，开展制药、皮革、畜禽养殖等典型行业废水污染负荷削减的综合控制与净化全过程控制研究，技术支持建设了上游邯郸段、中游洨河段等水质改善工程，提高了河流水体与湿地生态净化能力，支撑滏阳河流域上游曲周断面、中游艾辛庄断面和下游小范桥断面达标；提出徒骇河、马颊河流域水污染综合控制途径，形成了生活污水和造纸等重点行业废水深度处理及回用集成技术和模式，实现徒骇河马颊河夏口桥、胜利桥断面达标率达 93.3%，前油坊、董姑桥断面水质显著改善，达标率提高至 30%和 56.7%。通过创新攻关、技术集成和综合示范，以科技支撑流域区域水生态环境改善，助力了雄安新区建设、京津冀生态廊道和格局构建，以及北京冬奥会等重大活动。

3. 淮河

淮河流域作为我国重要的粮食主产区及能源和制造业基地，在我国经济社会发展中具有十分重要地位。淮河流域河流天然基流缺乏，多闸坝调控严重，导致流域水体重污染问题突出。作为我国多闸坝重污染流域典型代表，水专项针对淮河流域水资源匮乏、水环境管理机制和政策不健全、控源减排任务艰巨、水生态系统退化等问题，建成贾鲁河流域水污染综合控制示范区、沙颍河流域农业面源综合控制示范区、清溴河流域水质达成关键技术集成研究与综合示范，使示范区水质根本性好转；实现化工、印染、造纸等行业废水深度处理与回用技术的产业化；突破典型行业工业废水毒害污染物全程控制、地下水污染防控、水生态修复及生态调度等关键技术，增强流域控氮及生态修复能力；建立一批淮河流域水污染治理技术平台，形成一支跨行政区域的水污染控制科技队伍；构建淮河流域污染控制技术与管理技术体系，为淮河流域经济可持续发展、节能减排及饮用水安全提供重要保障。

淮河流域在水专项中的创新攻关任务定位为：推动、引领、支撑淮河重污染河流水质改善和生态修复；诊断、总结并提出淮河流域重污染河流治理战略方案与生态修复/恢复方案，突破结构性污染河流污染控制与治理技术原理、理论与方法，实践形成河流污染控制与治理技术和生态修复技术体系。

在淮河流域，针对重污染子流域水质分期分指标达标、流域水环境质量提升共性关键技术研发、流域工业废水处理与资源化技术产业化的目标，在重污染支流贾鲁河流域（沙颍河上游）、清溴河流域（沙颍河中游）、八里河流域（沙颍河下游）、重污染入海河流（淮河下游）建设了 4 个综合示范区；形成了以城市污水为主、以工业与城市污水并重、以农业面源污染为主导、以高盐工业尾水污染为主导的不同类型典型子流域污控模式与技术体系，突破了缺乏基流型匮乏型重污染河流治理技术和典型工业行业毒害污染物全程控制技术，提高了流域水污染治理技术产业化水平，基本恢复了基流匮乏型重污染河流贾鲁河的水生态健康。

4. 太湖

太湖流域是我国城镇密集、区域城市化水平较高的地区，也是我国最发达、经济发展最快的地区之一。太湖作为我国典型的经济发达区域，其污染治理和生态保护对于我国湖泊流域的治理具有重要的示范和指导意义。太湖流域在水专项的重点流域中属于发达地区大型浅水湖泊，具有典型性和代表性，是水环境治理和保护的重中之重的湖泊，太湖流域的治理技术与管理技术突破及流域管理模式的构建对国家湖泊流域治理技术体系的形成十分关键。太湖流域水专项研究选择重污染湖区竺山湾子流域、太湖流域城市水网区、苕溪子流域和太湖重要汇水区宜兴市等综合示范区，重点突破以水质改善为核心的“污染源头控制—城镇与行业节水减排和深度处理—区域面源综合控制”的系统控源减排技术、“湖荡湿地—入湖河流—湖滨缓冲区”为一体的清水流域修复技术和流域水环境监控、预警和政策管理的关键技术，构建太湖流域富营养化防治技术体系，城市水环境综合整治、运营与监管技术支撑体系，从“水源到龙头”的饮用水安全保障技术体系，形成适合太湖流域水环境特征的水污染治理技术体系和水环境管理技术体系。建立流域尺度水环境管理系统并实现业务化运行，建立太湖流域环境监控预警与生态综合管理平台，综合运用法律、经济、技术及必要的行政等手段解决湖泊水污染问题。

太湖流域在水专项中的创新攻关任务定位为：针对太湖全流域水环境特征与主要问题，依据“全流域控制与湖泊治理相结合，控源与生态修复相结合，治理与管理相结合”的原则，以流域水环境改善为目标，以“减负修复”为核心，重点突破以水质改善为核心的系统控源减排技术、清水流域修复技术和流域水环境监控、预警和政策管理的关键技术，构建太湖流域富营养化防治技术体系，城市水环境综合整治、运营与监管技术支撑体系，形成以太湖流域为代表的重污染大型浅水湖泊流域水污染防治理念、技术路线和管理体制机制，支撑服务太湖流域地方水污染防治的科技需求。

在太湖流域，按照流域生态环境问题空间差异性和技术适用性，开展了西南苕溪清水入湖、西北氮磷负荷削减、东南河网水质改善、东北生态功能提升，以及太湖流域综合管理的太湖富营养化控制与治理成套技术综合示范。太湖西南苕溪清水入湖综合示范区，以农业、农村面源污染控制技术研发与综合示范为重点，完成了近 3500km^2 污染控制与水源保护技术研发与规模化应用，支撑了流域水质的全面改善，19 个省控以上断面水质达到或优于Ⅲ类比例由 2008 年的 77.8%提升到 2019 年的 100%，2019 年 COD_{Mn}、NH_3-N 和 TP 年均浓度较 2008 年分别下降了 23.1%、48.9%和 30.2%。太湖西北氮磷负荷削减综合示范区，以工业、城镇污染控制技术研发与综合示范为重点，完成了常州市 1100km^2 控源减排技术研发和应用，示范区水质由 2007 年断面达标率 27%提升到 2019 年的 96.8%，漕桥河、武进港、太滆运河等主要入湖河流水质由劣Ⅴ类提升到Ⅲ类标准。太湖东南河网水质改善综合示范区，以河网水质提升与饮用水源安全技术研发与综合示范为重点，完成了苏州主城区和嘉兴市域共 4700km^2 水质改善和饮用水源水质保障技术研发和应用，实现 2020 年苏州、嘉兴市控及以上断面水质好于Ⅲ类占比分别为 81%和 91%，河网区饮用水水源地水质稳定达Ⅲ类标准。太湖东北生态功能提升综合示范区，以湖滨带生态修复、湖泊水生植被恢复蓝藻水华灾害防控技术研发与综合示范为重点，完成了无锡市 750km^2 水生态功能提升技术研发和应用。宛山荡、贡湖湖滨湿地及五里湖等重要水体水质达到湖库Ⅲ类水标准，水生植被覆盖度从不足 5%提升到 50%以上，生物多样性指数显著提升，望虞河“引江济太”工程水质安全得到有效保障。同时，创新构建的蓝藻水华及湖泛预警平台实现业务化运行，研发集成深井灭藻、磁分离蓝藻打捞与厌氧发酵产沼资源化利用的成套技术装备，有力支撑了流域地方实施蓝藻水华高效防控。太湖流域水生态环境管理综合示范，以生态监测、生态考核，以及智慧平台建设技术研发与综合示范为重点，完成了水环境监管-水生态管理-智慧化决策成套技术研发和应用，创新了基于环境质量的排污许可制度实施，率先实施了太湖流域水生态管理体系和流域环境智慧管理决策平台业务化运行。

5. 巢湖

巢湖流域属于我国中部发展中地区，是我国的粮食主产区，也是安徽省重要的政治经济中枢、科教文化中心、高新技术园区、农副产品基地、铁矾铜矿产地、休闲疗养胜地，在区域发展战略中占有重要地位。巢湖流域在水专项的十大流域中属于发展中地区大型浅水湖泊，具有代表性，是水环境治理和保护的重要湖泊。随着巢湖富营养化的加剧，其供水功能难以维持，制约区域经济社会可持续发展。针对巢湖蓝藻水华频繁暴发问题，围绕流域水污染管控与巢湖减负及西北部入湖河流污染治理，“十一五”与“十二五”，巢湖流域水专项开展控源减排、减负修复，以及藻类应急防控技术研发、遴选、验证、完善和推广，建立智能化、数字化、可视化水环境目标质量管理平台；创新湖泊入湖河道上游小流域生态保育和水源涵养的清水产流、中游城镇化快速发展区减污治污与城市水环境服务功能保障、下游水质恶化防治与水质提升的小流域污染全过程治理集成模式，提供小流域单元控增量、减存量、分区分类的减污治污、水质改善、生态修复和湖体富营养化防控综合方案，以及相应的标准化、成熟化、系统化、规范化整装成套技术体系，形成快速发展地区湖泊流域城湖共生模式。

巢湖流域在水专项中的创新攻关任务定位为：推动、引领、支撑巢湖流域污染源控制与治理，构建基于入湖河流的污染控制、湖区的污染治理与生态修复和湖泊水源地的水质安全保障技术体系。

在巢湖流域，针对农业面源污染治理，建设了店埠河和元疃河农业清洁小流域示范区。在店埠河建成 60km^2 的农业清洁小流域示范区，建立了 1000m^2 的原位发酵床、880m^2 的异位发酵床、2300m^3 废水的沼气工程，养殖场废水排放达到了《畜禽养殖业污染物排放标准》（二次征求意见稿）（2014 年）中关于环境敏感区的排放标准。建成作为流域资源转化中心的 11000m^2 的生物肥料厂，年收集和处理养殖废弃物量达到 4 万 t，年产有机肥和育苗基质量超过 1.5 万 t，年新增价值达到 1100 多万元；以控流失肥、有机肥施用技术为核心，对资源化产品进行了 4 万多亩的技术示范和推广，在化肥使用减少 20%的情况下，保证农作物不减产，同时氮磷养分的流失率降低 25%以上。建立了农村生活污水及有机污染控制示范工程，覆盖人口 3.5 万人，生活污水出水水质达到城镇生活污水一级 B 排放标准。在 60km^2 的综合示范区内，COD、TN 和 TP 污染负荷总量分别削减了

3136t、471t、97t，基本实现了示范区畜禽养殖废弃物的趋零排放，农田养分流失和生活污染的低成本控制。制定了《畜禽养殖污染发酵床治理工程技术指南（试行）》，2015 年由环境保护部颁布实施，主要用于指导良好湖泊的农业面源污染治理。在元疃河建成一个 30km^2 的农业清洁小流域示范区，开展农田养分流失污染控制、养殖废弃物污染控制与资源化利用、河道生态修复技术推广应用，实现了种–养–废弃物资源化利用一体化覆盖；示范区年收集沼液 20 万 t，减少无机氮 0.18t/hm^2、磷 0.09t/hm^2，年减少氮 62t、磷 31t，氮磷流失减少 38.2%；农田污染控制示范区，小麦水稻示范和设施蔬菜分别减少氮磷流失 25.9%～34.6%和 22%～26.8%；河道生态修复示范区，河道覆盖长度 3.1km，生态沟渠减少氮磷流失 40%左右，COD、TN 和 TP 年排放削减量分别约 200t、40t 和 5t。养殖污染控制示范区解决了年出栏 1500 头生猪养殖场的废弃物排放问题，污染削减 90%以上，实现了废弃物的肥料化，有机肥厂增加收入 20 万元。以上示范工程有力支持了巢湖流域农面源污染防控，为湖泊流域水质改善提供了有力的科技和管理支撑。

6. *滇池*

滇池流域是我国重要的高原湖泊，流域水环境严重退化，水生态系统服务功能下降已经成为该地区可持续发展的瓶颈。作为典型的高原重污染代表性湖泊，滇池流域治理技术和管理技术的突破对我国高原湖泊污染控制技术体系和生态修复技术体系的构建十分关键。水专项针对滇池的湖沼学特征和现状，围绕当前迫切需要解决的关键科学问题，研究流域经济社会发展与滇池水环境保护的互作机理与调控途径，识别营养物在滇池流域系统中迁移转化的关键过程，制定滇池流域经济社会发展战略与水污染防治中长期战略规划与系统方案，开发科学有效的高原湖泊容量总量控制管理技术体系，揭示滇池富营养化特征和蓝藻水华周年发生的特殊规律，发展适应滇池流域的节水、控源技术方法体系，建立水环境、水土资源、水生态、经济社会数据库和系统管理的技术平台。以科技进步引导建立严格、有效的高原湖泊流域污染控制的管理体系。

滇池流域在水专项中的创新攻关任务定位为：推动、引领、支撑滇池流域水体治理、富营养化防治和管理平台建设；揭示高原湖泊水质风险形成机制、控制技术与原理，探索流域生态系统退化过程、修复技术与原理，完善和创新流域生态完整性管理机制与方法；突破点源、面源联合截污优化运行的高原湖泊污染源治理技术体系，集成重污染型高原湖泊入湖河流治理技术体系，研发与集成高原湖泊生态修复关键技术，完善和创新生态管理支撑技术体系。

通过水专项的实施，在滇池流域，创新集成了流域城镇污染源、湖泊内源系统控制，流域生态圈层构建与湖滨湿地功能提升，水资源高效利用及健康水循环体系等关键技术；完善了流域截污治污、生态修复与生态调控技术体系；创新了滇池流域治理、监管与综合调控模式。以农业产业“退、调、减”为指导原则，在滇池流域研发集成了万亩农田面源污染控制、新型都市农业面源污染控制、湖滨退耕区面源污染控制和面山水源涵养林保护关键技术，支撑形成了高原重污染湖泊面源污染综合控制成套技术。以上成果有力支持了滇池流域水污染治理和水环境保护规划、国家“水十条”和“十三五”碧水保卫战等相关任务的实施，提升了流域水环境治理管理能力，为滇池流域水质改善提供了有力的科技和管理支撑。

参 考 文 献

白龙飞. 2012. 当代滇池流域生态环境变迁与昆明城市发展研究（1949—2009）. 昆明：云南大学.

段亮，宋永会，白琳，等. 2013. 辽河保护区治理与保护技术研究. 中国工程科学，15（3）：107-112.

郭丽珍. 2005. 污水处理厂巴登福/卡鲁塞尔氧化沟工艺运行分析：以昆明市第一污水处理厂为例. 贵州环保科技，11（2）：19-23.

何佳，徐晓梅，陈云波，等. 2010. 滇池流域点源污染负荷总量变化趋势及原因分析. 中国工程科学，12（6）：75-79.

何佳，徐晓梅，杨艳，等. 2015. 滇池水环境综合治理成效与存在问题. 湖泊科学，27（2）：195-199.

和丽萍，赵祥华. 2003. “九五”期间滇池流域水污染综合治理工程措施及其效益分析. 云南环境科学，（3）：40-43.

昆明市滇池保护委员会. 1993. 关于滇池生态环境恶化及其综合治理方案的说明. 云南环境科学，12（3）：11-17.

李艳利，徐宗学，李艳粉，等. 2013. 辽河流域水质状况及其对土地利用/覆被变化的响应. 水土保持通报，33（2）：72-77.

李一平，唐春燕，余钟波，等. 2012. 大型浅水湖泊水动力模型不确定性和敏感性分析. 水科学进展，23（2）：271-277.

刘瑞志，朱丽娜，雷坤，等. 2012. 滇池入湖河流“十一五”综合整治效果分析. 环境污染与防治，34（3）：95-100.

马溪平，吕晓飞，张利红，等. 2011. 辽河流域水质现状评价及其污染源解析. 水资源保护，27（4）：1-4，73.

沈雨珣. 2017. 近代以来治淮思想变迁研究. 南京：南京农业大学.

奚姗姗，周春财，刘桂建，等. 2016. 巢湖水体氮磷营养盐时空分布特征. 环境科学，37（2）：542-547.

肖武，吕雪娇，王仕菊，等.2018. 基于格网的巢湖流域土地整治项目时空特征分析. 江苏农业科学，46（18）：248-252.

解振华. 2004. 以科学发展观为指导努力改善淮河流域水环境状况. 环境保护，（11）：4-9.

杨枫，许秋瑾，宋永会，等. 2022. 滇池流域水生态环境演变趋势、治理历程及成效. 环境工程技术学报，12（3）：633-643.

于紫萍，宋永会，魏健，等. 2021. 海河 70 年治理历程梳理分析. 环境科学研究，34（6）：1347-1358.

于紫萍，许秋瑾，魏健，等. 2020. 淮河 70 年治理历程及“十四五”展望. 环境工程技术学报，10（5）：746-757.

袁哲，许秋瑾，宋永会，等. 2020. 辽河流域水污染治理历程与“十四五”控制策略. 环境科学研究，33（8）：1805-1812.

张之源，王培华，张崇岱. 1999. 巢湖营养化状况评价及水质恢复探讨. 环境科学研究，（5）：50-53.

赵娴. 2009. 阳宗海和滇池污染的比较研究. 法制与社会，（13）：219-220.

Wang Y C，Wang W B，Wang Z，et al. 2018. Regime shift in Lake Dianchi（China）during the last 50 years. Journal of Oceanology and Limnology，36（4）：1075-1090.

第2章　流域治理策略与模式

实施流域统筹、综合治理，是国内外流域治理的共识和基本理念。流域统筹治理，应坚持目标导向、问题导向，并体现流域的系统性和整体性。为确保流域水污染治理的实施效果，可运用“三水统筹”和四分法。“三水统筹”指兼顾水资源、水环境、水生态，通过水资源优化配置、水环境质量改善提升和水生态系统功能恢复，实现流域统筹治理。四分法指流域分区、分类、分级方法及分阶段治理理念，为流域共性的水环境系统治理提供思路；当然，在体现统筹治理的基础上，于具体实施时，还要结合每个流域的不同特点，体现“一河一策，一湖一策”的个性化流域治理。流域治理模式上，应围绕持续改善水环境质量目标要求，从流域系统性出发，坚持污染减排和生态扩容两手发力，突出精准治污、科学治污、依法治污。坚持水资源保护、水环境治理、水生态修复“三水统筹”，坚持追根溯源，系统治理。本章在综合国内外流域治理经验的基础上，梳理总结我国流域治理的策略与模式。

2.1　国外流域治理经验

2.1.1　国外流域治理思路

1. 英国：分区分类联合共治

2013年，英国环境、食品和乡村事务部依据欧盟《水框架指令》对其境内水体质量进行检测。结果显示，英格兰和威尔士境内质量处于“良好”以上的水体仅占总体的27%。针对境内水体污染物来源的分布状况，英国政府从农业生产和城镇生活两个方面入手，解决水体污染问题，主要政策有以下3个方面：①强化农民在农业生产中的水体保护意识。首先在英格兰地区启动了“水域周边敏感地区农地管理项目”，向农民普及了农业生产造成水体污染的途径和危害的相关知识。②使用强制措施降低农业生产污染危害。依据欧盟有关指令，严格限制硝酸盐和磷化合物化肥使用的数量和时间，并对违反规定的农户处以重罚。③提供指导和资金，促使农户改变生产模式。英国政府设立了总额为21亿英镑的“环境监管项目”，与农户签订协议，确立其在水体保护方面的责任和义务。通过这一系列激励措施，当前英格兰地区70%的农地在农业生产中采取了控制或避免水体污染的耕种模式。

在城镇生活污染管控方面，英国政府首先将英格兰地区划分为66个水体区域，每个区域实行地方政府、社区，以及企业共同管理，并注重发挥社区的作用。2012～2015

年，累计投入 1000 万英镑，联合地方政府、社区和关注公共水体保护的非政府组织，推动社区机构加强水污染领域宣传工作，并支持居民区污水管道改造等活动，降低居民生活污水对公共水体的污染。与此同时，加强中央、地方政府和公路管理局的协作，提升水体保护在交通规划中的重要性。针对城镇生活垃圾对公共水体的污染问题，在与社区合作加强宣传的同时，主要通过重金处罚的方式予以控制。英国当前针对城市地区的河流、湖泊、海滨区域等公共水体建立了全面的监控体系，对向公共水体丢弃垃圾的个人最高处以 2500 英镑的罚金。

2. 韩国：总量管理分类防治

韩国在 20 世纪工业化发展时期，也发生过水质污染事故，事故伤痛的记忆及经济发展带来的环保意识提升，使韩国民众对水污染防治的关注度非常高。韩国政府也为此做了多方面的工作，制定了具有很强针对性和可操作性的水污染防治办法（李京鲜和曾玲，2007）。

韩国环境保护部门将水质污染的原因按污染源划分为点源污染和非点源污染两大类。点源污染指的是由固定排放源产生的污染，其中包括生活污水，占到了此类污染量的 60%；工业废水占 39%；畜牧业废水占 1%左右。非点源污染指的是道路、土壤中的污染物质和富营养化物质对地表水和地下水造成的污染。由于此类污染发生地点不固定、范围广，成为韩国政府关注和集中治理的重点。

韩国环境部根据不同的水质污染源类别制定了相应的防治办法。对于点源污染，主要通过建设污水处理厂，并根据污水的具体情况，进行物理处理、化学处理和生物处理。非点源污染治理起来则相对复杂，首先在农民中倡导正确的施肥方法，即在农作物对肥料需求旺盛时期集中施肥，其他时期少施肥，绝不过度施肥，以减少土壤中的富营养化物质；其次是在主要道路等污染源与水源地之间修复和加强自然生态系统，设置植被缓冲带，减少不透水层面积等。

韩国政府从 2004 年开始实行的水质污染总量管理制是治理水污染比较行之有效的办法。水质污染总量管理制是指各地方政府针对管辖区段的河川科学地制定水质目标，以此推算出为实现和维持水质目标最大的水质污染物容忍量，并据此规定污染物排放总量的管理制度。韩国环保专家认为，水质污染总量管理制的实施具有三方面的重要意义：第一是通过科学的水质管理，提高了环境治理的效率性，使环保和经济发展的矛盾最小化，提高了治污的针对性和灵活性。第二是规划细化到各级政府，细化到各排污源头，使各方责任明确，使政府和企业间、企业和企业间矛盾最小化，提高了管理的实效性。第三是在制定规划时统合上下游区域的意见，避免了地域间的矛盾，增强了管理制度的可操作性。

3. 德国：完善立法创新技术

在德国，人们可以享用到充足且优质的饮用水。除了德国水资源丰富之外，还得益于完善的立法、先进的环保技术和资源保护措施。在德国水法体系中最重要的是《水平衡管理法》。一直到 1949 年德国《基本法》通过前，水事务管理一直都属于各州自行管辖事务。根据《基本法》原第 75 条规定，德国政府对于水管理有框架性立法权限，但直到

1957年联邦议会才通过《水平衡管理法》。1976年德国利用经济手段对水体保护进行补充的《污水征费法》，才最终在水管理领域制定了德国范围内统一的法律性框架。这是德国首次按"谁污染谁付费"原则，收取环境保护费用。费率取决于排水数量和其所含有危害物的性质。污水排放收费能促进水消费者尽可能降低排放。收费资金由德国政府支配，专门用于支持水体质量保护和提高。

德国水资源管制和水体保护受到欧盟法律性规范的深刻影响。2000年12月，欧盟开始实施《水框架指令》，并要求到2015年所有水体在数量和化学两方面达到良好状态。数量状态良好是指地下水汲取和恢复能实现平衡。据统计，2008年德国已有95%地下水域能实现水质状态良好。2009年德国颁布新水法，在水务上从原来的框架性立法权限升级为完整立法权限。新水法在整体上承袭了原法规大量内容，但不只是条文重新表述和结构重新编排，更是大量吸收了各州水法中的内容，同时还将欧盟《水框架指令》及时转化为国内法，在德国历史上第一次实现了全国统一的、直接适用的水管理法。

德国对废水处理执行相当高的标准。德国联邦能源与水经济联合会的资料显示，与欧盟其他国家相比，德国的废水几乎100%按欧盟最高标准进行处理。"水供给和处理的长期安全性、高饮用水质量、高废水处理标准、高客户满意度，以及细心保护水源"的"五支柱"原则成为德国水务行业标杆（王思凯等，2018）。德国柏林水务中心CARISMO（carbon is money）项目以最大化利用污水中有机物质的新技术，获得了2014年德国可持续发展奖。CARISMO项目将污水处理厂初沉池改为混凝沉淀后，用滚筒将沉淀物和有机物过滤并送至污泥厌氧发酵，提高产气率，降低曝气池氧气消耗。不仅可节约能源，而且还能产生更多的能源。柏林的大型污水处理厂目前每处理1m^{3}污水需要消耗0.2～0.4kW·h的能量。然而，利用最佳可行性技术方案，废水中所含的有机物质完全转化为甲烷，反而每立方米污水可以在理论上产生甚至高达0.8kW·h的能量。研究者认为，到2030年，这一项目可以在不改变污水处理目标的前提下，将污水处理厂由化石能源的消费者转变为可再生能源的净生产者。

4. 法国：软硬兼施，合理利用

法国政府非常注重对水资源的污染防治，同时积极实行多管齐下的水资源治理模式，主要依靠法律与城市硬件设计维持了日常用水的安全与便利。

早在1964年，法国国民议会决议通过了《水法》与《水域分类、管理和污染控制法》。随着法国国民经济发展的变化与需要，《水法》在1992年得到了较大修改并沿用至今，进一步有效地支持保障了法国政府对本国水资源的治理。在法律实施原则上，《水法》体现了四大原则：首先是综合治理原则，该原则将水资源与其他资源一并纳入生态系统保护环节内，使得法国的环境保护体系保持完整性与系统性。其次是流域治理原则，《水法》规定法国国内水资源以流域为单位进行综合治理，当经济活动涉及排污、资源开发等水资源管理事项时，经营者必须遵循流域管理委员会的意见，"谁的流域谁负责"。再次是全民治理原则，除了法国政府及其下属的各级流域管理委员会外，民众也应广泛参与到水资源治理的环节当中，民众有监督相关管理机构的义务，同时民众代表也应对水资源治理问题提出建议对策，使水资源保护与治理"大众化"。最后是经济治理原则，这里的

“经济治理”主要是指利用罚金来规范并约束社会用水行为，旨在利用经济杠杆来保护法律的可实施性及环境的可持续发展（王锋，2015）。在法国，一方面向自然水域排放污水需得到严格审核，同时还需向流域管理部排污部门缴纳高昂的排污费，一旦超标便将收到重磅经济罚单乃至法庭传票。另一方面，污水处理与水资源再利用产业受到政府鼓励，具体的鼓励措施便是向这些产业发放补贴与资助。

法国在水资源保护及污染防治等方面之所以取得较高成就，除了依靠成熟的法律法规外，完善的人工水循环系统也使得整个社会尝到了合理利用水资源的甜头。法国的供水系统在设计之初便分为了两套系统，以巴黎市为例，一套是流入百姓家中水龙头的饮用水系统，另一套是主要供城市清洁与绿化的非饮用水系统。这些用于清洁路面，调整城市空气湿度的水最终会流入下水渠，污水在进入污水处理中心后，在物理过滤掉表层垃圾后，还要接受生物过滤，将污水中的富营养化物质消除掉，在完成这个环节后，水质即可达标，并可根据需要决定是否再次使用，抑或排入自然水域内。凭借着全市区长达 2200 km 的地下污水管线，巴黎得以较为“奢侈”地合理利用水资源进行城市清洁。

5. 瑞士：严格高效，普及净化

半个多世纪前，瑞士水生态环境建设也曾走过弯路。水资源利用的飞速发展，造成了严重的环境污染。当时，瑞士的湖水普遍遭到来自工业和生活污水的污染，污水收集率仅为 20%，水质环境持续恶化。日内瓦湖是欧洲中部地区最大的饮用水水源地。20 世纪 60 年代，日内瓦湖水体出现污染，生活污水和工业废水不经处理就被直接排入湖中。此外，周边农林业大量使用农药，对地下水也造成严重污染，到 70 年代中期，湖中鱼虾近乎绝迹，成为“死湖”。巴塞尔市的水源来自莱茵河，在 20 世纪中叶，生活废水、高毒性废弃物和工业废水的排放，导致莱茵河污染达到历史上最严重的程度（王思凯等，2018）。苏黎世市的露天和封闭河道曾经常被滥用于转移工业区和住宅区污水。直至污染的后果明显到眼可见、鼻可嗅的程度，比如出现河道散发恶臭、湖泊不再吸引人们游泳、动植物渐渐消失及洪水在频次和强度上激增等现象，人们才意识到，苏黎世水治理到了刻不容缓的地步。

严峻的形势使瑞士政府部门、私营企业和民间团体不得不坐下来商讨对策，并及时采取措施。瑞士的经验表明，从某种程度上来说，解决水污染问题只有一个办法：将废水排入自然水域之前首先要使其净化。过去几十年，瑞士投资数十亿瑞郎，建设了一项积极有效、遍及全国的污水净化工程。污水净化网遍布城市与村庄，数百个污水净化装置把下水道废水中的有害物质滤出。目前，瑞士民用水水价中，高达 2/3 是专门用来处理生活污水的。

瑞士水污染防治的另一条重要措施就是让水循环重新自然化。在近百年中被裁弯取直或被开凿成运河的河流及小溪，要重新变回河床，恢复河流的原有面积。目前，河流回归自然的工程已在瑞士各州全面展开。尽管费用高昂，但让河水重归自然有着非常重要的意义：保障生态平衡，预防洪水泛滥并强化水的自然净化能力。比如埃默河，由于人工改造，其河床左右是水泥砌成的河墙，河床变得笔直，从而使得河水急速地从布格多夫市流向其他地区。由于河床的宽度被水泥河墙所固定，河水无法向两岸扩展，造成河水流速快、力量大，不仅使两岸所有的植被根本无法生存，而且放大了洪水的危害。随着拦水装置的不断增设，这又对鱼类等的生存造成了致命打击。如今，治理后的埃默河南段已恢复了原来的河床模样。

经过近几十年严格高效的水污染治理和水环境管理，瑞士的水生态环境建设取得了显著成绩。今天，瑞士的城市工业废水和生活污水已经百分之百做到了经处理后再排放，瑞士的湖水甚至都已经接近饮用水的标准。在瑞士，水泉、溪流、河流和湖泊是人们休养生息的理想场所。

6. 日本：问责严厉，信息公开

日本在维护水资源安全问题上有过沉痛的教训。为了追求经济的快速发展和工业合理布局，日本曾忽视了环境问题，许多重化工业企业肆意向江河湖海排放废水，不仅污染了水资源，而且严重威胁居民的健康和生活安全。如九州地区的熊本县，由于当地的化肥厂直接排放含汞废水，当地居民患上了脑神经麻痹的怪病。从20世纪60年代起，日本各地连续发生多起水污染造成的社会事件，引起日本全国的强烈反响（吴阿娜等，2008）。在舆论的压力下，日本政府不得不下决心解决企业排污造成的水污染问题。日本首先从立法开始，短短几年，先后通过了《控制工业排水法》《水质污染防治法》《湖泊水质保全特别措施法》等法律，后来，日本又根据情况变化多次修改《水质污染防治法》。这样，日本主管部门和法律部门就可以依据这些法律监督和管理水资源，并调查和追究污染水质的责任方。

日本有关法律的最大意义，就是将水资源的安全和地方行政长官的责任联系到一起。相关法律和法规规定，各地行政长官是当地水资源安全的责任人，应依法对居民用水和水资源的安全进行管理和监察。因此，一旦出现水质问题，当地行政主要官员将被问责，问题严重的还会被追究法律责任。在这种法律和舆论的约束下，日本任何一级行政长官对水资源和居民用水的安全达标都不敢掉以轻心，尽心尽责地管理和监察水质的安全，否则不仅自己的“乌纱帽”不保，而且可能身陷法律纠纷。

日本为确保水资源安全，防止水污染，还建立了信息公开和居民查询制度。在许多城市，主管部门都在供水系统的各个环节设立了监控系统。如东京都，从上游水源到最终段的居民家庭管道，一共安装了10多个检测点，共有60多项检测项目，而且随时公布这些项目的检测结果。居民每天可以从东京都水道局的网站上看到有关信息。如果居民感觉自己家中的水质有问题，可以电话询问水道局，或登门查询，水道局必须给予说明，或上门检查。

为解决企业废水排放问题，日本政府采取了“鞭子加糖块”的政策。一方面，严厉打击非法排放的企业。日本对多起非法排放的企业作出严厉的处罚。另一方面，日本政府向投资建设污水处理系统的企业提供一定的财政补贴，还给予税率上的优惠。这些政策让企业知道，与其违法排污被罚高额罚金甚至企业倒闭，不如拿出些资金修建废水处理设施，还能得到政府的补贴，政策引导使日本在短时间内就杜绝了企业向环境排放废水问题。

2.1.2　国外流域治理案例

1. 英国伦敦泰晤士河

1）水环境问题分析

泰晤士河全长 346km，流经伦敦市区，是英国的母亲河。随着工业革命的兴起，河流两岸人口激增，大量的工业废水、生活污水未经处理直排入河，沿岸垃圾随意堆放。1858 年，伦敦发生“大恶臭”事件，政府开始治理河流污染（Sanner and Dybing，1998）。

2）治理思路及措施

一是通过立法严格控制污染物排放。20 世纪 60 年代初，政府对入河排污做出了严格规定，企业废水必须达标排放，或纳入城市污水处理管网。定期检查，起诉、处罚违法违规排放等行为。企业必须申请排污许可，并定期进行审核，未经许可不得排污。二是修建污水处理厂及配套管网。1859 年，伦敦启动污水管网建设，在南北两岸共修建七条支线管网并接入排污干渠，减轻了主城区河流污染，但并未进行处理，只是将污水转移到海洋。19 世纪末以来，伦敦市建设了数百座小型污水处理厂，并最终合并为几座大型污水处理厂。1955～1980 年，流域污染物排放总量减少了约 90%，河水溶解氧（dissolved oxygen，DO）浓度提升约 10%。三是从分散管理到综合管理（刘青，2021）。自 1955 年起，逐步实施流域水资源水环境综合管理。1963 颁布了《水资源法》，成立了河流管理局，实施取水许可制度，统一水资源配置。1973 年《水资源法》修订后，全流域 200 多个涉水管理单位合并成泰晤士河水务管理局，统一管理水处理、水产养殖、灌溉、畜牧、航运、防洪等工作，形成流域综合管理模式。1989 年，随着公共事业民营化改革，泰晤士河水务管理局转变为泰晤士河水务公司，承担供水、排水职能，不再承担防洪、排涝和污染控制职能；政府建立了专业化的监管体系，负责财务、水质监管等，实现了经营者和监管者的分离。四是加大新技术的研究与利用。早期的污水处理厂主要采用沉淀、消毒工艺，处理效果不明显。20 世纪五六十年代，研发采用了活性污泥法处理工艺，并对尾水进行深度处理，出水 BOD_5 为 5～10mg/L，处理效果显著，成为水质改善的根本原因之一。泰晤士河水务公司近 20%的员工从事研究工作，为治理技术研发、水环境容量确定等提供了技术支持。五是充分利用市场机制。泰晤士河水务公司经济独立、自主权较大，引入市场机制，向排污者收取排污费，并发展沿河旅游娱乐业，多渠道筹措资金。仅 1987～1988 年，总收入就高达 6 亿英镑，其中日常支出 4 亿英镑，上交盈利 2 亿英镑，既解决了资金短缺难题，又促进了社会发展（段宝相和黄丽娟，2023）。

3）治理效果

泰晤士河水质逐步改善，20 世纪 70 年代，重新出现鱼类并逐年增加；80 年代后期，无脊椎动物达到 350 多种，鱼类达到 100 多种，包括鲑鱼、鳟鱼、三文鱼等名贵鱼种。目前，泰晤士河水质完全恢复到了工业化前的状态。

2. 韩国首尔清溪川

1）水环境问题分析

清溪川全长 10.84km，自西向东流经首尔市，流域面积 51km²。20 世纪 40 年代，随着城市化和经济的快速发展，大量的生活污水和工业废水排入河道，后来又实施河床硬化、砌石护坡、裁弯取直等工程，严重破坏了河流自然生态环境，导致流量变小、水质变差，生态功能基本丧失。50 年代，政府用 5.6km 长、16m 宽的水泥板封盖河道，使其长期处于封闭状态，几乎成为城市下水道。70 年代，河道封盖上建设公路，并修建了 4 车道高架桥，一度视为“现代化”的标志。

2）治理思路及措施

21 世纪初，政府下决心开展清溪川综合整治和水质恢复，主要采取了三方面措施：一是疏浚清淤。2005 年，总投资 3900 亿韩元的“清溪川复原工程”竣工，拆除了河道上的高架桥、清除了水泥封盖、清理了河床淤泥、还原了自然面貌。二是全面截污。两岸铺设截污管道，将污水送入处理厂统一处理，并截流初期雨水。三是保持水量。从汉江日均取水 9.8 万 t，通过泵站注入河道，加上净化处理的 2.2 万 t 城市地下水，总注水量达 12 万 t，让河流保持 40cm 水深（程方，2022）。

3）治理效果

从生态环境效益看，清溪川成为重要的生态景观，除 BOD_5 和 TN 两项指标外，各项水质指标均达到韩国地表水一级标准。从经济社会效益看，由于生态环境、人居环境的改善，周边房地产价格飙升，旅游收入激增，带来的直接效益是投资的 59 倍，附加值效益超过 24 万亿韩元，并提供了 20 多万个就业岗位（郭军，2007）。

3. 德国埃姆舍河

1）水环境问题分析

埃姆舍河全长约 70km，位于德国北莱茵–威斯特法伦州鲁尔工业区，是莱茵河的一条支流；其流域面积 865km^2，流域内约有 230 万人，是欧洲人口最密集的地区之一。该流域煤炭开采量大，导致地面沉降，致使河床遭到严重破坏，出现河流改道、堵塞甚至河水倒流的情况。19 世纪下半叶起，鲁尔工业区的大量工业废水与生活污水直排入河，河水遭受严重污染，曾是欧洲最脏的河流之一。

2）治理思路与措施

一是雨污分流改造和污水处理设施建设。流域内城市历史悠久，排水管网基本实行雨污合流。因此，一方面实施雨污分流改造，将城市污水和重度污染的河水输送至两家大型污水处理厂净化处理，减少污水直排现象。另一方面建设雨水处理设施，单独处理初期雨水。此外，还建设了大量分散式污水处理设施、人工湿地，以及雨水净化厂，全面削减入河污染物总量。二是采取“污水电梯”、绿色堤岸、河道治理等措施修复河道。“污水电梯”是指在地下 45m 深处建设提升泵站，把河床内历史积存的大量垃圾及浓稠污水送到地表，分别进行处理处置。绿色堤岸是指在河道两边种植大量绿植并设置防护带，既改善河流水质又改善河道景观。河道治理是指配合景观与污水处理效果，拓宽、加固清理好的河床，并在两岸设置雨水、洪水蓄滞池。三是统筹管理水环境、水资源。为加强河流治污工作，当地政府、煤矿和工业界代表于 1899 年成立了德国第一个流域管理机构，即“埃姆舍河治理协会”，独立调配水资源，统筹管理排水、污水处理，专职负责干流及支流的污染治理。治理资金 60%来源于各级政府收取的污水处理费，40%由煤矿和其他企业承担（王敏等，2017）。

3）治理效果

河流治理工程预算为 45 亿欧元，已实施了部分工程，预计还需几十年时间才能完工。目前，流经多特蒙德市的区域已恢复自然状态。

4. 法国巴黎塞纳河

1）水环境问题分析

塞纳河巴黎市区段长 12.8km、宽 30～200m。巴黎是沿塞纳河两岸逐渐发展起来的，因此市区河段都是石砌码头和宽阔堤岸，30 多座桥梁横跨河上，两旁建成区高楼林立，河道改造十分困难。20 世纪 60 年代初，严重污染导致河流生态系统崩溃，仅有两三种鱼勉强存活。污染主要来自四个方面：一是上游农业过量施用化肥农药；二是工业企业向河道大量排污；三是生活污水与垃圾随意排放，尤其是含磷洗涤剂的使用导致河水富营养化问题严重；四是下游河床淤积，既造成洪水隐患，又影响沿岸景观。

2）治理思路与措施

工程治理措施主要包括四方面：一是截污治理。政府规定污水不得直排入河，要求搬迁废水直排的工厂，难以搬迁的要严格治理。1991～2001 年，投资 56 亿欧元新建污水处理设施，污水处理率提高了 30%。二是完善城市下水道。巴黎下水道总长 2400km，地下还有 6000 座蓄水池，每年从污水中回收的固体垃圾达 1.5 万 m^3。巴黎下水道共有 1300 多名维护工，负责清扫坑道、修理管道、监管污水处理设施等工作，配备了清砂船、卡车、虹吸管及高压水枪等专业设备，并使用地理信息系统等现代技术进行管理维护。三是削减农业污染。河流 66%的营养物质来源于化肥施用，主要通过地下水渗透入河。巴黎一方面从源头加强化肥农药等面源控制，另一方面对 50%以上的污水处理厂实施脱氮除磷改造。四是河道蓄水补水。为调节河道水量，建设了 4 座大型蓄水湖，蓄水总量达 8 亿 m^3；同时修建了 19 个水闸船闸，使河道水位从不足 1m 升至 3.4～5.7m，改善了航运条件与河岸带景观。此外还进行了河岸河堤整治，采用石砌河岸，避免冲刷造成泥沙流入；建设二级河堤，高层河堤抵御洪涝，低层河堤改造为景观车道[①]。除了工程治理措施外，还进一步加强了管理：一是严格执法。根据水生态环境保护需要，不断修改完善法律制度，如 2001 年修订的《国家卫生法》要求，工业企业废水纳管必须获得批准，有毒废水必须进行预处理并开展自我监测，必须缴纳水处理费。严厉查处违法违规现象。二是多渠道筹集资金。除预算拨款外，政府将部分土地划拨给河流管理机构（巴黎港务局）使用，其经济效益用于河流保护。此外，政府还收取船舶停泊费、码头使用费等费用，作为河道管理资金。

3）治理效果

经过综合治理，塞纳河水生态状况大幅改善，生物种类显著增加。但是沉积物污染与

---

① 塞纳河巴黎段治理措施. 2006. 水利水电快报，(18)：27.

上游农业污染问题依然存在，说明城市水体整治仅针对河道本身是不够的，需进行全流域综合治理。

5. 奥地利维也纳多瑙河

多瑙河全长2850km，是欧洲第二长河，奥地利首都维也纳地处其中游。维也纳多瑙河综合治理开发，形成了一套现代化的河流综合治理和开发体系，即在传统治理理念基础上突出“生态治理”概念，并运用到防洪、治污、经济开发等各个领域（徐国冲等，2016）。主要措施包括两方面：一是建设生态河堤。恢复河岸植物群落和储水带，是维也纳多瑙河治理和开发的主要任务之一。基于“亲近自然河流”概念和“自然型护岸”技术，在考虑安全性和耐久性的同时，充分考虑生态效果，把河堤由过去的混凝土人工建筑，改造成适合动植物生长的模拟自然状态，建成无混凝土河堤或混凝土外覆盖植被的生态河堤。二是优化水资源配置和使用。维也纳周边山地和森林水资源丰富，其城市用水99%为地下水和泉水，维持了多瑙河的自然生态流量。维也纳严禁将工业废水和居民生活污水直接排入多瑙河，污废水由紧邻多瑙河的两座大型水处理中心负责处理，出水水质达标后，大部分排入多瑙河，少部分直接渗入地下补充地下水。此外，还需严格控制沿岸工业企业数量并严格监管。

2.2 国内流域区域治理经验

2.2.1 洱海模式

1. 洱海治理历程

1）污染源控制

洱海全面实施污染物控制始于20世纪90年代，1994年大理市制定了《洱海水污染防治规划》，并在实践中不断修订完善。1996年，洱海暴发蓝藻后，大理市政府及时果断采取了“双取消”“三退三还”“三禁”等一系列措施，洱海保护治理工作取得了阶段性成效，一些主要污染物排放总量呈现下降或持平趋势，污染物处理率和排放达标率保持增长的势头。

“十五”期间，洱海再次暴发蓝藻水华，大理市政府组织重新编制《洱海流域保护治理规划》，提出“洱海清、大理兴”的理念，规划并推进实施了洱海保护治理“六大工程”等一系列重大举措。在洱海流域18个乡镇推广实施30万亩控氮减磷优化平衡施肥技术，实施以“一池三改”为重点的生态家园建设，建沼气池，改厕、改厩、改厨。加快截污工程、入湖河道水环境综合整治等，建成挖色、双廊等一批污水处理试验示范工程。建成沿湖村落污水处理系统11个；建成洱源西湖退塘还湖、海西海前置库、下关洱河南路5.3km综合管网和跨西洱河排污倒虹吸等工程；依法实施对洱海水位的科学调度和运行，将全湖封湖禁渔期延长至半年，流域生态环境得到改善，初步遏制了洱海水质下降的趋势，水质总体保持Ⅲ类。此外，采取多种措施，管控流入洱海的弥苴河、罗时江、永安江和苍山十八溪等主要水源水质。

“十一五”期间，大理市政府再次编制了《云南大理洱海绿色流域建设与水污染防治规划》，提出了“建设绿色流域”新理念。同时，水专项洱海项目在流域污染源控制方面形成了“农业面源污染入湖河流流域综合治理成套技术”，建成了石房子至下和段截污干渠，洱海水质连续五年总体保持Ⅲ类标准，有21个月达Ⅱ类水质标准。

“十二五”期间，在继续实施洱海保护治理“六大工程”的基础上，启动实施洱海流域生态文明建设“2333”行动计划，2011年洱海水质有7个月达到Ⅱ类标准。2012年，“两保护”稳步推进，国家洱海生态环境保护试点、洱海流域水污染综合防治“十二五”规划、“2333”行动计划加快推进。洱海流域“百村整治”、海西“空心村”整治试点取得进展，开展以双廊为重点的洱海流域环境综合整治。积极应对洱海蓝藻大面积聚集，严格执行《云南省大理白族自治州洱海海西保护条例》。2013年，编制完成主体功能区和生态文明建设规划，洱海保护治理“十二五”规划和“2333”行动计划稳步实施。2014年，扎实推进“四治一网”，重拳出击综合整治。加强流域环境管理信息平台建设，强化入湖河流水质水量监测。建立五级网格化管理责任体系，实现保护治理精细化。洱海水质稳定在Ⅲ类标准。

“十三五”期间，全面推进洱海保护治理与流域生态建设。落实“四治一网”，全面加大执法力度，推行联合联动执法，持续开展洱海流域环境综合整治。洱海保护治理网格化管理责任制落实不断强化，洱海全年水质稳定保持Ⅲ类标准，5个月为Ⅱ类标准。2017年，海西城乡系统供水工程并网通水，村镇“两污”治理有效提升，农业面源污染减量行动扎实推进，蓝藻水华综合防控和应急处置及时有效。《云南省洱海流域水环境综合治理与可持续发展规划》获国家发展和改革委员会审批。全面建立五级河长体系，河湖保护治理力度加大。全面开启洱海保护治理抢救模式，一线推进“七大行动”，其内容包括流域“两违”整治、村镇“两污”整治、面源污染减量、节水治水生态修复、截污治污工程提速、流域执法监管。实施入湖河道综合整治就需要开展截污治污工程和减排工程，通过从污染源头开始治理，有效削减入河、入湖的污染负荷。2018年洱海保护治理“七大行动”扎实推进，“八大攻坚战”全面启动，投入资金78亿元，实施了一批以环湖截污为重点的保护治理项目，实现流域截污管网闭合运行，初步构建了“从农户到村镇、收集到处理、尾水排放利用、湿地深度净化”的全流域截污治污体系。在流域内全面推行“三禁四推”政策：禁止销售使用含磷化肥和高毒高残留农药、禁止种植以大蒜为主的大水大肥农作物，大力推行有机肥替代化肥、病虫害绿色防控、农作物绿色生态种植和畜禽标准化及渔业生态健康养殖。2019年全力实施治污工程，一是抓好保水质防蓝藻各项工作。加强截污治污体系的完善和运行管理，切实提高生活污水处理能力，严厉打击违法排污。制定落实“一河一策”治理和管理方案，以北三江为重点，全面消除27条主要入湖河道Ⅴ类及以下劣质水。实施初期雨水拦蓄工程，推动农田尾水循环利用。实施水系连通、河道治理工程，提高管水治水能力和水平，强化水质监测分析和应急除藻，确保洱海水质不下降、不恶化，不发生规模化蓝藻水华。二是全力推进流域转型发展。以打造“洱海绿色食品牌”为抓手，全面落实“三禁四推”工作，限制大肥大水种植业发展，加快引进龙头企业发展生态有机农业，大力推进“水稻+”、绿色有机蔬菜、有机烟叶、中药材和水果等规模化绿色生态种植，增加流域群众收入。限制低端房地产、旅游和工业项目发展，推进洱海流域旅游文化产业的产品和业态转型，积极培育休闲康养、文化创意、动漫、设计、咨询等新业态。调整产业发展规划，有序推进洱海流域工业、乳业、大蒜、淡水养殖等产业向流域外转移。“十三五”末，洱海入湖河道综合整治工程取得重大进展及明显成效，洱海入湖河流基本构建成完善的防洪工程体系，有效保证洱海及入湖河道生态水量，入湖河道清水总量增加；入湖河道的水生态建设将取得重大进展，弥苴河、苍山十八溪等主要入湖河道建设标准达到河道生态化、河堤景观化、流域景区化；河道的入湖污染物总量大幅度削减，河道水质得到明显改善。通过各级政府及水利、环保、市政和国土等多部门的共同努力，洱海治理打造成了全国流域综合治理的示范性工程，洱海治理保护成为我国湖泊流域水生态文明建设的排头兵。

2）水生态修复

“九五”期间，大理白族自治州建立各种类型的自然保护区 19 个，保护区总面积 13.75 万 hm^2，占全州面积的 4.67%，大规模的生态破坏得到缓解，局部地区生态环境有了较大改善；洱海生态环境保护取得新突破，实现了从单项治理向治理与生态修复同步，点源治理向面源治理和流域治理的历史性转变，流域水源涵养林恢复和建设开始起步，1.5km 长的湖滨带生态恢复和建设示范工程初见成效，污染底泥疏浚进展顺利，250km^2 的 1∶5000 洱海数字化地形测绘基本完成，“数字洱海”工程迈出重要一步，洱海水质仍保持地面水Ⅱ类标准，成为全国城市近郊保护最好的湖泊之一。

“十五”期间实施了洱海湖滨带生态建设工程，完成西区 48km 湖滨带基底修复及部分生态恢复工程，启动了大理才村、洱源李家营生态示范村建设；启动了罗时江、永安江人工湿地处理系统和洱源东湖湿地恢复建设。完成退耕还林 45 万亩，完成天保工程公益林建设 25.8 万亩，管护森林 2101.7 万亩，新建户用沼气池 32099 口。完成洱海湖滨带生态恢复建设一期工程，洱海湖滨带恢复和流域水土保持等系统工程。建成生态家园 1 万户，重点实施生态农业、生态工业、生态屏障、生态旅游、生态家园、生态环境、生态文化七大体系的生态基础设施建设。依法加强对洱海的保护和管理，深入持久地开展保护洱海重要性、长期性、艰巨性的宣传教育工作，使广大干部群众更自觉地理解、支持和参与洱海保护，不断改善洱海生态环境，生态建设得到加强。

“十一五”期间洱海湖滨带生态恢复建设工程、洱海面源污染控制建设等洱海保护治理“六大工程”稳步推进，仅 2008 年就恢复湿地 2100 亩，修复湖滨带 58km。海东 1、2 号城市主干道一期和环洱海生态公路完成路基工程，洱源生态文明示范县建设扎实推进，累计完成投资 3.5 亿元，建成项目 32 个，被授予“国家首批绿色能源示范县”称号。在湖泊生态修复方面研发了“基于阶段论与自主修复原则的水体生态修复成套技术和洱海水生态防退化中长期方案”。

“十二五”期间进一步加强洱海流域生态修复，2012 年新建湿地 2857 亩，加快清水产流机制修复工程建设，2013 年恢复建成湿地 7124 亩，2014 年建设湿地 5754 亩，生态环境建设取得成效。饮用水源地、生态功能区和生物多样性保护得到加强，天然林保护、退耕还林、陡坡地治理、义务植树、森林防火工作扎实有效，“三清洁”环境卫生综合整治深入开展。

洱海“十三五”倡导生态和旅游品牌，争当全国全省生态文明建设排头兵，坚持绿水青山就是金山银山，加快推进生态文明先行示范区建设，形成节约资源和保护环境相得益彰的空间格局、产业结构、生活方式。2016年实施入湖河道两侧规模化生态种植1200亩，新增湿地4261亩。2018年围绕把大理建设成为生态文明标兵的目标，实施河道生态治理22km，启动生态廊道隔离带建设，“人进湖退”的现象得到有效遏制。2019年全力构建健康生态系统。强化流域山水林田湖草综合治理，加强洱海湖泊生态系统的恢复和管理，坚决彻底关停非煤矿山，加快实施湖滨带绿线“复绿、补绿、增绿”。

3）水管理

一是政府管理经验。科学规划引领。严格遵守《云南省洱海流域水环境综合治理与可持续发展规划》等多个专项规划，限制流域开发规模和强度，合理布局空间和产业。重视技术支撑。加强与科研院所的合作，设立了“洱海湖泊研究中心”，成立抢救性保护行动科研团队；完善了水质监测评价指标，固定了14个工作组84个观测点，实现了全湖水质监测的全覆盖。依法保护洱海。公正高效审理涉环保类案件，严厉打击各种破坏生态环境的犯罪行为，对环保案件公开审理、当庭宣判、判后答疑、法律宣传。2011年起，洱源县成立环境保护审判庭，至2017年已审理64起相关案件。强化组织领导。建立洱海保护治理指挥部，选派177名同志组成16个工作队，加强洱海流域河长制工作，实行全湖流域网格化管理全覆盖。加强项目建设。对洱海生态保护区核心区内建筑只拆不建、禁止拆旧建新，对餐饮客栈总量控制、只减不增，完善治污设施建设，开展洱海流域养殖业禁养区、限养区的划定，实施高效节水减肥示范、鼓励使用生物天然气、农业面源污染综合治理、“清水入湖”“三库连通”等工程项目。健全督导巡查机制。成立工作督导组，由县人大常委会主任担任组长，领导组的办公经费独立核算。督导组定期听取汇报，实地察看项目进展，明察暗访，采取多种形式收集问题，定期召开工作会议并形成督导专报。完善投入机制。从2009年开始，州委、州政府对洱源县给予生态补偿资金，2013～2015年3年平均4142万元，推行下游补上游的补偿机制，从2014年起大理市每年发放洱源1500万元补偿金，补偿金直接对接到项目，用于污水设施建设和湿地租金支付。重视宣传工作。实施《洱源县洱海保护宣传教育工程实施方案》，县财政安排不低于400万元宣传资金，制作永久性宣传牌200多块，发放学习读本近8000册；制作多个户外广告和10000多本宣传手册，以及一部保护洱海流域的公益宣传片——水乡西湖。成立乡镇生态文明学校，开设洱海治理相关生态课堂，评出“绿色家庭”和“十佳环境”等荣誉称号。

二是公众管理经验。群众自觉参与环保、爱护环保和保护环境，在洱海流域实施保护治理抢救模式，开展全民保护洱海行动，鼓励全社会各领域共同参与。加强媒体宣传监督，借助电视台、网站等媒体发挥舆论引导和警示教育作用，对破坏生态环境等行为进行曝光。洱源电视台2015年共播出相关新闻124条；洱源手机快讯曝光不文明行为44条；《洱源通讯》共刊发洱海流域保护的新闻56条。

三是充分发挥企业的作用。市场化运作“两污”设施，有效解决环保设施资金不足问题。优先发展环境友好型产业，通过制定环保要求和准入门槛，鼓励企业调整产业结构，发展循环经济。根据“政府主导、社会参与、金融支持”的生态信贷模式，相关企业合理利用县财政筹集的生态信贷担保金和贴息补助，2014 年至今累计发放贷款超过 8 亿元。鼓励企业针对地方特色和行业发展重点，引进清洁生产和能源产品开发、生态工程与技术等，培养生态人才队伍，实施科教兴县战略。企业积极参与政府与社会资本合作（public-private partnership，PPP）项目。县人民政府成立了洱源县争取专项建设基金扩大项目投融资工作领导小组。洱源县生态旅游小镇争取专项建设基金 1.08 亿元，洱源县温泉养老中心争取专项建设基金 0.33 亿元。

2. 洱海流域保护模式与经验

1）理念创新

洱海作为云南的第二大淡水湖，是洱海周边人民群众生活、生产用水的最大来源，洱海能否保护好，关系到人民群众的福祉。在意识到这一点之后，政府在洱海保护方面做了许多工作，实施一系列措施保护洱海并建设绿色流域生态建设试点等（马腾嶽和王琳，2022）。

政策先行，成立洱海管理局。洱海建设排污设施，并在 20 世纪 90 年代末就提出了“像保护眼睛一样保护洱海”的口号。自 1989 年颁布实施《云南省大理白族自治州洱海保护管理条例》后，根据洱海保护需要，三次对条例进行了修订，并先后公布实施洱海水污染防治、水政、渔政、垃圾污染物处置、保护区内农药经营使用、滩地管理等一系列单项管理办法，基本形成洱海保护治理的法规体系。同时，地方政府坚持把“走群众路线，密切联系群众，充分发动群众”作为洱海保护治理的法宝，采取各种措施，借助多方力量，深入开展“洱海保护月”“河道保洁周”、万人签名募捐、有奖征文、歌手大奖赛等活动。

保护先行，实施一系列措施保护洱海。大理地方政府较早地关注了洱海的保护工作，在洱海水质较为良好时便实施了一系列措施用以保护洱海水质。虽然早期的工作严谨度不够，导致了洱海先后暴发了两次蓝藻事件，但后期工作实施到位，根据近二十年来洱海水质数据可以发现，目前洱海水质可以维持在Ⅲ类标准，且部分年份可以达到Ⅱ类水的较好水质。

措施先行，建设绿色流域生态建设试点。洱海所在的大理是国内较早建设绿色流域生态建设试点的城市。2009 年，重新编制了《云南大理洱海绿色流域建设与水污染防治规划》，提出了“建设绿色流域”新理念。围绕六大体系，对洱海绿色流域建设作了全面系统的规划，成为今后 20 年洱海水污染综合防治与绿色流域建设的行动纲领，同时也为我国类似湖泊水污染综合防治提供了借鉴和参考。

2）管理创新

对于管理创新，一方面重视人民群众的科普教育，另一方面注重公开、阳光、透明的工作方式，方便政府接受公众监督。地方政府重科普教育。深入开展洱海保护和生态文明建设知识“进机关、进学校、进社区、进企业、进农村、进家庭”等宣传教育活动。充分发挥广播、电视、报刊、网络等主流媒体作用，开辟洱海保护治理专题、专栏、专访，激发人民群众保护洱海的自觉意识，充分发挥人民群众在洱海保护治理工作中的主体作用和主观能动性。为了保障运作方式阳光、透明，广泛听取社会各界的意见，政府工作接受社会公众监督。由于监管以及实施力度等不到位，20世纪90年代对于洱海的治理效果并不明显，且由于洱海旅游业不断发展，各种私营餐馆等场所不断向洱海排污。为此，政府对洱海治理措施实施力度不断加大，实施公众监督不仅可以保障措施到位，更可以让公众看到政府对于洱海治理的决心。

3）科技创新

经过多年的探索及水专项的实施，洱海治理与保护的模式不断发展，取得了丰富的科技创新成果。“十一五”形成了湖滨带生物多样性恢复技术、水生态管理与修复理念、生态文明建设评价及考核三项重要研究成果。湖滨带生物多样性恢复技术由湖滨带（缓坡型）生物多样性恢复技术和陡岸湖滨带生态修复技术组成；水生态管理与修复理念提出了由现行水质管理向水生态综合管理转变的富营养化初期湖泊的管理与“基于阶段论与自主修复原则的湖湾生态系统转换成套技术”理念；生态文明建设评价及考核探索洱海流域环境友好经济社会发展模式，为洱海流域生态文明试点县建设提供了评价指标体系及考核办法。通过科技创新和工程实施，罗时江河口考核断面TN和TP水质由劣Ⅴ类/Ⅴ类提升到Ⅳ类/Ⅲ类水平；沙坪湾湖湾水生植物覆盖率超过80%，水体透明度增加到2.1m以上，湖湾藻华发生强度下降62.9%，湖湾局部水华暴发得到了有效控制，实现了河口“清水入湖”与湖湾“清澈见底”的水生态环境与景观综合效果。

“十二五”，洱海流域设立了“入湖河流污染治理及清水产流机制修复关键技术与工程示范”课题，在“十一五”研究的基础上，以永安江及其子流域为工程示范区，以洱海南部及西部不同类型入湖河流为研究对象，研发与集成了入湖河流清水产流机制与修复整装成套技术，包括：清水养护区污染防治技术、入湖河流原位及异位湿地生态修复技术和沿岸低污染水的生态处理技术，在示范工程中进行了应用；完成了永安江水质改善关键技术示范工程、湿地生态修复技术示范工程、养护区污染控制技术示范工程三项示范工程。

“十三五”，发布了《洱海流域水环境保护治理“十三五”规划》，针对洱海水质良好，处于富营养化转型期的特征，坚持保护优先、保护与治理相结合的原则，从流域系统治理理念出发，以水质改善为核心，以湖泊水环境承载力为依据，采用“空间管控与经济优化—污染源系统治理—水资源统筹与分质利用—清水产流机制修复—湖泊水生态功能提升—流域综合管理”为主的思路，以湖滨及沿河区治理为重点，构建流域治理工程体系和管理体系，统筹解决流域水资源、水环境、水生态问题，实现“山水林田湖”一体化保护，促进流域经济发展与环境保护的协调统一。

2.2.2　浙江“五水共治”模式

1.“五水共治”的由来

浙江省人均水资源量只有1760m^3，已经逼近了世界公认1700m^{3}的警戒线。虽然浙江单位面积水资源量可以排到中国第四，但由于水资源80%分布于山区，所以人口集中、经济发达的浙东是重点缺水地区。而且浙江水资源还存在着供需缺口大、结构矛盾突出、污染严重、有效利用率低四大突出问题。2013 年浙江省委十三届四次全会提出，要以治污水、防洪水、排涝水、保供水、抓节水为突破口倒逼转型升级，是为“五水共治”，分三年、五年、七年三步进行。其中，2014～2016 年要解决突出问题，明显见效；2014～2018 年要基本解决问题，全面改观；2019～2020 年要基本不出问题，实现质变。

2.“五水共治”治理历程

1)“五水共治”中的水污染治理

2013 年全省新增 55 个镇级污水处理设施，累计 642 个建成污水处理设施，占全省总数的 98.3%，建成县级以上污水管网 1936km。全省完成清水河道建设共计 2009km，全省已实施河道保护长度累计 8 万 km，加强水土保持工作，完成水土治理 710km^2。全力推进电镀行业整治收尾工作。

2014 年全省新增 61 个镇级污水处理设施，完成 21 个污水处理设施及一级 A 提标改造，新增城市污水管网 3130.7km，县级以上城镇生活污水处理能力 940.1 万 t/d，污水处理能力率为 89.91%。从 2011 年开始，开展了以铅蓄电池、电镀、印染、造纸、化工等六大行业为重点的污染高耗能行业整治提升活动。到 2014 年底，全省共关闭 8500 多家重污染企业，淘汰全部造纸草浆生产线和所有味精发酵工段。六大行业中，全省 273 家铅蓄电池企业关闭 224 家；全省 1544 家电镀企业关闭 734 家，整治提升和搬迁入园 801 家；全省 180 家制革企业关闭 106 家，淘汰小型锅炉 1537 个；印染、造纸、化工行业累计关闭 1139 家，原地整治提升 2158 家，搬迁入园 344 家；全省 56 个县（市、区）部署开展了自定行业整治，共关闭企业 24213 家，整治提升 8266 家。完成 245 个国家和省级重点治理项目，废水中全省合计净削减铅 158.33kg、镉 27.92kg、铬 702.15kg、砷 44.10kg，与 2007 年相比净削减率分别为 32.24%、65.68%、36.73%、47.71%；废气中全省合计净削减铅 807.29kg、镉 28.36kg、砷 932.55kg，与 2007 年相比净削减率分别为 34.56%、34.75%、37.42%。

2015 年浙江省委办公厅、省政府办公厅印发《关于进一步落实“河长制”完善“清三河”长效机制的若干意见》，进一步强化治水责任，完善长效机制，推进治水工作常态化、长效化。2015 年，全省基本消灭黑河、臭河，“清三河”三年目标两年基本完成，全省一半县（市、区）已创成“清三河”达标县。深入实施劣Ⅴ类断面削减行动计划，列入年度削减任务的 7 个省控劣Ⅴ类断面均实现削减目标。

2016 年开展“清三河”反弹隐患排查拉网和查补短板等行动，巩固“清三河”成效。深入实施劣Ⅴ类水质断面削减计划，省控劣Ⅴ类水质断面由 2014 年的 25 个减少至 6 个。全国水环境综合治理现场会在浦江县召开，浙江治水经验在全国宣传推广。印发《浙江省水污染防治“十三五”规划》《浙江省水污染防治行动计划》，深入实施水环境综合治理。

2017 年，强势推进治水工作，持续提升环境监管执法水平，不断加强环保制度供给，生态环保工作取得显著成效。全省单位 GDP 能耗比 2016 年下降 3.7%；COD、NH_3-N 较 2015 年累积减排比例分别为 9.1%和 9.97%，均超额完成目标任务。

2018年完成32个工业园区、210个生活小区、95个镇（街道）“污水零直排区”建设。启动100座城镇污水处理厂清洁排放技术改造，建设改造污水管网2210kg。

2）“五水共治”中的水资源调控

“五水共治”的首要任务是治污水，主要是指治理农业、渔业造成的面源污染和工业造成的点源污染；其次是防洪水，主要指推进强库、固堤、扩排等三类工程建设；再次是保供水，主要指推进开源、引调、提升等三类工程建设；然后是排涝水，主要指强库堤、疏通道、攻强排，着力消除易淹易涝片区；最后是抓节水，主要指改装器具、减少漏损、再生利用和雨水收集利用示范，合理利用水资源。治理的总体目标为三块：清三河、两覆盖、两转型。截至2017年，这些目标已基本实现。同时，其他“四水”也齐头并进，如实施“千万亩十亿方节水工程”，2020年高效节水灌溉面积达到400万亩以上，新增改善灌溉面积200万亩；“水资源保障百亿工程”基本解决省内水资源短缺的区域性问题或部分市级地区的水源不符合国家规定的供水问题。

3）“五水共治”的水环境管理措施

政府管理经验。一是提供治水的公共制度。由于“五水共治”具有典型的外部性特征，政府提供水资源管理、水环境管理、水安全管理等制度，以制度引导人、约束人、激励人。这些制度既包括治水的法律、法规、规章等正式制度，又包括治水理念、治水文化、治水舆论等非正式制度，还包括污水偷排举报机制、违法取水惩处机制等实施机制。二是提供并实施治水管制性制度。主要包括：空间管制制度，例如对水源区和防洪区的禁止或限制准入；总量控制制度，严格控制取水总量和排污总量；标准控制制度，严格确定水资源效率标准和水环境排污标准。三是提供并实施治水经济性制度。主要包括：水资源有偿使用和生态补偿制度；水环境污染税和水环境损害赔偿制度；水权有偿使用和交易制度；水污染权有偿使用和交易制度。环境财税制度和环境产权制度可以激励企业将有限的自然资源和环境资源配置到最高效的地方（楼红耀等，2017）。

公众管理经验。一是人民群众是治水的主体力量，治水为了人民，治水依靠人民，治水成果由人民共享。在“五水共治”这一战略部署中，要构建出一个良好的生态环境，就是全民参与的过程。全省上下发动社会各界认捐治水资金，开展治水进市民讲堂、学校课堂、党员生态日、青春建功、巾帼护水等主题活动，将“五水共治”内容纳入村规民约，形成人人参与、全民共享的强劲声势和浓厚氛围。二是在人水和谐理念的指导下，全省各界群众为“五水共治”踊跃捐款19亿元，共建立2.67万支治水志愿服务队伍，用实际行动参与治水。同时，有效实施全过程参与机制，达到“五水共治”公众参与的目标。前期参与是指公众和非政府组织的代表在各级政府召开的审议会和听证会上，可以针对目前及今后“五水共治”问题，对政府政策及政府即将出台的重大行动方案充分地发表意见。三是充分发挥企业的作用。政府与企业的关系上，政府对企业指导、平衡并进行调整。好的方针、政策对企业犹如一剂良药，如果企业能明辨是非、良策中用对其发展无疑是锦上添花。在政府与公众的关系上，政府行使“五水共治”权是公众赋予的，必须代表公众共同的利益和意志。由于“五水共治”工作是极其广阔的空间，完全依靠政府管理，必然是防不胜防，同时，政府政策的制定、实施必然存在缺陷，如果没有民众的积极参与，极易造成失误。在公众与企业的关系上，坚持企业在生产、经营活动中，对资源的占有、使用，必须对社会整体的、长远的发展负责，对公众的安全、健康、幸福负责，不能为局部的、少数人的营利而破坏生态。公众应支持并监督企业对“五水共治”的建设，通过自己的消费活动推动企业“绿色”“循环”生产，抵制企业浪费资源、污染环境的决策、活动。

3.“五水共治”模式与经验

1）理念创新

“五水共治”的核心理念创新在于“共治”，主要体现在治水方式、治水模式和治水形式。一是科学的治水方式，五水的“共治”：五水相融相通，性质互为转化，在不同的阶段呈现不同的表现形态，并可以互相转化。“五水共治”以系统科学的理论为指导，把治污、防洪、排涝、供水、节水作为一个整体加以治理，统筹考虑水源、供水、排水、景观、防洪、排涝等问题，实质上就是对水资源进行科学的保护和利用，从根本上解决水的问题。二是有效的治水模式，区域部门的“共治”：水体的流动性决定了治水不是单个镇（街道）或者某个部门一家的职责，更需要树立区域协作、部门联动的理念。“五水共治”是多区域、多部门合作的最新实践，综合考虑区域、部门的“共治”，强化跨区域、跨部门协同，打破区域、部门分隔，统筹治水职能，建立跨部门的协调领导小组、跨行政区域的联席制度、流域管理和行政区域管理相结合等机制，联动治水，发挥综合效益。三是多样的治水形式，全社会的“共治”：治水为了人民、治水依靠人民、治水成果由人民共享，相信人民群众，善于广泛发动和组织人民群众参与治水，把人民群众的积极性充分调动起来，明确人民群众是治水的主体力量。“五水共治”是全社会共同参与的“治水”，创新了多种多样的公众参与渠道和方式，让每一个人都成为“五水共治”的宣传者、实践者、推动者和受益者，最大程度上实现了全社会共建共享。

在“五水共治”的举措中，浙江省将污水、洪水、涝水、供水、节水这五项水资源治理联结在一起，打破了原先政府只是单一治理某一段河流或者某一流域的做法。尤其是“河长制”的创新，将一条河流指定给某一固定责任人，有效减少了责任互相推诿和不作为的现象。“五水共治”改变了以往多方面、多部门联合治理水资源的方式，在很大程度上降低了政府不同部门间人事协调、物品协调等各方面的协调费用，各级政府的统筹安排能力也因此而提高。“五水共治”还打破了以往唯独只提高经济水平的发展模式，在更快更好地发展经济时意识到了水资源的重要性、生态环境保护的重要性。浙江省利用“五水共治”这一契机有效地做到了用治水倒逼经济转型升级，不仅发展了绿色健康经济，同时还治理好了废水污水，保护了生态环境，是科学绿色发展理念的有力证明。

2）管理创新

一是构建“五水共治”公众参与宣传与教育保障。通过宣传，营造全社会的“五水共治”的氛围，提高公众的参与意识。让“五水共治”的意识深入人心，以“五水共治”宣讲团的形式，有计划有重点地举办市民代表“进机关、进学校、进社区、进企业、进农村”等“五水共治”主题宣讲活动，营造“‘五水共治’人人有责”的氛围。

二是做好推进“五水共治”公众参与信息公开保障。认真贯彻实施《环境信息公开办法（试行）》，建立完善“五水共治”政务信息发布制度。行政机关及时、准确地公开政府信息。通过政府公报、政府网站、新闻发布会以及报刊、广播、电视等便于公众知晓的方式公开，及时、全面、准确地向社会公布“五水共治”信息。完善公众监督行风的渠道，健全公众参与行风的制度，主动接受公众对“五水共治”的监督，不断扩大“民主评议行风”“环保公众开放日”等活动的参与面和影响面。开展全方位协同治水项目动员。在监督环节，通过监督建立信任，建立真正的协同关系。

三是加强“五水共治”公众参与的制度性保障。拓宽公众参与“五水共治”的途径与方式，规范公众参与的制度性渠道和程序。通过建立和完善“五水共治”公益诉讼制度，使公众在面对侵害行为时有权通过法律途径提出诉讼，从而阻止环境侵害行为，保障公众在环境权利受到损害时及时获得法律救济。建立相应完善可靠的专家论证和咨询制度，通过公众和专家的贯通达到良好的参与效果。依靠环保行政部门的力量，发挥专职部门的主导和协调作用，搭建融合政府权力、民众善意和专家知识的制度性沟通机制，建立健全环境污染和环保问题投诉处理制度，广泛依靠社会公众排查环保问题和环保隐患。

四是积极推进水环境治理中的“智慧”管理，加快数据中心平台建设。加强信息技术在水资源数据监测、水资源信息比对分析、河流堤坝水利工程监管维护，以及防灾减灾等方面的实际应用，建设开发诸如水利综合数据中心、安全管理信息化平台、日常管理信息化平台等大数据应用平台。通过整合监测基础数据、水利工程数据、区域洪水风险图、日常管理数据等各类水利数据，建设符合水利信息化建设规范的综合应用数据库——水利综合数据中心和安全管理信息化平台，涵盖基本水情、雨情、工情的查询、分析、评价等智能化功能。

五是坚持改革创新、常态强治。率先全面推行五级河长制，率先颁布实施河长制地方性法规，配备“河道警长”，推行“湖长制”“滩（湾）长制”，治水管理体系逐步延伸到湖库、海湾，以及池、渠、塘、井等小微水体。加强生态政策供给，推动实施主要污染物排放总量财政收费制度、“两山”财政专项激励政策，探索绿色发展财政奖补机制，拓展生态补偿机制，实现省内全流域生态补偿、省级生态环保财力转移支付全覆盖。建立健全督查机制，省委省政府30个督查组全过程跟踪督导，邀请基层“两代表一委员”参与。不断健全环境执法与司法联动，在全国率先实现公检法驻环保联络机构全覆盖，组织开展护水系列执法行动，始终保持执法高压态势。

3）保障机制

主要是形成“八大保障”机制，做到规划能指导、项目能跟上、资金能配套、监理能到位、考核能引导、科技能支撑、规章能约束、指挥能统一。

一是规划科学保障。制定全省层面“五水共治”总规划和子规划，增强科学性、突出实战性，把图纸画出来、资金算出来、时间排起来、责任明起来。各市、县（市、区）制定联动规划或具体方案，把治水作战图、明细表挂出来，做到心中有数，方便群众监督。

二是项目落实保障。实施“十百千万治水大行动”。“十”就是“十枢”，建设十大蓄水调水排水等骨干型枢纽工程；“百”就是“百固”，每年除险加固一百座水库，加固500km海塘河堤；“千”就是“千治”，每年高质量高标准治理1000km黑河、臭河、垃圾河，整治疏浚 2000km 河道；“万”就是“万通”，每年清疏 1 万 km 给排水管道，增加每小时 100 万 m^3 入海强排（机排）能力，增加 10 万 m^3/h 城市内涝应急强排（机排）能力，新增农村生活污水治理受益农户一百万户以上。把治水项目列入各级政府为民办实事的内容，集中落实一批立即见效的应急项目，启动一批有决定性影响的重大基础设施项目，建设一批“千里海塘”式的大工程大项目。

三是资金到位保障。合理确定各级政府的投入比例，争取各类金融机构更多支持，积极吸引各类社会和民间投资，既用市场机制鼓励浙商回归投资治水项目，又广泛发动浙商投身家乡公益治水。

四是质量监理保障。治水工程和项目细化责任、强化监管，明确施工、监理、验收各环节责任人，登记在案，有据可依，有责可查，确保工程质量安全可靠。

五是人才科技保障。大力引进、培养和用好治水高科技人才、实用型人才，以先进技术保障治水工程，以先进理念提升治水水平，以领军人才推动治水工作。

六是工作考核保障。贯彻中央对政绩考核的新要求，把治水作为各地各部门重要的实绩考核内容，把治水作为领导干部年终述职的必讲内容。切实加强党风廉政建设责任制考核，从源头上预防违法违纪行为发生，确保治水工程成为廉洁工程。

七是政策法规保障。加快治水地方立法和政府规章建设，加强治水政策研究，尽快形成有利于治水的激励机制、惩戒机制和要素保障机制。强化涉水司法保障，严厉打击涉水违法犯罪行为。

八是组织领导保障。省委、省政府成立“五水共治”领导小组，专门研究治水重大问题，负责治水的统筹谋划、日常协调、督查考核等工作。完善体制加强统筹运筹，防止“九龙治水”，形成整体合力。必须广泛发动和组织人民群众参与“五水共治”，以强大的凝聚力和创造力，形成“五水共治”破竹之势。

2.2.3 山东“治用保”模式

1.“治用保”的由来

南水北调工程是解决北方水资源短缺的特大基础设施项目，对解决北方地区因水资源短缺产生的一系列生态环境问题，尤其对北方地区的经济和社会可持续发展有决定性作用。经过多年的勘测、规划、研究，确定了南水北调工程东线、中线、西线三条调水线路，形成与长江、黄河、淮河相互联结的总体格局。其中，东线工程规划从江苏省扬州附近的长江干流引水，利用京杭大运河以及与其平行的河道输水，连通洪泽湖、骆马湖、南四湖、东平湖，并作为调蓄水库，经泵站逐级提水进入东平湖后，分水两路。一路向北穿黄河后自流到天津，从长江到天津北大港水库输水主干线长约 1156 km；另一路向东经新辟的胶东地区输水干线接引黄济青渠道，向胶东地区供水（苏冠群，2005）。

2002 年，南水北调工程启动之时，山东境内南水北调沿线水体水质全面呈Ⅴ类或劣Ⅴ类状态，远远没有达到国家要求的Ⅲ类水质标准。山东省急需采取措施提升南水北调沿线水体水质。该工程的关键在治污，重点在南四湖。根据调水要求，作为重要调蓄水库和调水通道的南四湖，湖区水质必须稳定达到Ⅲ类水质标准。治污成为湖区市政府、县政府的当务之急，也成为南四湖水质改善的重大机遇。当时湖区水质全面呈劣Ⅴ类，按照国家南水北调治污规划，调水干线达到Ⅲ类水质目标要求，须削减污染负荷绝对量 80%以上。

对于南四湖治污，山东省委、省政府高度重视。山东省环境保护厅提出了“治用保”并举的流域治污策略，并发布了一系列严于国家的地方污染排放标准，以环环相扣的治污举措解决流域污染问题，以逐步加严的地方标准倒逼企业治污减排。着力打造让江河湖泊休养生息示范区，推动全省流域水环境质量持续改善。同时打好环保“组合拳”，综合采取重点监察、挂牌督办、定期通报、约谈和限批等措施，督促地方政府严格落实治污责任。

“治”即污染治理，实施全过程污染防治，引导和督促排污单位达到常见鱼类稳定生长的治污水平；“用”即循环利用，构建企业和区域再生水循环利用体系，努力减少废水排放；“保”即生态保护，建设人工湿地和生态河道，构建沿河环湖大生态带，努力提升流域环境承载力。

“治用保”流域治污体系和国际上成功的治理模式相比，多出了一“用”一“保”的内容，实际上是一减一增：减的是污染负荷，增的是环境承载力，这有效缓解了发展中地区的治污压力，使发展中地区在经济总量还不太大的情况下，也可以基本解决流域环境问题。

2.“治用保”治理历程

2001 年，山东省关闭了南水北调沿线 42 家 2 万 t 及以下造纸企业的草浆生产线。2003 年，山东发布实施了严于国家标准的《山东省造纸工业水污染物排放标准》，关闭淘汰落后产能。仅列入南水北调治污规划的 68 个工业点源项目就关闭了 30 个。从 2003 年起，山东省对流域内的污染大户造纸企业用 8 年时间、分 4 个阶段实现了污染物排放由行业标准向流域最严标准的过渡。到 2010 年，造纸行业 COD 排放量比 2002 年减少了 62%，保留的 10 家大企业产业规模却是原来 700 家的 3.5 倍，利税是原来的 4 倍。

2006 年，由于湖区的投饵养鱼，造成湖水的 COD 和 NH_3-N 指标居高不下，难以达到地表Ⅲ类水的调水水质要求。为此，山东省又连续开展了多轮养殖网箱清理行动，通过划定禁捕区、养殖区、生态保护区、航道区、水生植物种植区等功能区域，逐步调整、压减渔业养殖区，全面禁止投饵养殖，清理取缔非养殖区网箱和围网，退渔还湖、放流鱼苗，修复生态环境。

2009 年，《南水北调东线工程治污规划》确定的 324 个治污项目，完成 291 个，项目完成率达到 89.8%。其中，49 座城市污水处理厂主体工程全部建成，80 个回用水、除磷脱氮等附属工程完成 77 个，完成率达到 96.3%；149 个工业治理项目全部完成；其余的中水截蓄导用项目、综合治理项目（人工湿地）、垃圾处理项目、船舶污染治理等项目大都建成或在建。

2010 年，山东省委、省政府高度重视水污染防治工作，坚持“治用保”并举的流域污染综合治理策略，采取了一系列举措，取得显著成效。2010 年底，省控 59 条重点污染河流全部恢复鱼类生长，全面完成了省政府年初确定的工作目标，是水生态环境改善的重要转折。

2011 年，以南水北调沿线和小清河流域为重点，全面推广“治用保”流域治污体系，大力推进流域污染防治。围绕遏制污染反弹，健全长效机制和在 2012 年底省控重点污染河流消除达标边缘断面、“十二五”末消除劣Ⅴ类水体的目标，制定出台了重点污染河流达标边缘断面的技术参考标准，实行了“超标即应急”工作机制和“快速溯源法”工作程序，并再次加严了四大流域水污染物综合排放标准，全省水环境质量继续保持了快速改善的良好态势。

2012 年，不断深化和完善“治用保”流域治污体系。按照新加严的流域污染物排放标准修订，倒逼污染企业实施新一轮限期治理。组织开展了城市建成区污水直排口调查，以循环经济理念为指导，因地制宜建设一批中水截蓄导用设施，积极构建企业和区域再生水循环利用体系。省辖南水北调沿线建成大型再生水截蓄导用工程 21 个，有效改善农灌面积 200 多万亩。在重要排污口下游、支流入干处、河流入湖口及其他适宜地点因地制宜建设表面流、潜流人工湿地和生态河道，达标中水经湿地系统进一步净化后再进入主河道或干线。另外，系统推进南水北调沿线治污，省政府批复实施了《南水北调东线工程山东段水质达标补充实施方案》。截至 2012 年底，《南水北调东线一期工程山东段控制单元治污方案》确定的 324 个治污项目全部建成投运。扎实开展小清河流域生态环境综合治理，按照“流域性、系统性、综合性”的要求，启动实施了新一轮小清河流域生态环境综合治理。

2013 年，着力构建完善“治用保”流域治污体系，下发《山东省环境保护厅关于严格落实〈山东省南水北调沿线水污染物综合排放标准〉等 4 项标准修改单的通知》，督促废水排放单位按照新标准稳定达标排放。对省控重点河流断面、涉水重点企业和城镇污水处理厂盐分指标开展专项监测，并开展底泥重金属污染治理技术攻关和工程示范。大力推广省辖南水北调沿线先进流域治污模式，引导各市加快人工湿地水质净化工程及再生水循环利用工程建设，印发小清河流域生态环境综合治理规划方案。全力做好南水北调沿线水质保障。围绕“南水北调东线工程 2013 年建成通水”的目标，层层签订目标责任书，将治污责任落实到各市、县和重点污染企业，并作为约束性指标，纳入县域经济社会发展考核体系。定期分析调水沿线水环境形势，省环保厅、监察厅联合印发通报 12 期，对存在突出环境问题的市，约谈环保部门主要领导及超标责任县（市、区）政府负责同志，从严审批或限批涉水建设项目。大力实施“退渔还湖”，湖滨带、河滩地生态修复，达标废水经湿地进一步净化后再进入干线。截至 2013 年底，调水沿线已建成人工湿地 17.9 万亩，修复自然湿地 20.1 万亩。编制印发《山东省南水北调工程沿线突发涉水环境事件应急预案编制指南》，开展调水沿线环境隐患问题拉网式大排查，严格环境执法监管，加强水质监测，保证了 2013 年 11 月 15 日南水北调东线一期工程正式通水。南水北调东线工程重点在山东，关键在治污，治污工作直接关系东线工程的成败。经过长达 11 年的艰苦努力，成功突破南四湖治污难题，国家南水北调东线山东段治污方案确定的 324 个治污项目全部按期完成。南四湖生态环境明显改善，流域内已恢复水生高等植物 78 种、鱼类 52 种、浮游植物 119 种、底栖动物 51 种，表征南四湖水生态系统健康程度的综合指数已达到较高水平，在南四湖栖息的鸟类达 200 多种。

2014年，深化“治用保”流域治污体系。在污染治理方面，不断强化河流水质持续改善的约束机制，倒逼上游污染源加严标准，对长期不达标或水质不稳定断面的责任地区采取约谈、现场督察、涉水建设项目限批或从严审批等综合措施，推动地方政府落实治污责任。2014年，共对7个地区的政府负责人进行了约谈，对24个超标断面进行了现场督查，对10个县（市、区）涉水建设项目限批或从严审批。将“治用保”流域治污体系向小流域延伸，对省控主要污染河流监测断面进行了优化调整，新增16个省控断面。督促地方政府加快污水处理厂及配套管网建设，截至2014年底，全省共建成城市污水处理厂290座，形成污水处理能力1270万t/d，完成城市污水管网8794.9km。印发《山东省污水排放口环境信息公开技术规范》，引导涉水企业开展污水排放口规范化改造，主动公开环境信息，接受社会和群众监督。大力解决污水直排环境问题，省政府挂牌督办的第一批253个污水直排口全部完成整治任务，并启动了第二次全省城市（含县城）污水直排环境问题专项调查，将调查范围扩大至整个城市建成区所有河流。在循环利用方面，以循环经济理念为指导，因地制宜建设了一批再生水截蓄导用设施，加快构建企业和区域再生水循环利用体系。全年共利用再生水5.8亿t，相当于50多个中型水库的调蓄水量。南四湖流域已建成大型区域再生水循环利用工程16项，年可消化再生水1.78亿m^3，增加农灌面积188万亩。在生态保护方面，建设人工湿地和生态河道，构建沿河环湖大生态带，努力提升流域环境承载力。全省建成人工湿地120多处，总面积达23万亩，修复自然湿地80多处，总面积达24万亩。

2015年12月31日，为贯彻国务院印发的《水污染防治行动计划》，山东省政府印发《山东省落实〈水污染防治行动计划〉实施方案》。该方案针对山东省面临巩固提高流域治污成果和保障环境安全两大挑战，明确了“改善环境质量、确保环境安全、促进科学发展”三条主线，提出了跨越35年的水环境质量改善和水生态恢复目标。在落实国家“水十条”要求的基础上，全面深化“治用保”流域治污体系，提出3大类、10项重点任务；按照“构建一个格局、用好五种力量”的思路，提出了6大类15项保障措施，全力打造山东水污染防治升级版。全面深化“治用保”流域治污体系，打好省控重点河流消除劣Ⅴ类水体攻坚战。按照省政府确定的“2015年底前省控重点河流基本消除劣Ⅴ类水体”的目标，坚持每月对全省水环境形势进行研究，每月对省控河流消除劣Ⅴ类水体情况进行通报，针对突出环境问题，采取现场督办、独立调查、重点督查、约谈、限批等一系列措施，打好“组合拳”，督促地方政府落实治污责任。截至2015年12月底，按照国家《地表水环境质量标准》中Ⅴ类标准（主要指标COD≤40mg/L，NH_3-N≤2mg/L）评价，100个省控断面中，仅济南市小清河辛丰庄1个断面水质尚未全面达标（COD达标、NH_3-N超标0.95倍），省控重点河流基本消除劣Ⅴ类水体。

2016年，推进水环境管理向纵深发展。全力保障南水北调沿线水质安全，开展南水北调沿线突出环境问题大排查和调水水质加密监测；深入实施小清河流域生态环境综合治理，开展2015年度流域上下游协议生态补偿工作，组织开展流域内独立调查，排查突出水环境问题，积极推动《济南市小清河水质达标实施方案》的全面落实，解决源头济南市污水溢流问题。巩固省控河流基本消除劣Ⅴ类水体治污成果。以河流断面水质达标情况、城市建成区污水直排环境问题和污染治理设施运行情况为重点，开展全省整治突出水环境问题“细排查、严整治”专项行动。继续打好环保“组合拳”，综合运用重点督察、新建涉水建设项目区域限批、约谈等手段解决突出水环境问题。

2017年配套编制重要饮用水源及南水北调水质安全保障、湿地净化水体保护与利用等4个专项行动计划，基本构建起山东省“十三五”水污染防治规划框架体系。印发《山东省落实〈水污染防治行动计划〉实施方案评估办法》，组织对各市落实情况开展综合评估。保障南水北调沿线和饮用水水源地水质安全，组织调水沿线各市开展全省重要饮用水水源地及南水北调东线工程沿线水质保障专项检查。开展南四湖、东平湖水质空间分布监测，科学研判输水干线水环境整体形势。深入开展集中式饮用水水源地规范化建设，清理整治饮用水水源保护区违法违规项目，严厉打击环境违法行为。督促完成农村“千吨万人”饮用水水源保护区划定，开展“千吨万人”以上农村饮用水安全工程水源地基础环境状况调查。强化水环境质量目标管理。每月对国控考核断面、入海监控断面及省控重点断面水质进行全面分析研判，对超标断面开展预警和应急。出台《山东省水污染防治综合督导方案》，规范完善涉水突出环境问题约谈、限批等工作程序。加大近岸海域环境保护。联合山东省发展和改革委员会等14部门印发《山东省近岸海域污染防治实施方案》，明确措施细化分工。开展陆域直排海污染源排查和整治工作，督促6个设置不合理入海排污口按期完成整改。推广清洁化改造和循环利用。联合下发《山东省十大行业清洁化改造实施方案》，明确清洁化改造标准和时限。造纸、钢铁、氮肥、印染、制革、制药六大行业的195家工业企业完成清洁化改造。集中治理工业集聚区水污染，全省178个省级以上工业集聚区全部实现了工业污水集中处理、安装了自动在线监控设施，并与环保部门联网。

经过多年流域治污实践，山东探索走出了一条“治用保”系统推进的流域治污新路子。在污染治理方面，引导涉水企业对排污口进行规范化改造，大力推进污水配套管网建设，列入省政府第一批挂牌督办的253个污水直排口全部整治完成并通过验收。在循环利用方面，在省辖南水北调沿线建成再生水截蓄导用工程21个，年可消化中水2.1亿m^3，有效改善农灌面积200多万亩。在生态保护方面，依托人工湿地和退耕还湿工程，建设环湖沿河大生态带。为推进流域治污、促进全省水环境质量持续改善，攻克南水北调世界性治污难题等方面均发挥了不可替代的作用。

3. “治用保”治理模式与经验

1）政府高度重视

山东省为使南水北调沿线水域水质稳定达到国家Ⅲ类水质标准，先后出台了24项分阶段逐步加严的地方环境标准，形成了覆盖山东全境的地方环境标准体系，通过设置合理的阶段性水环境质量目标，逐步加严污染排放标准，倒逼排污单位达到环境容量能够基本接纳的治污水平。山东输水沿线实现了水环境质量持续明显改善，国家确定的324个治污项目全部建成投运。2010年，山东省59条重点污染河流全部恢复鱼类生长。此外，山东各地相继把城市建成区污水直排环境问题整治工作纳入流域治污大体系，不断加快污水管网建设，提高污水集中处理率。为便于公众监督，山东省又开展了污水排放口环境信息公开工作，分3个阶段实施污水排放口标准化改造。为此，省财政专门拨付649万元专项资金，对第一批实施改造的省控企业和污水处理厂每个给予1万元补助。

2）治理有针对性

山东省是淡水资源严重短缺的省份，却是造纸、采矿、冶炼、化工等高耗水和高污染行业的大户。2002 年，在南水北调山东段沿线，分布的造纸企业达上千家，其用水量、废水及 COD 排放量均超过全省工业的 50%，但对 GDP 的贡献率仅为 3%，治污先治“纸”。因此，山东首先从污染最为严重的造纸行业入手，在全国率先发布实施了第一个地方行业标准——《山东省造纸工业水污染物排放标准》，开启了以地方环境标准引导和助推“两高”行业转方式、调结构的新路子。目前，山东省造纸行业水平总体领先国内同行业 5 年左右，其核心竞争力就是治污水平和低耗水量。

3）大力发展中水回用

山东省各市县大力投入资金，在污染治理的基础上，因地制宜，利用流域内季节性河道和闲置洼地，建设中水截蓄导用设施，合理规划中水回用设备工程，力求中水不进入输水干线，完成中水回用配套工程，处理后的中水广泛用于工业生产、城市园林绿化和景观用水，减少了各市县地表水和地下水的用量，大幅度提高水资源利用率。

4）加强生态保护

山东省大力进行生态保护。建设人工湿地和生态河道，构建沿河环湖大生态带，努力提升流域环境承载。通过开展生态修复，增加物种的多样性，构建河道走廊湿地，努力形成健康的流域生态系统。同时，最突出的是在重要排污口下游、支流入干流处、河流入湖口及其他适宜地点因地制宜地建设表面流人工湿地和潜流人工湿地，通过种植芦苇、香蒲、莲藕、菹草等不同湿地植物，提高净化能力，废水经过人工湿地净化后进入干流或湖泊，实现水质的进一步改善。

2.2.4　辽河保护区

1. 辽河保护区范围

辽河流域位于中国东北地区西南部，是我国七大江河流域之一，发源于河北省承德市七老图山脉海拔 1490m 的光头山，流经河北、内蒙古、吉林和辽宁 4 个省区，河长 1340km，流域面积为 22.14 万 km^2。辽河流域水系发达，包括辽河和大辽河水系。辽河水系由西辽河、东辽河及招苏台河、条子河等支流在辽宁省境内汇合而成，于盘锦市入海，主要河流干流在辽宁省境内（杜鑫等，2015）。大辽河水系全部在辽宁境内，由发源于抚顺的浑河、本溪的太子河汇合而成，于营口入海。辽宁省辽河保护区依辽河干流而划建，始于东西辽河交汇处（铁岭市昌图县福德店），于盘锦市入辽东湾。保护区边界划定为：有堤段以两侧辽河大堤背水面坡脚之外 20m 之间所涵盖的区域，并依据防护林带、城镇、村庄等具体情况进行调整，在无堤坝区域以 30 年洪水位视具体情况划定，在主要支流汇入口区域适当向外延伸。这样，辽河保护区具体范围，从铁岭市昌图县福德店东辽河、西辽河交汇处起，沿辽河干流至下游盘锦市大洼区入海口，全长 538km，总面积 1869.2km^2，涉及铁岭、沈阳、鞍山、盘锦四市，以及所属 14 个县（市、区）。

2. 辽河保护区保育与生态修复

1）流域水质水量优化调配

针对辽河流域水资源总量少，时空分布不均，供需矛盾突出，水专项通过对关键技术的研发，形成了集技术方案、综合管理决策支持系统、调度预案和示范工程于一体的流域水质水量调度技术体系。首先，提出了适应于高度人工调控，生态环境用水及经济社会用水双重约束河流的、以水质改善为目标的河道内生态需水估算方法。其次，以河流水质改善为目标，提出了流域“自然–人工”二元水循环过程相耦合的河道内外需水统一配置技术方法。再次，在流域层面分析了控制工程的用水特征、调度规则，以水质改善为目标，通过农业用水的一水多用和供水过程的调整，构建了辽河流域水质水量多目标优化调度模型，形成了辽河流域库群联合优化调度方案和调度规则。然后研发了辽河流域水质水量优化调配仿真模型，实现了库群和闸坝不同调度方案下，河道内水量及水质响应过程的模拟仿真。最后以水质改善为目标，以水库群结合河道闸坝联合调度技术为支撑，实现了库群闸坝联合优化调度。在控制污染源的前提下，通过水库群和闸坝调度等水质水量联合调配技术方案的实施，主要污染物 COD 和 NH_3-N 浓度均达到水功能区Ⅳ类水水质目标的要求，实现了预期的水质改善效果。

2）河岸带人工强化自然封育

针对辽河保护区河岸带岸坡不稳、植被破坏、水土流失与面源污染严重等问题，构建了基于全方位生态恢复、植物栽培、抚育与巡护管理的人工强化自然封育技术；研发了河岸边坡土壤–植物稳定技术与河岸缓冲带污染阻控技术，提出了不同土壤质地、植被盖度下阻控径流中氮磷 80%时所需不同植被缓冲带宽度；形成了辽河保护区河岸带人工强化自然封育模式。技术支撑辽河保护区生态封育工程，对主河道两侧各 500 m 宽的河滩地实施“退耕还河”“退林还河”，共收租河滩地 63.57 万亩，建设封育围栏 1036 km，辽河干流实现封育面积 75 万亩以上，实行封闭管理，减少人为干扰。实现了辽河 538 km、440 km^2 的生态廊道全线贯通。实现保护区植物、鸟类、鱼类物种数分别由 2011 年的 187 种、45 种、15 种增加到 2016 年的 234 种、85 种、34 种。流域物种种类明显增多，生物多样性快速恢复，辽河入海口的斑海豹种群在逐步扩大，沙塘鳢、银鱼繁殖数量显著增加，辽河生态环境进入正向演替阶段。

3）河流湿地网建设

针对保护区湿地破碎化严重、生态系统功能严重受损等问题，构建了基于石块抛填、水生植物种植、水生动物恢复的牛轭湖湿地恢复技术（袁哲等，2021），基于坑塘湿地群建设、水质优化与水系连通的坑塘湿地恢复技术，基于支流污染程度和河口滩涂面积的支流汇入口湿地恢复技术。技术支持在辽河干流建设 17 个生态控制工程、17 处水环境综合整治工程，在支流建设 20 处支流河口治理工程（段亮等，2014）。

4）河势稳定生态控制

针对辽河干流河势不稳、泥沙淤积、行洪不畅等问题，构建了梯级石笼植物坝、抛石护根植物坝、生态柔性坝为主体的河势稳定生态控制技术，构建了辽河下游河势特征和输送泥沙需水量的配置模式，确定了辽河干流不同断面的输沙水量，构建了以无纺纤维为主材，以芦苇、茭白、香蒲为种植植物锚固式支流河口人工浮岛水质净化技术。技术保障新建 16 座生态蓄水工程并运行，结合河道清淤、险工治理、生态护岸、恢复水生植物等实施河道综合整治 167km，加上造湖蓄水和调整用水思路，保护区内河道水量可保持在 1.4 亿 m^3 左右，比治理前增加一倍。

5）辽河口湿地生态恢复

辽河口湿地位于辽河流域末端的辽河入海口处，拥有亚洲最大的芦苇型滨海湿地，水专项研发了以改善辽河口区水质、恢复河口湿地生态为目标的关键技术 18 项，工程示范 7 项。一是针对河口区油田开采造成的井场周边土壤和湿地水体污染问题，研发了“河口区累积性烃类有机污染物的强化阻控与水质改善技术”，实现土壤累积性烃类污染物削减率达 50%，并在吉林、胜利油田进行了推广应用。二是针对辽河口稻田种植和苇田养蟹造成的氮磷流失和养殖水体污染问题，开展稻田生产制度、稻田田间水文及毗邻生态系统功能的协同管理，建立了“河口区稻田生产区氮磷面源污染控制技术与水质改善技术”，并应用于辽宁盘锦新生镇稻田生态系统，使稻田单位面积增产近 11%，纯氮施用量减少 35.1%，节水 12.5%～18.87%，减排 19.9%。三是研发了“河口湿地养殖水体污染的物理-生物联合阻控与水质改善技术”，并应用于盘锦市羊圈子苇场“河口区苇田养殖水体污染阻控示范工程”，对苇田养殖水体的 NH_3-N 和 COD 的最大去除效率分别达到 57.2%和 51.2%，苇田出水 NH_3-N 和 COD 分别降至 0.15mg/L 和 30mg/L 以下（段亮等，2018）。四是突破河口湿地生态恢复关键技术，应用于盘锦市东郭苇场“河口湿地芦苇生态恢复示范工程”，苇场单位面积芦苇生物量平均增长 48.6%，污染物去除能力提高 30%。五是设计辽河河口湿地生态用水调控方案，应用于盘锦辽河口生态经济区管委会下属苇场，据现场调水实践证实，在枯水年和平水年可分别增加微咸水 3.0×10^6t 和 12.0×10^6t，解决枯水期芦苇湿地生态供水问题，节约淡水资源，促进湿地生态恢复。六是研发了河口区退化芦苇湿地生境修复技术，在盘锦市羊圈子苇场的“河口湿地芦苇群落生态修复关键技术示范工程”中得到应用，示范面积 2.1km²，使示范区芦苇生物量提高 65%以上。

3. 经验与启示

1）物理完整性恢复是辽河流域水生态完整性恢复的基础

生态流量、生态水位的保障对于水质改善和流域内动植物生存都至关重要，水资源的连通性、异质性等都影响到其对生态系统的支撑作用。水的生态功能和属性还应包括水的健康循环，即流域尺度的水沙冲淤平衡和稳定性、陆面降水产流过程、流域尺度的盐分营养物的输移搬运等。辽河流域水资源紧缺，今后的水生态完整性恢复中应更加注重开源节流，加强和优化水质水量和水生态的联合调度，以及节水措施的实施。

2）科学的生态完整性恢复实践需要全面的指标监测跟踪反馈

生态条件改善与生物多样性恢复响应关系分析不足问题普遍存在。目前，我国大江大河流域考核指标仍以断面化学指标考核为主，相应的化学完整性的水质监测体系相对完善，而针对断面生态流量与重要水工程下泄生态基流、抗生素等新污染物的监测评估基础仍然薄弱，对流域内生物多样性监测更是寥寥。因此科学的生态完整性恢复实践迫切需要全面的指标监测跟踪反馈，急需合理制定水资源利用、水环境治理和水生态修复相结合的流域水生态环境保护修复目标和考核指标及其监测体系。

3）水生态完整性恢复进程应体现生态和经济双重效益

流域生态受到损害，长远的经济效益也难得到保障，同样，水生态完整性的恢复及其生态效益的产生也不应一味依赖政府资金扶持。因此，水生态完整性恢复进程中应力求做到既获得良好的生态效益，又获得较大的经济效益。例如，良好的湿地生境为野生候鸟提供了栖息地，还可供发展旅游业产生经济效益，同时，还能调蓄洪水并作为水源。在生态恢复工程设计中可增加经济效益的考量，促进水资源、水环境、水生态的三重功能属性的和谐统一，同时发挥生态效益和经济效益，实现环保资金自给自足，方能保证水生态修复成果的长期维护和保持。

4）修复流域生态完整性是贯彻落实山水林田湖草生命共同体理念的重要举措

习近平生态文明思想倡导绿水青山就是金山银山，尊重自然、顺应自然、保护自然和绿色发展、循环发展、低碳发展等基本理念，坚持山水林田湖草是一个生命共同体，强调用系统思维统筹流域山水林田湖草的治理（沈春蕾，2018）。辽河流域生态完整性修复体现了物理、化学和生物三个完整性的修复，其中，物理和生物完整性修复体现了大江大河生态基流的保障及生态缓冲带的封育和保护，体现了生态红线、资源利用上线和空间管控的理念；化学完整性修复，是更多针对环境质量底线和环境准入负面清单的污染源控制。总体而言，生态完整性修复是推进流域污染源控制、生态环境保护精细化管理、强化国土空间环境管控、推进流域绿色高质量发展的重要内容。借鉴国内外研究经验和工程实践，实施流域生态完整性修复是落实习近平生态文明思想、维护山水林田湖草生命共同体的重要举措。“十二五”以来，辽河保护区生物多样性逐步增加，生态恢复效果初步显现。保护区植物、鸟类、鱼类物种数呈现上升趋势，分别由2011年的187种、45种、15种增加到2016年的234种、85种、34种，但生物恢复水平距20世纪70～80年代辽河干流植被千余种、鱼类百种的水平差距仍十分显著。因此，辽河流域的水污染控制和生态修复具有长期性、艰巨性、复杂性，应以习近平生态文明思想为指导，继续坚持和持续深入实施水生态物理、化学、生物完整性修复计划，巩固和加强已有的治理成效（李忱庚，2023）。

2.3 流域治理理念

首先需注重流域的系统性和整体性治理。流域系统性治理，指以流域为空间单位制定规划。全流域统筹规划，是对流域的水环境特征进行梳理，制定修复目标，明确规划年限内不同阶段的主要任务，有针对性地开展工程措施，并建立全过程生态监测系统，评估河流生态系统的演变，按照负反馈规划设计方法调整流域治理方案（汤茵琪和任心欣，2018）。流域整体性治理，指为解决碎片化治理带来的跨界协作困境，以需求为导向，以信息技术为手段，以协同机制、整合机制、信任机制为基础（丘水林和靳乐山，2020），以重新整合和整体性治理为主要理念，从组织结构、法律框架、信息技术以及长效机制四方面构建流域跨界合作整体性治理模式（冯萌，2022）。同时，流域整体性治理又由污染控制、生态修复、人与自然关系修复三阶段构成，每个阶段采取针对特定目标的治理措施（汤茵琪和任心欣，2018）。

其次，流域治理应坚持问题导向。发现问题、直面问题、及时解决问题，统筹分析各大流域水污染问题，面对水资源匮乏、水污染严重、水生态恶化等多种重大问题，加强综合治理，持续改善生态环境质量。将“三水统筹”贯穿于全过程，按照“一点两线”框架思路分析和解决重点流域水生态环境保护问题（马乐宽等，2020）。

最后，流域治理应坚持目标导向，按照以流域为单元、全流域“三水统筹”“一盘棋”理念，强化流域治理目标，统一规划、统一治理、统一调度、统一管理，努力提升流域治理管理能力和水平，更好推动新时代流域的高质量发展。

2.3.1　三水统筹

“三水统筹”指兼顾水资源、水环境、水生态，通过水资源优化配置、水环境质量改善提升和水生态系统功能恢复，实现流域统筹治理。

1. 水资源调控

水资源调控的目的，主要是为了确保河流的生态需水量，河流生态需水量是指维持河流生态系统健康的最低水资源量。水资源调控的手段主要包括生态需水量估算、水质水量联合调度、水动力学条件改善和应急调水等。

全世界大约有 207 种生态需水量的估算方法，可分为水力学法、水文学法、生境模拟法、整体分析法、综合法等。首先，按照生态特征将河流分区，再根据先改善水质、后恢复生态系统健康的先后顺序确定需水目标值，再以水文学法逐月估算各分区维持水生态系统基本生态功能、水质改善、恢复近自然水文节律，以及维持河道水沙平衡等目标的生态需水值，然后采用外包法确定各分区逐月生态需水阈值。

水质水量联合调度是遵循河流水资源综合管理的理念，以保障防洪除涝为条件，考虑水质、水量两层属性的同时实施各项工程调度措施，优化调节河流径流的时间、空间分配，实现水资源的综合效益最大化，且能满足河流水生态功能需求的一种调度模式。水质水量联合调度，按照水量的来源地可以分为流域内调度和跨流域调度，按照调度急迫性可以分为常规调度和应急调度。

水动力学条件改善是指改变水动力学条件，使水系连通，建设闸站，通过外部动力或新建补水管道将丰沛河段的水量抽调到水量不足的河段，人工强化补水，以此实现河流水循环，提高水体的流动性和自我恢复能力。

此外，严重干旱或突发水污染事件发生往往会导致水质型或水量型紧急缺水，此时实施的临时性、不确定性的水量调度叫作应急调水，能最迅速、最大限度地减轻缺水或污染带来的生活、生产、环境压力。从调水的途径、方式、时间、目的可以看出，应急调水具有短期、临时、一次性的特点。旱灾和水污染事件的发生具有偶然性，不能人为预测，所以应急调水工作也具有随机性特征。

2. 水环境治理

水环境治理主要包括工业源、城镇生活源、农业农村源三方面的治理。

工业源治理主要针对重点工业行业的污染治理，如钢铁、石化、造纸、制药、有色五大行业。重点行业污染治理应贯穿涵盖整个生产和消费过程，包括全过程清洁生产、源头削减、过程控制、末端治理。全过程清洁生产是在产品从开发到运营管理的生产全过程，采取一系列方法提高原材料利用率，实现最少的污染物排放。清洁生产包括以下内容：清洁的原料和能源、清洁的生产过程、清洁的产品。源头削减是在整个产品周期对生产过程进行全方位的预防和控制，综合治理污染，把污染控制在源头的环保措施。过程控制是在工业生产过程中，使用先进的设备，改进生产工艺，使生产过程中产生的污废水最少化。末端治理是通过开发各种不同功能的污染治理技术和设备，将工业生产过程中产生和排放的污染物作无害化处理。

城镇生活源治理，主要是建设污水处理厂。城镇生活污水治理，主要指城镇生活污水排放后经管道汇入污水处理厂，进行集中处理。污水处理厂主要根据进水的有机质种类和浓度，选择去除效果好的污水处理工艺，处理后直接排放或进行中水回用。新建的城区可建设雨污分流的管道系统，老城区可以将合流制作为排水方式，具体设置时要根据城镇污水处理厂的实际情况对其进行定期的系统改造和维护，以防止管道破坏造成污水泄漏。城镇生活污水处理常见的技术手段为活性污泥法、膜分离技术、生物滤池、循环曝气法等。随着大批城市污水处理厂的建设与运行，大量污泥被排出。污泥处理是指污泥经过组合工艺处理后实现减量化、稳定化和无害化的过程，技术手段主要包括厌氧消化、好氧消化、机械脱水等处理技术。污泥处置是指处理后的污泥经过生物、物理、化学等处置方式后能够长期维持稳态且无害的消纳方式，相对于污泥处理，污泥处置更注重污泥的资源化利用，处理后的污泥可应用到肥料、建材、土地等方面，还可以进行金属回收等。

农业农村源治理主要是面源污染，包括种植业、农村生活污水和养殖业污染的治理。①种植业污染治理。种植业面源污染是指化肥、农药等化学药剂施用过多，使用方式不当等导致的水环境污染。盲目大量投施氮磷肥，使土壤板结，作物根系呼吸受到影响，生产力下降。未被植物吸收的养分负荷，通过渗漏和地表径流、地下淋溶等水作用大量流失，引发水体污染。治理种植业面源水污染，可实施种植业废弃物循环利用工程，注重农作物秸秆资源化利用，推进秸秆饲料化、肥料化、基料化和燃料化利用。将农艺与农机有机结合，推广根据土壤元素组成科学配比肥料的精准施肥技术，大力推广使用生物固氮、机械深施肥等技术，推广有机肥料和生态复合肥，降低化肥的施用量，提高化肥的利用率；利用生物防治、物理手段等绿色无害化防控技术，减少农药的使用。②农村生活污水污染治理。村民在日常生活中产生的卫生清洁用水、餐厨废水统称为农村生活污水，主要污染物为 COD、NH_3-N、悬浮物、病菌等。我国农村生活污水在水质、水量上都与城镇生活污水有明显的区别，农村生活污水水质相对稳定、量小变化大、排放分散。农村生活污水处理是指将生活污水中能够影响水质的物质全部清除或降至无害范围的过程。农村生活污水处理技术可使用生物处理技术、生态处理技术、生态+生物处理技术中的一种或几种。③养殖业污染治理。农村养殖包括畜禽养殖和水产养殖，产生了大量污染负荷极高的畜禽粪便污水和养殖污水，这些污水未经妥善处理直接排入河流中，大量的氮、磷元素导致水体严重富营养化。目前国内养殖粪污的无害化处理主要有土地还原法、堆肥法、饲料技术、沼气池法等。

3. 水生态修复

流域水生态修复主要包括生态涵养、缓冲带修复、滨岸带构建和水体修复 4 个方面的治理与修复。

生态涵养，是养护水资源的一种举措，保证上游源头清水产流。生态涵养是生态系统在特定时间和空间条件下保持水分的过程和能力。由于生态系统类型、海拔、地形、气象、土壤等原因，生态涵养具有复杂性和动态性。只有明确生态系统的类型和空间范围、水源涵养的机理及定量评估方法，才能衡量生态系统的水源涵养能力。一般情况下，在河流上游建设水源涵养林、涵养区，可通过拦蓄降水保证生态系统的最低需水量，动植物能够正常生存，从而恢复植被，植物的根系可以稳固土壤，防止土壤沙化，最终达到遏制水土流失的目的。不同的生态系统具备不同的涵养水源的能力，应根据当地土壤和植物情况进行考量。

缓冲带修复。缓冲带指水域与陆地区域间的过渡地带，将水体与人类活动分开，能够保护水体的生境环境，缓冲隔离人类高强度开发利用活动，降低其对水生态系统的冲击，自然恢复、人工强化辅助增加生物多样性，稳定水生态系统的空间。在水体沿岸具有一定宽度的由树木、灌木、草地等其他植被组成的地带叫作缓冲带，它能够在水体附近为各种生物的生存繁衍提供良好的环境，同时，能够给水体中的生物提供主要物质和能量，各种生物构建起的稳定的生态系统也能够防止水土流失。缓冲带的修复要考虑缓冲带的宽度、连续性、植被，要确保河流缓冲带能够发挥缓冲隔离的作用。

滨岸带构建。滨岸带属于生态交错带，包括水位涨落之间的水位变幅的地带，也可指河流、湖泊、池塘、湿地等水体附近并具有明显生态资源价值的地带。滨岸带能够联结陆地生态系统和水生态系统，具有独特的空间结构和生态服务功能，边缘效益明显，对水体的截污、过滤、屏障、源和汇等有重要影响。滨岸带构建的成功与否取决于两个重要的因素，一是宽度的确定，二是群落的构建。滨岸带的设置首先应考虑空间尺度和滨岸带设置的主要目的，与此同时，还应考虑经济投入产出比和当地岸带的物理特性。滨岸带不同的植被类型能够产生不同的生态效果，因此，植被品种的选择还应根据当地实际情况来选种。

水体修复，是指依靠水生态系统本身的自调节、自适应、自组织能力，选取合适的方法和技术手段，修复水生态系统中受损的生态结构，使水体恢复到原有的生态功能并实现自我维持和协调的良性循环的过程。进行水体修复的关键是要使水体获得稳定的自净能力，基本原则是经济上可行和技术上可行。目前水体修复的主要技术有物理修复技术、化学修复技术、生物修复技术和生态修复技术。物理修复技术通过物理机械性手段将污染物从水体中移除，主要包括截污分流、引水冲污、机械除藻、底泥疏浚、曝气复氧等。化学修复技术是依据水体中存在的污染物的性质，有针对性地向水体中投放化学药剂，利用化学反应的发生将污染物以絮凝、沉淀、降解的形式去除。主要包括化学除藻、化学固定、化学絮凝等。生物修复技术是通过动植物或微生物的吸收和转化功能消除河道污染物，主要包括植物修复、动物修复、微生物修复，以及三者相互结合发挥作用。生态修复技术是利用生物间的相互作用，并与各种物理、化学修复技术有机组合，恢复水体生态系统并使其良性循环发展。人工湿地、人工浮岛、生态河道、稳定塘、生态沟渠、植物浮床技术等修复手段经常使用。

2.3.2 流域分区分类分级方法及分阶段治理理念

我国幅员辽阔，不同区域自然禀赋各异，经济社会发展不均衡，水污染呈现区域差异性，不同流域区域的污染特征和污染成因不同。如何在全流域尺度上开展流域统筹、分类施治，如何处理上下游、左右岸、干支流，水体与陆域，地上与地下，不同环境要素，不同产业发展等的关系是流域综合治理的难点。流域分区分类分级方法及分阶段治理理念提供了一套共性的流域统筹治理的思路。

1. 分区

“生态区”一词在1967年首次提出，是指具有相似生态系统或期待发挥相似生态功能的陆地及水域，它的提出意味着传统的地理分区研究进入了生态学领域。生态区划的目的是更为全面有效地研究和管理各种生态系统和资源，为生态系统的研究、评价、修复和管理提供一个空间结构单元。目前，以淡水生态系统为对象的水生态区划方法较为成熟，全球应用最为广泛。究其原因在于，水生态区划在各种水体（如河流、湖泊、湿地）的生态管理中应用较为成功，为水管理提供了一种适宜的空间单元。根据水生态区划方案，可以对具有同样属性的水体进行统一管理，并制定相应的管理标准，确定监测的参考条件及恢复目标，采取切实可行的管理对策。

流域分区主要是基于水生态功能分区理念。水生态功能分区，是以淡水生态系统及其周围环境为研究对象，以淡水生态系统的空间层级为划分基础，旨在反映水生态系统的分类学特征，揭示水生态系统类型与功能的区域差异性，从而为水环境的分区分级管理提供依据。流域水生态功能分区依据水生态系统完整性保护要求，根据水生生境类型及服务功能区域特征，在流域不同尺度上划定具有特定水生态功能特征的区域或水体单元。水生态功能区是对水生态区的继承和发展，不仅强调生态系统类型的划分，而且对生态功能要求也进行了界定。水生态功能区一方面要反映水生态系统及其生境的空间分布特征，确定要保护的关键物种、濒危物种和重要生境；另一方面要反映水生态系统功能空间分布特征，明确流域水生态功能要求，确定生态安全目标，从而便于管理目标的制定和管理方案的实施。总之，流域分区是应用生态学原理，整合流域内相似性和差异性规律，通过划分生态环境的区域单元，对流域生态系统进行有效的治理与管理。

分区主要反映了环境要素对水生态系统的影响。水生态功能区划分方法，包括了“自上而下”和“自下而上”两种。“自下而上”和“自上而下”代表了两种不同的分类方法，方法的选择取决于：①能否实现分区的目的，②在应用中是否易于推广。

“自上而下”的划分途径是在发生学原则指导下，根据地形地貌、土壤、气候、地质、土地覆被等流域指标，筛选出影响水生态系统结构与功能的主导因子，使用空间叠置等手段，按区域内相对一致性和区域共轭性划分出最高级区划单位，在大的区划单元内从高到低逐级揭示其内部存在的差异性，逐级向下划分低级的单元。“自上而下”的途径具有较强的可操作性，能够充分反映流域自然特性，对数据要求程度不高，适合调查数据缺乏区域的分区。该方法在地理学，尤其是我国综合自然区划、部门区划等区划中应用较广。能够充分发挥专家学者的经验和知识，尤其是在大尺度宏观格局的把握方面。

“自下而上”的技术途径表现为自下而上逐级合并的归纳，考虑的是在大的分异背景下，揭示和分析中低级分区单元如何集聚成高级分区单元的规律性，对确定低级单位比“自上而下”方法更确切、更客观。“自下而上”是直接采用水生态调查数据进行空间聚类进行划分，通过水生生物、生境类型、水化学等河道内指标识别水生态功能区，这种方法是直接根据水生态特征进行划分，分区结果的误差大小和可靠性取决于调查样点的密集程度。由于需要大量调查数据作为支撑，实施起来相对困难，在大尺度分区时不宜采用该方法为主导进行划分，比较适合于小尺度的水生态功能分区的主要划分方法。

“自上而下”与“自下而上”方法相结合是流域水生态分区的基本方法。“自上而下”区划方法可以保证不同等级的区划结果相对一致，“自下而上”区划方法则是为保证区域共轭性原则而设计。两者结合可以兼顾对宏观格局的把握和单元划分的完整性，减少主观因素影响，提高分区操作的可重复性。

考虑到不同级别分区尺度的差异和不同指标的作用范围，一般流域水生态一级分区采用“自上而下”区划方法，二级分区采用“自下而上”区划方法。为了保证各分区边界的合理性和划分单元的完整性，二级分区宜采用“自下而上”区划方法确定，即在各个一级分区内，从最基本的区划单元合并得到一个或多个二级分区。在各个一级分区内划分出子流域作为最基本的区划单元，基于子流域提取各分区指标值，采用多指标聚类方法得到初步二级分区，在此基础上根据专家知识对边界进行调整，保证其合理性和生态学意义。

流域水生态功能分区的技术，主要有流域水生态空间异质性分析技术、流域生态功能分区技术、流域水生态功能区校验技术和重点流域水生态功能分区信息平台集成技术。流域水生态空间异质性分析技术是对大型水生动物、植物等进行空间分布规律的分析，识别其群落区域差异规律。生物群落主要包括鱼类、大型底栖生物、大型水生植物、浮游动物、浮游植物等，技术要点包括各种水生生物的调查、取样、样品分析，确定水生生物的优势物种，分析水生生物时空分布特征。流域生态功能分区技术，一类是“自上而下”的环境要素叠加分析技术，是将有关主题层组成的数据层面进行叠加产生一个新数据层面的操作，新图层综合了原来两层或多层要素所具有的属性；另一类是自下而上的空间聚类分析技术，根据空间聚类结果，结合小流域边界，本着保持流域完整性的原则，判断小流域所属的生态功能区，最终确定水生态功能一级区、二级区的边界。流域水生态功能区校验技术是应用数学统计、聚类分析、数据收集分析等方法对流域水生态系统中水生生物的数量结构与多样性特征进行分析，根据水生生物特征空间异质性特点，通过列表对照或统计分析图对流域水生态功能分区结果进行校验，构建“指标计算–统计分析–结果验证”的基于水生生物区的功能划分。重点流域水生态功能分区信息平台集成技术是建立重点流域水生态功能分区基础数据库并设计开发流域水生态功能分区信息集成平台，整合流域水生态功能一级、二级分区，完成以流域为基础单元的水陆数据一体化的组织与管理，并实现面向多模式流域生态功能分区的交互式操作。

2. 分类

流域统筹需要综合解决工业污染、农业农村污染、城镇水污染及水生态破坏问题。分类治理理念主要基于污染物入河途径分析，将污染源的控制分为两大技术系统：污染源系统控制技术系统和受损水体修复技术系统。通过污染源系统治理，解决人为活动区的工业、城镇及农田与农村相关的污染负荷排放；通过流域水源涵养实现清水产流；通过水质水量调控、河湖及城市水体修复，提升生态系统的净化能力与自我维持功能。

1）污染源系统控制技术系统

通过污染源系统治理，解决人为活动区的工业、城镇及农田与农村相关的污染负荷排放。针对流域主要污染源进行系统治理，按照控制过程途径可分为管理与结构调整减排（源头减排）、污染源工程治理与提标排放（过程控制）、尾水深度净化与回用（提升净化）等。污染源工程治理，又包括截污治污，城镇生活水污染、乡镇重点工业污染、农田面源污染、畜禽养殖污染、城镇面源等八类排污对象的治理。具体分为三大类污染源的控制，包括工业源、城镇污染源和农业农村污染源。

工业源。工业污染物排放是我国水环境污染的主要原因，钢铁、有色、石化、纺织、造纸等行业既是支撑我国国民经济持续高速发展的基础行业，也是资源能源消耗突出、水污染排放严重的重点行业。造纸、纺织、印染、钢铁、有色、石化、制药等行业在废水排放及COD、NH_3-N、重金属污染物排放方面均位居工业废水排放量前列；重点行业集中地区相应废水排放量大、污染严重。工业源的控制主要是针对重点流域钢铁、石化、制药、造纸、印染、化工等重污染工业行业污染问题，实施难降解废水处理、资源回收、污水再生回用、节能降耗等关键技术，形成全过程污染控制和清洁生产技术系统。

城镇污染源。目前城市污水处理厂能耗大、运行不稳定、运行费用高仍是制约污水处理厂高效运行的主要因素。目前我国大部分污水处理厂还不能稳定运行；中小型污水处理厂建设的工艺技术有的适应性还需进一步提升。随着大批城市污水处理厂的建设与运行，产生了大量污泥，污泥的安全处理与处置难度增加，对污泥处理技术也提出了更高的要求。到目前为止，我国污水处理厂污泥大部分没有得到有效处理与处置，污泥的减量和稳定化、资源化利用与安全处置已成为我国城市污水处理厂亟须解决的关键问题。在城市发展过程中，建筑屋面、道路等不透水面积大大增加，城市地表径流系数明显增大，由此带来的降雨径流污染与合流制溢流问题日益突出，成为影响城市水环境质量的重要原因，而且由于其径流污染发生过程存在随机性、排放形式复杂等特征，城市面源污染对城市水环境污染的贡献日益突出。基于上述问题，城镇污染的控制主要包含城镇污水深度处理、污泥处理处置与资源化、乡镇污水处理及城市面源与径流污染控制等方面。

农业农村污染源。近 30 年来，我国农村生活水平与经济发展都得到很大提高，农村环境建设却与此不同步，其中水环境污染问题尤为严重。目前，农村地区由于缺乏足够的资金，建设的污水和垃圾处理设施较少，我国大部分的农村没有污水垃圾处理和收集系统，农村生活污水未经相应处理，就近排入河道或者通过排水沟渠汇合后入河，垃圾和污水对农村水源地的污染问题十分普遍。农业生产仍然采用的是高投入高产出的方式，导致肥药的流失率较高，源头污染严重。虽然剧毒、高残留农药正逐步淘汰和禁用，农药新品种不断涌现并投入使用，但仍存在管理不够科学、过量使用等问题。畜禽养殖业大量废弃物尚未得到无害化和资源化处理，随意堆放现象依然存在。另外，目前对农田尾水的处理和资源化利用不足，有些大部分直接排放到河湖水体，未加二次利用，不仅造成了水资源的浪费和农田大量的氮磷等营养成分的流失，更造成了受纳水体的污染。基于上述问题，农业农村污染控制主要包括农村生活污水处理、种植业全过程控氮减磷、畜禽养殖废弃物循环利用与区域污染减排等。

2）受损水体修复技术系统

水生态修复理论来源于恢复生态学和水生态学。在恢复生态学中，生态恢复重建的定义是协助一个被破坏、损伤和退化的生态系统恢复的过程。生态修复是生态恢复重建中的重点内容，它比一般意义上的生态保护和生态重建更具主动意义和广泛的适用性，可用于人工生态系统。根据生态系统的来源不同及其受损程度不同，一般采用自然保护、生态保育辅以人工措施促进更新、生态改造等不同措施，达到生态系统的再复原或恢复重建的目的。

流域受损水体的修复在污染源系统控制的基础上，针对河流湖泊受损水体开展修复，完善水体生态结构，进一步提升水体生态功能。进行水体修复时，针对当前河湖流域生态破坏现状及修复的技术需求，按照流域清水产流的理念与修复思路，可在统筹考虑流域水质水量联合调控的基础上，通过陆域水源涵养区的保护与修复、河流水质改善与修复、城市黑臭水体的治理与修复及湖泊水体生境改善与修复进行水体综合修复。按上述思路，形成由水质水量联合调控、陆域水源涵养与修复、河道修复、城市黑臭水体治理、湖泊水体修复五大环节组成的水体修复技术体系，支撑流域减负与增容。

受损水体修复技术系统主要包含了水源涵养与修复技术、河流水质净化与生态修复技术、湖泊生境改善与生态修复技术和城市水体水质改善与生态修复技术等。

3. 分级

由于不同流域区域水体污染程度、流域开发强度、污染物来源、生态系统特征有明显的差异，应分别从强化工程治理污染、改变居民生活方式、转变经济发展模式、调整社会发展布局等层面，实施系统的流域水环境治理。

分级治理主要是依据水体污染程度的不同，结合水质评价结果，可以将水体污染分为重度污染、中度污染，以及轻污染三级，不同级别采用不同的治理对策。重度污染采用污染治理对策，以控源减负为主，着力削减污染负荷，遏制水体质量恶化趋势，改善流域生境，实现流域范围内污染物排放总量基本满足总量控制要求。中度污染采用防治结合对策，重点在于减排增容，水质改善与生态修复并重；采用控制污染源和生态治理相结合的优化流域产水环境、强化水体自净能力和污染直接净化的全流域水环境整治的新理念，逐步有效治理流域的水环境污染问题。轻污染采用生态保育对策，重点在于以污染预防为主，维持水生态系统健康。

4. 分阶段

分阶段是指通过分析水污染防治与经济社会技术发展水平的适应性，实施与经济社会发展同步的污染防治阶段控制策略；基于经济社会发展阶段的不同，流域治理存在问题和关注点的不同，在不同时期科学设置阶段目标的过程，其目的在于为流域治理提供一张时间表。

分阶段治理在于综合考虑各分区经济社会发展所处的阶段及其污染物排放特征，分析不同时期的经济社会与生态环境需求变化，设计分期污染物控制水平和总体治理目标。其主要目的在于以流域水生态级别提升为基本目的，以生态分区为控制单元，制定阶段式污染物削减目标，为流域水生态状态和水质指标的改善提供科学的近、中、远期规划。

按照 2035 年“美丽中国建设目标基本实现”的总体部署，生态环境部确定了生态环境保护的中长期目标，即“十四五”期间（2021～2025 年）：生态环境持续改善。到 2025 年，生态文明建设实现新进步，生态环境持续改善，基本消除重污染天气，基本消除城市黑臭水体，主要污染物排放总量持续减少，碳排放强度持续下降。“十五五”期间（2026～2030 年）：生态环境全面改善。到 2030 年，生态文明建设实现新提升，生态环境全面改善，碳排放在 2030 年前达峰。“十六五”期间（2031～2035 年）：生态环境根本改善。到 2035 年，生态文明体系全面建立，生态环境根本好转，广泛形成绿色生产生活方式，碳排放达峰后稳中有降，美丽中国建设目标基本实现。到 21 世纪中叶，生态文明全面提升。绿色发展方式和生活方式全面形成，人与自然和谐共生，生态环境领域国家治理体系和治理能力现代化全面实现，建成美丽中国。

2.3.3 一河一策，一湖一策

除了大尺度的流域统筹治理，在实施具体流域治理时，应结合各个流域的差异性，进行“一河一策，一湖一策”的个性化流域治理。

“一河一策，一湖一策”指通过调查河流湖泊基本情况，全面考察河流湖泊健康现状，建立“一河（湖）一档”，科学诊断河流湖泊存在的突出问题，确定河流湖泊保护与治理工作目标，因河（湖）施策，制定河流湖泊保护的主要任务，并提出实用、适用、经济可行的保护治理措施，同时落实各部门责任分工。

建立“一河（湖）一档”是流域治理的坚实基础。针对目前部分河流湖泊基本情况与管理不完善现状，需要通过野外调研和历史资料收集，开展河流生态系统现状调查与综合评价工作。调查内容有自然地理特征、经济社会和水质等（汤茵琪和任心欣，2018）。其中，自然地理特征包含不同河流湖泊的地理位置、所属水系、跨行政区划情况、起止断面位置（经纬度）等。经济社会状况主要考虑河流湖泊所处地区经济水平和社会发展状况两方面。河流水质应统筹陆地与河流的相互关系，对河流概况、流域范围内各类污染源、两岸排污口、河道水质、各类环保基础设施、涉河构筑物等进行全面细致排查，从而掌握河流湖泊的污染情况。通过以上详细的基础调研，建立“一河（湖）一档”，合理评价河流的生态状况，识别关键治理要素，制定适合特定河流湖泊的整体治理策略。

2.4　流域治理策略

2.4.1　高效利用水资源，扩大水环境容量

水资源保护要本着开源节流并重的原则，着力缓解水资源短缺、生态环境恶化等重大水问题，实现水资源统一管理，合理开发水资源、提高水资源利用率、建设节约型社会、优化水资源配置、保障供水安全，以水资源的可持续利用支持经济社会的可持续发展。

1. 统一规划调度，实施水资源综合管理

把流域的上中下游、左岸右岸、干流支流、地表水地下水、水量水质、开发保护和治理作为一个完整的水资源系统，运用法律、行政、经济、技术等手段，协调各部门管理职能，进行统一的综合管理，解决跨界水矛盾，从整体上规划、协调水资源的使用，并进行水生态保护，使流域水资源达到可持续利用的状态；进一步深化城市水务管理体制改革，实行城市水务统一管理，切实做到城乡水资源统一规划、调度和建设，地表水和地下水联合利用，有效解决城乡防洪、供水和污水处理回用等水资源问题；在对现有的与水资源相关的法律进行修订的时候，应增加流域管理的具体内容，或者应制定相应的配套法规，建立健全长期稳定的法律保障体系，保障实现水资源合理配置。实现水资源流域管理和区域管理相结合的管理机制，实现水资源合理调配的常态化管理。

2. 利用经济杠杆，市场化水资源配置

促进水业投资多元化，实现水业运营产业化，完善水资源经营企业的管理，使之成为经济独立、自主经营的企业，并鼓励竞争；形成合理的价格体系，科学合理地确定水资源价格，逐步使水价包含所有成本，做到全成本回收；建立完善的水权制度，明确水资源的产权，制订水权交易规则；培育排污权交易市场，促进水质改善；加强宣传教育，鼓励公众参与水资源管理与保护。全面推广已建立的水权交易、排污权交易等规则，在政府调控、公众参与下，以市场手段实现水资源合理配置。

3. 充分考虑水资源承载力，合理开发水资源

在水资源开发利用时，应以保护水环境功能为前提，要兼顾流域上、下游之间的水资

源需求，保证各条河流的生态用水流量，确定各功能区可开发利用的水量限值。应注重地下水资源合理利用，尤其是因地下水超采存在地下水资源危机的区域，要调整开采布局，严格控制地下水超采。应按照水资源可开发利用总量发放取水许可证，进行市场交易，促进公众节约用水，促进企业提高用水效率。区域之间的水资源调配要在促进调水区和用水区经济协调发展的基础上，建立能够良性运转的水权管理体制。确保水资源开发利用程度应控制在 40%之内。合理调配有限的资源，通过地下水回灌和限采等具体措施，保证地下水系统内充足的生态环境需水量，重点地区实现采补平衡。有条件的地区可以从外流域调水，以增加地下水补给。

4. 实施需求方管理，加快建设节水型社会

坚持开源节流并重，把节约放在突出位置的方针，以提高水的利用效率为核心，以水资源紧缺地区和高用水行业为重点，以建立节水型社会为目标，积极改革水价，强化工业节水、农业节水和生活用水管理。研究制定工业节水管理办法，规范企业用水行为，将工业节水纳入法治化管理。对水污染重点排放行业严格实行用水定额、循环用水定额和节水标准，推行清洁生产，提高工业用水重复利用率，降低工业万元产值用水量，工业生产做到“增长不增污”甚至“增长减污”。发展节水农业，建立一批高效、节水的生态农业示范区和示范工程并推广，实现农业用水零增长。修缮城市供水管网及城市用水器具，降低水漏损率，提高民众节水意识。促进污水资源化。全面推广和普及节水器具，注重农业节水，提高农田节水灌溉面积，力争使农业灌溉用水量有所下降。

5. 多方筹水，积极推进增水技术

研发海水淡化、海水直用等新技术，在我国东部沿海缺水地区推广应用，支持海水淡化水进入城市供水管网。把海水淡化作为公共基础设施建设项目，建立海水淡化财政补助机制。

2.4.2 控源截污，严格控制污染物进入水体

水污染防治要坚持以人为本的原则，预防为主、防治结合、综合治理，以饮用水安全和重点流域治理为重点，控制污染总量、防治工业污染和农业污染，最终达到水环境健康的目标。同时要配套相关的政策措施，如完善环境保护法律法规体系、依靠科技进步保护环境、增加环保投入、加强环境宣传、提高全民环境意识等。

1. 以人为本，优先保护饮用水水源地

制定实施全国城市和农村水源地保护规划和管理办法，特别要加快广大农村集中式水源地保护工作，防治乡镇企业和农业面源污染水源地。要采取严格的措施保护饮用水源，严格执行饮用水源的水质控制标准，特别要严格控制有毒有害物质的污染，以及介水疾病的预防与控制，确保民众饮水安全。继续加强植树造林和绿化工作，提高水源涵养能力。对已经污染的城市供水水库和湖泊，要加快治理，改善水质。逐步建立健全饮用水源安全预警制度。定期发布饮用水源地水质信息。在确保集中式水源地水质达标的基础上，加快

农村分散式水源地和地下水保护工作，全面保障饮水安全。

2. 统筹布局，严格控制污染物排放总量

建立基于确保水环境功能区达标的污染物排放总量控制体系，将总量控制指标以许可证的形式落实到污染源，通过工业结构调整、清洁生产、推广废水的闭路循环和“零排放”技术等削减污染物。逐步实施排污交易制度；实施总量控制定期考核和公布制度；切实加强对污染排放单位的审核和监管，降低水污染物排放负荷。以 COD 和 NH_3-N 作为水污染总量控制指标，在部分敏感湖库开展氮、磷总量控制试点，局部地区进行非点源总量控制试点。在 COD 和 NH_3-N 排放总量能基本保证水环境功能区达标的基础上，开展有毒污染物、持久性有机物等新污染物总量减排；全面开展非点源总量控制。

3. 匹配城市化进程，大力推进生活污水处理

继续加强和完善城市污水处理系统。优先提高全国 50 万以上人口的城市污水处理率，达到国际水平，从根本上避免城市水环境继续恶化。要完善城市排水系统，提高污水处理技术水平，合理确定设计技术规范，节约投资和占地，对于排入封闭水体的污水处理厂应有除磷、脱氮的要求。新城镇建设必须同时建设排水和污水处理设施。缺水城市在规划建设污水处理设施时，要同时安排回用设施的建设，开展污水的深度处理，大力开展污水资源化“革命”，提高污水回用率和资源化水平。加强小城镇环境基础设施建设，全面提高城镇污水处理率，达到国际水平，提高农村生活污水处理水平。

4. 发展生态农业和有机农业，综合防治农业面源污染

结合农业产业结构调整，大力发展生态农业、有机农业。制定化肥、农药减量控制计划，科学施用化肥，大力推广有机肥，推广高效、低毒和低残留化学农药，减少化学农药施用量；加强对环境中农药残留的监测和调查，加强农药安全使用的监督和检验；发展农村生物质能，开辟科学利用秸秆新途径；研究推广生态养殖、科学养殖，推行畜禽粪便资源化，推广畜禽养殖业粪便综合利用和处理技术，鼓励建设养殖业和种植业紧密结合的生态工程，积极控制水产养殖污染。全面推广生态农业、有机农业，科学施用化肥农药、综合利用畜禽粪便，全面防治面源污染。

5. 全面协调，推进流域水污染综合管理

以水质控制为目标，以淮河、海河、辽河、松花江、三峡库区及上游、黄河中上游、南水北调东线、丹江口水库及上游、太湖、滇池、巢湖为流域污染治理重点，编制实施流域水污染防治规划。基于政府、公众、企业之间的互约关系，成立流域水污染控制协调小组，组织政府、企业、公众三方力量开展协商、引导支持公众参与流域水环境管理，逐步完善协调、监督、管理、激励的流域水污染控制的互约机制，动员全社会力量建立流域水环境管理的优化体制，同时解决跨界水污染问题。完善公众参与流域水污染控制的法律法规，完善信息公开。全面协调推进重点流域水污染治理工作，促使水体功能区水质达标。

2.4.3 实施生态修复和综合调控，让江河湖泊休养生息

实施生态修复和综合调控，确保生态安全。水生态安全要坚持预防为主、保护优先的原则，以江河源头区、重要水源涵养区、水土保持的重点地区、江河洪水调蓄区、重要渔业水域、生物多样性丰富地区和西部资源开发区等对国家和地区生态环境安全有重要作用的地区的水生态保护为重点，加强管理力度，优化生态建设的资金配置，保证环境流量和生态用水，重视发挥自然环境的自我修复能力，切实提高水生态保护和建设的质量。

1. 遵循客观规律，实行水生态综合管理

树立大流域（区域、海域）、大生态的概念，按自然分区和生态规律办事，统筹考虑流域上中下游、地表水地下水、陆域海域，采取生态系统方式，打破行政管理上的分割局面，成立一个超越部门的“水生态保护工作领导小组”，协调不同部门之间的利益，协调平衡保护与发展之间的关系。完善水生态保护的相关政策、法规和标准，通过法律法规及监控措施约束人的行为；建立与市场经济相适应的生态环境保护资金投入机制，做到生态环境保护与经济发展协调一致。实现水生态综合管理的长效机制。

2. 保证生态基流，满足水生态系统基本需求

通过水资源的合理配置，逐步提高河流生态需水量保障率，恢复河流水量。加强植树造林，防止水土流失，保育水生态系统生物多样性，防止生态退化。保障河流生态需水量，恢复水生态系统功能。

3. 构建水生态监测评价体系，提升水生态监管能力

加强对重点水生态系统的科学研究，开展水生态系统脆弱区和敏感区的监测，建立水生态监测和预警网络，提高水生态系统监测能力，在此基础上对水生态环境质量进行评价。优先建立国家重要水生态功能区的生态状况监控系统，建立重大水生态破坏事故应急监管系统。水生态环境治理选择控制指标时，以生态指标为主，综合运用物理、化学指标，根据水体环境功能分区控制不同的污染阈值。

4. 兼顾效益公平，完善水生态补偿机制

根据“谁污染，谁治理，谁补偿”和“谁保护，谁恢复，谁受益”的原则，整合水污染补偿机制和水生态保护（恢复）补偿机制、城市水源地生态保护补偿机制、河岸湖滨水生态恢复补偿机制等现有生态补偿法规，健全流域生态补偿机制；建立流域水生态补偿基金模式的横向生态转移支付制度；增加政府在生态保护方面的投入，拓宽生态补偿资金的筹资渠道，完善环境保护税收政策。最终建立起生态服务的政策和市场机制。大力推进水生态补偿机制，保护水生态，实现生物多样性和生态保护的主流化。

5. 主动建设，加强生态修复

加强生态调控和定向修复，优先进行水源地和敏感区生态修复。海洋生态以保护为主，以陆源污染防治为重点，突出海岸带管理，强化海上污染应急管理，严防过度捕捞渔

业资源，保护海岸带和海洋重要生态系统，重点保护珊瑚礁、红树林和重要海洋生物资源。推进水生态修复工作，重点加强流域生态修复和海岸带生态修复，实现典型区域生态功能恢复。

2.5 流域治理实施模式

在水体污染控制与治理过程中，对流域工业源、城镇生活源和农业农村源污染治理，以及水生态修复经验进行总结、凝练和升华；对我国近二三十年来流域治理技术研发和工程示范获得的水资源调控、污染源治理和生态修复方法进行梳理和凝练，将其上升到理论高度，从水资源、水环境、水生态三个方面提炼形成的一个知识体系，称为流域水污染治理实施模式。

2.5.1 模式

模式是一种主体行为的一般方式，是理论和实践之间的中介环节，具有一般性、简单性、重复性、结构性、稳定性、可操作性的特征。模式在实际运用中必须结合具体情况，实现一般性和特殊性的衔接，并根据实际情况的变化随时调整要素与结构，方有可操作性。如科学实验、经济发展、企业盈利、环境治理等过程均可以总结经验，形成一套具有标准化流程的模式进行推进。

模式也是对生产和生活经验的抽象和升华，对解决某一类问题方法论的归纳和总结，能更好地将其上升为理论高度，提炼形成知识体系。在模式的指导下，可以更好地完成任务，做出更好的方案，得出问题的最佳解决办法，最终达到事半功倍的效果。不同的领域有不同的模式，包括建筑模式、设计模式、治理模式等。治理模式是在公共管理过程中形成一套解决问题的方法，应用到流域水污染治理上，其治理模式的好坏将决定流域治理的效率、成本、结果等。

流域水污染综合治理模式是在水体污染控制与治理过程中，以“十一五”和“十二五”国家水专项的研究成果为基础，对水污染三大源治理及水生态修复历程经验的抽象和升华。同时，也是对水专项实施期间形成的基本思路的归纳总结，对污染源治理和生态修复方法的凝练和梳理，并且将其上升到理论高度，从水资源、水环境、水生态三个维度提炼形成的一个知识体系。根据我国流域特点的多样性和复杂性，所面临污染问题的轻重缓急情况差异，从“三水统筹”角度形成的流域水污染综合治理模式，有助于解决各流域面临的现状问题，推进流域水污染综合治理和生态文明建设工作，遏制我国水环境恶化，改善水环境质量，保障国家水安全。因此，开展流域水污染治理思路、技术、路线及实践经验方面的内容总结，形成一套流域水污染治理模式是十分必要的。

2.5.2 “三水统筹”的流域治理实施模式

随着经济增长和社会发展，水污染治理的复杂性更加凸显，水环境治理创新需要理论和先进经验支持。我国近二三十年来，通过流域治理突破形成了一批污染治理与生态修复关键技术，在流域水污染治理方面积累了海量数据，为流域水污染治理模式的集成打下了基础。我国流域目前存在的问题，主要可以概括为水资源、水环境、水生态三个方面。基于此，提出流域“三水统筹”集成思路，凝练提出具有普适性的流域水污染治理实施模式。流域水污染治理实施模式，将统筹兼顾水资源、水环境和水生态，实现水资源优化配置、水环境质量改善提升和水生态系统功能恢复（靖中秋等，2018）。

“三水统筹”具体表现为水资源调控、水环境治理、水生态修复。

水资源调控主要是指针对流域内水资源量的调控、调度，以保障河流生态系统健康，包括生态需水量估算、水质水量联合调度、水动力学条件改善、应急调水等。具体体现为，利用水质水量协同作用下的生态需水模拟技术、流域生态需水量估算技术等，进行流域生态需水量的估算，计算出维持河流功能需要的最小水资源量。如果不能维持河流最小生态需水量，则需要考虑水质水量联合调度，从其他水量充沛的流域的地表水、地下水和非传统水源调水来补充河流水资源量（钱玲等，2013），保障生产、生活和生态合理用水需求。具体技术手段以分质水资源优化调配的水质水量联合调度技术、区域水“介循环”（多阶循环梯级利用）系统构建与水生态改善技术、流域水质水量优化配置仿真模型技术、河网水质水量综合调控技术等为主。

水环境治理是针对流域主要污染源进行系统治理，包括对工业源、城镇生活源、农业农村源三大污染源的治理。其中工业源包括造纸、石化、制药、钢铁和印染五大重点行业污染治理；城镇生活源包括对城镇生活污水的深度处理、对污泥的处理处置和对城市面源的污染控制；农业农村源则是分为种植业、养殖业和农村生活污水三个方面进行控制。

水生态修复主要是针对湖泊、河流流域的生态系统恢复，包括利用水源涵养与水生态功能恢复的植被优化与改造技术实现上游的生态涵养；利用缓冲带湿地构建和运行技术完成缓冲带修复；利用植被构建与恢复等技术完成滨岸带的构建；利用高效稳定人工湿地技术对水体进行修复。

1. 流域水资源调控

1）生态需水量估算

汤奇成（1995）在1995年首次提出了“生态环境用水”的概念，他认为保护绿洲生态环境的用水为生态环境用水，包括绿洲周围植树造林种草所需的水量和保持一定的湖泊水面所需的水量。随着对生态需水概念的不断认识和总结，生态需水量可以理解为维系一定生态系统功能所不能被占用的最小水资源需求量（吴春华和牛治宇，2006），包括天然生态和人工生态，可分为河道内和河道外。河流生态需水量是维持河流生态系统健康的最低水资源量，全世界大约有207种计算方法（Tharme，2003），可分为水文学法、水力学法、生境模拟法、综合法、整体分析法等（李昌文和康玲，2015）。针对生态需水量估算分区生态特征，按照先水质改善、后恢复水生态系统健康的顺序，确定各分区生态需水量估算目标；再以水文学法逐月估算各分区维持水生态系统基本生态功能、水质改善、恢复近自然水文节律，以及维持河道水沙平衡等目标的生态需水量，然后采用外包法确定各分区逐月生态需水量阈值（于紫萍等，2020）。

2）水质水量联合调度

水质水量联合调度是指按照流域水资源综合管理的理念，以保证防洪安全为前提，以流域水生态功能目标需求为导向，依托各种水利工程或非水利工程调度措施，优化调整径流的时空分配特征，从而实现水资源的经济、社会和生态环境综合效益最大化的一种水资源开发利用模式（钱玲等，2013），主要包括：分质水资源优化调配的水质水量联合调度、区域水介循环（多阶循环梯级利用）系统构建与水生态改善等技术（于紫萍等，2021）。

3）水动力学条件改善

水动力学条件是影响流域水污染的主要自然因素。由于环境污染的公害性，与污染相关的环境水动力学引起了广泛的重视。研究水动力学条件对流域水污染的影响，对于污染状况模拟、预测和控制具有十分重要的意义。改善流域水动力学条件对流域水资源调控具有事半功倍的作用，还能进一步促进后续污染治理工作的高效推进。通常涉及闸坝改造、曝气等技术。

4）应急调水

调水工程是一项工程复杂、体系庞大、影响深远的水利工程，涉及经济、社会、资源、环境等诸多因素。1949 年以来，我国陆续建设了许多不同类型、不同规模的流域性、区域性调水工程，提高了受水区的水资源配置能力和供水保障能力，产生了显著的经济社会效益和生态环境效益，为促进受水区经济社会可持续发展发挥了重要支撑与保障作用（王宏伟等，2022）。应急调水主要表现为一些实际工程，例如南水北调等在应急调水工程建设方面，流域主要实施了江水北调工程、引江水灌溉苏北东部低产田工程、泰州引江河工程、引黄工程等，兴建了南水北调东中线、史杭工程等调水工程。2001 年，从沂沭泗水系调度 8.08 亿 m^3 进入洪泽湖，缓解洪泽湖干旱情况，一定程度上恢复了洪泽湖生态环境（肖幼，2019）。2002 年和 2014 年，两次从长江流域调水补给南四湖，完成两次应急生态补水，湖区生态系统得到及时有效保护，促进了流域经济、社会的可持续发展。

2. 流域水污染治理

1）重点行业污染与工业园区治理

a. 钢铁行业污染控制

钢铁工业废水主要来自生产工艺整个流程用水、机械设备与产品冷却水、机械设备与场地清洗水等。炼钢废水中包含了伴随水流失的生产原材料及在进行生产时产生的污染物质。其中原材料厂产生的废水及进行烧结时产生的废水中主要的污染物质是悬浮物质及少量的金属离子；炼钢及炼铁生产废水中主要包含了悬浮物，还有少量油脂、氧化的铁皮，以及氰化物等；生产轧钢过程中产生的废水中主要包含了悬浮物、少量重金属离子，以及氧化铁皮等（李佩林，2020）。

因此，钢铁生产的高水耗和水污染已成为我国钢铁产业可持续发展的重大瓶颈，传统依赖末端污染治理的做法已无法从根本上解决行业污染问题，应从产业优化、清洁生产、强化治理、综合利用 4 个层次，有效推进钢铁行业水污染控制，全面支撑资源节约型与环境友好型社会建设。围绕“创新驱动、转型发展”，加快推动钢铁产业结构调整。在控制总量的前提下，优化钢铁产业布局，淘汰落后产能，推动钢铁企业间兼并重组；加强技术升级改造，引导企业发展清洁生产，提高能源和资源利用效率，减少有毒有害污染物产生，降低后续污染治理的负荷。

污水零排放是指无限浓缩水中的污染物和盐分，使污染物资源化，直至无任何污染物废液排放。钢铁企业污水零排放工艺的原水是综合废水深度处理浓水和焦化酚氰废水处理产水的混合水，经过超滤、树脂软化、一级反渗透、二级反渗透、锰砂过滤器、树脂吸附软化、臭氧催化氧化、活性炭吸附、超滤、螯合树脂吸附、高压反渗透、低压纳滤、高压纳滤、提纯纳滤、除氟除硅、臭氧催化氧化、电催化氧化、电去离子、蒸发结晶、冷冻结晶等步骤后，进行资源化处理生产干燥的硫酸钠和氯化钠，在电去离子使用过程中可生产稀盐酸和氢氧化钠，将稀盐酸和氢氧化钠浓缩可用于其他各处理单元（吕森等，2022）。

b. 石化行业污染控制

石化行业是我国的支柱产业，主要是对原油、天然气进行加工和销售。例如，加工成柴油、煤油、汽油、沥青、石蜡、硫磺（天然气的副产品）、塑料、橡胶、纤维、化学品等。石化行业废水排放为全国工业行业的第二位。其中包括 COD、NH_3-N、石油类、重金属（汞、镉、六价铬、铅、砷）在内的主要污染物排放量位于全国前列。

石化废水具有“一杂两高一难”的水质特点，即组分复杂、高浓度、高生物毒性、难生物降解。利用单一的处理方法很难达到较好的稳定运行效果，因此其污染控制越来越强调各种方法的有机结合，以便充分发挥各方法的优点和特色，降低处理成本，并获得最佳的处理效果。石化行业全过程控制就是从清洁生产与分质处理的角度考虑的出水水质好、工艺运行稳定、处理成本低的集成工艺技术体系。我国已经初步形成了由源头减排技术加典型废水处理技术构成的石化废水处理技术架构。

c. 制药行业污染控制

制药行业关乎民众的生活质量和健康程度，是 21 世纪最具有发展潜力的行业之一。制药行业往往重视增加品种、产量，追求高效益、高回报，制药工业一直存在着“高污染、高能耗”的问题。制药行业属于精细化工，其工艺流程复杂，生产原料的种类多、用量大、利用率低，形成的副产物多而杂，致使制药废水通常具有成分复杂、有机污染物种类多、生物毒性大、含盐量高、色度深等特点，比其他有机废水更难处理。这种高污染的废水若不加处理直接排放，将威胁到生态环境安全和人类自身的健康（张岩松等，2022）。单纯依靠末端治理难以从根本上解决制药行业的污染问题，必须以基于全生命周期的水污染防治全过程控制为指导思想，从优化产业结构、清洁生产、分质处理及资源回用、强化末端治理 4 个方面，有效推进水污染控制。

目前，常用的制药废水处理方法包括：物化法、生物法和高级氧化法。物化法是指利用物理作用和化学反应的综合效应对污水进行处理的方法，包括吸附、混凝、气浮、微电解、离子交换和膜分离法等。生物法是目前制药废水处理技术中最为成熟的一种，其可分为好氧生物法和厌氧生物法，主要技术有序批式活性污泥（SBR）法、上流式厌氧污泥床反应器（UASB）法等。高级氧化法也称为深度氧化法，是在化学氧化的基础上发展而来的技术，主要利用具有强氧化能力的羟基自由基，在催化剂、光照、超声等协同作用下与废水中的有机物发生反应，主要分为芬顿氧化法、臭氧氧化法、光催化氧化法等（张岩松等，2022），从而使有机物发生降解。

d. 造纸行业污染控制

我国造纸行业的产量、产能、消费量等主要指标均位居全球首位，在技术水平上也居于全球前列。造纸工艺主要分为制浆、抄造、涂布和加工等步骤，方法主要包括碱法制浆造纸和酸法制浆造纸，过程中会产生大量的含污染物的废水。所含的污染物主要来源于蒸煮废水和中段废水。造纸行业工艺过程中的用水量大，而我国造纸企业的水资源利用率低，在环境治理压力不断增大的情况下，对于日益缺乏的水资源造成了严重的威胁，给我国造纸行业的发展造成了严重的阻碍。为遏制造纸业环境污染，建立高效可行的水资源利用模式，研发造纸废水处理技术势在必行。

造纸行业废水的主要污染物为 COD、悬浮物（suspended solids，SS）、氯化物、可吸收卤化物（absorbable organic halogen，AOX）等，可生化性差，属于较难处理的工业废水。它的治理方法与普通的工业废水不同，常有的理化处理方法难以达到排放标准，而生物法因效果显著、环境友好等优点广泛用于造纸工业废水处理。生物法处理造纸废水主要分为好氧生物处理和厌氧生物处理，依据造纸废水的成分特点，单一的好氧生物处理技术难以实现达标，因此，在好氧生物处理前，通过厌氧水解酸化将废水中的难降解有机物转化成易降解的脂肪酸，可提高废水的可生化性，为后续的处理工序打下基础。在无氧条件下，厌氧菌会充分降解废水中的有机物，产生大量的沼气进行能源回收，可有效减少煤炭使用量，既能实现节能减排，也能降低环境污染。好氧生物处理技术主要处理厌氧生物处理后的废水及低浓度的中段废水，能进一步降低废水有机负荷，去除剩余的大部分氮磷化合物及 COD 等，主要方法包括活性污泥法、氧化沟、生物接触氧化法等，能够很好地处理制浆造纸过程中产生的中段废水。废水经过厌氧处理及好氧处理后仍含有一定的色素、无机物和难降解有机物，需进一步深度处理，应用较为广泛的是芬顿氧化法，对难生物降解和难通过一般氧化法氧化的污染物有很好的处理效果（冯雷雷，2022）。

e. 印染行业污染控制

全球每年生产约 10000 种不同种类的染料和颜料，染料产量约 70 万 t，主要用于纺织和染色行业，导致了大量高污染废水的产生。在水资源短缺、环境保护要求越来越严格的情况下，印染废水的经济高效处理是一项重要任务。

印染废水成分复杂，包含染料、助剂、油剂、表面活性剂、纤维杂质、酸碱、各种纺织浆料和无机盐等，其中大部分染料具有毒性或含致癌物质。印染废水中有机物和无机盐浓度均很高，其颜色因含多种染料而呈混合色。印染行业因所生产纤维种类的不同，其废水存在一定差异。此外，印染废水中还含有一些重金属，如铅、锑、镉、六价铬、汞等。

印染废水治理技术主要突出以下两点：污染源头控制和分质处理及再生。主要运用的生物处理技术（如水解酸化）能够显著提升印染废水的可生化性，可有效降低尾水色度；好氧生物处理技术对高 NH_3-N 印花废水具有良好的处理效果。印染废水处理采用单一的好氧法和厌氧法时，污染物去除率通常不高；二者组合可以进一步提高印染废水的处理效率（张怀东等，2022）。印染废水深度处理主要是针对传统二级生化处理系统的出水进行处理，以进一步去除废水中的 COD、色度、盐度和浊度等，使出水水质满足排放标准或回用于印染生产工艺要求，常用的深度处理回用技术主要包括高级氧化法、吸附和膜分离技术等（赵凯等，2022）。

f. 工业园区污染治理

工业园区是政府根据自身经济发展要求，通过行政手段划出一块区域，聚集各种生产要素，在一定空间范围内进行科学整合，提高工业化的集约强度，突出产业特色，优化功能布局，使之成为适应市场竞争和产业升级的现代化产业分工协作生产区。近年来，我国工业化发展迅速，工业园区众多，其中全国省级以上工业园区超过2500家，省级以下工业园区更是数不胜数，极大地推动了工业化进程的同时，也造成水环境问题日益凸显。与市政污水相比，各类工业废水由于来源不一，水量水质特征差异较大。此外，工业园区工业污废水排放量大、成分复杂、污染物浓度波动大，进入生活污水收集处理系统后冲击较大，增大了系统运行维护压力，成为制约生活污水系统提质增效的重要因素。

对工业园区工业污废水与生活污水的分类治理，有助于实现提质增效，提升整个园区污水处理效能。园区工业废水、生活污水和雨水要通过专用管道，实现清污分流、分质分流、分质处理；通过正本清源及排污监控，实现园区污水的系统治理。工业废水处理厂设计要统筹考虑设计规模和进水负荷，采用预处理—生化处理—深度处理组合工艺处理高NH_3-N、低COD废水。预处理系统设计原水监控设备和事故调节池，生化处理系统可选用低负荷推流式的活性污泥法，深度处理采用高级氧化法，但鉴于其投资和运行成本较高，单元不宜做过大设计（杨丽琴等，2022）。

2）城镇生活源

a. 城镇生活污水深度处理

城镇生活污水主要来源于人们日常生活的洗漱、炊事等，会消耗大量的水资源，并伴随大量的污水形成。此外，学校、医院等场所也会有大量的污水排出。同时，洗涤水、下水道残渣水、雨水等掺杂在污水中，会导致污水量增多。所以城市污水来源多样，要从源头开始控制污染问题，保障城市居民的正常生活。城镇生活污水中的悬浮物含量较高，包含食物的残渣及其他悬浮物质，污水的颜色通常比较深。由于污水中的有机物含量较高，如果其中的有机物发生腐烂和相互作用，就会发出较刺鼻的气味。人们在清洗衣物的过程中会使用洗涤用品，其中氮磷等元素含量较高，如污水不经妥善处理就排放，可能会造成受纳水体富营养化。而医院废水，如果不经处理直接排放，水中的病原微生物众多，会带来很高的生态环境和健康风险（徐旭，2022）。

针对我国许多污水处理厂不能稳定运行，开发了适合我国城镇生活污水高磷高氮特点的稳定、经济、有效的深度脱氮除磷技术。如高效脱氮除磷控制技术和以DO联合调控为核心，基于碳源、泥龄和DO的灵活可调技术的开发，可实现内部碳源的合理利用、自动分配功能，调整厌氧和缺氧的进水比和内回流比，自动控制并维持稳定的DO水平，自动调整曝气体积和泥龄适应温度变化等。该技术是集工艺优化、运行控制、节能降耗于一体的污水高效脱氮除磷系统技术。主要针对A^2/O工艺污水脱氮除磷系统进行预测、模拟和校正，可用于污水处理厂的可行性研究、工程设计、调试运行；可模拟确定达到相应排水标准所需的各项设计和控制参数，指导污水处理厂的设计；可提供调试方法以指导和优化生物脱氮除磷工艺的运行。因此，该技术可为现有污水处理厂的升级改造和新建污水处理厂提供整体解决方案，实现稳定达标的目标。对于一般的城市污水，在不增加运行成本的前提下，出水氮磷年均值达到一级 A 标准，日均值一级 A 达标率 70%以上（梁潇等，2022）。

b. 污泥处理处置

近年来，城镇污水处理得到迅速发展，城镇水环境治理取得显著成效，但随之而来的是城镇污水处理产生的大量污泥尚未得到有效处理处置。这些污泥易对地下水、土壤等造成二次污染，成为环境安全和公众健康的威胁。因此，作为我国城镇减排的重要内容，必须对污泥处理处置采取有效措施，切实推进技术和工程措施的落实，满足我国节能减排战略实施的总体要求。

随着环保技术的发展，污泥已不再被当作废物处理，而是从物质与能量循环的角度来审视和处理处置。我国污水处理厂的污泥处理处置已逐步实现全过程管理，推行“安全环保、循环利用、节能降耗、因地制宜、稳妥可靠”的污泥处理处置原则，形成“处置决定处理、处理满足处置、处置适当多样、处理适当集约”的污泥处理处置技术路线，并逐步构建技术经济分析、环境影响分析、碳排放分析并重的污泥处理处置技术方案的综合评价系统，界定污泥处理处置及资源化单元技术的应用原则和最佳适用条件，准确掌握各种污泥处理处置及资源化单元技术的工艺、设备、设计、运行、二次污染控制，以及投资、运行成本等。

c. 城市面源污染控制

由于城市发展过程中，土地利用状况发生了很大改变，建筑屋面、道路等不透水面积大大增加，城市地表径流系数明显增大，降雨尤其是暴雨落到地面后会迅速形成径流，将累积在地表的污染物冲刷进入排水管网，由此带来的降雨径流污染与合流制溢流问题日益突出，成为影响城市水环境质量的重要原因。“十一五”期间，城镇污染控制技术的部分示范城市对降雨径流中主要污染物开展了相关监测，通过对部分城市中不同下垫面条件下径流污染物浓度、不同土地利用类型区域中不同屋面材质上的降雨径流污染物浓度、雨水泵站出流及合流制管网溢流中的污染物浓度的监测结果进行分析，发现部分下垫面的降雨径流污染物浓度与生活污水相当，而且由于其发生过程存在随机性、排放形式复杂等特征，城市面源污染对城市水环境污染负荷的贡献日益突出。

城市面源污染控制，可参考海绵城市建设的理念。海绵城市，是新一代城市雨洪管理概念，是指城市在适应环境变化和应对雨水带来的自然灾害等方面具有良好的“弹性”，也可称为水弹性城市。海绵城市是具有自然积存、自然渗透、自然净化的“海绵体”特性的城市，降雨时可就地或者就近吸收、存蓄、渗透、净化雨水，补充地下水、缓解城市洪涝，干旱时可将蓄存的水释放出来加以利用。传统的市政模式认为，雨水排得越多、越快、越通畅越好，这种快排式的传统模式没有考虑水的循环利用。此外，大量雨水直排入河或湖泊中，携带的大量污染物形成的地表径流污染对河流、湖泊水体水质造成严重危害，尤其是对流域水体的治理带来巨大的挑战。

海绵城市遵循“渗、滞、蓄、净、用、排”的六字方针，渗：利用各种路面、屋面、地面、绿地，从源头收集雨水；滞：降低雨水汇集速度，留住雨水，降低了灾害风险；蓄：降低峰值流量，调节时空分布，为雨水利用创造条件；净：通过过滤措施减少雨水污染，改善城市水环境；用：将收集的雨水净化或污水处理之后再利用；排：排水设施与天然河道相结合，地面排水与地下雨水管渠结合，实现超标雨水的排放。

把雨水的渗透、滞留、集蓄、净化、循环使用和排水密切结合，统筹考虑内涝防治、径流污染控制、雨水资源化利用和水生态修复等多个目标；具体技术方面，有很多成熟的工艺手段，可通过城市基础设施规划、设计及其空间布局来实现。总之，只要能够把上述六字方针落实到实处，城市地表水的年径流量就会大幅度下降。经验表明，在正常的气候条件下，典型海绵城市可以截留 80%以上的雨水。

3）农村与农业污染控制

a. 种植业

由于我国目前农业生产采用的仍然是高投入、高产出的方式，导致化肥农药的流失率较高，源头污染严重。我国受农业面源污染影响的农田有 2000 万 hm^2，在农业生产中，农药、化肥及地膜等农用投入品的不合理过量施用，导致污染物通过农田地表径流和农田排水进入地表水体。虽然剧毒、高残留农药正逐步淘汰和禁用，农药新品种不断涌现并投入使用，但仍存在管理不科学、过量施用等问题。改革开放以来，我国粮食单产得到了较大幅度的提高，但是化肥施用量无论是总量还是单位面积用量同样呈现增加趋势，2014 年全国化肥施用总量为 5995.94 万 t，是 1980 年的 4.7 倍。另外，对农田尾水的处理和资源化利用不足，有些大部分直接排放到容泄区，未加二次利用，不仅造成了水资源的浪费和农田大量的无机盐、氮磷等营养成分的流失，更造成了受纳水体的污染。因此，通过各种技术措施，对农田尾水进行资源化利用，成为人们关注的重要内容之一。

结合我国不同区域农业生产实际，一要积极发展绿色高效种植技术，推广水肥药一体化，提高肥药的施用效果，减少肥药用量，降低肥药的迁移污染；二要推广环境友好肥药的应用需求，包括有机肥药、生物肥药、有机无机复合肥、控缓释肥等，通过环境友好肥药的使用减少化肥和农药的用量、改善农田生态环境；三要促进秸秆资源化利用，秸秆资源化还田、制作沼气和作为基质等形式的利用将是新时期的战略需要；四要加大污染物迁移的生态控制力度，通过植物过滤带、生态沟渠、生态湿地等形式对种植业面源污染物进行净化。

种植业面源污染控制主要技术包括生物腐殖酸应用技术、有机肥应用技术、秸秆还田技术、缓释肥应用技术、控施肥应用技术等，结合化肥减量化、优化施肥技术形成一个技术体系。上述技术形成的控制农田氮磷流失源头的组合体系，改变了以前各项单一技术的应用，既包含了养殖废弃物和农田废弃物（秸秆）的生态循环利用技术，也包含了化肥减量技术、化肥替代技术，有利于实现绿色增效。生物腐殖酸、有机肥、秸秆还田、缓释肥的应用技术原理主要是通过改良土壤、提高土壤中氮磷钾和微量元素含量，以及提高肥效和刺激作物生长，从而达到减少化肥施用量和流失量的效果。

近年来，以化肥农药减量使用、农作物秸秆综合利用、农膜减量与回收利用等措施为抓手，我国持续推进农业产地环境保护与治理。到 2020 年，全国化肥施用量已连续五年保持负增长，2020 年为 5250.65 万 t（折纯量），比 2015 年减少 12.8%，同时施肥结构不断优化，减氮控磷增钾效果明显。2020 年，全国农药使用量 24.8 万 t（折百量），比 2015 年减少 16.8%；绿色防控覆盖率达到 41.5%，比 2015 年提高 18.4 个百分点；全国秸秆综合利用率达到 86%以上，农膜回收率稳定在 80%以上。另外，经科学测算，2020 年我国水稻、小麦、玉米三大粮食作物化肥利用率 40.2%，比 2015 年提高 5 个百分点；农药利用率 40.6%，比 2015 年提高 4 个百分点。尽管如此，我国化肥农药的施用量和利用率与国际先进水平相比，还有较大提升空间，需要从管理和技术创新两方面持续发力，进一步提高种植业绿色发展水平，降低对环境的影响。

b. 养殖业

近年来我国畜禽养殖业发展迅速，但是畜禽养殖废弃物无害化处理和综合利用的工作开展不够，畜禽养殖废弃物引起的水环境污染现象时有发生。2010 年第一次全国污染源普查数据显示，畜禽养殖业排放的 COD 1268.26 万 t、TN 102.48 万 t、TP 16.04 万 t，分别占我国污染物总排放量的 41.9%、21.7%、37.9%，占农业源排放量的 95.8%、37.9%、56.3%。作为面源污染首要污染源的养殖废水等液体废弃物的处理和资源化工作重视并不够。畜禽养殖废弃物沼气处理工程是目前推广较多的养殖污染处理技术，但造价高，残余的沼渣、沼液有可能造成二次污染。在养殖废水处理方面目前主要采用城镇生活污水处理工艺，但是由于养殖废水水量和污染负荷变化大，这种工艺适应能力有限。另外，畜禽养殖恶臭处理及畜禽尸体处理方面的研发实力还十分薄弱，尚待大幅度提高。

由于养殖业的污染主要来源于养殖场的排污，从源头上削减污染的产生量是控制养殖业污染的重点。处理技术的研发与应用应坚持“种养结合，生态环保”的理念，主要通过生态健康养殖模式控制养殖业的粪便和污水产生量。例如，结合原位和异位发酵床的污染控制技术，采用椰壳粉全部替代锯末，垫料翻耙实现机械化，通过实时在线监控可以完善和优化垫床管理和维护的技术，实现养殖污水零排放，显著降低了养殖管理和生产成本。其中，针对妊娠母猪、空怀母猪、种公猪及育肥期仔猪，以及奶牛不适用原位发酵床的情况，采取异位发酵床，即养殖室外发酵沟技术；废旧垫料通过生产生物肥药、生物腐殖酸、种植蘑菇和养殖蚯蚓等手段实现资源高值转化，同时生物有机肥料和腐殖酸肥在种植业中发挥养分控流失作用效果显著。

2020 年 6 月公布的第二次全国污染源普查数据显示，畜禽养殖业的 COD、TN、TP 排放量分别为 1000.53 万 t、59.63 万 t、11.97 万 t，均比第一次普查时有不同程度下降。2020 年，全国畜禽粪污综合利用率达到 76%。这些变化既得益于国家持续推动农业绿色发展的政策和措施，也反映了技术进步，需要继续推进。

c. 农村生活污水

长期以来，有些农村地区经济相对落后，污水处理问题没有引起足够重视，农村缺乏有效的污水处理措施，生活污水随意排放，严重污染了农村生态环境。目前，我国农村污水处理技术研发进展迅速，影响农村生活污水处理能力的主要因素不再局限于技术，选择一个良好的、可以适用于农村经济社会状态的处理方案尤为重要。快速城市化导致的人口和生产要素、村庄和城镇系统等的动态变化极大地限制了农村污水处理的可持续性。农村污水处理的融资机制不完善，缺乏技术人员，往往造成污水处理设施建设和长期持续运行困难等问题。同时，各种技术与水的资源化利用模式的结合程度很低。因此，考虑到建设成本、处理效果和管理效率等因素，选择适合农村的污水处理技术模式是农村污水处理研究和实践的一项重要任务。

从污水处理过程的分类来看，我国目前的农村污水处理方式可分为传统模式、生态处理模式和强化自然处理模式，根据污水收集模式的差异，可分为城市管网截污模式、集中处理模式和分散式污水处理模式。其中，分散式污水处理是我国广大农村广泛使用的污水处理模式，主要是由农村住户不集中、地势不平坦、污水收集难度大等特点所决定的。应用和研究最多的是厌氧沼气池、人工湿地、稳定塘、土地处理和膜生物反应器等工艺。

水处理与水资源化利用有机结合也将成为农村污水处理的必然，需要从单一的水污染控制治理逐步转变为全方位、多角度的水资源可持续利用。构建基于物联网的农村分散污水自动处理系统技术，可以将污水处理、太阳能供电、自动化控制及物联网远程监管 4 个技术单元有机地结合在一起。此外，还应做好垃圾分类及综合利用工作，真正实现农村生活垃圾减量化、资源化、无害化，使农村生活垃圾实现深度处理，提高村民环境保护的意识和积极性。发展清洁的农村生活垃圾处理技术是解决农村生活垃圾处理处置的关键环节。

3. 流域水生态修复

1）生态涵养

生态涵养是通过调整损害或保护生态环境的主体间的利益关系，将生态环境的外部性进行内部化，达到保护生态环境、促进自然资本或生态服务功能增殖目的的一种制度安排，其实质是通过资源的重新配置，调整和改善自然资源开发利用或生态环境保护领域中的相关生产关系，最终促进自然环境及社会生产力的发展（俞海和任勇，2007）。生态涵养在保护生物多样性、保护环境、减少水土流失、净化空气和减少噪声、涵养水源，以及提高碳汇等方面，都体现出巨大的生态价值。生态涵养机制和政策的建立和完善对保护生态环境、构建和谐社会、建设生态文明等都具有重大的现实意义和深远的战略影响。

生态涵养在各项生态系统中处于中心地位，其作为生态系统的一项重要生态服务功能，主要表现形式为净化水质、涵蓄土壤水分、调节径流、拦蓄降水、供给淡水、抑制蒸发等。

目前，生态涵养主要包括水源涵养林结构优化与配置和低效水源涵养林改造两部分。其中，水源涵养林结构优化与配置包括：林窗调控、林冠下更新与生态疏伐等；低效水源涵养林改造包括：近自然化诱导、效应带改造、抚育与补植等，其具体工艺流程为选择水源涵养林类型—分析其空间结构与水源涵养能力—确定具体技术—组织实施—诱导为高效水源涵养林。该技术区别于林业行业的传统经营技术，突出对水质、水量的影响，将森林经营技术与水源涵养有机地结合起来，促进了行业间的技术融合。

2）缓冲带修复

缓冲带是水体最高水位线之上的水体外部的陆域地区，是水体生态系统重要组成部分，也是滨岸带外围的保护圈，是污染物进入滨岸带前的“缓冲”区域，也是地表径流入水体前的重要屏障。近年来，随着我国对河流、湖泊保护和治理工作的加强，缓冲带的概念被提出，并在缓冲带功能、缓冲带构建技术等方面开展了研究，构建缓冲带在我国河流、湖泊保护与治理中越来越受到重视。而水体缓冲带的构建应充分考虑缓冲带位置、植物种类、结构和布局及宽度等因素，以充分发挥其功能。缓冲带作为水体生态系统的重要组成部分，对于已占用的道路、建筑、基础设施应尽可能逐步拆迁并进行生态修复。应根据地形地貌、土地利用现状、生态类型，进行分区分段，因地制宜建立“多自然型缓冲带”，尽量选用土著生物物种，恢复生物多样性，恢复缓冲带生态系统，防止面源污染物进入水体。缓冲带生态修复需要充分、综合考虑水环境保护和景观效果，促进生态文明建设。2018年底大理市政府启动的环洱海湖滨缓冲带建设工程就包括了生态修复及湿地工程建设、生态搬迁、生态监测廊道、管网的完善、带有湿地修复科研功能的试验地建设五大工程。其中运用生态重建、保护保育、辅助再生等措施，将被农田、客栈侵占的岸线修复为一个具有水体净化和自我恢复能力的湖滨缓冲带。通过跨专业、多部门的协同设计，释放滨湖缓冲带的生态价值。该项工程完成构建近自然适配净化模块、促进滨湖生态系统恢复、建立低干扰的本土特色的景观游憩系统，强调生态保护与绿色发展并重，形成洱海流域湖滨缓冲带。最终，洱海水质实现了每年“7个月Ⅱ类，5个月Ⅲ类”的提升（孙妍艳等，2022）。2021年，为加强水生态环境保护修复，合理规划河湖滨水生态空间，指导各地做好河湖生态缓冲带保护修复相关工作，生态环境部组织制定了《河湖生态缓冲带保护修复技术指南》并正式发布。

3）滨岸带构建

滨岸带是陆地和流域水体间的过渡带，是在水体水动力和周期性水位变化等环境因子的作用下，形成的以水文过程为纽带、以湿地生物为特征的水陆生态交错带，也是流域系统中对人类活动和自然过程影响最敏感的部分。然而，目前我国主要大型流域滨岸带生态系统退化、生态功能丧失，滨岸带的生态保护迫在眉睫。我国滨岸带存在的主要环境问题包括：水环境质量差，营养程度高，陆源污染严重，水华现象普遍存在且暴发频繁，水环境质量下降；水文、水动力条件在人为干扰下发生变化，江湖阻隔、风浪侵蚀，水位变幅、变化规律受人为影响，与水生植物生长节律不匹配；滨岸湿地被侵占，生态系统结构破坏，生态和生态服务功能退化，生境恶化，水生植物消失，生态退化；滨岸带的有效管理及长期维护重视不够，湖滨带各类资源丰富、使用功能多，但重开发利用、轻保护恢复。

针对典型流域水质净化与滨岸带周边植被的关系，应用生态学手段与工程技术措施相结合，筛选合适植物种系，根据水体污染特征，可集成不同的滨岸带植被模式的构建技术；针对滨岸带人类干扰强烈、植被破坏严重现状，根据最小生境尺度理论和恢复生态学原理，结合行洪安全和生态蓄水需求，研究滨岸带自然封育全局策略，确定封育尺度与封育模式，实施围栏封育，充分利用河岸带种子库资源及自组织、自恢复能力，实现在最小经济与人力成本下河岸带植被与功能的自然恢复；针对保护区内植被生长缓慢、土壤裸露明显地段，构建全方位生态恢复与植被抚育、巡护管理人工强化技术，人工促进和过程强化滨岸带植被与功能持续恢复；针对滨岸坡滑塌严重和人类农业活动强烈地段，按照近自然修复原理，筛选适宜修复植物，研发边坡土壤–植物稳定和植被缓冲带污染阻控技术，提高滨岸带边坡稳定和面源污染阻控功能。

根据滨岸带场地特征进行技术集成与工程示范，建造由河道–滨岸带–堤防组成的水陆有机连接的河流生态体系和河流景观带。该技术在辽河干流保护区全流域实施，显著提高保护区河滨带植被覆盖率和生物多样性，支撑河流水质持续改善，保护区干流Ⅳ类水质达标率由 2011 年前的小于 40%提高到封育后的 97%以上，Ⅲ类水质时段、区段明显增加。河滨带植被覆盖率由 2009 年前的 59.30%恢复到 2015 年的 95.65%；植物、鱼、鸟种类由 2011 年前的 182 种、15 种、45 种分别恢复到 2015 年的 226 种、33 种、86 种，已初步趋向完整的生物系统结构。

4）水体修复

水体修复是指利用生态学方法使污染水体得到恢复所采用的技术，其特点是充分发挥现有水利工程的作用，综合利用流域内的湿地、滩涂、水塘及水生生物等自然资源及人工合成材料，对水域自恢复能力和自净能力进行强化恢复或提升。水体的水质改善与生态修复的总体技术思路为控源为本、调配优先、多元为辅、强化应急、景观共建。控源为本要求水体水质改善应以污染源控制为根本，以水环境容量为目标，在此基础上方能实现水体的生态修复。在实现控源基础上，可以通过多元生态系统构建、河水充氧、底质控制等辅助技术促进和提升水质改善和底质生境条件，并实施水生植被的修复。按照节律配比及群落配置等原则，逐步恢复挺水植物、沉水植物、浮叶植物等水生高等植物。

2.5.3 流域治理总体实施模式

社会的稳定发展、经济的高速增长，以及人民对环境的美好愿望，更加凸显了水污染治理的必要性、急迫性和复杂性，水污染治理需要理论、经验和先进技术的支持。开展我国流域水污染治理实施模式的集成，可为我国流域治理和水生态文明建设提供模式和科技支撑。基于“三水统筹”的集成思路，即坚持“水资源、水环境、水生态”三水共治的原则，统筹谋划，科学布局，凝练提出一个具有普适性的流域治理总体实施模式，以促进流域水资源的优化配置、水环境的改善提升、水生态的恢复稳定。

“三水统筹”主要内涵是水资源调控、水环境治理、水生态修复。其中，水资源调控针对河流流域内水资源量的调控、调度，以保障河流生态系统功能正常，包括生态需水量估算、水质水量联合调度、水动力学条件改善、应急调水等。水环境治理是对流域内的主要污染源进行系统治理，包括工业源、城镇生活源、农业农村源等人类排污对象的治理，削减污染负荷。水生态修复针对流域生态系统的恢复，包括上游的生态涵养、缓冲带的修复、滨岸带的构建和大水体的修复。通过水资源调控可解决生态基流匮乏或不足，通过水环境治理削减点源、面源的污染物入水体的负荷，通过水生态修复恢复生态系统自我协调功能，“三水”共同作用、缺一不可，共同实现河流水清岸绿、鱼翔浅底的理想愿景。

流域水污染治理的总体实施模式主要是指根据流域特点，从水资源、水环境、水生态三个方面对流域水体进行系统的调控、治理和修复。在对流域的自然环境概况，流经城市的社会、人文、经济概况全面了解的基础上，对流域水资源、水污染和水生态状况进行详细调研，对流域水生态健康进行评估，并诊断流域面临的水资源、水环境、水生态主要问题，分析成因，以解决问题和实现流域治理目标为导向，对关键技术进行筛选和集成，最终形成经济技术可行的流域水资源、水环境和水生态“三水统筹”的治理模式并实施，如图 2-1 所示。

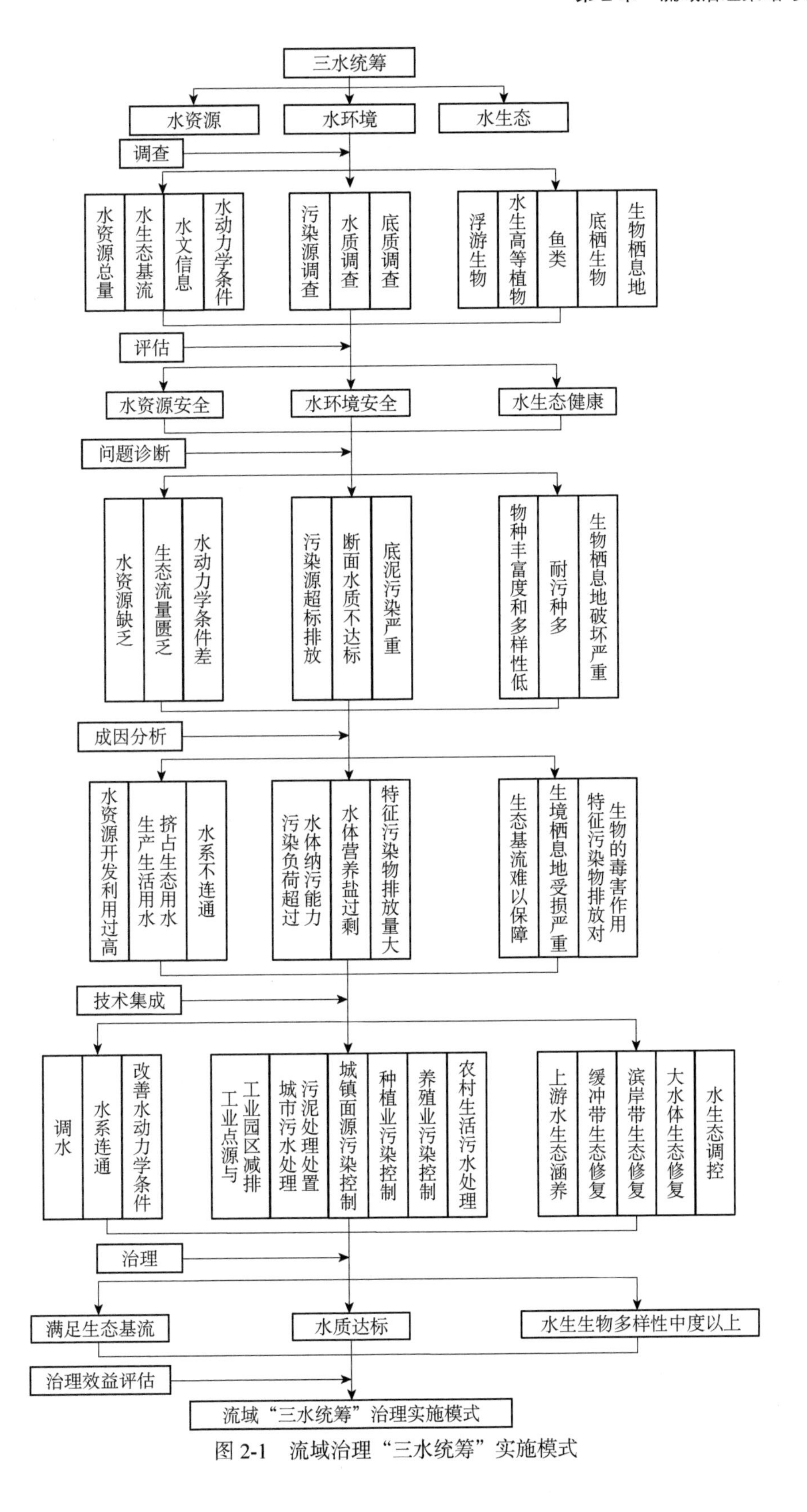

图 2-1　流域治理“三水统筹”实施模式

2.5.4 展望

本章阐述了流域水资源、水环境、水生态“三水统筹”的治理理念和模式。随着流域治理的不断深入，现阶段已陆续提出了“四水统筹”，即在水资源、水环境和水生态的基础上，增加了水风险，而且各相关治水部门，根据自己的行政职能，为水风险赋予了不同的理念，如水利部定义的水风险侧重于水资源短缺的风险及洪涝灾害的风险，而生态环境部定义的水风险更侧重于水质污染的等级，以及有毒有害物质对水生生物和人体健康的风险。未来关于流域治理的理念和内涵，还将更加深入和丰富，水安全、水景观、水文化、水经济、水管理等内容将不断融入流域治理，并促进和推动流域治理更加贴近水生态文明的建设要求。

“十四五”期间国家推动绿色低碳循环发展。它是由绿色发展、低碳发展和循环发展这三个概念复合而成。绿色发展强调生态环境是一种无可替代的生产力，要求人类发展活动必须尊重自然、顺应自然、保护自然；绿色发展意味着经济发展与生态环境质量改善必须从对立走向统一，继而产生良好的协同效应。低碳发展主要是应对气候变化的一种发展战略；狭义的低碳发展是指在经济发展的同时，单位生产总值所产生的二氧化碳排放呈现不断下降的变化趋势；广义的低碳发展则指在经济发展的同时，单位生产总值所产生的包括二氧化碳在内的各种污染物排放及所消耗的能源资源量都不断下降。循环发展是以资源消耗的减量化、废旧产品的再利用、废弃物的再循环为基本原则，以低消耗、高效率、低排放为特征的一项重大经济社会发展战略，是建设生态文明、推动绿色发展的重要途径。

今后的流域治理模式还要围绕绿色发展、低碳发展和循环发展进一步深入。流域绿色发展、低碳发展和循环发展三者之间是相互促进、相互加强的协同关系，在推进流域治理的过程中，绿色发展侧重解决流域水环境质量的改善和水生态的恢复保护，低碳发展侧重解决流域污染源治理和生态修复过程中节能减碳及碳汇问题，循环发展侧重解决流域水资源保护与工农业生产及生活过程中的高效利用，逐步加大资源再生利用的问题。因而，今后流域治理应该治理和发展两手抓，同时发力，促进和推动流域绿色发展、低碳发展和循环发展。

参考文献

程方. 2022. 韩国清溪川生态修复研究及启示. 水利规划与设计，221（3）：67-70.

杜鑫，许东，付晓，等. 2015. 辽河流域辽宁段水环境演变与流域经济发展的关系. 生态学报，35（6）：1955-1960.

段宝相，黄丽娟. 2023. 五维治理：松辽流域生态治理的路径优化——基于国外、国内经验的思考. 经营与管理，（2）：144-149.

段亮，宋永会，郅二铨，等. 2014. 辽河保护区牛轭湖湿地恢复技术研究. 环境工程技术学报，4（1）：18-23.

段亮，魏健，韩璐，等. 2018. 辽河保护区湿地恢复技术与策略. 世界环境，（2）：40-42.

冯雷雷. 2022. 基于 UASB 反应器的造纸废水处理分析. 造纸科学与技术，41（4）：61-64.
冯萌. 2022. 长三角流域跨界河流合作治理模式研究——基于整体性治理视域. 四川环境，41（5）：143-147.
郭军. 2007. 韩国首尔构建人水和谐的清溪川重建工程. 中国三峡建设，（2）：67-72.
靖中秋，于鲁冀，梁亦欣，等. 2018. 北方地区流域水环境综合治理模式研究与实践. 环境工程，36（5）：45-48.
李昌文，康玲. 2015. 河流生态环境需水量及关键技术研究. 安徽农业科学，43（15）：222-225，246.
李忱庚. 2023. 新时代辽河治理保护发展与生态文明建设研究. 水利水电快报，44（2）：59-65.
李京鲜，曾玲. 2007. 韩国首尔清溪川的恢复和保护. 中国园林，（7）：30-35.
李佩林. 2020. 炼钢废水处理及中水回用技术的研究进展. 世界有色金属，（4）：202-203.
梁潇，姚新运，李亮，等. 2022. 城镇污水 AAOA 高标准除磷脱氮技术开发与应用. 环境工程学报，16（2）：612-620.
刘青. 2021. 以伦敦泰晤士河为例的英国水务管理启发. 智能城市，7（14）：159-160.
楼红耀，虞爱娜，林友孝. 2017. 水环境治理的标准化探索——以浙江省“五水共治”为例// “标准化与治理”——第二届国际论坛论文集. 北京：《中国标准化》杂志社.
吕森，李聪，刘成红，等. 2022. 钢铁行业污水零排放工艺技术探讨. 工业安全与环保，48（11）：87-90.
马乐宽，谢阳村，文宇立，等. 2020. 重点流域水生态环境保护“十四五”规划编制思路与重点. 中国环境管理，12（4）：40-44.
马腾嶽，王琳. 2022. 从环境正义视角看洱海治污过程中的生态保护与居民生计文化. 原生态民族文化学刊，14（5）：1-14，153.
钱玲，刘媛，晁建颖. 2013. 我国水质水量联合调度研究现状和发展趋势. 环境科学与技术，36（S1）：484-487.
丘水林，靳乐山. 2020. 整体性治理：流域生态环境善治的新旨向——以河长制改革为视角. 经济体制改革，3：18-23.
沈春蕾. 2018. 还辽河口湿地盎然生机. 中国科学报，2018-01-29（6）.
苏冠群. 2005.“治、用、保”并举　山东为东线水质达标减负. 中国水利报，2005-09-22（5）.
孙妍艳，杨凌晨，施皓. 2022. 云南省大理市环洱海流域湖滨缓冲带——生态修复与湿地建设工程设计实践. 风景园林，29（5）：64-67.
汤奇成. 1995. 绿洲的发展与水资源的合理利用. 干旱区资源与环境，（3）：107-112.
汤茵琪，任心欣. 2018. 城市河流系统性治理的经验及启示. 杭州：2018 中国城市规划年会.
王锋. 2015. 水资源整体性治理：国际经验与启示. 理论建设，（4）：101-106.
王宏伟，邱俊楠，姚文锋，等. 2022. 调水工程分类方法研究. 水科学与工程技术，（5）：82-85.
王敏，叶沁妍，托马斯・赫尔德. 2017. 行为主体互动下的水系空间管理与生态服务优化：基于德国埃姆舍河发展演变的实证研究. 风景园林，138（1）：52-59.
王思凯，张婷婷，高宇，等. 2018. 莱茵河流域综合管理和生态修复模式及其启示. 长江流域资源与环境，27（1）：215-224.
吴阿娜，车越，张宏伟，等. 2008. 国内外城市河道整治的历史、现状及趋势. 中国给水排水，（4）：13-18.
吴春华，牛治宇. 2006. 河流生态需水量研究进展. 中国水土保持，（12）：20-22.

肖幼. 2019. 峥嵘七十年，初心未改，绘就治淮新蓝图. 治淮，(10)：4-5.
徐国冲，何包钢，李富贵. 2016. 多瑙河的治理历史与经验探索. 国外理论动态，(12)：123-128.
徐旭. 2022. 城市生活污水治理问题及对策. 化工设计通讯，48(9)：182-184，199.
杨丽琴，郭迎新，许可，等. 2022. 南方某工业园区综合污水治理模式分析. 给水排水，58(10)：102-108.
于紫萍，宋永会，许秋瑾，等. 2021. 海河 70 年治理历程梳理分析. 环境科学研究，34(6)：1347-1358.
于紫萍，许秋瑾，魏健，等. 2020. 淮河 70 年治理历程梳理及“十四五”展望. 环境工程技术学报，10(5)：746-757.
俞海，任勇. 2007. 流域生态补偿机制的关键问题分析——以南水北调中线水源涵养区为例. 资源科学，(2)：28-33.
袁哲，许秋瑾，宋永会，等. 2021. 辽宁省辽河流域水生态完整性恢复的实践与启示. 环境工程技术学报，11(1)：48-55.
张怀东，张怡立，沈忱思，等. 2022. 印染行业废水处理技术的现状及发展趋势. 染整技术，44(4)：1-5.
张岩松，纪政，刘剑桥，等. 2022. 几种典型的制药废水处理研究进展. 水处理技术，48(8)：29-34.
赵凯，胡睿华，李灌乔，等. 2022. 印染行业废水深度处理及资源化利用技术研究. 辽宁化工，51(5)：688-691，695.
Sanner T，Dybing E. 1998. International experiences for river pollution control. World Regional Studies，14(15)：13284-13291.
Tharme R E. 2003. A global perspective on environmental flow assessment：Emerging trends in the development and application of environmental flow methodologies for rivers. River Research and Applications，19：397-441.

第3章　典型河流水污染治理技术路线图

我国河流的水环境问题突出，发达国家上百年发展过程中分阶段出现的河流水环境问题在我国集中出现，河流水环境污染影响着经济社会的可持续发展。基于河流污染控制阶段需求及目标任务的差异，在客观上要求对未来一段时期的流域治理和生态修复规划进行统一考虑和布局，制定河流水污染治理与生态修复技术路线图是流域污染治理的战略需求和重要任务。本章阐述了河流水污染治理技术路线图的编制原则、思路和流程，并给出了我国辽河、淮河和海河水污染治理技术路线图。

3.1　河流水污染治理技术路线图

3.1.1　路线图概念

国际上已有关于领域和行业技术路线图的制定技术，而在河流水污染治理与生态修复方面，还没有成型的方法学手段。因此，结合辽河、海河、淮河流域水污染治理项目的经验，在“三水统筹”基础上，研发河流水污染治理与生态修复技术路线图制定技术，开展河流水环境问题诊断和评估，进而针对我国重点流域各河流水系水污染特征，提出不同阶段的目标、任务和关键技术问题，实施分期治理的总体目标和原则，形成不同河流流域不同阶段的治理技术路线图。

河流水污染治理技术路线图是河流治理战略研究的重要组成部分，是以河流治理重大需求为出发点，基于河流生态完整性，凝练河流治理和生态恢复的战略任务，突出“重大需求–战略任务–技术重点”之间的整体性和相互关联性，并通过技术路线图把战略研究的主要内容按照结构化方式表达出来，使河流治理战略思路更加清晰。通过技术路线图进一步深化战略研究内容，对技术重点的研发基础、技术差距、发展路径和实现时间等进行评价，为技术重点的优先排序奠定基础。

3.1.2　路线图制定原则

（1）坚持河流生态服务功能优先。我国河流污染和生态受损类型多样复杂，河流生态修复很难使河流恢复至未受干扰前的状态，而较为可行的是恢复河流生态服务功能。河流生态恢复基本定位即为优先保障河流生态服务功能，兼顾生物多样性恢复。河流治理战略方案的制定，应坚持生态服务功能优先原则。从河流支持服务功能、供给服务功能、调节服务功能和文化服务功能入手，统筹考虑河流水污染导致的服务功能下降甚至消失问题，提出相应的污染控制和水质改善措施和实施步骤，逐步恢复正常河流生态系统功能。从某种意义上说，河流治理的终极目标是恢复（保护）河流生态系统的服务功能。

（2）坚持生态完整性综合评价。在不受人为干扰情况下，河流生态系统经生物进化和生物地理过程维持生物群落正常结构和功能的状态，还能维持其对人类社会提供的各种服务功能，这种状态被认为是健康河流生态系统。河流生态系统健康必须体现河流生态完整性，包括物理、化学及生物完整性三方面。其中物理完整性主要是指河流地貌、水文和流态，受控于整个流域的地形、气候、降雨等自然条件，以及水资源利用方式。化学完整性主要指河流水体的化学特性，受控于河流水体污染状况。生物完整性主要是指水生生物群落结构与功能特征的完整性，受控于河流物理和化学完整性，尤其是水体污染程度。

河流物理完整性、化学完整性和生物完整性作为生态完整性的三个有机组成部分，它们之间相互联系、相互影响。认识河流水环境问题，尤其是在对目标河流退化特点、过程及成因等进行全面诊断和分析过程中必须同时考虑这三个方面。通过物理、化学和生物完整性方面的河流问题表征及其流域驱动因子分析，界定河流主要污染类型和水污染特征问题，进而为制定河流治理战略方案奠定基础。

（3）坚持目标制定分期达标。河流水污染类型多样，耗氧污染、富营养化、有毒有害污染等多种污染并存，水污染复合效应突出，且流域污染物呈现典型空间异质性特征。辽河、淮河和海河流域河流生态系统退化尤其严重，因此河流治理和修复战略方案的制定，应充分考虑到我国河流污染治理和生态恢复的难度和长期性，围绕流域多种污染并存特征和区域（水系）异质性，结合流域治理不同阶段的重大需求和战略任务，依据污染河长、污染严重程度等参数确定河流不同污染类型的优先治理顺序，按照分期达标原则，对不同类型的污染治理设置治理时间表，制定河流治理步骤和方案。

（4）坚持流域目标的污染减排。基于河流水质目标管理的流域污染减排方案是流域治理最为核心的步骤。目前国外河流治理与流域水污染控制广泛采用 TMDL 计划，即指在满足水质标准条件下，水体能够接受的某种污染物的日最大排放负荷。制定流域最大污染负荷可以将流域可分配的点源和非点源污染负荷分配到各个污染源，同时考虑季节变化和安全边际，采取适当的污染控制措施来保证目标水体达到相应的水质标准。然而，在流域管理方法和手段方面，我国当前尚未建立基于水功能区划要求的流域水质目标管理方法。

考虑到我国河流普遍存在水污染类型复杂、污染来源复杂、河流生态系统退化成因复杂、治理需求与目标多样、河流水文节律因水资源利用方式复杂等多种因素，无法套用国外现有技术方法。结合我国河流自身特点，建立基于水质目标管理的减排方案，即包括以水质目标为基础的容量核算、污染负荷分配、污染源削减措施、河道治理措施、流域管理措施。在河流污染治理战略方案制定过程中，应坚持以水质目标为导向，进而制定流域污染负荷减排方案，是实现流域污染治理从目标总量控制向控制单元水质目标总量控制转变的关键。

3.1.3 路线图制定思路与流程

河流水污染治理技术路线图制定的基本思路是突出河流治理的前瞻性计划，强调从河流治理重大需求开始，凝练战略任务和重点技术。首先，确立河流治理的总体战略目标，以优先恢复和保障河流生态系统服务功能，兼顾生物多样性恢复为基本定位，确立水资源安全和水生态健康两大基本目标，并开展河流水环境问题诊断，明确河流治理的重大需求。其次，从上述需求出发，从河流生态完整性入手，确立河流化学完整性恢复、物理完整性恢复和生物完整性恢复方面的重大战略任务。再次，分析各战略任务的特征目标，包括河流水污染控制指标和河流治理指标，并结合污染治理的客观要求和流域经济社会发展状况，合理布局实施阶段。另外，开展技术需求分析，从污染控制和管理技术两方面，确立河流治理和生态修复的重点单元技术和集成技术。最后，对提出的重点技术进行评价，包括研发基础、技术差距、发展路径和实现时间等，从时间序列上布局阶段关键目标和重点技术任务，形成河流水污染治理技术路线图。

技术路线图可以用数据图表、文字报告等形式表现，常用的是图表形式。不管用哪种形式，都要回答 3 个问题：在充分考虑技术、产品、市场等因素发展前景的情况下，我们计划到哪里去？我们现在在哪里？我们如何达到那里？为回答这些基本问题，技术路线图一般在结构上采用多层结构格式，在横坐标上（时间维度）反映技术随时间的演变，在纵坐标（空间维度）上反映技术发展与研发活动、产业、基础设施、市场前景等不同层面的社会条件的联动关系。根据制定技术路线图不同的目的、不同的应用领域，在纵坐标上表示的内容（层面）也会有所不同。技术路线图包括时间轴和重大需求、战略任务、技术重点（重大技术系统和关键技术）三层要素，其制定过程要按照时间段建立各要素之间的有机联系和发展顺序。

河流水污染治理技术路线图从河流治理重大需求出发，结合河流水环境质量保障需求、生态修复战略任务和河流治理特征目标，根据河流水生态环境现状与目标的差距分析结果，划分实施阶段，结合重点任务及技术需求，充分衔接技术体系梳理及评估结果，为不同治理阶段匹配适宜的技术。河流水污染治理与生态修复技术路线图的技术流程见图 3-1。

3.1.4　路线图制定技术方法

1. 技术需求分析方法

在流域单元环境问题诊断的基础上，开展针对污染控制及水环境质量改善的结构减排、技术减排、管理减排等综合集成技术分析，建立“分区控制、系统集成”的流域水环境质量改善技术集成，提出各控制单元污染控制方案、水质控制目标、总量控制目标和重点污染源治理方案。

依据流域产业结构和河流水环境突出问题，从水污染防治、水资源保障、水生态保护与修复和水环境风险防控 4 个重点方面，按照“从流域统筹角度出发，严格贯彻流域河流水污染治理技术路线图，基于河流水体水质目标的容量总量控制思路，综合各控制单元的污染特点”这一基本原则，根据各控制单元的污染特征建设不同的污染控制区，以全面改善水环境质量为目标，给出详细的流域水污染治理具体实施对策。

流域的治理和保护不是某一个地区、某一个区域的事情，它涉及整个流域内所有地区和区域之间的沟通和合作。如果没有建立流域内的跨区域协同治理机制，站在全局上统

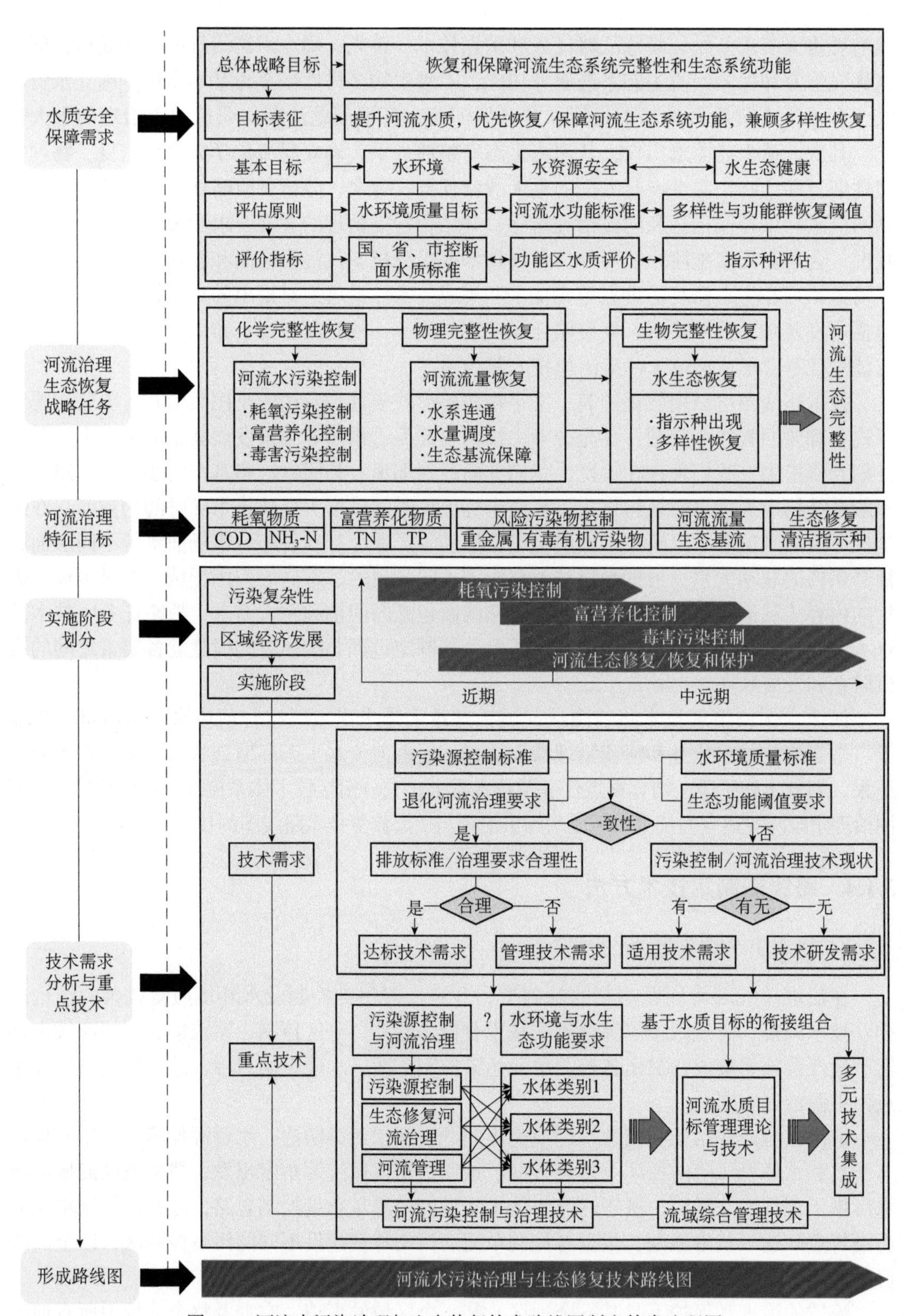

图 3-1　河流水污染治理与生态修复技术路线图制定技术流程图

筹规划，流域的保护和治理就很难取得实质性的进展，治理和保护的效果就会受到很大的影响。

首先，构建共赢的管理机制。流域的管理是一项关系到整个流域内各个省市的共同利益的工程，因此应该遵循共赢的管理理念建立起共赢的管理机制。以区域公共管理作为各级政府的思维导向，将流域的保护和治理作为重大的民生工程进行整体规划。不断寻找流域内不同区域发展上的共同利益，并以此为切入点在跨区域流域的治理和保护上展开合作，同时设立流域保护和治理的专项资金，统一管理、专款专用。其次，构建高效的合作机制。要想建立起高效的合作机制，最重要的就是在权责上进行合理的划分，化解各政府及不同部门在治理和保护上的权责矛盾。可以考虑由省政府牵头，组建起流域保护和治理工作的专门机构，然后将各相关利益方纳入到机构当中，进行具体的权责划分。最后，构建联合执法机制。流域的环保执法必然会涉及跨行政区域的问题，只有赋予综合治理机构执法的权力，支持其开展联合执法行动，流域的治理和保护才能取得预期的效果。通过开展联合执法检查对流域内企业的排污进行监督和检查，依据规定严格落实奖惩政策，为流域的治理提供执法保障。

重点技术筛选是河流治理技术路线图的重中之重。在战略任务布局和实施阶段划分基础上，基于河流水环境问题诊断界定河流污染类型，分析河流污染控制和水质改善技术现状和趋势，提出河流治理的技术需求。然后根据不同阶段的特征水质目标和主控水质目标要求，从水污染控制和治理单元技术、河流治理集成技术，以及河流综合管理技术等方面，凝练并形成河流治理和生态恢复的重点技术突破方向。技术需求分析方法详述如下：

（1）基于河流水环境问题、河流污染类型和特征水质目标，以污染源控制标准（包括行业废水排放标准、面源污染控制标准）、水环境质量标准（包括地表水环境质量标准和水功能区划分标准）、综合考虑退化河流治理需求和河流生态功能阈值要求，分析以上四项标准/要求是否一致，如若一致，则分析标准/要求是否合理，对于合理的标准和要求，考虑达标技术需求，对于标准不合理的，提出管理技术需求；如若标准/要求不一致，则调研是否有现成的相关技术，若技术已有研发，则提出技术应用的适用性需求，对于尚处于空白的技术，则提出河流治理技术研发需求。

（2）国内外河流治理现有技术主要包括点源污染控制技术、非点源污染控制技术和河流生态修复技术及流域管理技术。点源污染主要是行业废水和市政污水，处理方法主要有化学处理技术、物理化学处理技术和生物处理技术等。非点源污染控制技术可分为源头污染控制和径流污染控制两大类。河流生态修复的主要技术方法包括河道修复、湿地恢复和生物修复等技术。河流管理技术则包括流域水质目标管理技术、水质水量联合调度技术，以及政令型管理技术。通过技术发展现状和趋势调研，分析我国的研发状况及与国外的主要差距，形成对河流治理技术发展的基本判断，找出应重点突破的方向。

2. 河流水污染治理与生态修复目标确定

1）中长期目标确定

“有河有水、有鱼有草、人水和谐”是我国进入“十四五”的治水目标和愿景，“有河有水”代表水资源，“有鱼有草”代表水生态和生物多样性，“人水和谐”是水生态环境及其支撑发展的问题。我国河流的水环境和水生态治理保护的近期、中期和远期目标如下：

水环境。2020～2025年水环境质量整体改善，污染严重水体基本消除，水功能区达标率达85%；2025～2030年水环境质量显著改善，水功能区达标率达95%；2030～2035年全国水环境质量全面改善。

水生态。2020～2025年水生态恢复目标以河流生物功能群恢复为重点，开设生态流量保障试点；2025～2030年生态基流得到恢复，河岸带得到修复，流域全面推进水生态保护和恢复；2030～2035年水功能区全面达标，生态流量得到全面保障。

到2035年，流域水生态环境根本好转，美丽中国建设的水生态环境目标基本实现。与水资源、水环境承载能力相协调的生产生活方式总体形成，河湖生态流量（水位）得到保障，水源涵养功能得到有效保护。河湖生态缓冲带得到维持和恢复，生物多样性保护水平明显提升。污染物排放得到有效控制，90%以上的水体水质达到优良，城乡黑臭水体全面消除，城乡居民饮水安全得到全面保障，基本满足人民对优美生态环境的需要。

综上，我国中长期水生态保护总体要求及河流水污染治理与生态修复战略目标如图3-2所示。

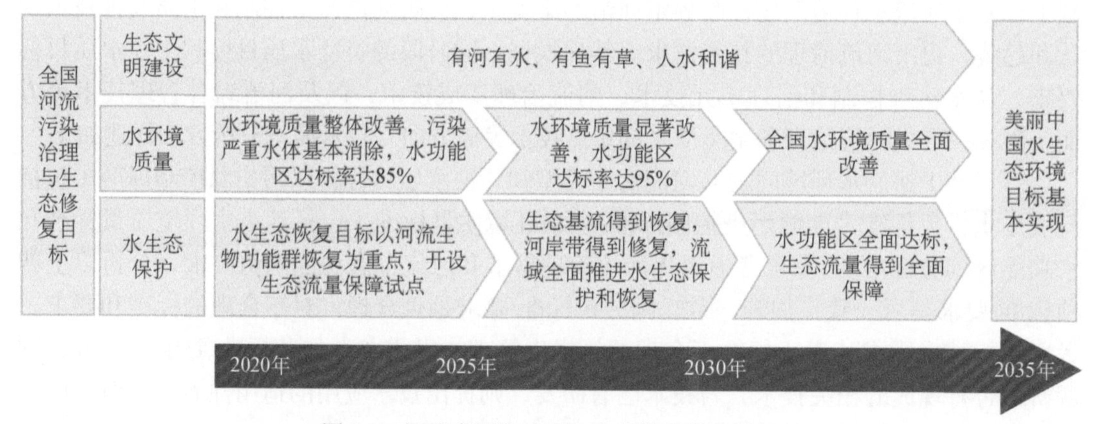

图3-2 河流水污染治理与生态修复战略目标

2）河流治理特征目标的确定

根据河流治理的战略任务，突出流域特色，确立近期、中期、远期河流治理和生态恢复的特征目标，包括河流污染控制目标和治理目标。其中，河流污染控制目标主要包括水体DO、河流健康阈值等；河流水污染的治理目标包括耗氧物质COD、氮磷等营养物质、重金属和有机毒害污染物、河流生态基流阈值和清洁河流指示种等。以稳步改善流域水生态环境质量为核心，以河湖为统领，坚持污染减排和生态扩容两手发力，统筹水资源利用、水生态保护和水环境治理，“保好水、治差水、增生态用水”。

在制定长期目标时，需要深入分析水生态环境现状与相关要求、标准的差距，寻找问题成因，因此在量化2035年治理目标时要综合考虑生态文明体系、三线一单和三生空间的理念，同时参考发达国家经济社会状况与生态环境间的关系，对我国生态环境趋势进行预测。

3.2　辽河流域水污染治理技术路线图

3.2.1　辽河流域水生态环境现状及问题诊断

1. 水资源

辽河流域水资源匮乏，辽河流域水资源可利用总量为83.54亿m^3，人均水资源量为535m^3，不足全国人均水资源量的1/4（袁哲等，2020）。辽河流域地表水资源空间分布不均，东南多西北少。水资源年内变化幅度大，约70%～80%的径流量集中在汛期（王西琴等，2006）。

1）部分河流生态流量不足，部分河段断流

辽河流域水资源相对较匮乏且时空分布不均，部分河流长时间断流或部分月份部分河段断流（孙威等，2003），主要分布在西辽河干流及部分支流、东辽河部分支流、辽河干流部分支流、部分独流入海河流、鸭绿江上游部分支流。西辽河部分河段、老哈河部分河段、教来河、秀水河部分河段、二道沟河、五里河、百股河常年断流，东辽河部分河段、柳河、绕阳河、小柳河、条子河、柳壕河、复州河、沙河、细河、十二德堡河等30条河流局部河段部分时段断流（王西琴等，2006）。

2）辽河流域水资源开发利用程度高，水资源严重短缺

水体污染将造成严重的水质型缺水，进一步加剧了水资源供需矛盾。由于很多工业行业（如食品、纺织、造纸、电镀等）需要利用水作为原料或直接参加产品的加工过程，水质的恶化将直接影响产品质量，提高水处理成本（邬娜等，2015）。工业冷却水的用量最大，水质恶化也会造成冷却水循环系统的堵塞、腐蚀和结垢问题，水硬度的增高还会影响锅炉和换热器的寿命和安全（孙启宏等，2010）。资源型、水质型水资源短缺严重影响了城镇居民生活和工农业生产，制约了区域经济发展。

2. 水环境

2020年，辽河流域地表水总体水质为轻度污染。监测的103个断面中，Ⅰ～Ⅲ类水质断面占70.9%，无劣Ⅴ类。其中，大凌河水系和鸭绿江水系水质为优，大辽河水系水质良好，干流和主要支流为轻度污染[①]。

1）部分水体水环境改善成效不稳固

依据辽河流域水污染的历史资料和现状调查数据，分析了流域水环境质量演变规律，从影响水环境质量演变的自然因素和人为因素两方面分析了影响水环境质量的驱动力。其中，在自然驱动力方面，降水状况和气温是主要限制因子；在人为驱动力方面，工业污染较为严重（刘瑞霞等，2014）。

在人为驱动力方面存在不达标或不稳定达标的饮用水水源地；部分国控断面水质不达

① 中华人民共和国生态环境部. 2021. 2020 中国生态环境状况公报.

标或不稳定达标，如老哈河东山湾大桥、乌尔吉沐沦河天合龙、寇河松树水文站断面年度水质不达标，细河于台、北沙河河洪桥等69个断面水质不稳定达标。存在劣V类水体，2020年仅英金河的小南荒断面水质为劣V类，但各水系干支流均存在部分河段个别月份水质劣V类情况。黑臭水体整治成果还需巩固，如丹东、营口、辽源已治理完成的黑臭水体还需进一步巩固，沈阳、锦州部分区县所属农村黑臭水体仍需重点治理，氮磷等污染问题依然较为严重。

2）工业污染问题依然存在

工业污染排放主要来自黑色金属冶炼和压延加工业、石油煤炭及其他燃料加工业、化学原料和化学制品制造业、农副食品加工业、汽车制造业、纺织业、电力热力生产和供应业、医药制造业、酒饮料和精制茶制造业、金属制品业、有色金属冶炼和压延加工业等行业，污染物排放量占80%以上，且企业偷排、超标排放现象时有发生（苏丹等，2010）。辽宁省沈阳市、鞍山市、抚顺市、丹东市、营口市、阜新市、辽阳市、盘锦市、铁岭市，内蒙古自治区赤峰市、通辽市工业集聚区污水集中处理设施、污水再生利用设施、配套管网及接入城镇污水处理厂等方面仍不完善（孙启宏等，2010）。

3. 水生态

辽河流域水生态健康状况综合评价为“一般”状态，藻类健康评价整体状况为较好（沈玉冰，2016）。西辽河源头支流和下游部分干流区域生态完整性较好；东辽河上游和下游部分区域生境质量一般，河流中段生境质量较好。浑河、太子河生态整体状况优于西辽河，低于东辽河（姜永伟等，2020）。

辽河流域多数河段人为干扰严重、人工化现象较为突出，导致水体污染严重，河流生态自净能力退化明显（袁哲等，2020）。具体表现为：第一，辽河流域属北方缺水型河流，且大部分区域为农业生产区，干支流的水利用率较高，造成河流污染比较重；第二，辽河流域人类活动密集，多数河段人工化现象严重，河岸带植被覆盖程度低，导致外源污染物在缺少河岸缓冲截流条件下直接入河，加剧水体污染程度；第三，河道采砂活动泛滥，河道内水生维管束植物数量相比20世纪80年代数量急剧减少，代以水绵等污水型水生植物为主，水体净化能力退化。

近半个世纪以来，辽河流域水生生物多样性锐减。以鱼类为例，与20世纪80年代相比，鱼类物种数下降了近50%。大伙房水库等大型湖泊浮游动物、浮游植物量呈下降趋势，底栖生物以耐低氧生物种类为主。

3.2.2 辽河流域水污染治理与生态修复技术重点

1. 辽河流域水污染治理技术和实施策略

辽河流域水污染治理的重点是将以往只重视直接排入干流水体污染源治理向干支流并重转变，重点突出城市重污染支流综合整治。同时，做好“源头区、河口区和跨界区”等重点区域的水污染综合防治工作，源头区和河口区重在保护和预防，跨界区重在治理与统筹。污染防治做到点、面兼顾，点源以工业污染防治和城镇污水治理为主，面源以畜禽养殖污染防治、饮用水源和湿地保护为主。加强污染源风险分类、分级与综合识别，提高重点水域风险防控水平。推动河口控制区的污水处理厂建设和再生水利用，开展河口区的点源、非点源综合治理。同时，以河岸区湿地生态恢复为重点，建设人工湿地群，恢复双台子自然湿地保护区生态完整性，实现河海统筹，保护近岸海域环境生态。

1）增加城镇污水处理能力，提高污水管网覆盖率

污水收集处理设施相对落后，污水处理能力不足，截污管网建设相对滞后、覆盖率低，存在管网渗漏等问题。"十四五"期间，应加强城镇污水处理能力建设，新建和改造配套截污管网，提高城镇污水管网覆盖率和收集率，提高城市污水集中处理率，提高污水处理厂出水水质。

2）适当调整产业结构，加强工业点源污染防治

推动采用先进清洁生产技术，实施清洁生产技术改造，从源头减少废水、化学需氧量、氨氮等污染物的产生和排放。严格管控重点行业污染排放。吉林省重点关注纺织业、医药和农副食品加工业的污染排放管控，辽宁省重点关注钢铁、石化、煤化工、机械、建材、有机化工、制药业的污染排放管控，内蒙古自治区重点关注煤矿、食品制造和餐饮业的污染排放管控。

3）开展农业面源污染治理

推进种植污染管控。以降低氮磷负荷为着力点，加强农业源污染控制，推进化肥、农药减量化。根据化肥、农药施用强度及需求量分析结果，提出农田化肥、农药减施、推广有机肥等任务。大力推进农业绿色发展，鼓励绿色、有机食品生产基地建设，发展节水农业和有机农业，提高农田灌溉水有效利用系数。

4）开展流域污染综合治理

加强沿岸生态恢复和涵养林建设。重点加强招苏台河源头涵养林建设，包括河岸营造护堤护岸林、水源涵养林、水土保持林等。结合生态镇、生态村建设，加强农村生活污染、规模化畜禽养殖等农村面源污染治理。建立农村生活污水收集处理系统，逐步完善生活垃圾收集处理系统。加强对河流水质有较大影响的重点村屯进行综合治理。重点对条子河、招苏台河沿岸村屯的生活污水、生活垃圾及畜禽养殖污染进行综合治理。

5）加强水库水源地污染防治

加强水源地面源控制，开展水库水源涵养林及库区生态环境保护与建设，实施库区及其周围退耕还林（草）和水土保持生态建设工程。建设生态隔离缓冲带，推行生态农业等措施；加强分散畜禽养殖的管理，严格限制饮用水源地等环境敏感区域的畜禽养殖和水产养殖，对敏感区内的污染源进行关闭和迁移，并加强日常监测和执法检查。

2. 辽河流域管理技术

优化辽河流域产业结构和布局，促进经济增长方式转变，从源头预防环境污染和生态破坏，促进经济、社会和环境的全面协调可持续发展。管理减排是各种减排措施的总抓

手，可以促进工程减排和结构减排的顺利实现，而管理减排的作用，也通过工程减排和结构减排表现出来。对于辽河流域而言，环境管理减排的首要任务就是促进工业发展模式的转变，提高资源能源利用效率，控制污染规模和污染物排放总量。因此应从源头管理减排、过程管理减排和末端管理减排出发，为环境与经济的协调发展提供保障。

建立打通水里和岸上的污染源管理体系。按照“三水统筹”，从生态系统整体性和流域系统性出发，找准问题症结，精准施策。以改善河流水质、提高河流生态系统功能、逐步建设健康河流为目标，遵循科学性、目的性、重点性、针对性、可行性和综合性原则，构建基于河岸带结构稳定性、功能完整性和自我调节能力的健康河岸带评价指标体系与评价标准。

3. 辽河流域水生态修复技术

在河流生态修复方面，加强沿岸生态恢复和涵养林建设，开展生态系统修复、城市段景观化建设。系统布局重大水生态保护与修复工程，科学推进西辽河、东辽河源头水源涵养，辽河国家公园、辽西生态廊道生态缓冲带保护与建设、重要湖泊湿地生态保护治理和水生生物多样性提升。

3.2.3 辽河流域水污染治理目标与路线图

辽河流域的治理经历了洪涝灾害防治主导阶段、急剧污染与治理阶段、污染趋势遏制阶段和治理成效显著阶段（2006 年至今）四个阶段，基于辽河流域治理历程的梳理，结合辽河流域水生态环境的现状和问题诊断，辽河流域河流治理技术路线图主导思想是针对辽河流域水环境问题，通过“陆域污染削减、河道综合整治、水域质量提升”实现水陆兼顾。

辽河流域河流治理技术路线图以近期（2020～2025 年）、中期（2026～2030 年）和远期（2031～2035 年）三个阶段为时间轴，从水资源、水环境和水生态三方面分别给出了对策措施和技术路径。不同时期分别采取不同的治理对策，有计划、有重点地推进水污染治理工作。

近期：突破流域常规污染负荷持续削减、营养物大幅削减，以及特征污染物有效削减技术，试点应用流域非点源污染控制、湿地生态系统恢复重建与河流生态修复技术。

中期：构建完善的流域排放管控体系，实施排污口规范化管控和零排放管控。重点发展有毒有害污染物全程控制技术、农业面源综合治理技术，并大力推进技术的设备化产业化，截污管网城乡一体化，产业结构调整集群化发展，创建生态工业园区，在流域层面进行技术推广与应用。

远期：全面建成流域水生态环境综合管控体系，广泛推广应用河流水生态修复技术，持续提升辽河水环境质量，构建流域经济社会发展与水环境协调的河流水生态系统。

辽河流域河流治理技术路线图见图 3-3。

类别	子类	指标	阶段一	阶段二	阶段三
国家战略			生态环境持续改善	生态环境全面改善	生态环境根本好转
科学问题	河流水生态完整性恢复		化学完整性恢复	物理完整性恢复	生物完整性恢复
			水污染控制 耗氧型污染物控制 营养型污染物控制 有毒有害污染控制	水资源保障 水系连通 生态基流保障	水生态恢复 指示种出现 多样性恢复
分阶段治理目标	水环境	地表水优III类占比	78%以上	83%以上	88%以上
		地表水劣V类占比	国控断面全面消劣	重要支流全面消劣	地表水体全面消劣
	水资源	达到生态流量要求河湖数量	25个以上	主要河流干支流得到保障	全面保障生态流量
		恢复有水河湖数量	15个以上	全面恢复断流河段	全面保障天然河流全年不断流
	水生态	缓冲带修复长度	1800km以上	2000km以上	3000km以上
		湿地建设(恢复)面积	100km²以上	150km²以上	300km²以上
		重现土著物种水体	15个以上	30个以上	100个以上
对策措施	水环境		优化调整产业结构布局，严格管控重点行业污染排放；实施入河排污口排查整治，持续推进城镇、农村、工业污染治理	构建完善的流域源排放管控体系；实施排污口规范化管控和零排放管控	全面建成流域水生态环境综合管控体系
	水资源		转变高耗水方式；加强生态流量监管；强化重要河湖水资源配置与调度	全力加强河流生态流量配置与调度，形成水系连通格局；完善区域再生水循环利用体系	全面保障天然河流生态流量；全面推进节水型社会建设
	水生态		严格“三线一单”，加强湿地建设和河流缓冲带修复；实施重点干支流河道生态修复工程	全面实施河流源头区水源涵养保护和河湖保护修复工程；推进水生生物完整性恢复	全面实施水生态保护工程，全面建设生态湿地和完善河流缓冲带；全面构建美丽河湖体系；全面推进河流生态系统完整性恢复
技术路径	水环境		种植业氮磷污染控制技术 农村生活污水资源化技术 水产(淡水)养殖污染控制技术 难降解工业废水生物处理技术 工业全过程控制技术	城镇污水处理新兴技术 污染物源头削减技术 废水零排放技术	管网运维管理与诊断评估技术
	水资源		工农业节水技术 生态流量监管技术	水资源高效配置技术 水系连通技术 再生水循环利用技术	生态基流保障技术 水资源高效利用技术
	水生态		河岸栖息地修复技术 河岸带污染拦截削减技术	水生态管理监测技术 河道生境修复技术	水生态系统健康维持技术 生物群落构建技术 生态完整性恢复技术
预期效果			有河有水，有鱼有草	生态完整性整体提高	清水绿岸，鱼翔浅底
时间轴			2025年	2030年	2035年

图 3-3　辽河流域水污染治理与生态修复技术路线图

3.3 淮河流域水污染治理技术路线图

3.3.1 淮河水生态环境现状及问题诊断

1. 水资源

淮河流域以全国3.4%的水资源量，养育着全国1/6的人口，人均水资源量不到全国的1/5（刘冬顺，2022）。而且，淮河70%左右的径流集中在汛期6～9月，水资源时空分布不均和变化剧烈，使水资源短缺的形势更加突出。淮河流域地表水资源开发利用率远超过国际上公认的内陆河流开发利用率30%合理利用程度上限水平。近年来，随着经济社会发展，淮河流域水资源利用需求量仍以每年2%～3%的速度增长，流域经济社会发展与水资源短缺的矛盾将日益突出。特别是豫东、皖北、鲁西地区，地处平原，调蓄条件差，缺水状况十分严重，该地区位于国家重要战略区中原经济区，水资源短缺已成为影响中原经济区发展的重要制约因素。淮河流域水资源短缺，部分支流缺乏天然径流，加之闸坝密布，河流水环境容量较小，基流缺失及水资源匮乏导致流域水环境容量远低于需求。根据计算，淮河流域COD和NH_3-N的纳污能力分别为46.0万t/a和3.28万t/a，而目前流域污染负荷量远高于这一数值，造成流域水环境压力巨大。

2. 水环境

“十三五”期间，淮河流域共242个地表水断面，其中国控断面204个，包括180个河流控制断面和24个湖库控制断面；入海控制断面52个（其中14个断面包含在国控断面中）。①2020年，淮河流域地表水质量总体良好，监测的241个断面中，Ⅰ～Ⅲ类水质断面共182个，占75.51%；Ⅳ类水质断面共54个，占22.41%；Ⅴ类水质断面共5个，占2.08%，主要超标项目为TP、COD_{Mn}、COD。与2016年相比，水质明显好转，其中Ⅰ～Ⅲ类水质断面上升了21.3个百分点，Ⅳ类下降了0.5个百分点，Ⅴ类下降了14.0个百分点，劣Ⅴ类下降了6.8个百分点。②淮河流域省控断面共30个，断面达标率为100%；2020年，Ⅰ～Ⅲ类水质断面共18个，占断面总数的60.0%，Ⅳ类水质断面共12个，占40.0%。与2016年相比，水质明显好转，其中，Ⅰ～Ⅲ类水质断面上升20个百分点，劣Ⅴ类下降6.7个百分点。③淮河干流共10个断面，“十三五”期间，水质总体保持为优。2020年，监测的10个断面中，Ⅱ类水质断面共4个，Ⅲ类水质断面共6个。10个断面全部达到Ⅲ类水质目标，断面达标率为100%，与2016年相比，上升了10.0个百分点，断面达标率逐年稳步提升。④“十三五”期间，淮河流域共有52个入海河流断面，其中14个为国控断面。2020年，入海河流断面总体为轻度污染。Ⅰ～Ⅲ类水质断面占62.7%，与2016年相比，上升了34.1个百分点；2020年无劣Ⅴ类水质断面，与2016年相比，下降了14.3个百分点，水质明显好转[①]。

污染负荷大，结构性污染仍然存在。淮河流域地处南北气候过渡带，气候复杂多变，平原广阔，人口密集，土地开发利用程度高，加之中上游地区经济欠发达，流域产业结构

① 中华人民共和国生态环境部. 2021. 2020中国生态环境状况公报.

高污染、高能耗、高排放“三高”特征明显。特殊的气候、地理和经济社会条件，决定了淮河水污染治理的长期性、艰巨性和复杂性。经过“九五”以来 20 多年治理，虽然淮河流域的控源减排能力得到极大提升，河湖水质总体上呈好转趋势，但是流域污废水排放量逐年增加，水环境污染压力仍处于高位，进一步加大了水质改善难度。

尽管工业点源排放在水污染物排放中所占比重较低，但重污染工业行业的污染削减工作仍不可忽视，淮河流域的产业结构偏重资源型和重污染产业，单位工业增加值污染强度大，造纸、化工、农副、纺织、饮料、食品、黑色金属、皮革、医药等主要污染行业产值约占流域工业总产值的 1/2，COD 和 NH_3-N 排放量分别约占全流域工业源排放总量的 85%和 90%，结构性污染突出。

3. 水生态

流域闸坝众多，天然生境破碎化，水生态受损严重。淮河流域共有 5400 多座大中型水库和 4200 多座水闸，是我国水库、闸坝等水利设施建设最密集的流域之一。闸坝在河流防洪、农业灌溉、发电、供水等方面发挥巨大效益，但是高密度水利工程严重破坏了河流天然生境条件，破坏了河流网络的连续性和完整性，切断了水生生物的洄游通道，导致水生生物多样性降低。闸坝蓄水造成水资源过度利用，河流径流量降低，河流出现干涸或断流现象，湖泊湿地萎缩，河湖水生态系统功能下降，水生生物数量和种类减少。据统计，淮河流域从 20 世纪 80 年代至今已有 11 个小湖泊萎缩消失，湖泊水面面积年萎缩量达 0.2%。闸坝修建后对其下游水生态系统有一定的不利影响（夏军等，2008），长期的调控干扰会导致水生生物群落和结构单一，水生态健康受损严重（左其亭等，2016）。

在国家水专项支持下，淮河项目近年来对流域水生态系统和生物多样性进行调研发现，河流和湖库水生植物、浮游生物、底栖动物等群落结构单一，以耐污种为主，水生态功能明显退化，水生生物资源与多样性遭受到严重破坏，水生态健康程度低（高磊，2008）。以底栖动物为例，在淮河流域河南省区域耐污种有 12 种，敏感物种仅有 1 种，物种多样性香农指数仅为 1.04，丰富度指数仅为 1.11；安徽省区域耐污种高达 16 种，敏感物种仅 4 种，物种多样性指数仅为 1.27，丰富度指数仅为 1.34；江苏省区域耐污物种有 16 种，敏感物种仅有 1 种，物种多样性指数为 1.69，丰富度指数为 1.33；山东省区域耐污种高达 18 种，浮游植物 117 种，浮游动物 163 种，大型底栖动物 50 种，丰富度指数为 0.70，香农多样性指数为 2.30。总体而言，淮河流域耐污物种数较多，且数量均很低，表明淮河流域水生态功能退化严重，河流和湖库水生态生物完整性和生态系统健康程度较低，流域水体自净能力较差，水环境容量较小。

4. 水风险

水环境安全隐患多，突发性和累积性环境风险高。淮河是我国水污染事故发生频次最高的流域之一。1989～2004 年淮河流域先后发生了 6 次重大污染团下泄的水污染事故，造成巨大经济损失。淮河频发水污染事故的直接原因是河流修建大量闸坝，阻断了河流上游与下游水体的自然联系，切断了河流清水补给，削弱了水流速度，大量污水、泥沙及营养物质滞留于水体，各种污染物在闸坝前水体聚集形成污染团。特别是，枯水期河流关闸蓄水容易造成河流污水发生聚集形成高浓度污水团，成为河道型污染库。当汛期河流开闸泄流，蓄积河道的污染团集中下泄，导致淮河突发性污染事故频发（于紫萍等，2020）。近年来，随着淮河水环境质量不断改善，对流域闸坝调控管理能力不断提高，重大突发水污染事故的发生得到有效防控。但是，淮河中游平原区北岸支流污染团下泄事故的发生风险高。因此，在水污染问题没有根本解决之前，淮河流域发生水污染事故的隐患仍然存在，尤其是跨省河流。这不仅对当地的经济、社会和水环境造成影响，还对下游供水安全造成威胁。

国家水专项淮河项目通过大量调研发现，淮河流域地表水、饮用水等水体中重金属、内分泌干扰物、抗生素、农药等高风险毒害污染物普遍存在，在部分区域呈现较高的累积性环境风险。长期以来，淮河水体接纳了大量工业废水，尽管废水排入受纳水体之前已处理达标，但是由于目前工业废水排放水质控制指标基本还停留在 COD、氮、磷等传统指标，废水毒害污染物排放还缺乏有效控制。废水中毒害污染物对水质常规指标如 COD、BOD_5 等贡献小，但是它们产生的毒害效应严重危害河流水生态与人体健康。近年来，长三角产业正加速向内地转移，化工、印染等重污染行业可能会向淮河洪泽湖中上游地区进一步转移，淮河流域毒害污染控制将面临更为严峻的挑战。

3.3.2 淮河流域水污染治理与生态修复重点

淮河流域特殊的气候、地理、经济社会条件决定了淮河治理具有复杂性、长期性和艰巨性的特点，需要在流域层面上，不断创新污染治理思路与对策，推进产业升级和转型；开展污染源深度处理，分区修复受损河道，净化污染水体，增加水生生物多样性；对闸坝运行进行科学调控，建立和完善流域监控预警技术体系，建立水环境协同管理机制和体系等，持续推进淮河流域水资源、水环境、水生态综合治理与流域经济社会可持续发展（于紫萍等，2020）。

1. 强化污染源系统治理

淮河流域平原广阔，人口密集，土地开发利用程度高，中上游地区经济欠发达，流域产业结构高污染、高耗能、高排放“三高”特征明显。为缓解水环境压力，从污染产生源头考虑，应继续调整产业结构，加快转变粗放型经济增长方式，对“三高一低”企业继续实行关停并转等；大力发展第三产业，优先引进产污较少的服务业等，限制高耗水、高耗能、高污染企业发展；新建的制革、化工、印染、电镀、酿造等重污染行业项目全部进入工业园区，实现集约化发展，加速进行产业转型和升级。从污染排放过程考虑，应继续开展污染源深度治理，大力推进清洁生产，加强工业废水治理设施、生活污水处理设施建设与农业面源污染控制能力；重点治理重污染子流域、水源地、省界等重点区域；重点治理河流重污染城市河段，突破废水深度处理与再生水回用、有毒有害物控制、地下水污染防治等关键技术，推进研发技术及产业化。当前淮河粮食主产区的地位逐渐提升，针对由此产生的农业面源污染，应提高农业面源污染控制能力，推行科学的耕作管理技术，合理施用化肥农药，推广有机农业、生态农业等综合种养模式；构建人工湿地、氧化塘、河滨带等，净化水体，阻断污染物输入路径；畜禽粪便、作物秸秆要做到田间消纳或资源化处置。通过结构减排、工程减排、管理减排实现污染物排放总量控制目标。

2. 推进流域水生态完整性修复

淮河流域共有 6000 余座大中小型水库和 6600 多座水闸，这些闸坝在河流防洪、农业灌溉等方面发挥巨大效益的同时，破坏了河流网络的连续性和完整性，切断了水生生物的洄游通道，导致水生生物多样性降低；闸坝蓄水又造成水资源过度利用，使河流径流量降低，河流出现干涸或断流现象，湖泊湿地萎缩，二者共同造成河湖水生态系统受损严重。为恢复河流天然生境，增加水生生物多样性，应加强流域水生态修复，逐级恢复流域生态功能，实现流域水生态功能区达标。通过分区域开展子流域水体生态功能修复，提高环境承载能力，增强水体自净能力与抗干扰能力，逐步实现全流域生态功能完整性修复。加强人工调控，修复失调的生态系统，实现生态系统的良性循环。

3. 提升流域调控管理能力

淮河流域大量闸坝的存在，阻断了河流上游污染负荷与下游水体的自然联系，切断了河流清水补给，大量污水、泥沙及营养物质滞留在水体，各种污染物在闸坝前水体聚集形成污染团。为提高流域闸坝调控管理能力，有效防控大型突发水污染事故的发生，应建立和完善流域监控预警技术体系，建立水环境协同管理机制和体系，包括多部门联合决策机制、流域生态补偿机制、流域监测网络和预警应急机制等。根据水质水量对闸坝进行实时调控，蓄泄并重。全面落实排污许可证制度，企事业单位依法申领排污许可证，按证排污、自证守法，禁止无证排污或不按证排污，做好质量管理。

3.3.3　淮河流域水污染治理目标与路线图

淮河的治理经历了旱涝灾害治理主导阶段、旱涝与水污染治理并重阶段和污染重点治理阶段三个阶段，基于流域治理历程的梳理，结合淮河流域水生态环境的现状及存在问题，淮河流域水污染治理技术路线图的战略目标是全面修复和保障淮河流域河流生态功能，为流域的可持续发展提供支撑。治理策略可概括为：点源重生活、面源须重视、废水要回用、产业须调整。近期淮河流域控源减排和水生态修复不断取得新进展，流域水环境质量稳步改善。中远期流域水生态系统逐步恢复，全面提升淮河水环境质量，构建经济社会发展与水环境和谐的流域水生态系统。

结合淮河流域水污染的关键问题，路线图将流域水污染治理与水生态环境保护工作划分为近期（2020～2025 年）、中期（2026～2030 年）和远期（2031～2035 年）三个阶段。针对三个阶段分别设立对策措施、技术路径及控制目标。

近期主要任务为控源减排和重点改善。主要针对生活源、工业源开展产业结构调整、废水治理设施建设，并着手农业源污染的治理，在全流域范围内消灭水体“黑臭”现象；重点研发造纸、化工、食品行业废水的深度处理技术，禽畜养殖污染和农业面源污染的控制技术，以及生态补偿措施等。

中期主要任务为深化减负和全面达标。在生活源治理水平提升与全面开展农业源减排工作的同时，逐步加强水体综合治理，促进流域水质全面改善，开始部分区域水体生态功能的修复；重点研发水生植物多样性恢复技术、河流水生生物恢复技术等，开展流域污染控制技术规模化应用示范。

远期主要任务为生态修复与协调发展。通过分区水体综合整治，全面修复流域水体生态功能。重点研发风险污染源控制与管理关键技术、河流生态系统恢复技术等。淮河流域河流治理技术路线图见图 3-4。

类别			阶段一	阶段二	阶段三
国家战略			生态环境持续改善	生态环境全面改善	生态环境根本好转
科学问题	河流水生态完整性恢复		化学完整性恢复 水污染控制 耗氧型污染物控制 营养型污染物控制 有毒有害污染控制	物理完整性恢复 水资源保障 水系连通 生态基流保障	生物完整性恢复 水生态恢复 指示种出现 多样性恢复
分阶段治理目标	水环境	地表水优III类占比	59.6%以上	65%以上	75%以上
		地表水劣V类占比	国控断面全面消劣	重要支流全面消劣	地表水体全面消劣
	水资源	达到生态流量要求河湖数量	75个以上	干流和一、二级支流得到保障	全面保障生态流量
		恢复有水河湖数量	30个以上	全面恢复断流河段	全面保障天然河流全年不断流
	水生态	缓冲带修复长度	1070km以上	1500km以上	3000km以上
		湿地建设(恢复)面积	255.5km^{2}以上	280km^{2}以上	350km^{2}以上
		重现土著物种水体	15个以上	30个以上	100个以上
对策措施	水环境		持续推进工业污染防治；全面提升城镇污染治理；强化农业农村污染防治；加强移动源污染防治；完善饮用水水源规范化建设与监测预警	构建基于物联网的偷排漏排监管；加强初雨控制	全面建成流域水生态环境综合管控体系
	水资源		转变高耗水方式；提升水源涵养功能；调控调度闸坝、水库；提高再生水利用率	构建水源地保护区天地一体化监管平台；促进水系、毛细血管畅通	全面保障天然河流生态流量；全面推进节水型社会建设
	水生态		加强湿地恢复与建设；加强河湖生态恢复；加强水生生物完整性恢复	全面实施河流源头区水源涵养保护和河湖保护修复工程；推进水生生物完整性恢复	加强水环境风险防控；全面构建美丽河湖体系；全面推进河流生态系统完整性恢复
技术路径	水环境		源头削减技术与设施 过程控制技术与设施 末端治理技术与设施 水产（淡水）养殖污染控制技术	整体工艺系统污染物源头削减技术 强化深度处理废水零排放技术	管网运维管理与诊断评估技术 基于物联网的监管技术
	水资源		工农业节水技术 生态流量监管技术	水资源高效配置技术 水系连通技术 再生水循环利用技术	生态基流保障技术 水资源高效利用技术
	水生态		生态基流保障技术 河岸栖息地修复技术 河岸带污染拦截削减技术	河岸栖息地修复技术 水生态系统健康维持技术 生物群落构建技术	水生态系统健康维持技术 生物群落构建技术 生态完整性恢复技术
预期效果			有河有水，有鱼有草	河湖水系连通，下河能游泳	河湖美丽，人水和谐
时间轴			2025年	2030年	2035年

图 3-4　淮河流域水污染治理与生态修复技术路线图

3.4　海河流域水污染治理技术路线图

3.4.1　海河水生态环境现状及问题诊断

1. 水资源

流域生态水量不足，部分河段干涸断流严重。海河流域河流多无天然径流来水，主要依靠降雨补给，水源不足，但水资源需求较大，供需矛盾突出（王佰伟等，2022），地下水的大量开采导致流域内存在大面积的地下水漏斗区，从而产生河流水位下降、干涸断流等问题（郝利霞等，2014）。15 条山区河流、24 条平原河流 2012～2016 年生态需水量满足度为 58%，77 条主要河流 2006～2018 年平均干涸天数 110 天。主要成因包括三个方面：一是水资源配置不合理。水资源配置中生态用水量仅占用水总量的 9.1%，占比较低。海河流域各水系支流中上游地区修建了 1879 座水库，17505 座蓄水塘坝，无节制地梯级拦蓄河川径流造成河流闸坝下泄流量不足，下游平原地区河道水量严重短缺（郭书英，2018）。二是高耗水生产方式仍未转变。海河流域高耗水企业较多，累计取水量占规模以上工业企业总取水量的 34.8%。流域农业用水比例达 60%，其中山东、河南分别高达 78.5%和 67.9%。三是区域再生水利用不足。海河流域再生水生产率达到 42%，而再生水利用率仅为 25%，22 个缺水城市再生水利用率不足 20%（于紫萍等，2021）。

2. 水环境

2020 年，海河流域整体为轻度污染，主要污染指标为 COD、COD_{Mn} 和 BOD_5。监测的 161 个水质断面中，Ⅰ～Ⅲ类水质断面占 64.0%，劣Ⅴ类占比 0.6%。其中干流 2 个断面，三岔口断面为Ⅱ类水质，海河水闸为Ⅴ类水质；滦河水质为优；主要支流、徒骇马颊河水系和冀东沿海诸河水系为轻度污染[①]。

1）地表水环境质量改善压力大

海河流域范围内，河流水污染类型多样，平原河流耗氧有机污染仍然严重，处于经济发展水平较高和人口数量较多地区的河段受大量污染物排放影响，造成了河道“有水皆污”的状态。“十三五”末仍然有 9 个国控断面水质超标，其中 2 个断面水质为劣Ⅴ类。“十四五”国控断面增加至 276 个，其中劣Ⅴ类断面增至 12 个。入海河流国控断面增加至 27 个，其中劣Ⅴ类断面 2 个。饮用水源地建设需要进一步提升。“十三五”末有 12 个饮用水水源地水质未能达到考核要求，主要超标因子为氟化物、总硬度和硫酸盐；部分水源地规范化建设不足，直接威胁城乡供水安全。水功能区达标率低，仅为 63.9%，水生态环境安全难以保障。

2）工业企业全面达标排放尚有差距

工业结构性污染突出，造纸、化学制品制造、纺织印染等重污染行业累计废水排放量占全流域的 45%。工业污染治理水平偏低，北京以外的城市工业废水处理率及企业纳管率

① 中华人民共和国生态环境部. 2021. 2020 中国生态环境状况公报.

均低于全国平均水平。部分工业废水处理设施运行不稳定，"散乱污"企业依然存在，非环境统计范围内的小微企业尚处于监管空白。

海河流域点源污染主要耗氧污染物为 COD、NH_3-N 等。COD 排放以工业污染源为主，NH_3-N 排放在北三河及海河干流水系生活污水占绝对优势。COD 排放以食品、造纸、石化、制药和皮革行业为主，NH_3-N 排放以石化、食品、造纸和皮革行业为主。

3. 水生态

海河流域水生态环境保护工作成效不稳固，水环境质量改善任务依然艰巨，水污染防治设施存在短板。水资源短缺形势长期存在，河湖断流干涸现象依然存在，生态流量总体不足，生态需水量保障形势严峻。水生态严重受损，水生生物完整性显著降低，水生态功能恢复与修复难度大（孙鹏程，2022）。人类活动对水体的非法侵占问题较为突出，卫星解译的京津冀地区 457km 河道缓冲带中，非生态用途占用缓冲带比例高达 48%，生态缓冲带在拦截面源污染、提供生物栖息地等方面的作用难以有效发挥（郝利霞等，2014）。现状水质对标"十四五"水质改善目标和美丽中国建设目标，改善压力大。

3.4.2 海河流域水污染治理与生态修复技术重点

1. 海河流域污染控制技术

海河流域结构性污染问题突出，河流耗氧污染是流域水污染的首要问题，流域污染源控制任务仍然十分艰巨。流域污染源控制包括点源控制、面源控制及风险污染源控制，其中点源控制重点要实现行业废水、工业园（化工、制药等）废水、城市污水处理厂排水、规模化畜禽养殖废水等污废水达标排放；面源控制重点截控分散畜禽养殖排污、农田面源污染、农村面源污染等；风险污染源控制重点针对化工、重金属、采矿业等高风险污染源行业（张昀保和吴劲，2022）。

首先，当前海河流域水质改善仍然是首要问题，主要表现在冶金、造纸、制药、皮革以及化工等行业废水污染问题严重，突破"节水、减负、控污、减毒"等关键技术，形成流域水质目标的行业废水全过程控制关键技术体系迫在眉睫。其次，海河流域城市群面临水资源短缺与水污染严重双重压力问题，需探索行业–城镇污水再生利用的科学配置方法，研发以分质供水为目的的新建行业–城镇综合污水处理厂污水深度处理与资源化、行业–城镇综合污水处理厂升级改造、达标尾水深度处理与河流水质目标衔接工程与管理关键技术，结合海河流域的水质特点，优选适宜的水质净化工艺组合方案和工艺参数，建立行业–城镇综合污水深度处理与水质衔接关键技术规范。最后，海河流域（河南、山东、河北都是农业大省）面源污染突出问题，需开展规模化禽畜养殖业污染排放的关键技术研究，建立以规模化禽畜养殖污染控制为核心的清洁生产与管理减排示范，并在农村面源负荷分配、水资源统筹与水质保持时空过程分析基础上，研发农村面源控制的生态水网构建与河流水质保持技术，构建水量均衡、水质安全、生态稳定、景观优美的两级农村生态水网系统，为海河流域禽畜养殖和农村面源污染控制提供技术支撑。此外，海河流域化工、重金属、采矿等高风险行业风险污染源控制技术研发需求日益凸显。

海河流域污染源控制主要针对流域点源、面源和风险源污染排放，重点研发技术包括典型行业水污染全过程控制技术、禽畜养殖污染控制技术、农田和农业面源污染控制技术、风险污染源控制技术等。

2. 海河流域管理技术

针对流域水资源缺乏且河流多以非常规水源补给为主、流域河流管理技术研发基本为空白的问题，开展流域水质目标管理、水质水量联合调度、区域水污染防治综合管理等技术研发，建立流域水污染防治技术信息共享平台，完善以水污染防治技术政策、技术评估、工程验证、示范推广为核心内容的流域河流水污染防治管理技术，实现海河流域河流水环境科学管理。

3. 海河流域水生态修复技术重点

针对流域河道污染严重与水生态退化问题，现有河流治理与生态修复技术和流域退化河流治理需求存有差距，且缺乏相应技术标准，亟须从河流水生态功能出发，针对水生态目标确定生态修复指标，围绕水生态修复战略任务的实施，确定河岸带修复、水力调度的技术重点。强调河流水质改善等相关治理，研发流域河道治理与河流水生态修复关键技术，构建海河流域河流水污染控制、治理与生态修复技术系统，引领、促进和支撑流域重污染河流水质改善与生态修复。

重点研发技术包括底泥疏浚与底质污染控制技术、河道整治技术、河流湿地构建技术、流域自然湿地构建/恢复/保护技术、水质水量调控技术、河流环境流量保障技术、水生植物多样性恢复技术、河流生态系统恢复技术等。

3.4.3　海河流域水污染治理目标与路线图

海河流域的治理经历了洪涝灾害防治主导阶段、污染初始阶段、污染加重阶段和污染状况改善阶段四个阶段，基于流域治理历程的梳理，结合海河流域水生态环境的现状及存在问题，海河流域河流治理技术路线图主导思想是围绕河流耗氧有机污染物形成过程、控制技术原理与方法，河流生态系统修复技术、原理与方法，风险污染控制和管理技术、原理与方法，流域综合管理平台构建技术、原理与方法这四大科学问题，开展流域污染源控制、河流治理与生态修复、河流管理关键技术研发、集成与工程示范及推广应用，逐级实现海河流域河流水污染控制—负荷削减—水质改善—生态修复不同控制阶段特征水质目标和水生态恢复目标，为流域河流全面治理提供方向、思路和指导。

海河流域河流治理技术路线图以近期（2020～2025 年）、中期（2026～2030 年）和远期（2031～2035 年）三个阶段为时间轴，从水资源、水环境和水生态三方面分别给出了对策措施和技术路径。

近期主要任务为持续控源减排，国控断面全面消劣。持续推进工业污染防治，全面提升城镇污染治理，强化面源污染防治；重点研发工业园区全过程污染控制技术、生态流量监管技术等。

中期主要任务为深化减负，重要支流全面消劣。在生活源治理水平提升与全面开展农业源减排工作的同时，增强生态用水调配和保障能力；重点研发废水零排放技术、水资源高效配置技术、生物构建技术等。

远期主要任务为流域生态综合管理。全面建成流域水生态环境综合管控体系，探索建立基本养殖水域保护措施，加强水环境风险防控。海河流域河流治理技术路线图详见图 3-5。

国家战略			生态环境持续改善	生态环境全面改善	生态环境根本好转
科学问题	河流水生态完整性恢复		化学完整性恢复 水污染控制 耗氧型污染物控制 营养型污染物控制 有毒有害污染控制	物理完整性恢复 水资源保障 水系连通 生态基流保障	生物完整性恢复 水生态恢复 指示种出现 多样性恢复
分阶段治理目标	水环境	地表水优Ⅲ类占比	64.5%以上	70%以上	80%以上
		地表水劣Ⅴ类占比	国控断面全面消劣	重要支流全面消劣	地表水体全面消劣
	水资源	达到生态流量要求河湖数量	55个以上	干流和一、二级支流得到保障	全面保障生态流量
		恢复有水河湖数量	52个以上	全面恢复断流河段	全面保障天然河流全年不断流
	水生态	缓冲带修复长度	1276km以上	1500km以上	2500km以上
		湿地建设(恢复)面积	316km^{2}以上	400km^{2}以上	450km^{2}以上
		重现土著物种水体	18个以上	25个以上	60个以上
对策措施	水环境		持续推进工业污染防治；持续推进入河排污口排查；全面提升城镇污染治理；强化面源污染防治；加强陆源入海污染防治	构建基于物联网的偷排漏排监管；加强初雨控制；加强地下水监控能力建设	全面建成流域水生态环境综合管控体系
	水资源		完善引调水体系；加强闸坝联合调度；完善区域再生水循环利用体系；持续优化水系连通；转变高耗水生产生活方式	增强生态用水调配和保障能力；加强废水深度处理和回用；促进水系、毛细血管畅通	全面保障天然河流生态流量；全面推进节水型社会建设
	水生态		加强湿地恢复与建设；加强河湖生态恢复；加强水生生物完整性恢复；加强地下水恢复	建立布局合理、类型齐全、层次清晰的湿地自然保护体系；推进水生生物完整性恢复	探索建立基本养殖水域保护措施；加强水环境风险防控；全面构建美丽河湖体系；全面推进河流生态系统完整性恢复
技术路径	水环境		源头削减技术与设施 过程控制技术与设施 后端治理技术与设施 全过程控制技术与装备	整体工艺系统污染物源头削减技术 强化深度处理废水零排放技术	管网运维管理与诊断评估技术 基于物联网的监管技术
	水资源		工农业节水技术 生态流量监管技术	水资源高效配置技术 水系连通技术 再生水循环利用技术	生态基流保障技术 水资源高效利用技术
	水生态		生态基流保障技术 河岸栖息地修复技术 河岸带污染拦截削减技术	河岸栖息地修复技术 水生态系统健康维持技术 生物群落构建技术	水生态系统健康维持技术 生物群落构建技术 生态完整性恢复技术
预期效果			有河有水，有鱼有草	河湖水系连通，下河能游泳	河湖美丽，人水和谐
时间轴			2025年	2030年	2035年

图 3-5 海河流域水污染治理与生态修复技术路线图

参 考 文 献

高磊. 2008. 淮河流域典型污染物多介质累积特征与生态风险评价. 上海：华东师范大学.
郭书英. 2018. 海河流域水生态治理体系思考.中国水利，7：4-7.
郝利霞，孙然好，陈利顶. 2014. 海河流域河流生态系统健康评价. 环境科学，35（10）：3692-3701.
姜永伟，卢雁，问青春，等. 2020. 基于大型底栖动物完整性指数的辽河流域水生态健康评价. 环境保护科学，46（6）：103-109.
刘冬顺. 2022. 加快构建国家水网（淮河流域）的对策措施. 中国水利，23：1-4.
刘瑞霞，李斌，宋永会，等. 2014. 辽河流域有毒有害物的水环境污染及来源分析. 环境工程技术学报，4（4）：299-305.
刘越. 2022. 应用 IBI 评价辽河水生态系统健康的研究. 大连：大连海洋大学.
马溪平，吕晓飞，张利红，等. 2011. 辽河流域水质现状评价及其污染源解析. 水资源保护，27（4）：5-8.
任颖，何萍，侯利萍. 2105. 海河流域河流滨岸带入侵植物等级与分布特征. 环境科学研究，28（9）：1430-1438.
沈玉冰. 2016. 辽河流域水生态健康评价. 沈阳：辽宁大学.
苏丹，王彤，刘兰岚，等. 2010. 辽河流域工业废水污染物排放的时空变化规律研究. 生态环境学报，19（12）：2953-2959.
孙鹏程. 2022. 海河流域水生态环境综合评价和治理对策分析. 邯郸：河北工程大学.
孙璞，韩小勇. 2013. 淮河流域水生生态系统现状分析. 治淮，（1）：38-39.
孙启宏，韩明霞，乔琦，等. 2010. 辽河流域重点行业产污强度及节水减排清洁生产潜力. 环境科学研究，23（7）：869-876.
孙威，杨驰宇，张斌. 2003. 吉林省辽河流域水污染现状及对策. 吉林师范大学学报（自然科学版），3：42-44.
王佰伟，张存龙，刘诗剑. 2022. 海河流域水资源量演变分析研究. 上海国土资源，43（3）：15-18.
王西琴，刘昌明，张远. 2006. 基于二元水循环的河流生态需水水量与水质综合评价方法：以辽河流域为例. 地理学报，61（11）：1132-1140.
邬娜，傅泽强，谢园园，等. 2015. 辽河流域产业布局生态适宜性分析及优化对策研究. 生态经济，31（7）：60-64.
夏军，赵长森，刘敏，等. 2008. 淮河闸坝对河流生态影响评价研究——以蚌埠闸为例. 自然资源学报，（1）：48-60.
于洋，李春丽，夏达忠，等. 2022. 海河流域降水量变化特征及趋势分析. 农业与技术，42（4）：88-92.
于紫萍，宋永会，许秋瑾，等. 2021. 海河 70 年治理历程梳理分析. 环境科学研究，34（6）：1347-1358.
于紫萍，许秋瑾，魏健，等. 2020. 淮河 70 年治理历程梳理及“十四五”展望. 环境工程技术学报，10（5）：746-757.
袁哲，许秋瑾，宋永会，等. 2020. 辽河流域水污染治理历程与“十四五”控制策略. 环境科学研究，33（8）：1805-1812.
张昀保，吴劲. 2022. 海河流域典型区域重金属沉积物生态风险研究. 南水北调与水利科技，20（3）：544-551.
左其亭，刘静，窦明. 2016. 闸坝调控对河流水生态环境影响特征分析. 水科学进展，27（3）：439-447.

第 4 章　典型湖泊富营养化控制与修复技术路线图

近年来我国湖泊水质恶化的严峻形势基本得到遏制，但一些湖泊边治理边污染，富营养化问题依然突出。因此，全面掌握流域污染源和经济社会发展情况及其与湖泊水质变化、富营养化之间的响应关系，总结典型湖泊富营养化治理的瓶颈问题，制定湖泊富营养化控制与生态修复技术路线图，指导湖泊治理重点任务和实施布局，具有重要的理论与现实意义。湖泊富营养化控制与生态修复技术路线图从湖泊富营养化程度、水质现状、湖泊生态保护重大需求出发，分析湖泊污染治理与生态修复的战略任务和特征目标，布局湖泊污染治理与生态修复阶段安排，通过湖泊污染治理与生态修复技术发展态势分析，确定流域综合治理科技领域中急需突破的关键问题，进而确定污染治理与生态修复目标和研发/集成重点技术，以“重大需求—战略任务—技术重点”为主线，在时间轴上明确其实施阶段、目标和研发重点，形成湖泊富营养化控制与生态修复技术路线图。本章阐述了湖泊富营养化控制与修复技术路线图编制原则、思路和流程，并给出了我国太湖、巢湖和滇池富营养化控制与修复技术路线图。

4.1　湖泊富营养化控制与生态修复技术路线图

4.1.1　路线图概念

我国湖泊数量众多，存在湖面萎缩、水质恶化与富营养化、生态功能退化、资源急剧减少、河湖连通受阻等突出问题（杨桂山等，2010）。近年来，我国加大了对湖泊的治理力度，但整体而言湖泊水生态环境保护形势仍不容乐观，部分湖泊资源开发利用程度已达到生态极限并已威胁到区域生态安全，依托湖泊资源开发的城市发展布局成为影响湖泊水环境的重要隐患。因此，总结湖泊水污染治理技术模式，提出湖泊富营养化控制与生态修复技术路线图制定方法，并进一步提出我国湖泊总体技术路线图和典型湖泊技术路线图很有必要。湖泊富营养化控制与生态修复技术路线图为纲领性材料，侧重于给出湖泊阶段性治理目标、湖泊富营养化控制及生态修复治理技术体系，介绍如何根据湖泊不同类型、不同阶段的治理与保护需求推荐适宜技术。

湖泊富营养化控制与修复技术路线图，是实施湖泊水环境治理的重要技术策略之一。通过技术路线图的形式，用简洁的图形和文字展示了湖泊富营养化控制与修复的中长期目标并实现目标所实施的重点任务、措施和技术手段之间的逻辑关系，具有高度概括性和前瞻性。

4.1.2 路线图制定原则

（1）改善生态、优化经济。以湖泊氮磷营养物环境容量和承载力为科学依据，将改善湖泊和流域生态、控制湖泊富营养化、保障湖泊生态功能和水质目标作为推动经济社会可持续发展的重要支柱；正确处理湖泊环境保护与经济社会发展之间的关系，将单纯地解决氮磷引起的富营养化问题转向将发展与环境保护协调起来，使湖泊环境保护为经济发展保驾护航，经济发展为湖泊富营养化控制和生态修复提供经济基础，以保护湖泊环境优化经济发展，在发展中落实湖泊环境保护，在保护中促进经济发展，坚持湖泊流域的节约发展、绿色发展、清洁发展、科学发展，体现生态文明建设的要求。

（2）强化标准、容量控制。加强湖泊水环境保护，以湖泊氮磷营养物环境容量和水环境承载力为依据，统筹考虑水资源时空分布，转变流域经济增长方式，调整经济结构、优化耗水和污水排放企业布局，合理确定经济规模和发展速度。以科学制定湖泊营养物基准、富营养化控制标准及主要污染物排放标准体系为依据，实施严格的重点湖泊流域环境保护法律、法规和政策，并通过提高环境准入“门槛”，严格控制高能耗、高物耗、高污染的建设项目；同时生产力布局要考虑湖泊及其流域的资源禀赋和环境容量。

（3）水陆统筹、综合防治。转变过去以行政单元管理为主的湖泊水系管理体系，从流域的整体性、系统性出发，重视水陆统筹的湖泊流域环境污染的预防、生态建设和系统管理，统筹流域水陆之间的协调关系，兼顾流域生态系统健康、环境功能保障和流域经济社会的可持续发展，采用技术、经济、市场、法律、行政等综合手段进行湖泊流域全过程污染防治。

（4）系统减排、流域管理。针对目前湖泊流域污染源控制、湖泊营养物氮磷减排和环境质量目标管理尚没有建立响应关系问题，尽快统筹湖泊流域污染源控制和绿色流域管理，将二者从管理手段、控制目标等方面有机结合起来，通过污染源控制、源头减排、过程削减和生态修复，不断削减排入湖泊的污染物总量，减缓对湖泊环境系统的压力和胁迫，为湖泊水质改善、水生态系统恢复提供坚实的基础。

4.1.3 路线图制定思路与流程

湖泊治理技术路线图制定的基本思路是以实现湖泊富营养化控制与湖泊生态功能保障为目标，基于湖泊富营养化及生态完整性变化过程和污染成因诊断结果，从全局的、长远的观点出发，研究湖泊富营养化控制和生态修复的战略方向、战略目标、战略重点和战略规划，进而明确湖泊富营养化现状与治理战略目标之间的差距，并为弥补这个差距而提出需要采取的策略和总体性行动谋划。首先，从国家湖泊富营养化控制与生态修复的重大需求出发，基于当前湖泊水生态环境现状及富营养化驱动因子分析，系统诊断湖泊水环境问题；其次，以保障湖泊水生态环境持续改善，符合国家总体管理目标要求为首要原则，分析与目标之间的差距；最后，根据不同阶段湖泊富营养化控制与生态修复的重点任务，结合不同技术类型的作用和应用特点，提出近期（2021～2025 年）、中期（2026～2030 年）、远期（2031～2035 年）湖泊富营养化控制与生态修复的技术发展路线图。

湖泊富营养化控制及生态修复技术路线图的编制，主要包括以下几个技术环节：

（1）确定阶段性目标。根据国家生态环境保护及水生态环境管理的总体目标和分阶段目标，结合湖泊流域经济社会发展水平及湖泊水生态环境质量现状，明确湖泊水生态环境保护的总体战略及近期（2021～2025年）、中期（2026～2030年）、远期（2031～2035年）分阶段目标。

（2）分析差距和原因，明确技术需求。从水生态、水环境及水资源等方面，对比湖泊水生态环境现状与阶段性目标的差距，分析主要原因，识别制约因素，明确污染治理和生态修复的技术需求。

（3）技术体系梳理及评估。对湖泊富营养化控制及生态修复的技术体系进行梳理，对不同技术的作用、适用条件等进行评估，明晰技术的发展路径。

（4）不同治理阶段的技术匹配。根据湖泊水生态环境现状与目标的差距分析，结合重点任务及技术需求，充分衔接技术体系梳理及评估结果，为不同治理阶段匹配适宜的技术。

编制湖泊富营养化控制与生态修复技术路线图的技术流程见图4-1。

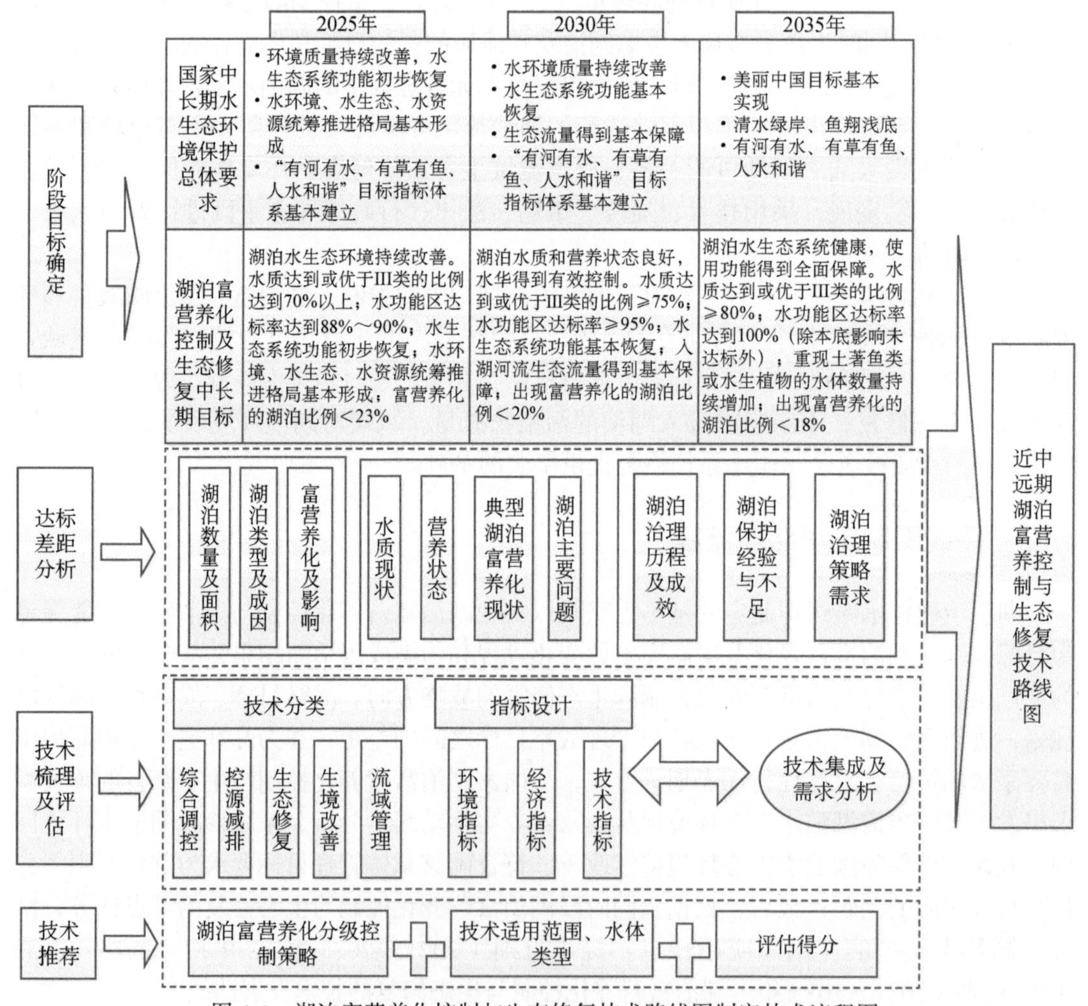

图4-1 湖泊富营养化控制与生态修复技术路线图制定技术流程图

4.1.4　路线图制定技术方法

1. 湖泊富营养化主控因子识别方法

通过数据调查及获取、系统分析及问题识别、研究计算及科学评价、水污染成因诊断四个步骤对典型湖泊水环境问题进行诊断（图 4-2）。数据调查主要是针对湖泊水质水生态特征、点源及面源特征、自然特征等方面开展，在数据收集的基础上通过现状环境对比评价法、时间分步法等方法识别湖泊内在问题；同时，开展湖泊污染负荷计算、水环境承载力计算及水污染与生态健康评价。

图 4-2　湖泊环境问题诊断的程序图

2. 湖泊营养物容量计算方法

湖泊营养物容量是指具有某一设计水情的（即某一保证率）湖泊为维持其水环境质量标准，而允许入湖的污染物质的量。它通过水文特征反映了湖泊的自然属性，又通过水质目标反映了人类对环境的需求。为了确定湖泊营养物容量，首先必须确定水环境容量计算的规划设计条件、水质保护目标、设计水文条件等。从水体稀释、自净的角度来看，湖泊营养物容量由差值容量（稀释容量）和同化容量（自净容量）两部分组成。稀释容量指在给定水域的来水污染物浓度低于出水水质目标时，依靠稀释作用达到水质目标所能承纳的污染物量。自净能力即由于沉降、生化、吸附等物理、化学和生物作用，给定水域达到水质目标所能自净的污染物量。此时，湖泊营养物容量即稀释容量与自净容量两部分之和。若从控制污染的角度看，湖泊营养物容量可从绝对容量和年（日）容量两方面来反映。绝对容量即某一水体所能容纳某污染物的最大负荷量，它不受时间的限制。年（日）容量即在水体中污染物累积浓度不超过环境标准规定的最大容许值的前提下，每年（日）水体所能容纳某污染物的最大负荷值。

湖泊营养物容量的计算研究已经相对成熟，本书在进行了大量的文献调研等研究工作之后，归纳总结了湖泊营养物容量的计算模型，给出了湖泊营养物容量计算的一般方法，其步骤为：

第一步，水质标准控制。水质控制标准是研究湖泊营养物容量计算模型的基础，只有满足水质控制标准的情况下，计算出的湖泊营养物容量才有意义。不同水质控制标准对应着不同的营养物容量计算结果，因此计算湖泊营养物容量首先必须确定出满足研究区内各环境功能区划的水质控制标准。计算湖泊营养物容量必须明确湖泊的水质保护目标，在实际湖泊技术路线图制定过程中，充分调研目标湖泊已制定的相关规划，与其制定的湖泊富营养化水质控制标准契合。

第二步，设计水文条件控制。水环境容量为水体自然的及人工干扰下的水文过程所提供，因此水环境容量核算的前提条件是确定这一过程的特性，水文过程的时空分布的差异，决定了水环境容量的差别。

第三步，湖泊营养物容量计算模型选择。在水质控制标准和水文条件确定的基础上，污染物的允许排放量受水体环境目标的约束，其核算需要以水力学模型及水质模型提供的污染物浓度时空分布为基础。

第四步，模型参数选择。采用不同的数学模型进行分析计算。选择合适的模型为容量核算所必需，对模拟的可靠性至关重要；而模型运算所需的各类参数对模拟及预报的精度影响很大，往往需要利用各种技术手段获取。

第五步，湖泊营养物容量校核。对于计算的湖泊营养物容量结果，往往会由于数据采集及模型计算时的误差造成结果不准确，因此需要对计算的结果进行湖泊营养物容量的校核。

3. 湖泊水环境承载力计算方法

从湖泊水环境承载力的承载媒介（水资源量和水环境质量）入手，以湖泊水环境承载力的承载对象（人口、污染物质、水生态、人类活动等）为基础建立湖泊水环境承载力指标体系，最后以系统动力学为手段，建立水环境承载力的资源–环境–社会–经济–人口耦合的系统动力学模型，为以承载力为约束的总量控制技术奠定基础。

1）湖泊水环境承载力评估方法流程

结合与承载力相关的各类因素综合考虑湖泊水力学、生态学，将水环境承载力系统分解为人口、经济、水资源、水质四个一级指标，建立起量化水环境承载力综合评价方法指标体系，运用层次分析法判断矩阵求得各类指标（一级、二级指标）的权重，根据所设定的几类不同的情景，运用系统动力学综合考虑情景中的各个变量内部关系，计算出不同情景的各类指标数值，然后依据所得出的权重，运用向量模法即可得出各类情景情况下的承载力指数，通过对比即可得出相对最佳情景。

根据系统动力学建模步骤，运用 STELLA 软件建立湖泊流域水环境承载力系统动力学模型。步骤如下：

（1）系统分析。进行系统分析的主要目的是明确建模目的，划定系统边界，并确定系统的输入和输出。本书以湖泊流域为一个系统，水资源的供给和需求为子模块，子模块有机耦合构成完整的流域系统。

（2）反馈结构分析。划分系统层次，分析系统内部子系统之间及子系统内部的反馈机制。针对湖泊流域水资源缺乏的根本问题，以反映缺水程度的水资源供需比为出发点，将水资源供给和水资源需求分别划分为一级子模块。再根据流域社会发展现状，将需水子模块进一步划分为工业、农业、生活和生态需水子系统；供水子模块划分为地下、地表、降水及回用水资源子系统。根据子系统内部各要素间的因果关联，建立各子系统的系统动力学模型；然后根据各子系统间的相互关系，建立整个湖泊流域的系统动力学模型。

（3）确定系统流图，建立 SD 方程式并输入参数。系统流图是整个系统的核心部分，它形象地反映出系统内部各要素及子系统间的相互关系，通过建立定量关系式进一步量化，赋予常量、状态变量初始值和表函数，使系统内部的作用机制更加明晰，湖泊流域水环境承载力在 STELLA 软件系统动力学模型模拟中各湖泊所对应的模型程序不相同，在各湖泊承载力计算时会提出。

（4）模型评估。以过去某一时间点为基准，进行模型模拟，检验其输出结果与实际情况的匹配程度，并据此对模型参数进行修正。模型经检验，对模型进行仿真和修正后，在结构适合性、行为适合性、结构与实际系统一致性、行为与实际系统一致性方面均符合要求。设计情景，进行仿真模拟与结果分析。

2）湖泊水环境承载力评估技术路线

按照上述的方法流程，具体技术路线为：建立承载力量化指标体系—层次分析（AHP）法确定各指标权重—系统动力学模型预测指标值—向量模法计算承载力指数（图 4-3）。

4.2　太湖富营养化控制与生态修复技术路线图

4.2.1　太湖水环境现状与问题诊断

1. 水资源

近年来，随着太湖流域经济社会的快速发展，水资源供需矛盾不断扩大，从长江引调水进入太湖的水量不断增加。从长江的引调水，除“引江济太”工程外，还有望虞河以西

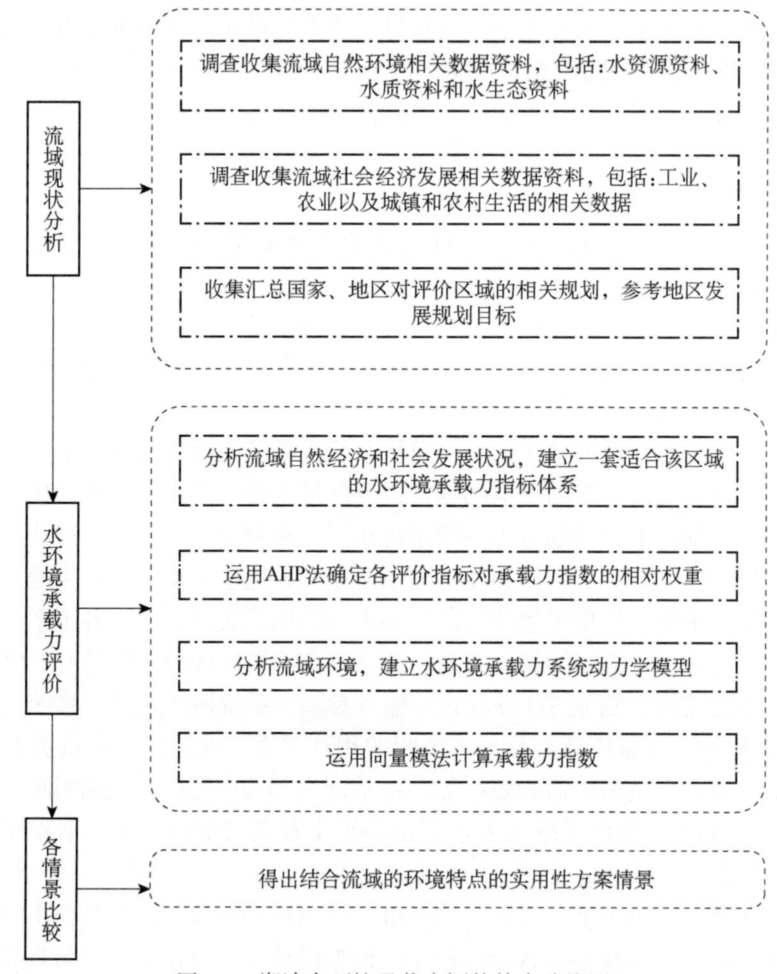

图 4-3　湖泊水环境承载力评估技术路线图

的沿江口门闸站引水。太湖多年平均入湖水量 80.94 亿 m^3，多年平均蓄水量 44.28 亿 m^3。近年来，从长江引调水（包括望虞河调水及沿江口门引水）进入太湖的水量不断增加（毛新伟等，2010）。据《太湖流域水资源公报》统计，2007～2018 年入湖水量年均值 110.86 亿 m^3，与多年平均入湖水量相比增加了约 37.0%。

流域水资源格局变化大，增大了太湖富营养化治理的难度。一是入湖水量加大，缩短了太湖水力停留时间。二是湖西区入湖水量加大，改变太湖水体流场结构。太湖水质模拟结果表明，当太湖主导风向为西北风时，自然状态下，从流域西北片区入湖的高氮磷浓度水集中于湖西近岸水域，并沿湖西向南迁移。三是湖西区入湖水量加大，增加入太湖 TP 负荷。长江现状 TP 浓度为 0.1mg/L，而 2018 年太湖 TP 浓度 0.087mg/L，长江 TP 浓度高于太湖，从长江引调水就必然给太湖带来巨大的环境压力（朱伟等，2020）。按照《太湖流域综合规划（2012—2030 年）》，到 2030 年引江入湖水量进一步增加，将加剧流域污染削减量与入湖负荷量不协调的矛盾。四是太湖向下游供水量加大，将抬高太湖运行水位。太湖水位升高，直接影响水下的光照条件，阻碍春季关键时期水生植物种子的萌发，不利于水生植被的繁殖生长。

2. 水环境

2020 年，太湖水质为轻度污染，主要污染指标为 TP。全湖及各湖区均为轻度富营养状态。环湖河流水质为优，监测的 55 个水质断面中，Ⅱ类水质断面占 23.6%，Ⅲ类占 70.9%，Ⅳ类占 5.5%，无其他类①。

（1）流域快速发展带来环境压力，治污能力更待提升。太湖流域经济社会快速发展，流域人口累计增长 14.9%，城镇化率从 62.5%提升至 73.7%，农业人口逐步向非农人口转移，城镇生活年用水量增加了约 50%。工业经济快速发展、城市化进程加速、常住人口增加，必然带来工业废水、城镇生活污水量的增加和污染负荷的大幅增加。目前，城镇污水处理厂实际运行负荷和生活污水接管处理率仍然偏低。区域城镇生活污水处理率整体偏低，太湖流域江苏四市城镇生活污水接管处理率为 69.2%～81.6%，浙江三市城镇生活污水接管处理率为 72.4%～88.7%，总体接管处理率约为 78%。

（2）传统重污染行业废水排放量大，亟待转型升级与优化调整。太湖流域工业废水排放仍然以纺织印染、造纸、化工、黑色金属冶炼和压延加工业等传统重污染行业为主。2017 年，流域传统重污染行业废水排放量占工业废水排放总量的 70%以上，尤其是纺织印染行业占工业废水排放总量的 48%。除传统重污染行业以外，计算机、通信和其他电子设备制造业废水量占工业废水排放总量的 11%。

（3）种植业面源污染控制工程投资少，缺乏有效的政策与管理措施。随着流域点源得到一定程度的治理，农业面源的贡献越来越凸显（王磊等，2011）。近十年来治太工程共实施面源氮磷拦截工程 329 项，总投资 86574.03 万元（占总投资的 0.33%），修建氮磷拦截工程约 1.93 万亩，服务面积约 70.15 万亩，仅占流域种植面积的 3.59%。种植业面源污染治理工程单一且项目少，以氮磷拦截工程为主；工程投资少（占总投资的 0.33%）且完成率较低（约 50%）；实际运行的拦截设施对 TN、TP 的去除效率仅为 40%左右，缺乏管理养护及针对性的政策支持和考核机制。

3. 水生态

20 世纪 90 年代，全部建成环湖大堤、太湖下游建成太浦闸，太湖成为人工控制湖泊。建环湖大堤及围垦，导致芦苇地减少 150km^2。到 2010 年，挺水植物面积由原来的 64.6km^2 减少至 6.15km^2，相对 20 世纪 80 年代缩小了约 90%。2010～2016 年，湖滨带水生植物群落开始缓慢恢复，太湖湖滨带挺水植物分布面积增加至 14.48km^2，但恢复面积远远不足。通过构建“太湖湖滨–缓冲带污染控制与生态建设技术系统”，进行了技术及工程示范，显著提高了缓冲带防护隔离区对上游来水中污染物的拦截净化能力，TN、TP、NH_3-N、NO_3-N 和 COD_{Mn} 的削减率分别达到了 92.4%、92.8%、61.5%、36.4%和 50.7%，植物覆盖率达 30%以上（叶春，2012）。缓冲带（2km 左右）内总人口约 35 万，约 80%以上面积被农田、村落、鱼塘、企业侵占，产业生产活动频繁，潜在污染来源风险高，生态破坏严重。

（1）长年高氮磷水平与常态化水华暴发，损害湖体生态健康。太湖水体中氮磷的浓度

① 中华人民共和国生态环境部. 2021. 2020 中国生态环境状况公报.

长期保持高位，形成有利于蓝藻水华生长的藻型环境。蓝藻在浮游植物群落中占据显著优势，导致水体透明度下降，进一步制约了底栖生境的功能和沉水植物的恢复，藻型湖泊生境进一步扩大。太湖北部湖湾、西部沿岸和部分南部水域蓝藻水华年年大暴发，近年甚至向湖心和东太湖扩展，最大暴发面积达太湖水面面积的40%以上（朱喜和朱云，2019），生物多样性减少，驱动湖泊生态系统从“清水草型”向“浊水藻型”生态系统演替，严重损害太湖的水生态系统健康。

（2）气候变化促进了蓝藻水华暴发强度，水华控制不确定性加大。在太湖具备丰富的氮磷营养盐的前提下，水文气象条件则成为水华暴发的外部决定性因素。根据太湖地区过去 30 年气温、水温和风速的变化趋势，太湖地区气温将进一步上升、风速将继续下降，蓝藻水华易发的气象指数（气温高于 25℃，风速低于 3.0m/s 的累积天数）将继续增加。因此，在氮磷营养盐特别是 TP 改善有限的情况下，有利于蓝藻水华生长、漂浮和聚集的藻型生境难以实质性改变，蓝藻水华在未来相当长一段时间内将继续高存量地维持，水华控制不确定性加大。

4.2.2 太湖富营养化治理总体策略

继续构建“治用保”水环境保护体系，巩固提高流域治污成果。“治”即污染治理，实施全过程污染防治，引导和督促排污单位达到常见鱼类稳定生长的治污水平；“用”即循环利用，构建企业和区域再生水循环利用体系，努力减少废水排放；“保”即生态保护，建设人工湿地和生态河道，构建沿河环湖大生态带，努力提升流域环境承载力。

按照大型浅水湖泊富营养化综合治理的基本次序，以太湖流域环境承载力为依据，继续推进“流域综合调控—陆域控源减排—流域生态修复—湖泊生境改善—流域生态管理”的全过程湖泊富营养化治理策略。强化流域水土资源和产业结构布局的调控，减少经济发展带来的环境压力；继续大幅削减入湖氮磷污染负荷，减少入湖污染负荷，改善河网水质；结合流域的生境条件，因地制宜实施生态修复工程，提高流域生态系统健康水平；继续实施太湖水体生境改善工程，保证“确保饮用水安全、确保不发生大规模湖泛”的目标实现；实施流域生态管理工程，提升太湖流域水环境治理效率。

4.2.3 太湖治理目标及技术路线图

太湖的开发与治理经历了污染逐步暴发阶段、污染和治理相持阶段、污染逐步遏制阶段三个阶段，基于太湖现状与问题诊断，太湖富营养化控制与生态修复技术路线图提出了近中远期的治理目标和实现路径。

近期（2021～2025 年）：到 2025 年，推动流域生产生活方式的转变，克服水污染治理投入与成效的边际效应，实现太湖水质和营养状态持续改善。对比基准年，太湖入湖污染负荷量 23%，太湖 TP 平均浓度 0.055mg/L，湖荡水系重建，入湖河流整治，植被保护，自然岸线重构，重点湖湾生态控藻，进一步降低太湖富营养化水平。大规模蓝藻水华暴发频次显著减少，大面积水华（超过太湖面积的 10%）次数不超过 10 次，为美丽太湖目标基本实现奠定坚实基础。

中期（2026～2030 年）：到 2030 年，开展生态链条恢复，湖荡植被恢复，受损岸线生态化构造，植被恢复，自然岸线重构，受损岸线生态化改造，重点湖湾生态控藻，实现太湖水质和营养状态达到良好水平。对比基准年，水资源配置合理，太湖入湖污染负荷量 25%，太湖 TP 平均浓度 0.05mg/L，大规模蓝藻水华暴发频次显著减少，大面积水华（超过太湖面积的 10%）次数不超过 8 次。

远期（2031～2035 年）：到 2035 年，与国家基本实现社会主义现代化同步，节约资源和保护环境的空间格局、产业结构、生产方式、生活方式总体形成。太湖生态环境质量实现根本好转。实现生态系统良性循环，开展生态链条恢复，湖荡植被恢复，受损岸线生态化构造，植被恢复，自然岸线重构，受损岸线生态化改造，重点湖湾生态控藻，实现太湖水质和营养状态达到良好水平。对比基准年，水资源配置合理，太湖入湖污染负荷量 30%，太湖 TP 平均浓度 0.05mg/L，大规模蓝藻水华暴发频次显著减少，大面积水华（超过太湖面积的 10%）次数不超过 5 次，为美丽太湖目标基本实现奠定坚实基础。太湖富营养化控制与生态修复技术路线图见图 4-4。

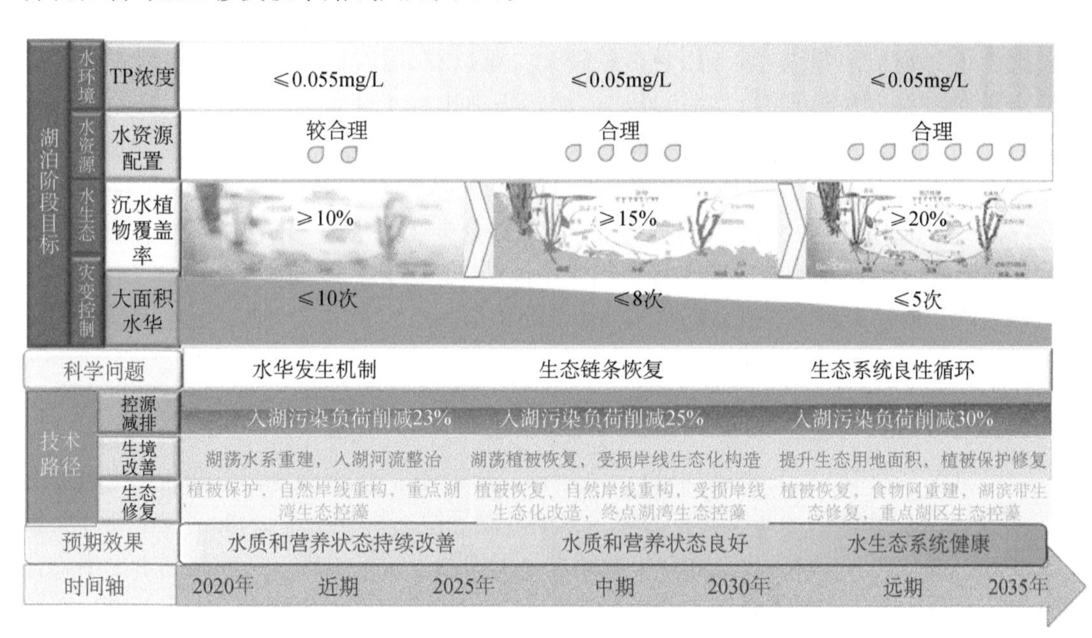

图 4-4　太湖富营养化控制与生态修复技术路线图

4.3　巢湖富营养化控制与生态修复技术路线图

4.3.1　巢湖水环境现状及问题诊断

1. 水资源

巢湖流域人均水资源量占有量仅 469m³，与淮北地区大体相当，属典型的水资源短缺地区，当地可利用水资源先天不足。河湖连通性差，水体自净能力弱，换水周期长。1962 年巢湖闸建成后，巢湖由天然吞吐湖泊变为半封闭型水域（党啸，1998），江水入湖水量由建闸前的年均 13.6 亿 m^3 减少到 1.6 亿 m^3，湖体自净能力降低，水量更新周期延长，也阻隔了江湖洄游性鱼类出入。

2. 水环境

2020 年，巢湖水质为轻度污染，主要污染指标为 TP，环湖河流为轻度污染。监测的 14 个断面中，Ⅱ类水质断面占 21.4%，Ⅲ类占 64.3%，Ⅳ类占 7.1%，无Ⅰ类和劣Ⅴ类①。巢湖水环境保护方面主要存在以下两方面问题：

（1）污水处理设施效能发挥不足。巢湖流域截污治污设施效能发挥不足，污水厂进水浓度偏低，雨季效益发挥不足。合肥城市人口、城镇用地、GDP 快速增加促使流域污染排放快速增加，2016 年城镇生活用水量较 2009 年增加了 85%，生活污水排放量增加了 83%，巢湖流域城市污水处理设施较为完善，但雨季仍存在污水厂进水浓度偏低现象；环巢湖农村大多配置污水处理设施，但依然存在污水漏接及雨水、河水混入管网导致污水厂进水浓度偏低现象。这些都严重影响污水处理厂正常处理效益的发挥。

（2）入湖河流对巢湖 TN 和 TP 贡献较大，难以有效控制。巢湖环湖带是农业主产区，农业种植强度持续增高，周边圩田面源污染突出（王桂苓等，2008）；另外，传统“油菜+水稻”种植结构向蔬菜种植结构的转变，尤其南部蔬菜种植面积的快速增加，给主要水量补给河流杭埠河、白石天河等良好水质的保持带来压力。巢湖环湖带耕地面积 1186km²，占环湖带的 67.2%；巢湖环湖带 TP 负荷量为 236.78t/a。南部杭埠河流域、白石天河流域、兆河流域是流域内蔬菜种植的集中区域（冯梦南和季海波，2014）。据历史监测资料表明，通过入湖河道进入湖泊水体主要污染物占总入湖量的 55%，而区间地表径流入湖占 38%（刘姝等，2012）。

3. 水生态

（1）巢湖湖滨带生态环境结构破坏、空间格局破碎化。由于围垦，巢湖面积由历史上 2000 多平方公里萎缩到 700 余平方公里。目前环湖圩垸面积不小于 250km²，沿湖圩堤长度 224km。通过比对 1980 年、2020 年巢湖水生生物调查结果发现，当前巢湖水生生物多样性严重衰退，水生生物群落各类群的种类较少，较历史数据大为减少，水生植物、浮游植物、底栖动物、鱼类等物种种类大幅下降，湿地生态功能退化明显。当前巢湖以人工种植的柳树群落和芦苇群落为主，沉水植物群落和浮叶植物群落已经全部消亡，水生植物覆盖度极低，退化极其严重。

（2）湖区湿地斑块碎片化加强，生物迁移受到阻隔。巢湖流域湿地生态功能在不断下降。巢湖环湖带的耕地面积占环湖带总面积的 67.2%，严重影响了巢湖湖滨带生态系统的结构与功能，压缩了流域湿地空间，沿湖湿地大量消失，入湖河流水质改善遭遇瓶颈。

（3）流域水土流失严重，治理率低。根据《安徽省巢湖“一湖一策”实施方案》，巢湖流域内水土流失面积达 40%，而流域内水土治理率仅为 1%。随着巢湖防浪堤的修

① 中华人民共和国生态环境部. 2021. 2020 中国生态环境状况公报.

建，湖岸带芦苇、防护林等生态屏障逐步消失，汛期崩岸严重，湖泊淤积和氮磷积累会进一步加剧。

4.3.2　巢湖富营养化控制及生态修复对策

湖泊水体富营养化治理及生态系统的恢复过程是复杂且长期的。巢湖水体富营养化是流域内多种因素相互作用的结果，因此巢湖水体富营养化问题需要全面治理、综合治理，通过采取控制入湖污染源、调整产业结构、生态修复等措施，实现巢湖水体生态环境的可持续发展。

1. 控制各类入湖污染源

巢湖湖区富营养化主要是由沿岸各入湖河流输入大量陆源营养盐引起的。南淝河、十五里河、塘西河和派河是合肥市的主要河流，接纳了合肥市及沿河城镇、农村的工业污水和生活污水。主要环湖河流中水质为Ⅴ类和劣Ⅴ类的河流有 4 条，分别为南淝河、十五里河、派河和双桥河，主要污染物为 COD_{Mn} 和 TP（朱庆春，2017）。这些河流多位于湖西，故西半湖污染一般较东半湖严重。可见，河流携带入湖的营养盐是导致巢湖水体富营养化的主要原因。因此，需要在这些流域内采取措施，如完善合肥市污水管网覆盖率，加强流域内污水处理等基础设施建设，提高污水处理厂对工业废水及生活污水的脱氮除磷效率；减少化肥的施用量，提高化肥的使用效率，科学施肥，合理用药，控制农业面源中氮磷等营养物的输出；控制流域内磷矿的开采，防止水土流失等。

2. 调整产业结构，转变经济发展方式

产业结构的合理调整和经济发展方式的有效转变是影响生态环境的重要因素。治理巢湖水体富营养化，需要通过调整产业结构和转变发展方式，推动工业企业转型升级，推广生态农业理念，促进第三产业快速发展，实现污染物的总量减排。一是转变工业生产方式，发展高效益、低物耗、低污染等新型工业企业，推进清洁生产，建设绿色的工业园区；二是改善农业结构，发展生态农业，实现科学种植；三是加快第三产业的发展进程。

3. 推进综合治理与生态修复

实现对巢湖水体富营养化的有效治理，必须对湖泊及河道进行综合治理与生态修复。如定期疏浚底泥，科学确定清淤深度；构建人工湿地，净化进入河湖的水质；加强沟渠、河道及沿湖湿地的绿化，设置生态缓冲区，构建乔木、挺水植物、水生植物、漂浮植物及水生动物为一体的多元化生态岸线，实现巢湖良性的生态循环体系。

加快推进基于水质目标的流域综合信息平台建设。以巢湖流域地理信息、水环境、经济社会、气象、流域水情等基础数据，解析重点污染源、湖泊蓝藻水华时空格局，反演巢湖水污染过程，加快推进基于水质目标的流域综合信息平台建设，为巢湖流域水资源综合管控与调度、巢湖水环境治理精准施策、巢湖治理项目管理及决策等提供科技支撑，提升对巢湖流域的综合管理能力。

4.3.3 巢湖富营养化治理目标及技术路线图

巢湖治理经历了治理启动阶段、全面治理阶段和治理提速阶段三个阶段，结合现状问题诊断，巢湖富营养化治理目标及技术路线图围绕国家战略安排，统筹兼顾、综合施策、近远结合、分步推进，合理安排近期（2021～2025 年）、中期（2026～2030 年），以及远期（2031～2035 年）阶段目标，确保到每一个时间节点的入湖污染总量只能减少不能增加、国控断面水质只能变好不能变差、河湖环境质量只能改善不能恶化、流域生态系统只能更优不能退化、人民幸福指数只能更高不能降低，努力打造安澜巢湖、健康巢湖、碧水巢湖、美丽巢湖新篇章，着力保护长江生态环境。

近期（2021～2025 年）：到 2025 年，流域国控断面稳定达标，巢湖全湖水质稳定达到Ⅳ类，生物多样性稳步提升，生态原真性和完整性明显恢复。流域防洪标准全面提升，防洪减灾体系更加完善。巢湖流域岭湖风貌、地域文化充分彰显，现代都市与美丽乡村融合发展，碧水安澜、鱼跃人欢的巢湖画卷徐徐展开。主要技术手段为控制多种入湖污染物，提高污水管网覆盖率、加强基础设施建设，提高污水处理厂脱氮除磷效率；控制农业面源和水土流失。

中期（2026～2030 年）：到 2030 年，全湖水质保持Ⅳ类，水质优良率保持 80%，入湖河流生态流量基本得到保障，水生系统功能基本恢复。主要技术手段为进一步调整产业结构及经济发展方式，转变工业生产方式，推进清洁生产；改善农业结构，发展生态农业，加快第三产业的发展进程。

远期（2031～2035 年）：到 2035 年，巢湖全湖水质达到Ⅲ类，环巢湖生态文明示范区全面建成。防洪减灾水平显著提高，区域水资源调配能力显著增强。经济社会发展全面绿色转型，现代化绿色低碳经济体系基本建成。环巢湖城乡居民人均收入稳居全省前列，人民群众获得感幸福感安全感明显增强，天蓝、水清、地绿、城美、民富的最好名片精彩呈现。主要技术手段是全面推进综合治理与生态修复，对湖泊及河道进行综合治理与生态修复，实现巢湖良性的生态循环体系。

巢湖富营养化控制与生态修复技术路线图见图 4-5。

4.4 滇池富营养化控制与生态修复技术路线图

4.4.1 滇池水环境现状及问题诊断

1. 水资源

滇池流域地处三江之源，源近流短，无大江大河补给，属于水资源极度匮乏地区。2006 年，昆明市人均水资源量仅 278m^3，仅为全国人均水资源量的 11%，是全国 14 个最缺水的城市之一，与严重缺水的以色列相差无几（丁文荣等，2011）。滇池流域人口密度与太湖、巢湖接近，流域单位面积 GDP 与太湖流域接近，约为巢湖流域的两倍，但湖泊补给系数却远小于太湖和巢湖，换水周期远高于太湖和巢湖，即使牛栏江–滇池补水工程

项目		近期（2020年—2025年）	中期（2025年—2030年）	远期（2030年—2035年）
国家战略		水生态环境持续改善	水生态环境全面改善	水生态环境根本好转
湖泊阶段目标：水环境	湖体水质	全湖水质达Ⅳ类	全湖水质保持Ⅳ类	全湖水质优于Ⅲ类
湖泊阶段目标：水环境	流域水质	水质优良率达80%	水质优良率保持80%	水质优良率高于80%
湖泊阶段目标：水资源	入湖河流生态流量	枯水期保障	基本保障	全面保障
湖泊阶段目标：水生态	水生系统功能	初步恢复	基本恢复	全面恢复
湖泊阶段目标：水生态	大面积水华	≤10次	20%	18%
科学问题		水华发生机制	生态链条恢复	生态系统良性循环
对策措施		①提高新建城区污水排放标准，提升管网收集和处理效率；②鼓励实施污水处理厂尾水资源再生利用工程；③加强蓝藻水华预测预警和应急防控体系建设，提高蓝藻应急处理能力及打捞效率；④加强流域生态建设，实施山水林田湖草综合治理；⑤流域综合信息平台建设		
技术路径		控制多种入湖污染源	调整产业结构及经济发展方式	推进综合治理与生态修复
技术路径		提高污水管网覆盖率，加强基础设施建设，提高污水处理厂脱氮除磷效率；控制农业面源中氮磷等营养物的输出；控制流域内磷矿的开采，防止水土流失	转变工业生产方式，发展高效益、低物耗、低污染等新型工业企业，推进清洁生产；改善农业结构，发展生态农业，实现科学种植；加快第三产业的发展进程	对湖泊及河道进行综合治理与生态修复。如定期疏浚底泥，科学确定清淤深度；构建人工湿地，净化进入河湖的水质；加强沟渠、河道及沿湖湿地的绿化，设置生态缓冲区，实现巢湖良性的生态循环体系
预期效果		水质和营养状态持续改善	水质和营养状态良好	水生态系统健康
时间轴		2020年 近期 2025年	中期 2030年	远期 2035年

图 4-5　巢湖富营养化控制与生态修复技术路线图

实现了外流域滇池生态水补给，换水周期由原来 3.5 年缩短至约 2 年，但仍远高于国内其他湖泊。上游区域洪水截洪疏导能力不足，主城区泄洪压力大。城区河道过洪能力不足，管网排水不畅，城区蓄滞能力差。昆明市 35 条主要入滇池河道中 28 条河道存在局部断面尺寸不足、部分河堤高度不够、跨河建筑物净空过低等问题。

2. 水环境

2020 年滇池流域水质明显改善，全湖水质保持在Ⅳ类，主要水质指标中，COD 与 TP 浓度达到Ⅳ类，其他指标达到或优于Ⅲ类；纳入国家考核断面的 12 条入湖河流全部达到滇池“十三五”规划水质目标要求，其中Ⅱ类水质断面占 25.0%，Ⅲ类占 66.7%，Ⅳ类占 8.3%①。近年来，滇池草海和外海 TN 和 TP 呈波动改善趋势，富营养化指数总体呈现下降趋势（王红梅和陈燕，2009）。

污染排放超过了环境承载力，经济社会发展与保护的矛盾突出。滇池流域以约占云南省 0.75%的土地面积承载了全省约 23%的 GDP 和 8%的人口，是云南省人口高度密集、城市化程度最高、经济最发达、投资增长和社会发展最具活力的地区。城镇化建设挤占了流域内维持自然生态更新的空间，湖泊河流水环境被破坏，流域生态功能退化，污染排放超过了环境承载力，经济社会发展与生态环境保护的矛盾突出。尽管污染治理力度不断加大，污水收集处理能力不断提高、污染负荷削减能力大幅提升，但滇池流域入湖污染负荷

① 中华人民共和国生态环境部. 2021. 2020 中国生态环境状况公报.

仍远超滇池水环境承载力。据测算，滇池 TN 和 TP 的水环境容量（Ⅲ类水质）分别为 4376t 和 315t，2017 年滇池流域 TN 和 TP 的入湖量为 4725t 和 450t，超过水环境容量 8% 和 43%。

3. 水生态

受河湖水质下降影响，昆明市主要的生物类群也发生了较大的变化，生态系统退化严重。从 20 世纪 50～60 年代至今，滇池浮游植物种类减少了近 60%，浮游植物量增长了近 70 倍，浮游植物优势种由绿藻门和硅藻门演替为蓝藻门，且以微囊藻占绝对优势。底栖生物多样性下降，特别是土著特有种和敏感类群消失或种群数量剧降，而耐污类群数目和生物量增加。水生高等植物大量消失，浮游植物生物量大大增加，对滇池鱼类区系和群落结构产生了负面影响，导致鱼类群落结构和生态功能群的简单化，引起鱼类群落生态和服务价值下降。

滇池流域湖滨自然生态曾遭到严重破坏，湖滨天然湿地几乎消失殆尽。尽管 2008 年以来实施了"四退三还"工程，但目前湿地管理长效机制尚未真正建立，湿地环境效益还不能充分发挥。具体表现为缺乏统一的湿地建设规划和统一的管理机制，碎片化管理不利于湿地生态环境保护；部分湿地配水系统尚不完善，与河流水系不连通，无法发挥水质净化的环境效益；部分湿地水体流动性差，湿地内水生植物残体变质造成水体富营养化，加之滇池的富集蓝藻在风向作用下流入湿地，导致湿地蓝藻堆积情况较为严重；已建湿地缺乏有效管护，湿地公园人类活动严重干扰了滇池生态系统的自我修复；湿地呈现多头管理，没有统一管理机构；生态用地租地资金缺口加大，湿地管护经费没有形成长效保障机制。

4.4.2 滇池富营养化控制及生态修复对策

滇池水体富营养化是受各种因素影响而形成的，治滇应主要把握好以下几个方向：

（1）加强入湖污染源控制。滇池流域污染物的超负荷排放导致水质恶化，控制污染物仍是滇池水体富营养化控制的关键措施之一。

（2）加强对生态修复工程的理论和技术研究。流域生态系统失调是滇池富营养化的重要原因，目前进行的生态修复工程还只是示范性的，技术还尚未成熟，今后应加强对这方面的理论和技术研究，尽可能恢复湖泊原始生态，使其系统结构趋于完善和稳定。

（3）建立高效的投融资机制。充分发挥市场和政府各自优势的投融资机制，不仅可以解决治滇资金投入不足问题，还可以引进国内外先进治理技术和管理经验，提高治滇运作效率。

（4）建立滇池环境管理决策系统。滇池治理是一项系统工程，需将政府各部门的行政执法、监督管理、规划的 100 多个项目纳入到滇池环境管理决策系统中，健全滇池治污有关部门协调机制，落实责任制，完善现行管理体制。

（5）进行跨流域调水工程。目前，仅凭借污染物控制和生态修复，并不能提高滇池水环境自净能力和解决流域水资源匮乏问题，也就不能从根本上治理滇池。引外流域水入滇，既可增加湖体水容量、加速物质循环周期、提高水体自净能力，也能缓解水资源紧缺问题。

4.4.3 滇池富营养化治理目标及技术路线图

滇池治理经历了探索治滇、工程治滇、系统治滇、精准治滇四个阶段，结合水环境现状及问题诊断，滇池富营养化控制与生态修复技术路线图主要指导思想是强化滇池作为长江经济带重要湖泊、高原生态湖泊、国际候鸟栖息地、区域气候调节器的生态地位，全面提升滇池流域保护治理能力和精细化管理水平，湖体富营养化得到有效控制，入湖河流和湖体水质基本实现按功能区达标，水生态系统稳定性和生态功能显著增强，生态流量得到有效保障，水环境风险得到有效防控，生态环境保护体制机制进一步完善，还老百姓“清水绿岸、鱼翔浅底”的美丽景象，为昆明打造生态文明建设排头兵示范城市和“美丽中国”典范城市奠定坚实基础，将滇池保护治理打造成为我国生态文明建设的标志性工程。具体目标如下。

近期（2021～2025 年）：到 2025 年，坚决打好污染防治攻坚战，水环境质量阶段性改善，污染严重水体较大幅度减少，饮用水安全保障水平持续提升；草海水质稳定达到Ⅴ类，外海水质稳定达到Ⅳ类（COD≤40mg/L），主要入湖河流稳定保持Ⅴ类及以上水质，全面消除建成区黑臭水体；集中式饮用水源地水质稳定达标。

中期（2026～2030 年）：到 2030 年，水环境质量持续改善，水生态系统功能初步恢复；水环境、水生态、水资源统筹推进格局初步形成；“有河有水、有鱼有草、人水和谐”目标指标体系初步建立；流域空间管控格局基本形成，流域生态保护红线制度有效实施；滇池草海和外海水质稳定达到Ⅳ类及以上，35 条主要入湖河道及支流水质达到Ⅳ类及以上。主要技术路径是持续推进水资源保护与利用，加强流域水环境治理。

远期：（2031～2035 年）：到 2035 年，生态环境实现根本好转，全面实现“清水绿岸、鱼翔浅底”的美丽景象，生态系统实现良性循环；流域空间管控体系更加完善，区域生态安全格局全面形成；滇池外海水质力争达到Ⅲ类，实现饮用、农业、渔业、景观用水功能；滇池草海水质稳定达到Ⅳ类，实现工业、景观、农业用水功能；35 条主要入湖河道及支流水质稳定达到Ⅳ类及以上，基本消除农村黑臭水体；生态环境保护体制机制进一步完善，实现经济社会发展与生态环境保护协同共进。主要技术路径是加大水生态保护修复力度，提升湖泊流域管理水平。

滇池富营养化控制与生态修复技术路线图见图 4-6。

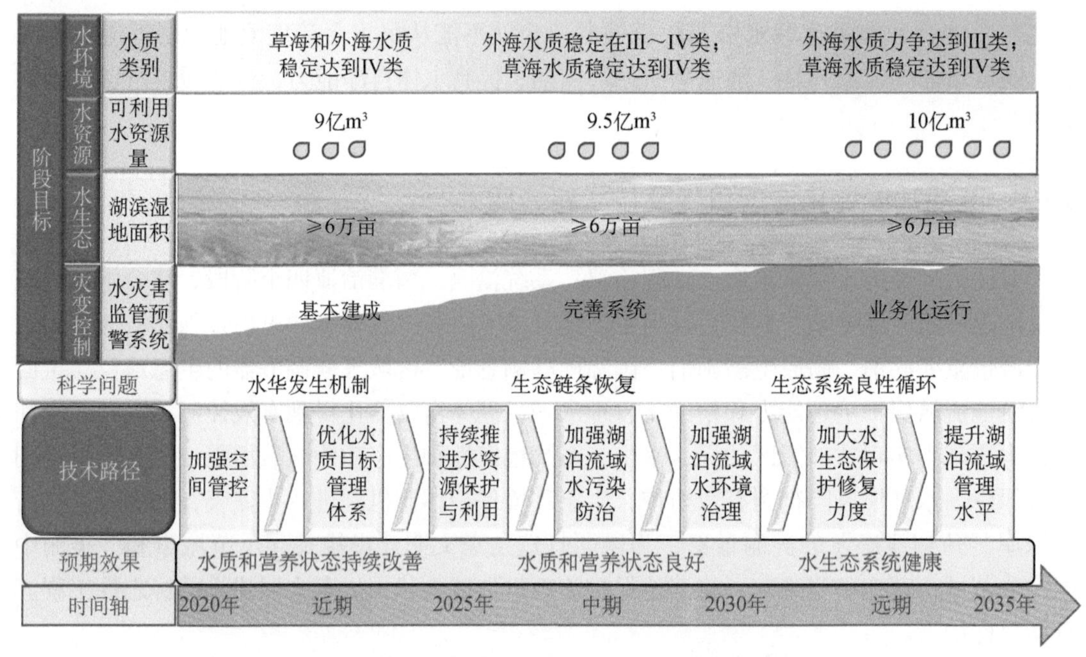

图 4-6　滇池富营养化控制与生态修复技术路线图

参 考 文 献

党啸. 1998. 巢湖流域水环境问题的观察与思考. 环境保护，9：37-39.

丁文荣，苏怀，李丽，等. 2011. 变化环境下的滇池流域水资源安全研究. 人民黄河，33（6）：74-75.

冯梦南，季海波. 2014. 基于流域水环境改善的经济发展方式与产业布局研究——以合肥市巢湖流域为例. 成都：2014 中国环境科学学会学术年会.

刘姝，孔繁翔，蔡元锋，等. 2012. 巢湖四条入湖河流硝态氮污染来源的氮稳定同位素解析. 湖泊科学，24（6）：952-956.

毛新伟，陆铭锋，贾小网，等. 2010. 太湖流域望虞河以西地区沿长江引水格局变化及其影响分析. 水利发展研究，10（9）：31-34.

王桂苓，马友华，石润圭，等. 2008. 巢湖流域种植业面源污染现状与防治对策//中国农学会. 全国农业面源污染综合防治高层论坛论文集. 北京：中国农学会：246-249.

王红梅，陈燕. 2009. 滇池近 20a 富营养化变化趋势及原因分析. 环境科学导刊，28（3）：57-60.

王磊，张磊，段学军，等. 2011. 江苏省太湖流域产业结构的水环境污染效应. 生态学报，31（22）：6832-6844.

杨桂山，马荣华，张路，等. 2010. 中国湖泊现状及面临的重大问题与保护策略. 湖泊科学，22（6）：799-810.

叶春. 2012. 太湖湖滨-缓冲带污染控制及生态建设技术系统与工程示范. 北京：中国环境科学研究院.

朱庆春. 2017. 巢湖水体富营养化成因分析及治理对策. 安徽农学通报，23（9）：97-98.

朱伟，薛宗璞，章元明，等. 2020. “引江济太”对 2016 年后太湖 TP 反弹的直接影响分析. 湖泊科学，32（5）：1432-1445.

朱喜，朱云. 2019. 太湖蓝藻暴发治理存在的问题与治理思路. 环境工程技术学报，9（6）：714-719.

第5章　典型流域有机物和营养物控制路线图

随着流域经济社会的发展和治理工作的不断深入，水污染治理工作面临着一些新情况和新问题。流域内工业污染问题依然存在，城镇生活污染问题仍较严重，农业农村污染问题突出，受区域水资源短缺等因素叠加影响，流域内有机物和营养物排放总量仍然较大，部分水体水环境改善成效还不稳固，针对流域有机物和营养物的控制是流域治理面临的实际问题。本章以太湖流域和辽河流域为典型流域，面向流域有机物与氮磷控制重大需求，凝练战略任务和重点技术，开展典型流域有机物和营养物控制总体解决技术路线图的制定，为流域有机物和氮磷营养物的控制提供指导。

5.1　太湖流域有机物和营养物控制技术路线图

5.1.1　太湖流域氮、磷污染现状

根据水利部太湖流域管理局公布的年太湖出入湖水量数据，江苏省水利厅、江苏省和浙江省生态环境厅提供的入湖河流逐月的水量、水质监测数据，得到太湖氮、磷入湖负荷量，如图5-1所示。

总氮入湖通量。2007～2019年入湖河流TN的入湖通量受水量的影响显著，并处于高位波动。2007年3.11万t，到2012年维持在3万t左右的水平，而后下降至2013年的2.52万t，之后几年随着入湖水量的变化起伏较大，2016年达到4.28万t，2019年入湖通量为3.21万t。

总磷入湖通量。2007～2019年入湖河流TP的入湖通量受水量的影响，变幅甚大。2007年入湖通量为1875t；2013年降到十年来最低，为1182t；2013年之后，入湖河流TP通量与入湖水量的变化趋势基本一致，2016年入湖通量反弹至2326t，2019年降为1599t[①]。

5.1.2　太湖流域有机物和营养物控制目标

按照全面贯彻落实党的十九大报告提出的生态环境保护目标要求及全国生态环境保护

① 水量数据来自水利部太湖流域管理局公布的《太湖流域及东南诸河区水情年报》，水质数据是由江苏省和浙江省生态环境厅提供的监测数据。

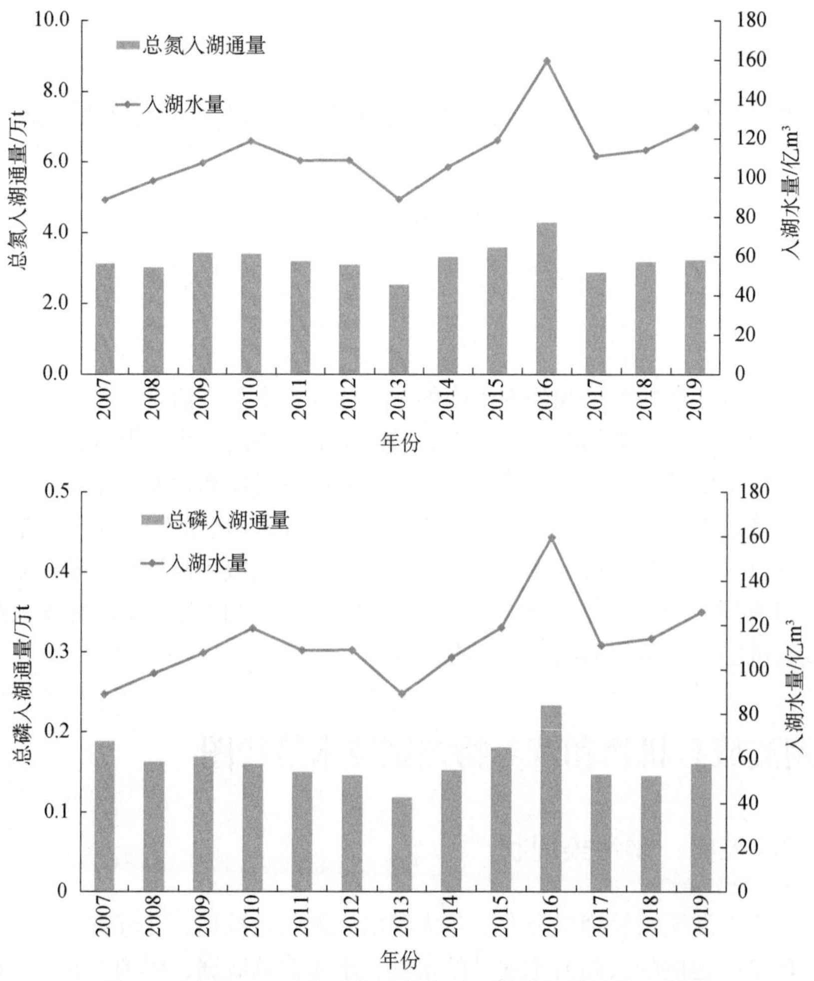

图 5-1　2007～2019 年太湖入湖水量、氮磷入湖通量变化图

大会的工作部署，2020 年是全面建成小康社会决胜之年，突出抓重点、补短板、强弱项，坚决打好污染防治攻坚战。到 2035 年，国家基本实现社会主义现代化。节约资源和保护环境的空间格局、产业结构、生产方式、生活方式总体形成，生态环境质量实现根本好转，生态环境领域国家治理体系和治理能力现代化基本实现，美丽中国目标基本实现。

按照《长江三角洲区域一体化发展规划纲要》强化生态环境共保联治，共筑绿色美丽长三角的定位。太湖富营养化治理目标的确定，首先要满足生态服务功能，支撑长江三角洲区域一体化发展中的水资源保障的要求；提升生态系统健康水平，有效维护长江下游生态安全格局的要求；考虑湖泊富营养化治理的长期性和复杂性以及治理技术进步，科学确定富营养化治理的阶段性目标。

（1）基准年（2020 年）：从“九五”以来，特别是近十多年的高强度治理，太湖流域环境基础设施有了极大改善，流域各类污染源氮磷排放量大幅减少，水体氮磷水质指标和营养状态指数较 2008 年前有明显改善。2020 年，基于太湖 17 个国控点位逐月的监测数据，太湖 TP 平均浓度 0.08mg/L；TN 平均浓度 1.30mg/L。太湖营养状态指数 56，属于轻度富营养化水平。

（2）近期目标（2025 年）：到 2025 年，进一步推动流域生产生活方式的转变，克服水污染治理投入与成效的边际效应，实现太湖生态环境质量显著改善。对比基准年，太湖入湖污染负荷量 TP 削减 30%，TN 削减 25%。太湖 TP 平均浓度 0.06mg/L（2015 年水平，2007 年以来最好状态）；TN 平均浓度 1.20mg/L。太湖营养状态指数小于 53（2016 年为 53，2007 年以来最好状态），进一步降低太湖富营养化水平。

（3）中期目标（2030 年）：到 2030 年，基于水生态功能分区管理要求，严格生态空间管控，严守生态红线，持续推进生态系统恢复，实现太湖生态环境质量全面改善。对比基准年，太湖入湖污染负荷 TP 削减 35%、TN 削减 28%。太湖 TP 平均浓度 0.05mg/L，好于Ⅲ类的比例 65%；TN 平均浓度 1.0mg/L，好于Ⅲ类的比例 65%。太湖营养状态指数小于 51，彻底解决饮用水安全问题。

（4）远期目标（2035 年）：到 2035 年，与国家基本实现社会主义现代化同步，节约资源和保护环境的空间格局、产业结构、生产方式、生活方式总体形成，太湖生态环境质量实现根本好转。对比基准年，太湖入湖污染负荷 TP 削减 40%，TN 削减 30%。太湖 TP 平均浓度 0.05mg/L，好于Ⅲ类的比例 65%；TN 平均浓度 1.0mg/L，好于Ⅲ类的比例 65%。太湖营养状态指数小于 50，达到中营养水平。蓝藻水华灾害基本消除，美丽太湖目标基本实现。

5.1.3 太湖水污染治理技术体系

1. 重点行业污染控制技术

1）复杂难降解有毒化工废水新型高效催化氧化技术

高效催化氧化技术将多种废水氧化技术进行耦合协同，强化了催化氧化过程，使废水中难降解有毒有机物能在常压、中温下高效、经济地分解成小分子物质或矿化（Oller et al.，2011；Michael et al.，2013；Li et al.，2018），从而废水的生物毒性明显降低，废水的可生化性显著提高（孙怡等，2017），经过预处理的废水可满足后续废水处理要求。某医药中间体废水中 COD 浓度 21000mg/L，pH 为 4，主要含有苯环类污染物，生物毒性较大，经高效催化转化处理后，废水出水生物毒性大大降低，毒性由Ⅰ级降为Ⅳ级，几乎达到无毒状态；某 DAT 车间废水中 COD 浓度 2000mg/L，pH 为 1，硝化工段出水，废水生物毒性极大。高效催化氧化装置可较好地处理此废水，COD 能得到有效的去除，同时生物毒性可大幅降低，由Ⅰ级降为Ⅳ级，几乎达到无毒状态。

2）造纸废水内循环–厌氧/好氧–芬顿氧化集成技术

芬顿（Fenton）试剂是采用 Fe^{2+}/H_2O_2 体系氧化多种有机物，将其彻底降解成二氧化碳、无机离子和水，大幅度提高废水中有毒有害物质的去除效率（王雪等，2020；侯琳萌等，2022）。Fenton 试剂具有操作容易、设备简单、费用低、对环境无污染等优点，有效去除传统废水处理技术无法去除的难降解有机物。

研究表明，臭氧氧化最佳工况可将废水中 COD 处理至 60.3mg/L，Fenton 氧化最佳工况可将废水中 COD 处理至 36mg/L，次氯酸钠氧化最佳工况可将废水中 COD 处理至 55mg/L，PAC+PAM 混凝沉淀最佳工况可将废水中 COD 处理至 69mg/L。由此可知，可以将 COD 处理达到 60mg/L 及以下的工艺是臭氧氧化、Fenton 氧化工艺、次氯酸钠氧化工艺。其中，运行费用最低的是 Fenton 氧化工艺，针对实现节水后产生的高浓度制浆造纸废水，采用内循环–厌氧/好氧–芬顿（IC-A/O-Fenton）氧化集成技术，处理可达到国家特别排放限值要求。

3）氨氮废水高效吹脱与氨资源化技术

与传统废水氨氮吹脱技术相比，开发的新型废水氨氮吹脱技术可在室温下进行，气液比降低到（1000～2000）：1，同时氨氮去除率可保持在 95%以上，节能效果显著，氨氮去除率高。

传统氨氮吹脱技术最显著的缺点是气液比高，氨氮脱除率低，能耗大（Liao et al., 1995；Zhang et al., 2012）。在传统氨氮吹脱技术的基础上，该技术通过改进吹脱塔塔内件、采用新型高效填料及优化工艺等措施，提高氨氮脱除效率，降低气液比，从而降低能耗，并开发吹脱氨新型回收资源化技术，消除二次污染，实现废水中氨的资源化。

4）两相厌氧–二级好氧低能耗处理技术

两级好氧是一种按微生物生理特性分工分段的处理方法，具有抗冲击负荷能力强、处理效率高、能耗低的优点。两级好氧进水 COD 浓度平均为 3071.2mg/L，第一级好氧出水 COD 平均浓度为 146.1mg/L，第二级好氧出水 COD 平均浓度为 93.4mg/L；第一级好氧阶段 COD 去除率平均为 95.2%，第二级好氧阶段 COD 去除率平均为 36.1%，整个两级好氧阶段 COD 去除率平均为 97.0%。“两相厌氧–二级好氧”系统中试装置的 COD 去除率均高于 95%，平均为 98.6%，系统出水 93.4mg/L，结合深度处理技术，即可达到江苏省地方标准《太湖地区城镇污水处理厂及重点工业行业主要水污染物排放限值》(DB 32/1072—2018)。两相厌氧–二级好氧生化技术针对高浓度低毒化工废水，降低运行成本，提升处理效果。

5）高浓度苯胺类工业废水资源化处理技术

针对高浓度苯胺类工业废水资源化处理需求，通过对吸附树脂表面化学修饰及脱附工艺的优化，开发了以氨基修饰的复合功能树脂吸附为核心的资源化处理工艺，解决了苯胺类物质吸附–脱附过程中易氧化、易变质等难点，COD 去除率和苯胺类化合物回收率皆大于 90%，实现了高浓度苯胺类工业废水的高效预处理。

以树脂吸附为核心的工艺技术，在常州市佳森化工有限公司建成了日处理废水 500m^3 的高浓度联苯胺生产废水的工程化处理装置，通过树脂吸附回收废水中的邻氯苯胺，每吨废水可回收邻氯苯胺约 2.5kg，年回收 400t，出水邻氯苯胺低于 5mg/L、COD 在 500mg/L 以下，达到纳入管网的标准要求。

6）聚丙烯酸络合-UF 处理法处理含铜电镀废水技术

络合-UF 处理含重金属离子废水，是根据阴离子表面活性剂胶束静电吸附重金属离子的性质，并通过超滤膜截留胶束来去除废水中的重金属离子。络合-UF 技术处理废水具有工艺操作简单，产生二次污染少，应用前景好的优点。

针对综合电镀废水中含镍废水进行镍离子处理回收和废水回用问题，利用截留低相对分子质量的超滤膜和低成本的配位剂进行重金属镍截留和去除研究。UF实验装置采用中空纤维超滤膜处理装置，将聚丙烯酸钠高分子配体在原水罐中与镍离子发生络合反应，生成大分子络合物，通过超滤膜进行分离。原水由给水泵进入超滤膜，大分子络合物被超滤膜截留，从而去除镍离子。在弱碱性条件下，镍离子质量浓度为25mg/L的废水，聚丙烯酸钠的加入量达到150mg/L时，镍离子去除率达到95%以上。

7）磁性微球树脂吸附深度处理技术

将树脂材料与磁性材料结合起来制备磁性微球树脂，可充分发挥树脂材料和磁性材料的优势，实现吸附材料的回收再利用，该材料被广泛用在污废水的深度处理上。针对印染废水色度高，出水难达标的问题，开展磁性微球树脂吸附技术研究，降低出水污染物浓度。为适应印染废水排放量大的特点，中试采用全混式反应的新型磁性微球树脂对印染废水进行处理。结果表明，中试对COD、TP、TN、色度等去除率较好且稳定；新型磁性微球树脂对印染生化废水的COD、TP和TN去除率分别为40%～70%、40%～70%和15%～30%。

根据常州某污水处理厂生化废水的水质特点，采用磁性微球树脂全混式吸附工艺对废水进行深度处理，设计处理规模为5000t/d，示范工程已投入运行，处理效果良好，出水各项指标达到太湖新标准的要求。深度处理单元COD、TN、TP削减率分别大于40%、20%、40%，吨水投资低于300元，运行费用约0.3～0.4元/t。

8）竹制品加工业高浓度有机废水“厌氧膨胀颗粒污泥床（expanded granular sludge blanket bed，EGSB）厌氧–好氧-NF”处理技术

针对竹制品生产水色度高和有机污染物难去除的问题，将生物处理技术、物化处理技术与纳滤膜技术有机结合，建立了以“EGSB厌氧–好氧-NF”技术为中心的竹制品加工业高浓度有机废水生态化集中化处理工艺。针对竹制品加工企业规模小、分布散、加工时间随季节变化大的问题，创新“收集–运输–集中处理”模式，将分散的竹制品企业废水集中处理。主要采用新型三级厌氧罐处理技术与A/O生物处理耦合技术，同时回收大量以沼气为主的能源。竹制品废水经过收集后进行集中处理，首先进入三级厌氧罐进行厌氧处理，再进行好氧处理，最后经过NF后出水排放，剩余污泥经压滤脱水后进行资源化利用。

该技术模式具有抗冲击负荷能力强，有机物和SS去除率高的特点，适用于高浓度的有机废水，在安吉县某污水处理厂建成竹制品加工废水集中处理工程，日处理量300m^3/d，每年削减COD 1053.54t、NH_3-N 11.62t，改善了流域水环境质量，提升了安吉县生态文明建设水平。

9）混凝/吸附分级除锑脱毒技术

亚铁/钙复合混凝除锑技术，适用于化纤类印染废水高浓度锑的控制。该技术利用氢氧化钙强化硫酸亚铁混凝，解决了传统亚铁混凝剂在碱性环境中适应性低、除锑效果差的问题。该技术有效改变了液相中电位及羟基氧化物表面结构，高效去除高浓度锑，处理后

满足 100μg/L 的限值标准，处理成本为 0.35 元/m³，比现有处理成本降低 41%。

铁锰材料强化吸附除锑技术，适用于纳管印染废水直接排放锑的控制。该技术通过在铁基复合吸附剂中添加锰，解决了铁盐易向结晶态铁转变、除锑效率低的问题；通过锰的投加，促进了更容易吸附锑的无定形铁氧化物的生成，阻碍了铁盐向结晶态铁的转变，增加了表面的吸附点位和吸附活性，提高了铁锰复合材料对锑的吸附能力。铁锰复合材料投加量为 0.1g/L、吸附时间为 2h 时，出水锑浓度可达 50μg/L 以下，处理成本为 0.56 元/m³，比现有处理成本降低 35%。

混凝精确加药深度除锑技术，适用于环境敏感区纳管印染废水锑高标准控制。该技术利用进水锑前馈控制混凝剂投加量、混凝絮体回流至进水再利用，解决了传统技术混凝剂经验投加、单次利用引发的出水锑波动大、药剂投加量高的问题。该技术建立了混凝剂投加量与出水锑残留率的反比例模型和控制系统，实现了混凝剂精确加药（投加比为 0.4‰～0.7‰）和锑高标准稳定控制。利用混凝沉淀絮体具有的除锑潜力，将混凝絮体回流至进水（回流量/水量比为 1‰），吸附进水较高浓度的锑，节省药剂。与传统技术相比，出水锑可达 20μg/L 以下，混凝剂和絮凝剂等药剂成本为 0.74 元/m³，降低 20%以上。

10）树脂高效吸附再生回收电镀废水中的镍铜技术

形成“二级阳离子交换树脂——一级螯合树脂”工艺，高效富集废水中镍或铜离子，废水中镍或铜的吸附回收率大于 99%，出水稳定达标（Ni≤0.1mg/L，Cu≤0.3mg/L），解决了电镀废水排放镍浓度难达标问题；发明气水混合酸再生树脂新方法，得到高浓度含镍含铜再生液，当用浓度为 10%盐酸再生时，能得到镍浓度大于 60g/L 的再生液，可直接用于后续电沉积，无须加热浓缩过程，解决了饱和树脂再生酸用量大、再生液中重金属浓度低的问题。吸附处理含镍和含铜废水的成本分别为 7.4～8.2 元/t 和 7.7～10.0 元/t。树脂吸附和再生工艺参数中吸附流速为 5～10BV/h，废水 pH 为 3～7，再生盐酸液浓度 8%～10%，再生流速 2～3BV/h。

2. 城市点源面源污染控制技术

1）混凝沉淀-滤布过滤组合深度处理技术

针对《太湖地区城镇污水处理厂及重点工业行业主要水污染物排放限值》（DB 32/1072—2018）要求，开发的混凝沉淀-滤布过滤组合深度处理技术，能提高除磷效果。该技术工艺成熟，处理效果稳定，维护管理简便，但由于混凝沉淀池负荷低、占地面积较大、药耗较高，因而处理成本也稍高。日处理水量为 7000～8000m³/d，投加药剂液体聚合氯化铝（液体 PAC，氧化铝含量>8%）和聚丙烯酰胺（PAM），投加量分别为 300～350mg/L 和 1.0～2.0mg/L。混凝沉淀-滤布过滤组合深度处理技术应用于胥口污水处理厂扩建和提标改造工程，工程规模 2.0 万 m³/d，执行一级 A 标准，已通过环保部门验收。

2）天然沸石和改性沸石吸附尾水中低浓度 NH_3-N 技术

沸石是一类分布很广的硅酸盐类矿物，具有吸附和离子交换功能（徐如人，2004；张武等，2018），每种沸石具有特定均一孔径，只能通过相应大小的分子。采用氯化钠溶液对浙江天然沸石改性，改性沸石初始吸附速率是天然沸石的 2.38 倍。在废水 NH_3-N 初始浓度为 20mg/L、pH 为 8、流量为 0.15L/h 和室温条件下进行沸石动态吸附，装填 105g 改性沸石吸附柱处理废水量为 40L，出水 NH_3-N 浓度小于 5mg/L，达到《城镇污水处理厂污染物排放标准》（GB 18918—2002）一级 A 标准中 NH_3-N 指标最严的 5mg/L 标准，改性沸石吸附柱处理水量是装填相同质量天然沸石吸附柱的 2.67 倍。

3）污水处理厂垂直上升流–水平潜流组合湿地技术

苏州太湖国家旅游度假区长沙岛污水处理厂所处位置十分敏感，尾水直接进入东太湖，而且污水处理厂处理出水指标特别是 TN、NH_3-N 和 TP 不能稳定达到《太湖地区城镇污水处理厂及重点工业行业主要水污染物排放限值》（DB 32/1072—2018）要求，因此，开发垂直上升流–水平潜流组合湿地技术。通过人工湿地构造类型的比选，污水在单一湿地中无法达到处理要求，不同类型的湿地组合可以提高污水处理效率，尤其是脱氮效果。这种组合湿地技术克服了单级湿地中要求所有净化过程都在一个反应器中进行的弊端，充分发挥各自的优点，并互相弥补各自的不足，从而提高了处理效果。该技术采用两级串联人工湿地处理系统，第一级采用垂直上升流湿地利用生化尾水中 DO 浓度较高的特点，在硝化细菌的作用下将 NH_3-N 转化成 NO_3-N；第二级采用侧向水平潜流湿地，其缺氧环境更利于反硝化细菌将 NO_3-N 转化成 N_2，使氮素完全脱离湿地系统，有利于 TN 的去除。

4）溢流雨污水生态控污技术

溢流雨污水具有高污染性、不连续性、突发性等特点，制约了城市经济可持续发展。溢流雨污水生态控污技术，是针对在直排式合流制排水管网改造为截流式合流制过程中溢流雨污水对环境造成的不良影响而研发的。采用的溢流雨污水就地消纳梯级生态控污结构为岸边式结构，设有梯级生态处理净化系统，根据高程设置为多级串联式，各梯级系统之间利用透水砖构建衔接，其占连接墙面积 30%。溢流雨污水就地消纳梯级生态控污结构由两级组成，溢流雨污水首先进入调节池调节水量和水质，然后将水分布到第一级高效拦截区中的拦截填料砾石上，一部分通过生态透水砖进入第二级高效拦截区，一部分通过透水隔层进入下部储水廊道。经生态透水砖透过的水及储水廊道升流至第二级高效拦截区的水，经竹炭筒的拦截吸附作用后由透水墙排出。溢流雨污水生态控污技术用于溢流雨污水处理，实现出水 COD、TN、TP 均削减 40%。

5）“稳定塘–湿地”尾水生态净化技术

针对污水处理厂排放的尾水氮磷等营养物质含量高，对纳污水体富营养化贡献大的问题，研发“稳定塘–湿地”尾水生态净化技术。该技术为物理–生物脱毒技术、陆生植物浮岛技术、表面流生态湿地技术和潜流湿地技术的高度集成，形成了成套的生态工程技术体系，可有效去除污水处理厂尾水中的氮、磷，并符合相关水质标准。该技术工艺采用强化的自然净化原理，以重力流为驱动力，不使用化学药剂，属于环境友好型环保技术。主要包括强化微生物膜净化系统、有害物质高效去除系统、营养物质集约式植物资源化系统、高效自净水生态系统及植物生态滤地系统。“稳定塘–湿地”尾水生态净化技术已在浙江省杭州市某污水处理公司的尾水深度净化中得到推广应用，已完成 3300t/d 的城市污水处理厂尾水“稳定塘–湿地”示范工程的建设。经过该生态工程的处理，污水处理厂尾水

COD、NH_3-N、TP 的去除率分别为 49%、57%、42%。

6）污染源—污水管网—污水处理厂实时调度与协同控制技术

针对工业废水排放冲击和雨天外来水量入渗入流，导致污水管网运行效率较低及污水处理厂进水波动的问题，建立了工业污染源—污水管网—污水处理厂耦合的网厂联合调控数学模型，基于多目标优化（工业废水排放溯源、外来水量削减、上下游泵站启闭和流量调节等），将水量水质实时监测预判与管网数学模型调度方案库（按照日常、节假日、汛期、应急和计划性检修等工况情景分类）结合，实现对污水源—网—厂的实时预测、自动校正和反馈控制调度，提高了污水管网调度的科学性。实现了对污水处理厂进水水量水质变化预测准确度达 80%以上（第三方评估监测结果表明，进水水量预测的准确度为 98.9%、COD 预测准确度为 81.6%，NH_3-N 预测的准确度为 87.3%）。

3. 农业农村污染控制技术

1）农村生活污染控制

复合塔式生物滤池农村生活污水处理技术。该技术将现阶段比较成熟的生物滤池和人工湿地技术加以组合，充分利用现有资源，前端对农户现有的化粪池进行改造或直接加以利用，用污水管收集后（经格栅）进入水解酸化池，然后提升至高效厌氧池，水自流至复合塔式生物滤池单元，经生物、生态及物化处理后，出水由下部沟道排放至人工湿地进一步强化处理，确保 TN、TP 去除效果，同时也确保冬季低温条件下系统污水处理效率。整体的工艺流程为"水解酸化池—高效厌氧池—蚯蚓生态滤池—复合人工湿地"。该技术先后应用于常州市武进区武进港沿岸和周边农村环境整治及村庄村落污水处理项目中，自污水处理工程实施以来，处理设施运行良好，经抽样检测，生活污水经设施处理后出水水质达到《城镇污水处理厂污染物排放标准》（GB 18918—2002）一级 A 标准，有效地控制了进入太湖的水污染负荷，改善了武进区入太湖重点控制河流的水质。

农村生活污水与固废处理联用技术。该技术以削减农村面源污染为主要目标，将农村生活污水和农村固废联合处理，相互促进，以提高混合发酵的效率。该技术包括高效混合厌氧发酵工艺和一体化两相厌氧高效厌氧反应器两部分。根据几种不同类型发酵原料混合厌氧发酵特性的影响，发现混合发酵可以显著改善原料的厌氧发酵特性，提高产气效果。一体化两相厌氧高效厌氧反应器采用上流式运行，能够为颗粒污泥的形成创造基本条件。将固体和液体分开发酵，无须搅拌设备，同时避免了结渣现象的发生。产酸发酵间与产甲烷发酵间既存在物理分割，又保持热学联结。能够充分利用产酸发酵间预处理过程中释放出的大量热量，可有效降低发酵过程对外来能源的需求，提高混合发酵的效率。

竹炭曝气生物滤池（biological aerated filter，BAF）技术。该技术利用微生物对竹炭填料进行生物改性，采用高效复合菌直接进行接种挂膜，充分发挥好氧微生物和兼性厌氧微生物对污染物质的降解作用，实现对 COD 的有效去除。竹炭表面粗糙多孔，具有很好的吸附能力，表面的大孔和中孔是微生物良好的栖息场所，微生物在其表面附着生长并逐渐形成生物膜。BAF 处理污水的过程主要由附着生长在填料表面和间隙的微生物来完成，随着填料上附着的生物量增加，填料的吸附能力也增强。使用陶粒填料的普通 BAF

至少有 14 天的挂膜时间，而采用竹炭 BAF 的挂膜时间为 10 天，优势显著。竹炭 BAF 技术对 COD 的处理效率最高可达 91.7%。

多介质土壤层处理农村生活污水技术。该技术结合太湖流域农村生活污水水质特点及土壤类型，改进形成了适合太湖流域多介质土壤层处理农村生活污水的技术。处理工艺由格栅、酸化厌氧调节池、多介质土壤层系统三个单元组成，生活污水经排污系统汇集，通过格栅（拦截污水中较大的漂浮物）进入酸化厌氧调节池（调节池兼有水解酸化作用，将难降解大分子有机物转化为易降解小分子有机物，降低后续处理负荷），最后自流入多介质土壤层系统，进行过滤、吸附和生物降解处理。处理规模 10t/d，占地面积 $25m^2$，其中多介质土壤渗滤系统占地 $20m^2$，出水水质达到国家《污水综合排放标准》（GB 8978—1996）一级标准后排放，运行成本低于 0.15 元/t。

农村污水高效生物接触氧化与湿地复合净化技术。该技术针对入太湖支流漕桥河污染现状，结合依河、依滨聚居的自然村落区域特征，以漕桥河周铁镇段为示范段，开发了适合于水乡农户院落应用的经济、高效小型生活污水处理技术。该技术基于微生物固定化高效接触氧化工艺+高效生物滤池+人工湿地。核心技术微生物固定化高效接触氧化工艺将从活性污泥中分离和筛选出来的优势菌群，用物理或化学的手段将其定位于限定的空间区域内，菌群活性不变且可反复利用，组成一个快速、高效、连续的污水处理系统。该技术将高效接触氧化及微生物固定化技术、高效生物滤池技术和湿地处理技术有效结合，对农村生活污水中的 COD、NH_3-N、TP、TN、悬浮物等均有较好的处理效果，出水稳定达《城镇污水处理厂污染物排放标准》（GB 18918—2002）一级 A 标准。

矿化垃圾填料处理农村生活污水技术。矿化垃圾是优良的渗滤液生物处理介质，该技术利用能够高效脱氮除磷的矿化垃圾填料，构建塔式滤池，处理农村生活污水成本低、效果好。该技术利用厌氧水解去除生活污水中高浓度的有机污染物，利用废水中残留的高浓度 NH_3-N，驯化培养富集塔式矿化垃圾滤池填料氨氧化菌，同时实现高效率的硝化过程。硝化液通过回流，通过矿化垃圾填料人工湿地去除，其中反硝化碳源可由矿化垃圾填料自身提供。而高浓度的磷主要通过矿化垃圾中富含的矿物相吸附沉淀，从而实现废水的低成本、高效率处置。利用序批式矿化垃圾反应床对村落生活污水进行处理，不仅有效去除水中 COD、氮、磷，降低污染负荷，同时实现农村废物综合利用和垃圾填埋场的可持续发展。运行成本低于 0.15 元/t，处理出水达到国家《污水综合排放标准》（GB 8978—1996）一级标准后排放。

分散农村居民生活污水与生活垃圾共处置技术。该技术是针对偏远农村分散居民的生活垃圾难以纳入城乡一体化的垃圾处理系统，开发以易腐性有机垃圾成分为骨料，利用农村生活污水流动分配养分的厌氧发酵技术，实现农村废弃物的共处置目标和因地制宜就地肥料化利用。同时针对当前地埋式沼气池产气量低、冬季效果差的基本现状，以及分散农村生活垃圾与生活污水无法纳入现有的收集系统，将生活垃圾和生活污水作为主要物料，进行共处置厌氧发酵产生沼气。该技术的主要技术经济指标，以单户型 4～6 口人为例，建成 $10m^3$ 左右的沼气池，建设成本为 1.0 万元，运行成本为零，收益 2000 元/a，可运行 8～15a。其中削减 COD 2～3t/a，TN 0.4～0.6t/a，TP 0.02～0.05t/a。

村落无序排放污水收集处理及氮磷资源化利用技术。该技术以“拦截、净化、利用”

为主要思路，以水生蔬菜型人工湿地为核心技术，构建包含初期雨水自动收集高效生态拦截沟、生态护坡、生态净化塘、水生蔬菜型人工湿地的多级拦截系统，通过水体自净和物理、化学、微生物、植物的多重作用有效削减径流中的氮、磷负荷。生态拦截沟采用生态混凝土护坡，重建植物群落，结合沉水植物恢复水体的生物多样性，利用生物和生态作用拦截初期雨水中的颗粒态污染物，实现水质净化。生态净化塘利用村落周边分布的小池塘、断头浜等改建而成，构建成以不同水生动植物和微生物为净化主体的多种生境区域，各生态净化单元之间协调作用，依靠塘中的藻菌共生，去除氮磷，深度净化污水，改善水生态。工艺流程为“生态拦截沟—生态净化塘—水生蔬菜型人工湿地—排入就近水体”。示范工程位于宜兴市周铁镇欧毛村，总面积约 1500m^2，处理对象为约 30000m^2 内的村落初期雨水径流流失的氮磷，最大日处理能力 12t。工程对 NH_3-N、NO_3-N 的去除效果分别达 60%、75%，可削减村落面源流入太湖的氮、磷负荷，改善径流水质。

高效一体化生物反应器技术。针对农村分散污水污染物浓度高、脱氮除磷困难等特点，开发并使用新型高效的处理技术。高效一体化生物反应器通过控制汽提回流量，在反应器内形成厌氧—缺氧—好氧分布，并在缺氧区设置组合填料，在好氧、厌氧区设置了组合填料、弹性填料和蜂窝填料。集合生物膜吸附与生物降解技术，结合了污染物截留、有机物降解、脱氮除磷等功能于一体的生物处理技术及设备，反应器中间设有汽提管，一方面对反应器内曝气充氧，另一方面将污水提升并重新分配，25%的污水回流至缺氧区，75%的污水在好氧、厌氧区形成循环处理，通过反复的汽提回流，大大增加了污水与填料接触时间，强化工艺整体脱氮除磷功效，并且对 SS 也有较高的去除率。沉淀区实现 SS 去除、污泥回流，以及上清液排放。高效一体化生物反应器可以实现自动化运行，操作管理方便，克服了常规工艺流程复杂、能耗高的问题，污泥产生量少，基本实现污泥零排放。该技术最大日处理量可达到 250m^3/d，污水处理费用约 0.2 元/m^3，出水满足《污水综合排放标准》（GB 8978—1996）的排放要求，在农村污水处理领域中有很好的推广前景。

易腐生活垃圾水解-甲烷化-好氧稳定技术。固相有机物的厌氧降解基本可划分为液化（水解）和甲烷化（气化）两个阶段。该技术将水解段和甲烷化段予以分离，隔离了混杂生活垃圾对甲烷化段微生物的直接影响，可以保证甲烷化产沼过程的稳定运行，避免可厌氧过程环境条件控制的复杂性，简化了设备设计，为技术成本与村镇社区条件的相容性提供了基础。同时，水解段采用堆置发酵方式，也为水解后衔接好氧稳定提供了条件。采用了沼液循环水解方式，从微生物、环境条件和传递条件三方面强化水解发酵速率。其流程为可降解生活垃圾分流收集—可降解生活垃圾水解发酵—水解液甲烷化产沼—水解剩余物好氧稳定制堆肥—堆肥产品。技术示范工程在杭州市径山镇和临目乡稳定运行，工程建设地点位于径山镇漕桥村老漕片区，服务村民 900 余人，工程垃圾处理能力 2～3t/d。

立体循环一体化氧化沟技术。针对农村生活污水处理，开发了立体循环一体化氧化沟技术。该技术将传统氧化沟混合液的平面循环改为立体循环，由一隔板将氧化沟主沟分为上、下层流道，沟内液体在转刷的推动下沿上、下层流道循环流动。固液分离器设置在主沟的弯道处，利用主沟的水流产生的动力自动回流。工艺流程为“农村污水—化粪池—立体循环一体化氧化沟—达标排放”。立体循环一体化氧化沟具有占地面积少、一次性投资成本低、维护简便、管理费用低等特点。在苕溪流域的余杭区径山镇，建立了 30t/d 的生活污水处理示范工程。该工程主要污染物出水指标达到《城镇污水处理厂污染物排放标准》(GB 18918—2002) 中的一级 B 标准，年处理污水 300t，运行费用为 0.53 元/t。

2) 农田面源污染控制

农药替代控害技术。研究表明，25%吡蚜酮 20mL/亩替代 48%毒死蜱 40g/亩防治稻飞虱，吡蚜酮替代毒死蜱对稻飞虱的防治效果更好，每亩减少纯用量 73.95%；20%康宽 10g/亩替代 18%杀虫双 250mL/亩防治螟虫，康宽替代杀虫双对螟虫的防治效果更好，每亩减少纯用量 95.56%；2%阿维菌素 50g/亩替代 18%杀虫双 250mL/亩防治稻纵卷叶螟，阿维菌素替代杀虫双对稻纵卷叶螟的防治效果更好，每亩减少纯用量 97.78%。

害虫行为调控技术。研究表明，高 1.5m 杀虫灯诱杀害虫种类和数量明显优于高 2m 杀虫灯，稻田安装杀虫灯能够降低害虫密度 21%～38%，减少化学农药用量 18%～29%。在水稻生长期间适时调整诱捕器位置，安装高度高出水稻植株顶部 15cm 时的诱捕器诱杀害虫效果高 20%～50%，减少化学农药用量 22%～33%。

基于水稻专用缓控释肥与插秧施肥一体化的稻田氮磷投入减量技术。通过采用水稻插秧施肥一体化机械，在水稻移栽时进行水稻插秧与施肥的一体化作业。该机械能够在完成水稻插秧的同时实现肥料的侧深施。此外，选择水稻专用新型缓控释掺混肥，该肥料能够在一次性施肥的情况下满足水稻高产的养分需求。该技术能够解决缓控释肥撒施稻田易随水分流失及目前常见的缓控释肥料养分释放与实际需求不吻合的问题，在节省人工的同时有效提高了肥料的氮素利用率，减少了氮素径流渗漏尤其是氨挥发的损失。该技术在宜兴市周铁镇棠下村区域种植业污染物联控综合示范工程进行了应用，示范区总规模约 504 亩，工程运行结果表明，化学氮磷投入减少了 30%以上，产量增加了 2.7%～21%，投入成本减少 10%以上，地表径流氮磷流失率削减 30%左右，农田氨挥发有效降低，综合生态效益明显。

平原河网区农田灌排水沟渠复合生态化技术。以平原河网区小型农田灌排水沟渠为对象，针对小型沟渠进排水功能单一、沟渠结构破坏显著，以及硬质化趋势加速等现象，结合沟渠进/排水功能，沟渠地貌、边坡坡度等特点，利用生态水泥、土工格室、生态布等材料，合理配置原生性去污能力强的水生与湿生植物，形成平原河网区农田灌排水沟渠复合生态化技术。该技术不仅满足当地农业生产对灌排水沟渠坡岸加固的要求，对农田面源污染物降解效率也非常明显。该技术是借助工程措施，选择生态定型材料，通过原生湿生植物优化，构建小型农田灌排水复合生态沟渠，从而减缓水速，促进流水中颗粒物质的沉淀，通过植物对沟壁、沟底和水体中散出养分的立体式吸收和拦截，实现对农田排出养分的控制。该农田灌排水沟渠复合生态沟渠生命期长，使用寿命达 10 年以上，维护简便，每年冬闲期维护 1 次；同时具有生态功能完整、污染物截留率高、景观悦目、护坡高效等特点。

水蜜桃园面源污染综合控制技术。结合无锡市水蜜桃园的污染状况，设计“桃园节水灌溉—专用缓控释肥深施技术—桃园种植三叶草等豆科绿肥—生态沟渠拦截—生态水塘—河道”的工艺路线，集成了桃园缓控释肥深施技术和桃园三叶草截流控害技术。水蜜桃专用缓控释掺混肥为树脂包膜掺混肥料，具有养分缓慢释放的特性，养分释放规律与水蜜桃需肥基本吻合，能够减少施肥次数，另外增加肥料埋深，能够提高肥料利用率，减少养分径流及挥发损失，增加经济效益。三叶草为豆科植物，具有固氮功能，三叶草还田可带入土壤高效有机氮源，增加土壤氮素有效性，从而减少化肥投入；三叶草覆盖还可减少降雨时地表径流的产生，降低桃园氮磷径流输出；桃园内种植三叶草，增强了桃园天敌丰富度和多样性，从而降低了桃园病虫害，减少了化学农药用量。

兼氧–好氧湿地塘污染生态拦截与净化技术。传统兼性稳定塘是通过覆盖、遮阴等方式，控制藻类的生长，从而达到兼氧的目的，而该技术中兼氧–好氧的构建是利用深度和控制植物生长进行调节。这种改变方式适合农村水体污染的治理需要，不需要特别的维护措施即可实现水体深度上的兼氧性。将兼氧塘与好氧塘串联设置，创造两种不同优势菌群区域，各自发挥降解作用。湿地塘是利用当地废弃鱼塘设计和建设，塘体分为三个区域，依次为进水主动净化区、过水自然净化区和出水稳定净化区。进水主动净化区包括兼氧–好氧湿地塘主体，前端设计预处理池；过水自然净化区包括内部深沟和两个生态岛，可增加水体的多向流动路径，进一步净化污水；出水稳定净化区包括人为开挖的折返型生态渠，调节水流缓急，并依靠渠内植物拦截吸收污水中的污染物，进一步净化水质，提高出水透明度。

太湖流域环湖生态农业圈构建与优化技术。以控源截污、减量循环、生态保护、全过程管理为切入点，集成已有的测土配方施肥技术、绿色防控技术、绿肥种植技术、节水节药水肥一体化技术、缓冲带防护林构建技术、农田氮磷生态沟拦截技术、有机肥替代化肥技术、农作物秸秆循环利用技术、畜禽粪便无害化资源化利用技术，通过实施农业清洁生产工程、农业生态屏障工程、废弃物循环利用工程、农业投入品控制工程、全程监测监控工程五大工程，逐步推进太湖流域种植业面源污染综合治理体系建设，推动环湖生态农业圈的构建，从源头上减少施用化学农药和肥料，结合生态沟渠塘和湿地建设等各项生态措施，提高有机物质的利用率，吸附降解入湖河流中的有机物质，恢复太湖流域生态系统，增强太湖流域生态功能，构建太湖的生态屏障，有效协调农业发展与环境、资源利用与保护之间的矛盾，促进环湖农业种植业的可持续发展。该技术应用于宜兴市江南春生态蔬果专业合作社和武进农业废弃物综合治理中心污染控制工程，示范区总规模约 1020 亩，工程实施后与传统技术模式相比，化学氮磷投入减少 30%以上，产量不减，投入成本减少 10%以上，地表径流氮磷流失率削减 30%左右，综合生态效益明显。

稻田适时适地养分综合调控氮磷减排技术。针对种植业普遍存在的化肥施用过量、养分管理水平低、农田径流氮磷流失负荷偏高等情况，注重中后期作物养分需求，融入稻田生态湿地的理念，在保证水稻产量的同时进一步削减化肥氮磷的流失通量，研发稻田适时适地养分全程调控氮磷减排技术，关键步骤包括：①兼顾经济效益、气候条件、耕作制度和作物品种特性，确定水稻作物目标产量；②在田块设立缺肥小区，测定土壤中氮磷钾的潜在供应能力；③运用养分决策支持系统（NuDSS）软件，计算作物所需氮磷钾肥料总量；④从作物氮素平衡供应出发，调节氮肥分次施用时期；基于叶色卡读数，确定作物关键生育期氮肥施用量；⑤结合常规土壤测试方法，确定磷钾肥施用量，对微量元素诊断和矫正，确保养分供应平衡。杭州市余杭区径山镇前溪村以该技术为核心的 3034 亩集约化稻田氮磷污染原位控制示范工程，每亩农资投入费用为 300 元。每亩节约肥料用量折纯氮 4kg/亩、纯磷 0.5kg/亩，增产 20kg，增收 35 元。累计增产水稻 1.80 万 t，增收 3150 万元。

种植业径流氮磷源汇转化与消纳利用技术。该技术突破了单一田块氮磷流失控制的局限，减少施肥量，降低成本，解决了目前种植业氮磷流失控制工程复杂、成本高、技术可实施性差等难题，为统筹区域养分有效利用和农业面源污染阻控提供新思路。在径流氮磷炭基拦截转化过程中，布置汇流宽 20cm、深 20cm 汇流沟渠用来收集径流，分别在沟渠的中部和末端布置拦截转化池（中部容积 $0.5m^3$、末端 $1.5m^3$），池内填充粒径 1～3mm 生物质炭过滤吸附材料；在容器盆栽系统中采用炭基调理剂，实现淋溶尾水氮磷高效截留，该炭基调理剂组合的最佳配比为 2g/kg（高分子聚合物）：10g/kg（泥炭土）：40g/kg（生物质炭/苗木培育基质）。以稻田湿地氮磷消纳系统构建为手段，实现效益农业尾水氮磷资源化。

3）养殖污染控制

湖滨区水产养殖污染零排放的污染控制技术。该技术主要由生态护坡技术和多生境生态塘技术构成。生态护坡技术是通过采用新型生态建筑材料——生态混凝土单球、预制多孔混凝土连体四球、预制具孔矩形多孔混凝土砌块，把易于侵蚀的水产养殖塘边坡改造成生态混凝土护坡，并在其上种植水生植物，使其既可以对雨水冲刷的颗粒态污染物进行初步拦截，又实现了水土保持，同时形成了景观效应。多生境生态塘技术利用稻麦轮作田旁的水产养殖塘，引入生态护坡、水生植物和组合生态浮床等强化技术，构建以不同水生动植物和微生物为净化主体的多种生境区域，实现对稻麦轮作田流失氮磷和水产养殖塘内源污染源的拦截和净化。该技术应用于湖滨区水产养殖污染零排放的污染控制技术示范工程，工程位于宜兴市周铁镇中北路南北水产养殖塘，在解决水产养殖塘内源污染的同时还可以消纳周边约 40 亩稻麦轮种型农田的初雨地表径流，最大日处理能力约 150t，氮磷拦截效率平均达到 50%以上。

养殖废水碳源碱度自平衡碳氮磷协同处理技术。该技术在规模化养猪废水传统厌氧—SBR 处理工艺基础上，增设畜粪/剩余污泥高浓度厌氧消化单元，创建以“厌氧产沼—沼气稳定发电”为核心的养殖废水处理产能系统，建立养殖废水处理系统耗电与发电的平衡，最终实现规模化养猪废水处理动力设备系统自驱，降低处理系统运行费用。养猪场废水先进入经过水力筛去除废水中的悬浮物，之后废水进入酸化池内，废水中可生物降解大分子有机物被分解为溶解性小分子有机物，同时部分固体物质被截留。废水自水解酸化池进入厌氧池中，经过厌氧处理产生沼气。经厌氧处理后的出水与酸化池出水在配水池按一定比例混合后，进入 SBR 池进行脱氮除磷生物处理，出水达标排放/农田综合利用。废水生物处理剩余污泥及部分畜禽主要通过高浓度厌氧发酵产沼气，产生的沼气与废水厌氧处理池产生的沼气混合，经净化后通过沼气发电机组发电，驱动养殖场废水处理系统设备运转。该技术已用于养猪场废水处理，实际工程出水 COD<400mg/L、NH_3-N<50mg/L、TP<8mg/L，达到《畜禽养殖业污染物排放标准》（GB 18596—2001）。废水处理运行成本降低 20%以上，明显改善苕溪流域畜禽养殖区域的环境质量。

养殖废弃物高效堆肥复合微生物菌剂及功能有机肥生产技术。该技术针对苕溪流域规模化畜禽养殖业固体废弃物污染问题，重点解决畜禽养殖污染减排中堆肥资源化和保氮除臭的技术问题，以畜禽粪便资源化循环利用与污染控制为核心，筛选一系列具有耐高温功能的纤维素降解功能微生物，加快堆肥过程的纤维素降解，缩短堆肥发酵周期；筛选保氮除臭功能微生物，结合中高温纤维素降解微生物，组配一系列高效保氮微生物发酵复合菌剂，结合高效堆肥调理剂，共同减少高效堆肥过程中的氮素损失以及恶臭的排放；进一步筛选解磷解钾、生防促生等一系列功能微生物，开发一系列高效复合多功能有机肥，大大提高堆肥产品中有益微生物数量与比率，提高产品的品质与效益，形成高附加值的堆肥后加工产品。该技术已应用于养殖废弃物资源化处理，建立年产有机肥 3000t/a、有机无机复混肥 2000t/a 的示范生产线。

养猪场沼液分步进水微氧曝气 $SFAO^4$ 同步脱氮除碳技术。以微氧曝气短程硝化反硝化和同步硝化反硝化脱氮为基础，在控制 DO 0.5mg/L 以下，提高氧的传递速率，降低污泥产率，同时不影响 COD 的降解效率和硝化性能。UASB 处理后的沼液与经过固液分离的原水进行配水，然后进入 $SFAO^4$ 生化段的前置反硝化池，同时原水经分步进水泵入 2# 和 4#微氧曝气池，进水流量为前置反硝化池进水流量的 5%～15%，3#微氧曝气池的混合液回流至 1#微氧曝气池。四级微氧曝气池的 DO 浓度均小于 0.5mg/L，使其始终处于微氧状态，为微生物进行同步硝化反硝化与厌氧氨氧化脱氮及除磷提供适宜的生境。4#微氧曝气池出水排入沉淀池进行泥水分离，沉淀污泥部分回流至前置反硝化池，剩余污泥定期排放。工程应用于某种猪育种公司，工程设计处理水量 240t/d，占地面积 $630m^2$。COD、NH_3-N、TN 和 TP 的平均去除率可分别达到 97%、98%、95%和 99%，出水 COD≤150mg/L、NH_3-N≤40mg/L、TN≤70mg/L、TP≤3.0mg/L，出水水质优于 2014 年发布的《畜禽养殖业污染物排放标准》（征求意见稿）和《污水排入城镇下水道水质标准》（GB/T 31962—2015）B 级标准。运行费用不计沼气收益小于 7.8 元/t，计沼气收益小于 4.5 元/t。

4. 水体水质净化与生态修复技术

1）入湖河流的治理

垂向移动式生态床技术。垂向移动式生态床包括浮力调节装置、曝气装置、锚定装置、沉水植物床、微生物床、微孔曝气管，其中垂向移动式生态床最顶部为浮力调节装置，上部为沉水植物床，下部为可拆卸式微生物床，底部为微孔曝气系统，最底部为锚定装置。该生态床具有灵活调节床位位置，按水质改变潜没深度，应用范围广的特点。该技术具有无动力运行、降低建设成本、针对性好的优点，适用于水位波动大，沉水植物难以生存且水体透明度低的水域。该技术在常州市武进区红旗河得到了应用示范。系统的出水中 COD、NH_3-N、TN、TP 去除率均较高。

静脉河道低污染水负荷削减关键技术。针对河网地区的自然环境特点，利用废弃河道、低洼地等构建的近自然型河道，通过集成生态浮岛、生物接触氧化、人工湿地、河岸植被缓冲带等多种水处理技术，研发了静脉河道低污染水负荷削减关键技术，形成了一套适合苏南河网地区静脉河道污染削减的方法。具体包括：①河岸植被缓冲带。形成乔、灌、草立体布置，与水生挺水植物一起构成水陆交错的生态系统，对降雨径流中污染物进行拦截。②岸边湿地拦截系统。采用表面流人工湿地和浮岛式人工湿地。③入河口生态拦截。为防止水面垃圾、杂物等进入治理段，设计在治理段各侧设立三道弹性竹制栅栏，同时设置净化浮岛。④生物绳接触氧化技术。在示范工程段布置150m^{3}的生物绳，通过硝化反硝化过程去除水体氮磷营养物质。⑤植物净化集成技术。选择挺水植物与浮岛组合，形成生态浮岛。根据现场河道现状，通过适当技术组合，形成静脉河道处理低污染水的模式，河水中NH_3-N、NO_3-N、TN、TP等污染负荷削减率可达到30%以上，水质明显改善。

人工复合生态回廊技术。主要应用于湖泊的入湖河口处，构建生态控污工程，以削减入湖河流携带的污染物，从而达到改善湖泊水质，控制湖泊富营养化的目的。该技术利用生态回廊的空间布局特性，有效改善前置库区的水流特征，增加处理系统内地形多样性、水–基质接触面积和受污河水水力停留时间，利用水生植物净化作用、土壤介质的吸附作用、微生物硝化反硝化作用，以及水体颗粒物的沉降去除作用等，去除富营养化水体的氮磷和有机物。该技术的使用范围广，处理效果稳定，抗负荷冲击能力强，能同时去除水中有机物、氮、磷等，能将水中的SS削减40%以上，TN、TP、COD等污染物削减30%以上，微污染河水处理费用低于0.05元/t，净化后的水体可用于渔业、景观、农业灌溉用水等。

生态丁型潜坝技术。生态丁型潜坝是借鉴水利工程中丁字坝的设计思路，结合生态浮床、人工湿地的基本原理而开发的一种河流污染治理技术。丁型潜坝通过改变河道底部地形，影响水体中污染物的扩散和迁移路径，增加污染物在潜坝与河道边界所围成“塘体”内的水力停留时间，同时利用潜坝基质及生态浮床，去除污染物，净化水质，进而改善生境。在潜坝的外侧岸带，连接一定面积的河流边坡湿地来处理潜坝与浮床间出水，提升河段水体和水生态系统稳定性。该技术示范所在河道为无锡市直湖港次级支浜的朱家浜西部，该河段浜头有生活污水排放管，每天排放生活污水量约为12m^3。生态丁型潜坝系统对局部污染河段（污水排放处）水质改善明显，同时，系统的设置对改善河段生境条件及提高生物多样性发挥了重要作用。

湖口区污染物拦截前置库构建技术。由于滆湖污染负荷主要来自入湖河流，在入湖湖口处构建前置库系统进行污染拦截。前置库系统采用了新型复合式生态回廊技术和湖口区天然能源驱动提水技术，结合生态浮床、水生植被修复、生物操纵等技术，通过沉降吸附、微生物降解及动植物吸收，高效去除入湖污染物，净化水质，恢复水域生态环境。前置库系统包括调蓄缓冲区、生态拦截区、强化净化区、深度净化区、生态稳定区和导流系统。该技术在滆湖西北部，夏溪河与扁担河汇合入滆湖的湖口处，构建了前置库技术示范和工程示范，削减入滆湖污染负荷。技术示范工程建成运行后，湖口区水污染物浓度下降明显，TN下降55.93%，TP下降70.71%，COD下降34.49%，且达到地表水Ⅲ类标准。工程示范面积约为2.3km^2，处理水量为43.2万m^3/d，费用合计约为4620万元，年度运行总费用共计131.5万元。

农业区河流水体综合控污与生态修复技术。该技术以拦截外源和削减内源污染为主要手段，增加水体的环境容量、提高河流自净能力，在净化河流水质的同时，利用河流进行区域控污。采用了河流边界控制与水体自身控制并行的思路，充分利用河流陆水界面的地形条件和生物活性，有效拦截和持续净化输入的陆域污染。同时，与边界控制系统紧密衔接，在水体内部设置成熟高效的处理工艺，改善河流水体水质。在长效稳定处理设施的基础上，对河流生境进行优化，进而实现生态修复的目的。其中，河流边界控制系统是以河岸线为依托，采用的主要技术工艺包括生态拦截护岸技术和滩涂湿地的恢复技术；水体自身控制系统是以组合生态浮床技术为中心，主要技术工艺包括生态丁型潜坝技术及底泥污染控制技术等。该技术对无锡朱家浜水体中主要污染物的 TN 及 NH_3-N 处理效果明显，全河道透明度从实施前的 46cm 提高到实施后的平均 80cm；TN 由 6.34～8.83mg/L 降低到 1.13～3.78mg/L，平均降幅为 70.2%，全河道 TN 接近或优于地表水Ⅴ类标准；河道植物种类和覆盖度大大增加。

2）水源地保护

水源地外来污染物阻截关键技术。该技术以取水保护区为中心，首先在陆域采用物理阻截外来污染物，在优化调度方案与新建水力阻截设施条件下，对比分析不同环湖口门联合调度方案，优选入湖污染物量最小、经济合理的水力阻截方案，有效地控制了水源保护区入湖污染物数量，其次在水域采用沉浮式围隔、气幕挡藻技术，进一步减少外来污染物对水源地的影响，两者结合可有效降低水源地污染负荷，具有很强的普适性。沉浮式围隔挡藻技术利用浮力原理，采用排气方法，降低浮体的浮力，使得浮体没入水体，打开围隔形成水或藻类通道；而向浮体充气，使得浮体浮力增加而浮出水面，闭合围隔，阻碍藻类和水体运动。气幕拦挡蓝藻技术在湖底布设线性排气孔，通过增氧泵或气泵向湖底泵气，形成自湖底向湖面运动的气水幕墙，阻断藻类漂移。该集成技术应用于贡湖水源地，中试工程面积 10000m^3，TN 平均去除率 38.6%，NH_3-N 平均去除率 46.1%，硝氮平均去除率 51.8%，亚硝酸盐氮去除率 57%，COD 去除率 45%，取得了良好的污染去除效果。

太湖水源保护区内污染控制与水质改善技术。该技术集成水源保护区陆域和水域水质保护和污染控制单项技术，主要是通过整合平原河网区农田灌排水沟渠复合生态化技术、表潜耦合式户置污水处理系统、连续可调式沉水植物种植网床生态修复技术等降低水源保护区陆域污染物浓度，确保入湖河道水体清洁。多功能生态浮床净化水质技术可促使水源保护区水域污染物浓度降低，确保水源水质安全。主要包括：①平原河网区农田灌排水沟渠复合生态化技术。该技术借助工程措施，基于生态沟渠物理属性→选择生态定型材料→优化原生湿生植物→构建小型农田灌排水复合生态沟渠→控制消减农田排出养分。②表潜耦合式户置污水处理系统。生活污水→进入沉淀池→控制水量、流速→进入表潜耦合式户置处理池→阻截氮、磷及油脂物→实现生活污水达标排放。③连续可调式沉水植物种植网床生态修复技术。网床设计→污性沉水植物遴选→栽培方式确定→网床放置方式→河道水体氮磷净化。④多功能生态悬床净化水质技术。生物相容性载体制备→微生物负载→沉水植物筛选→生态悬床设计→多功能生态悬床结构优化→生态悬床应用→去除水源保护区内污染物、改善和维护水质。⑤备用水库水质维护的沉水植物快速繁育移栽毯技术。备用水库环境容量核算→水生系统构建面积→植物配置方案→繁育毯设计方案→种苗繁育胚体制作方法→种苗培育技术→植被快速移栽技术。该集成技术应用于太湖金墅湾步金桥村农田灌溉沟渠，基本解决底泥淤积、边岸崩塌、跑水漏肥等问题，对氮、磷营养盐的消减率达分别达到 65%、60%以上；表潜耦合式户置污水处理系统运行半年后，TN 最终处理率达到 79%，TP 最终处理率达到 70%；应用连续可调式沉水植物种植网床生态修复技术对河道进行治理和生态修复，水环境改善效果明显。

3）河流水网

河湖相连区域水量水质联动生态调控技术。针对洮滆水系独特的地理位置、水文条件和经济社会发展，结合水环境状况及太湖上游污染防治和保护需求，选择该水系的太滆运河、漕桥河和滆湖为重点研究区域，通过构建河网一维水量水质模型和浅水湖泊二维生态动力学模型，计算滆湖、太滆运河与漕桥河的水环境容量，同时对滆湖、太滆运河与漕桥河流域进行污染源解析，从水量调配、污染源削减、污染物减排和总量控制等多个方面为河湖相连的河网湖荡密集型水系中水质水量联合调控提供技术支持。该技术已经运用到洮滆水系河湖水质水量联合调控平台的建设，调控平台由硬件系统与软件系统共同构成，能模拟展示各示范工程的水污染治理效果，直观地展示洮滆水系水污染控制方案、洮滆水系生态调控优化方案的实施效果，为总体方案的实施提供工程规模、设计、运营等的支撑。

4）湖滨缓冲带

垂直驳岸河湖滨水湿地系统及构建技术。一种垂直驳岸河湖滨水湿地构建方法，将人工湿地和河湖有效地结合在一起，从而改善水体水质，美化环境，主要包括陆生植物带、挺水植物带、沉水植物带及浮水植物带等。当河道水体进入该湿地时，湿地中的生态系统可以有效截流水体中的污染物，沉降水体携带的泥沙，净化水质，改善水体。并且该湿地为水体中的生物提供了一个良好的生态系统，增加了水体生物多样性。该技术在望虞河省滩荡示范工程得到应用。

湖滨带生境与植被修复技术。该技术通过潜堤消浪、浮式消浪技术的应用，实现对示范区内基底生境及植被修复保护的目的。同时，针对示范区内蓝藻水华严重、持续时间较长的问题，在进行多形态基底重建的过程中，增加导藻沟的设计，控制堆积藻类。主要包括潜堤消浪、堆积藻类导藻沟和湖滨带植被修复等技术。该技术示范运行一年多，区域内水质改善，尤其是氮的改善效果明显，TN 平均降低 6.8%，NH_3-N 平均降低 65.6%。

湖滨带多自然型生境改善与生态修复技术。为改善环湖大堤对湖滨带生态的不利影响，重建植物修复带，恢复湖滨带的正常生态功能，开发该技术。它由防波消浪、堆积藻类控制、多自然基底构建及植物恢复 4 项单项技术集成而成，主要缓解防洪大堤对湖滨带的影响，改善湖滨带退化现状，恢复健康湖滨带生态系统。其创新点在于，依照太湖湖滨带不同的生境特点，将多种湖滨带修复技术有机结合，并且考虑太湖示范区位于迎风面、风浪比较大、淘蚀严重的特点，有效消减波浪作用力。该技术示范工程位于竺山湾湖滨带，在宜兴市周铁镇太湖大堤水向沙塘西港到邾渎港之间的区域。示范工程建设缓解了防洪大堤对湖滨带的影响，改变了湖滨带退化现状，湖滨带植被恢复区植物覆盖率达到 30% 以上，生态系统逐步自维持，恢复健康湖滨带生态系统。

5）水体修复

高流速水体生态浮床及生物膜复合水质净化技术。该技术的优点和效果在于浮床载体采用船型，克服了高速水流对载体的冲损；用木材制作浮床，解决浮床本身造成的污染；在浮床上设置水气交换区，进行水面和大气交换，防止水中 DO 能力下降；分散生物膜下挂污染水的深处，拦截水中泥沙等悬浮物，去除水体中氮磷等有机物，维持水生态系统的稳定。同时，加强浮床上植物对有害物质吸附吸收，全面净化污染水体；木材浮床适应季节性植物的生长，且使用寿命长。

适用于水位变化大流速水域的圆形可装卸生态浮床技术。该技术构建的生态浮床主要由骨干支架、仿生型填料、可方便拆卸的标准化植物篮及水生植物组成，能适应水位大幅变化的水域，所栽植水生植物可根据不同季节需要替换，同时能营造一定的景观效果，不影响航运，并产生一定的经济效益。该技术配备有标准化的活动植物篮，可以根据需要选择在室内先进行培养栽植到所需的植物生长阶段再安放到浮床上，或者直接安放在浮床上后进行植物的种植。这种生态浮床中标准化植物篮的模块化设置，改变传统浮床不可拆卸的缺点，在浮床整体框架不改变的情况下，可以多次更换植物篮，从而降低成本；可以根据水域水质特点，更换不同植物篮，更有针对性地净化水体。另外，该技术构建的生态浮床植物篮中的植物以及外围的浮水植物（如水花生、菱角等），对水体中的氮磷具有良好的吸收净化作用，该技术在望虞河示范工程中进行了应用。

一体化高效蓝藻浓缩脱水收聚船技术。针对大规模蓝藻暴发时期，由于风场的作用而使浅水湖岸边蓝藻聚集密度较大与蓝藻主要分布于水体表层约 0.2～0.3m 的特性，以及由于蓝藻颗粒细、有黏性、密度与水接近而难以脱水等技术难题，有效集成了非对称双体浅吃水船型、表层高浓度藻水采集技术、以磁分离技术为代表的大流量藻水分离及浓缩等技术，形成了一体化高效蓝藻浓缩脱水收聚船技术，实现将藻水采集、分离、减容装置一体化，蓝藻脱水率高，适于湖面现场减容，能够连续作业。一体化高效蓝藻浓缩脱水收聚船可连续处理藻水 30t/h，运行稳定，适用于高浓度藻水，藻水分离效率高，处置成本低，排水中的各项指标达到地表水Ⅳ类以上标准。其中 COD 去除率 98.9%、COD_{Mn} 去除率 98.9%、NH_3-N 去除率 72.8%、TN 去除率 99%、TP 去除率 99.2%、叶绿素去除率 92.3%，藻水分离效果显著。

新型水华蓝藻去除及生态防护与水质改善技术。为进一步控制中低浓度蓝藻，改善水体水质，修复水体生态系统，研发了一系列由物理、化学、生物、生态等技术组成的中低浓度水华蓝藻去除及生态防护与水质改善技术：①构建人工介质强化拦截带，组合生态浮床技术，人工鱼礁附着生长的微生物、浮游动物；滤食性鱼类等水生动物吞食藻类及有机废屑；近岸区构建高等水生植被恢复区，通过挺水植物、沉水植物、漂浮植物及浮叶植物水生植被的恢复来健全生态系统，进行生态防护，进一步控制蓝藻的生长增殖，改善水质。②蓝藻水华暴发的化学预防控制技术，适用于地表水藻华的预防和控制。通过高效、安全的铜制剂较好地抑制藻类生长。该技术对中低浓度蓝藻水华控制效果好，生态安全，运行管理成本低，具有较好的社会、环境和经济效益。蓝藻水华暴发的化学预防控制技术相对于传统的硫酸铜抑制剂，每平方千米（以平均水深 3m 计）可节约 2.94 万～5.22 万元。

卵带式先锋植物快速繁育与控制技术。该技术针对生态修复中常用的以菱角、菹草、荇菜等为主的先锋植物，采用模仿青蛙排卵的方式布设先锋物种，可以在大湖面和风浪扰动条件下实现先锋物种的定点栽培，具有操作简单，繁殖力强，成活率高的优点。并能根据需要实现先锋物种快速、高效、简便移除，且不会影响周边其他物种的正常生长，可为良性生态结构的构建和生态修复目标的实现提供支撑。该技术主要包括种苗的培育与采集、种苗的分选包装，以及桩体固定与地龙式布设。主要技术经济指标为：水生植物存活率在 60%以上，单位建设成本约 20 元/m；拆除率 90%以上，比传统方法拆除率高 20%；拆除成本 30 元/亩，每亩节约成本 170 元。

沉水植物硬底打穴移栽技术。该技术针对湖泊硬底和低透明度等恶劣条件，通过成苗培育与打穴栽植，实现沉水植物的生存繁殖，适应水深达到 3m 以上，设备制造成本 500 元/套，工作效率可以达到 300 株/（人·d），成活率在 60%以上。该技术可以在坚硬底质和极低的水体透明度条件下，实现沉水植物的定点栽培，具有操作简单，繁殖力强，成活率高的优点；该技术可通过规模化种植，依靠植物自身生存发展，改善水环境，修复水生态；适用于季节性蓝藻水华覆盖水体的沉水植物先锋物种栽培。该技术分别在滆湖小庙港和滇池东北部小河嘴湖湾得到应用，面对湖泊恶劣条件，利用该技术在小庙港生态修复核心区栽培荠菜、竹叶眼子菜和荇菜等水生植物，当年其存活率达到 60%以上。

生态控藻除磷技术。该技术适用于中轻度富营养化湖泊的蓝藻控制和预防及其生物除磷等水质净化。依据生物内稳态机制和生态化学计量学中的消费者驱动营养物再循环原理，通过控制滤食性的鱼类消费者对藻类的摄食，改变水体中氮磷比例和再循环速度，进而影响藻类的繁殖速度和优势种组成，降低藻类生物量，抑制蓝藻水华暴发，通过捕捞鱼类可将氮磷从水体带出。该技术每亩投入成本小于 2000 元，每亩净利润大于 1000 元。每亩可削减 TN 负荷 0.2t 以上、TP 负荷 0.002t 以上。该技术已在上海明珠湖和江苏滆湖应用；在明珠湖，有效降低了湖内蓝藻生物量，抑制了蓝藻暴发，增加经济效益 100 万元；在滆湖，产生净利润 1406 元/亩，通过鱼类捕捞带出氮 7.73kg/亩、磷 1.68kg/亩，藻类生物量的叶绿素含量比示范区外下降 13%～48%。

太湖水体磷的原位钝化技术。Phoslock 锁磷剂是一种新型深度除磷治理剂，它是由氯化镧和改性黏土合成的。其作用原理是，新型除磷药剂中的化学活性成分镧与水体中的磷酸根反应，生成溶解度极低的磷酸镧沉淀，附着在改性黏土颗粒载体上，而后随黏土颗粒缓慢沉降到水体底部。形成的难溶物很稳定，磷元素可以长期固化在沉淀底泥中，当底泥受到扰动，破坏磷酸镧沉淀，造成水体磷含量临时升高时，锁磷剂可以快速捕获之前释放的磷，再次形成磷酸镧沉淀，实现磷的固定，可长期保证水体除磷效果稳定。Phoslock 能增加污染水体的透明度和改善水体的 pH，费用约为 0.13 元/m^3，是一种值得推广应用的药剂。该技术适用于风浪扰动不大、局部重污染的非饮用水源地功能湖泊水体底泥污染的控制。

蓝藻水华应急防治技术。蓝藻水华暴发时，应急防治的主要目的是在采用有效措施尽力抑制水体水质进一步恶化的前提下，加强水源地附近水厂对富营养化水体中藻和藻毒素的去除效果，保证水源地水厂供水正常，从而降低对水厂供水的影响。因而，应急措施主要包括：①水源地水体蓝藻水华应急防治技术。针对软围隔挡藻装置不能将进入围隔内部的蓝藻排出的缺陷，利用排水上浮、灌水下沉原理，研制出具备可自动沉浮围隔开闭技术的沉浮式软围隔装置，该装置可以很方便地将进入保护区水域的藻类排出，从而使水源保护区的藻类减少，降低外来藻类对水源保护区水质和生态系统的危害。②蓝藻水华水厂应急处理技术。当水源地发生突发性藻类污染时，水厂有选择性地将粉末活性炭吸附+高锰酸钾氧化+混凝沉淀、预氯化或预臭氧化+絮凝沉淀+粉末活性炭吸附+砂滤及臭氧氧化+在线混凝+UF+活性炭吸附组合工艺作为应急处理措施。

漂浮型人工湿地原位强化处理技术。该技术是将具有浮力的多孔基质填充于组合型的框架载体中，再在其上种植经过筛选的植物，且辅以辅助的浮子，使整个系统漂浮于水面，是人工植物浮床和人工湿地技术的集成。该技术利用具有较大浮力和比表面积的陶粒、生物炭等作为基质，具备物理吸附和微生物挂膜基质等特性，与种植的植物进行结合，促进植物对氮磷等营养物的吸收，增强植物根区净化能力，形成了立体全方位水体污染负荷削减模式。漂浮型人工湿地的净化效果主要表现在，无论是冬季还是春夏季都能够明显去除水体中悬浮物，增加水体透明度，进而去除颗粒态营养物质，漂浮湿地在夏季对可溶性磷，以及溶解性氮中的 NH_3-N 具有明显的去除作用。漂浮型人工湿地污染物去除率 TN 19.5%～36.8%、TP 52%～69.7%、COD_{Mn} 12.3%～19.5%。

有毒有害污染底泥环保疏浚及脱水干化技术。该技术分两个部分：①污染底泥环保疏浚技术。通过精确控制机械薄层矩形切削原位污染底泥，使污染底泥实现原状高浓度的疏挖，以达到高浓度、无二次污染或小二次污染风险的目的。整个过程实现全封闭，从定位、挖掘、提升、位移等全在水下近距离小范围内进行，实现基本无扰动或小扰动。工艺流程为疏浚船舶定位—全封闭底泥疏挖—全封闭疏挖底泥水下提升—高浓度泥浆管道输送。②疏浚底泥干化技术。在底泥干化处理场的一侧，构建快速脱水成套设备系统，并连接绞吸船排泥管道。流程为收集疏浚底泥—排泥管道—快速脱水系统—底泥堆场。该工程堆场位于太湖竺山湾西北部的周铁镇湾浜村，污染底泥取自竺山湾周铁镇湾浜村附近湖区，示范工程实施后，底泥承载力达到 30kPa，余水达到《污水综合排放标准》（GB 8978—1996）二级标准。

5.1.4 太湖水污染管理技术体系

1. 水生态健康管理技术

1）水生态环境功能分区技术

为满足太湖流域水环境管理从资源管理、污染控制向生态管理转变的需求，为实现水质、水生态、空间三重管控，“分区、分级、分类、分期”差异化管理。通过对太湖流域水生态系统区域特征、空间差异及差异化管理需求进行研究，集成了以“水生态环境功能区划分、水生态功能与服务功能评价、分区管控目标确定、分区管控策略”为核心的流域“分—评—定—管”水生态环境功能分区技术。

该技术将太湖流域江苏片区划分为 49 个水生态环境功能区，并对各分区的生态功能、服务功能进行综合评价，明确了各分区生态功能等级及主导服务功能。基于水生态环境功能区划分和水生态功能评价结果，制定各水生态环境功能区在生态环境管控、空间管控和物种保护 3 类 8 方面的管控目标。提出了分区管理考核办法、绩效评估及分区管理实施方案。

技术推广应用方面，支撑形成《全国水生态环境功能分区方案》、《江苏省太湖流域水生态环境功能区划（试行）》、《太湖流域水生态功能区划与标准实施的工程方案、配套政策和管理办法》、《流域水生态功能分区管理集成技术指南》、《江苏省太湖流域水生态环境功能分区管理办法》（建议稿）、《江苏省太湖流域水生态环境功能区划考核办法》（征求意见稿）和《太湖流域水生态环境功能分区管控实施方案》。

2）水环境监测监控技术

针对太湖入湖污染物通量居高不下，湖体富营养化严重、水生态系统质量持续下降两大问题，以反映流域水环境质量和水生态系统健康状况为目标，开展流域层面污染物通量、水生态、重大工程监测等技术研发与示范，研发集成了以"污染物通量监测、水生态监测、污染源监测、重大工程水生态影响监测、突发性事故应急监测"为核心的水环境监测监控技术。

研发的污染物通量监测技术，基于创新技术在太湖流域形成了跨界通量监测方案，通过设置的 147 个基于控制单元的流域主要水污染物总量监测断面，实现了太湖流域设区市区域交换水污染总量 85%以上覆盖，县市区水污染总量交换 80%覆盖。形成了出入湖通量监测方案，在太湖流域 28 个行政交界断面、29 条主要及次要入湖河流和 5 条出湖河流设置监测断面，实现了太湖出入湖河流通量的全面监测；研发的水生态监测技术，通过开展水质与水生生物的同步监测，研究水体理化指标变化和水生生物的数量、物种丰富度、群落分布、群落结构变化和生物形态结构改变，来反映自然水体的污染程度和水生态系统的健康状况；研发的重大工程水生态影响监测技术，填补了对太湖流域重大水环境治理与修复工程水生态监测的空白，解决了重大工程实施后对水生态影响不明确的问题，为后续工程的科学实施提供支撑。

该技术支撑形成《江苏省太湖流域基于流域、区域以及控制单元的地表水环境监测断面（点位）手册》《太湖流域总氮监测和评价技术方案》《江苏省太湖流域主要水污染物总量定期通报制度》《重大减排治理工程环境效益跟踪监测制度》《江苏省太湖流域水生态监测业务化运行示范工作方案》《太湖流域重大工程生态影响跟踪监测与评估技术方案》《太湖流域（江苏）水生态健康评估技术规程（试行）》《水生态健康监测技术要求　淡水大型底栖息无脊椎动物（试行）》《水生态健康监测技术要求　淡水浮游植物（试行）》。

3）水环境风险预警与防控技术

针对太湖流域主要水体污染物总量监控网络分散、预警体系不完善、溯源控污能力不足、监控数据与信息管理不集中等问题，研发集成了以"流域风险源识别和评估—风险预警监控—污染溯源—事故应急处置—信息管理"为核心的水环境风险预警与防控技术。

研发的快速高效打捞与絮凝沉降技术，避免了蓝藻大量堆积引发水体黑臭，减少了湖体内的蓝藻种源，直接削减了后续暴发的蓝藻基数；研发集成了半浸浆高效曝氧、絮凝喷洒沉降、电化学氧化技术，实现湖泛快速应急处置。形成了"湖泛形成机制与易发区识别—湖泛易发水域冬季底泥清淤—蓝藻水华与湖泛发生强度预测预警—藻华堆积阶段蓝藻快速高效打捞和絮凝沉降—湖泛形成阶段高效曝氧、絮凝沉降、电化学氧化应急处置"的成套湖泛防控综合技术方案；研发集成的信息管理技术，实现太湖流域多元化、多级化数据的高精度可视化表达，以及模型、数据、系统间的无缝集成，对通量核查、责任溯源与补偿、风险防控、信息共享等业务流程的紧密集成起到重要作用，支撑了太湖流域水环境综合管理平台建设及应用示范。

4）蓝藻水华与湖泛预测预警技术

针对太湖蓝藻水华频发、居民饮用水安全存在隐患、水华观测与成灾机制尚不明确等问题，研发集成了以“蓝藻水华与湖泛监控、预测预警模拟，以及预警信息发布”为核心的蓝藻水华与湖泛预测预警技术，揭示了富营养化湖泊蓝藻水华暴发与成灾机制，构建精准可靠的蓝藻水华及湖泛监测预警理论、方法与模拟模型系统，为提升我国湖库蓝藻水华及湖泛灾害的防控水平、有效防治水体污染和保障饮用水安全供给提供了坚实的科技支撑。

研发了蓝藻水华与湖泛监控技术，涵盖风速、风向、气温、DO、叶绿素、浊度、电导率、pH、波浪和湖流参数的自动高频在线监测，构建了针对湖泛形成过程的自动高频监测平台，在太湖竺山湾构建两套平台，有效支撑了湖泛的预测预警。研发太湖蓝藻水华与湖泛预测预警模拟技术，耦合湖泊水动力、蓝藻生长模型及湖泛形成的DO模型，实现系统快速、实时、连续运行。创新性构建蓝藻水华与湖泛预测预警平台，实现了对太湖2400km^{2}湖面全覆盖的常态化蓝藻水华及湖泛发生地点、时间和规模的高精度预测预警，水华位置精度达到80%，湖泛的位置精度达到90%、面积精度达到70%以上。通过耦合中尺度天气预报模型与湖泊生态模拟模型，将蓝藻水华及湖泛发生的预报天数由3天提升到7天。

该技术对《江苏省太湖蓝藻暴发应急预案》和《江苏省太湖湖泛应急预案》的编制提供了重要支撑。每年4～10月每周两次发布《太湖蓝藻水华及湖泛监测预警半周报/周报》，同步报送江苏省水利厅、江苏省太湖水污染防治办公室等政府管理部门，直接服务于太湖蓝藻水华和湖泛应急处置与饮用水安全保障。2009年以来，该平台向生态环境部、江苏省水利厅等相关管理部门报送《太湖蓝藻水华及湖泛监测预警半周报/周报》380期，水华、湖泛位置精度达到80%以上、面积精度超过70%，预测时长7天，成功预测10余次微型湖泛事件。

2. 水质目标管理技术

1）基准标准制定技术

针对缺乏体现浅水湖泊生态特征、功能和流域经济社会条件的水质及营养物基准标准的现状，开展了湖泊区域差异性调查，研发集成了以“营养物生态分区、营养物基准和标准制定、水生生物水质基准和标准制定”为核心的基准标准制定技术。

在湖泊研究过程中，揭示了不同区域湖泊固有营养物水平、生态效应与富营养化区域差异性及内在规律，研发了基于区域差异的湖泊营养物生态分区技术，建立了湖泊营养物生态分区指标体系和技术方法，提出了我国一、二级湖泊营养物分区方案；构建了我国湖泊营养物基准制定技术方法、水生生物水质基准制定技术方法，填补了我国在湖泊水环境基准方法学的空白；研发的营养物基准向标准转化技术和水生生物水质基准向标准转化技术，为标准制定提供有力支撑。

该技术支撑了《良好湖泊生态环境保护规划（2011—2020 年）》《重点流域水污染防治规划（2011—2015 年）》《湖库富营养化防治技术政策》的编制和实施，应用成套技术制定了《太湖富营养化控制及水质达标技术指南》和《湖泊营养物基准制定技术指南》（HJ 838—2017），得出了《淡水水生生物水质基准——氨氮》《淡水水生生物水质基准——镉》《淡水水生生物水质基准——苯酚》（征求意见稿）推荐值，经校验审核，由生态环境部在 2020 年发布了两个国家水质基准《淡水水生生物水质基准——氨氮》（2020 版）、《淡水水生生物水质基准——镉》（2020 版）。

2）工业点源排污许可管理技术

针对现行排污许可制还停留在污染物排放目标总量的基础上，许可量分配未真正与环境质量改善挂钩，在管理体系上也未系统化，缺乏有效的技术规范、配套政策及监督考核管理体系等问题，研发集成了以“面向排污许可证实施的控制单元划分、控制单元污染负荷核定、控制单元水环境容量核算、重点行业水污染控制与治理技术评估、基于水质目标的排污许可量分配、排污许可证动态监管”为核心的工业点源排污许可管理技术。

在江苏省、浙江省太湖流域实现全面业务化运行，应用于江苏省环境保护厅《江苏省主要污染物排污权核定方案》《江苏省排污许可证发放管理办法（试行）》、常州市武进区环境保护局《常州市基于容量总量的水污染物排放许可实施考核办法（试行）》等文件，指导地方政府开展太湖流域排污许可管理工作，实现排污许可证管理程序化、精细化、公平化，有力地推动了太湖流域排污许可证制度实施。为建立以容量总量为基础、以改善环境质量为目标的排污许可制提供了重要技术支撑与创新思路。

5.1.5　太湖水污染治理实施模式集成

太湖水污染治理集水资源、水环境、水生态，进行了“三水统筹”，系统治理，如图 5-2 所示。

1. 水资源调控与调度

目前以望虞河、新沟河、新孟河调水为主，早在 2007 年太湖蓝藻暴发引发无锡市供水危机后，国务院《太湖流域水环境综合治理总体方案》中确定了望虞河西岸走马塘、新沟河、新孟河引排工程，建成后与望虞河、太浦河形成“三引二排”的调水新格局，扩大排水出路，增强太湖地区的引江调水能力，促进太湖地区水体有序流动，实现引排分开、清污分流。这“三引二排”由西往东，依次为新孟河、新沟河、走马塘、望虞河和太浦河。其中，太湖流域水环境综合治理骨干引排新沟河、新孟河、望虞河西岸控制工程是列入国家 172 项节水供水重大水利工程的项目，对保障太湖流域水安全意义重大，当前仍要持续加大工作力度。

2. 水环境治理

分为产业结构减排、工业点源及工业园区减排、城市污水处理厂及污泥处理处置、面源控制。①产业结构减排：在太湖流域常州市做了大量工作，在武进示范区，完成产业结

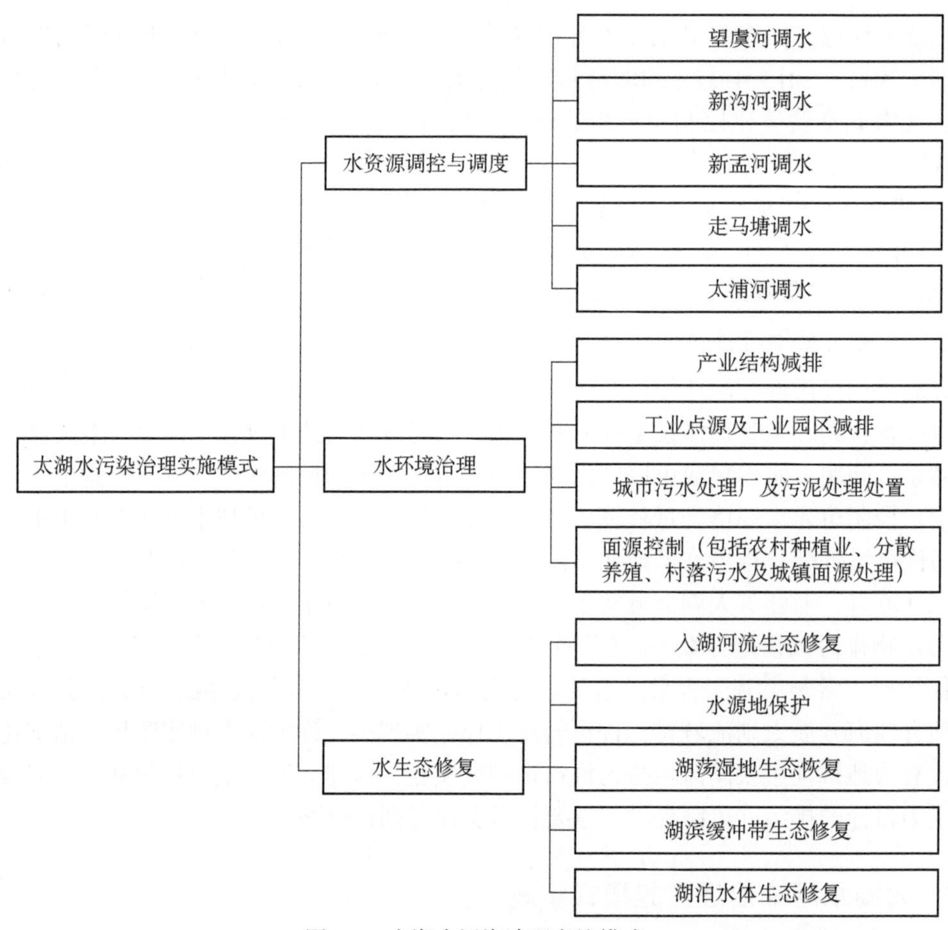

图 5-2　太湖水污染治理实施模式

构调整、循环经济与清洁生产等非工程类减排示范。②工业点源及工业园区减排：常州市佳森化工有限公司示范工程，工程地点为常州市新北区，通过树脂吸附回收联苯胺生产废水中的邻氯苯胺；常州市前杨污水处理厂示范工程，工程地点为武进区，对工业园区污水处理厂生化尾水进行深度处理等。③城市污水处理厂及污泥处理处置：苏州市胥口污水处理厂示范工程，工程地点为苏州市吴中区胥口镇，主要技术开发是混凝沉淀-滤布过滤组合除磷技术；洛阳镇生活污水处理示范工程，工程地点为常州市武进区洛阳镇，对城镇污水处理厂尾水的深度处理。④面源控制：水蜜桃园面源污染控制综合示范工程，工程地点为江苏省无锡市胡埭镇、阳山镇，为削减桃园面源污染负荷；菜地面源污染防控综合示范工程，工程地点为江苏省无锡市胡埭镇，削减菜地面源污染负荷；水产生态健康养殖示范工程，工程地点为江苏省无锡市胡埭镇，削减陆地水产养殖业的污染排放负荷；新农村建设示范工程，工程地点为江苏省无锡市胡埭镇，削减分散式农村的面源污染负荷。

3. 水生态修复

分为入湖河流生态修复、水源地保护、湖荡湿地生态恢复、湖滨缓冲带生态修复、湖泊水体生态修复。①入湖河流生态修复：漕桥河自然净化能力增强技术示范工程，工程地点为漕桥和分水村张家边段，研究河流污染综合治理和自然净化能力提升，削减太湖流域污染负荷，保障太湖流域水生态环境安全，环境效益显著；太滆运河污染物生物拦截与强化净化示范工程，工程地点为滆湖东北的太滆运河口处，主要开发河口污染物生物拦截和生态工程处理技术等，构建河流末端污染拦截系统，经拦截系统进入太湖的水质明显改善；河道水质改善与生态修复技术示范工程，工程地点为江苏省无锡市胡埭镇，为净化河道水质，恢复河流生境提供技术支撑，实现水质改善与生态修复，工程处理效果良好。②水源地保护：金墅湾水源保护区综合治理示范工程，工程地点为贡湖东南部的金墅湾水源地，对饮用水源保护区进行污染物去除、水生态修复和水质改善。③湖荡湿地生态恢复：在常州市武进区建立滆湖低碳湿地公园；滆湖净化能力增强技术示范工程，工程地点为滆湖生态修复区、生态控藻示范区，开发基于滆湖生态恢复的局部生态修复技术、滆湖环境生物操纵技术，示范工程区水环境质量明显改善。④湖滨缓冲带生态修复：湖滨带多自然型生态修复工程示范工程，工程地点为宜兴市周铁镇，针对竺山湾重污染区湖滨带退化现状，开展了防波消浪和多自然型基底构建工程，控制藻类堆积，恢复水生植被，修复受损的湖滨带生态系统。⑤湖泊水体生态修复："十三五"期间，在太湖五里湖及太湖梅梁湾梁溪河口进行了水体生态修复。

太湖治理应从流域整体出发，遵循"系统控源为主—清水产流流域生态圈修复—湖泊水体生境改善—太湖生态管理"的总体思路。

（1）水资源。太湖水资源调控，完成了望虞河西岸走马塘、新沟河、新孟河引排工程的建设，形成了"三引二排"的调水新格局，促进太湖地区水体循环，改善太湖水质，有效降低了水体富营养化现象。

（2）水环境。①坚持流域统筹，系统治理的思想。太湖经典的"一湖四圈"构架通过流域水系连通，将流域整体有机统合，并涵盖陆域五大污染控制区和 32 个行政控制单元，凸显了太湖流域特有的地缘特征。②坚持控源减负，对污染源进行系统控制，包括流域产业结构调整、工业污染源控制、城镇生活污染源控制、农村生活污染源控制、养殖污染源控制和种植业污染源控制，同时，对有条件的区域实施生态修复。③分区治理，抓重点的污染区域进行重点治理。据太湖流域污染源解析，污染物入湖量主要来自西北部上游区域与控制单元。故太湖流域的控源重点区域为湖西重污染控制区和北部重污染控制区，重点控制单元为宜兴和常州。太湖湖体西北部沿岸区以及陈东港、漕桥河、太滆南运河、大浦港等四河是水体控源的重点。④以水定陆，要核算太湖的流域承载能力，要调整土地利用方式，加大产业结构调整力度，持续降低工业污染。对流域产业结构调整，实现产业结构由"二三一型"向"三二一型"的转变，提升第三产业，优化第二产业，稳定第一产业。⑤太湖流域城市要控制人口规模，加大城市污水收集系统的治理，以及城市黑臭水体的治理。流域内现有、新建和扩建的城市污水处理厂采用新型深度处理工艺，达到污染物排放限值标准，同时加快城镇生活污水处理厂和配套管网建设。⑥农业面源方面，筛选高效低耗技术，农田启用缓释肥和农家肥等，加快种植结构的优化调整，就地利用土地和生物措施，加大农用灌渠生态改造和农田废弃物资源化利用的力度，降低农业、农村面源。

（3）水生态。①坚持"一湖四圈"的治理理念。太湖从流域生态修复空间上提出了包括"水源涵养林—湖荡湿地—河流水网—湖滨缓冲带—太湖湖体"在内的"一湖四圈"流域治理理念，形成了涵盖流域“一湖四圈”的污染源系统控制、生态修复、湖泊水体生境改善及湖泊流域综合管理的四大体系。②坚持实施《太湖流域管理条例》，持续做好沿湖缓冲带建设，湖滨带建设，还湿地于湖。《太湖流域管理条例》要求，加强太湖生态功能的保护和修复，有计划、有步骤地实施退耕、退渔、退养，还林、还湖、还湿地，建设生态保护带、生态隔离带，维护太湖生态安全。

5.1.6 太湖流域有机物和营养物控制技术路线图

基于太湖富营养化治理“先控源截污，后生境改善，再恢复生态系统”的总体思路，提出了太湖流域有机物和营养物控制的总体解决技术路线图，如图 5-3 所示。路线图以 2020 年为基准年，梳理了入湖氮磷负荷、水质及水生态（包括富营养化指数与沉水植被面积占比）现状，经模拟提出太湖流域近期（2020 年）、中期（2025 年）及远期（2035 年）氮磷削减目标、水质目标，以及水生态目标；同时，结合既定目标提出了相应的技术措施。其中，水华灾害防控方面主要包含污染底泥环保疏浚、湖泛应急处置及蓝藻打捞与资源化技术；控源减排方面主要包含工业点源、城镇生活源及农业面源污染控制技术；生态修复方面主要包含湿地生态修复与湖体水生植被恢复技术；综合调控方面主要包含河网水动力调控与水质净化技术、饮用水源净化屏障构建技术，以及源网厂综合调控技术；生态管理方面主要包含水生态功能分区与生态监测技术、点源排污许可监管技术、风险防控与预警，以及综合管理平台构建技术等。拟通过上述技术的实施，实现入湖污染负荷持续削减，主要入湖河流水质稳定达到地表水Ⅲ类标准，湖体水质稳定在Ⅲ～Ⅳ类标准，彻底消除水华湖泛灾害。

路线图近期重点任务在于“三水统筹”、系统施治。在水环境方面强化农业面源治理；水资源方面加强再生水循环利用和水质水量优化调配；水生态方面加强湖体生态系统重构。中远期主要任务是深化“三水统筹”，强化污染减排和生态扩容，建立河流系统综合调控管理体系。在水环境方面持续实施 COD、氨氮总量减排；在水资源方面强化水资源刚性约束，加大再生水循环利用，提升生态用水保障；在水生态方面建立湖泊水生态管理技术体系。

5.2 辽河流域有机物和营养物控制技术路线图

5.2.1 辽河流域 COD、氮和磷污染状况

根据 2007～2019 年对辽河干流、支流、浑河和太子河主要断面水质数据的监测（COD、NH_3-N 和 TP），对辽河流域 COD 和氮磷的污染状况进行分析（图 5-4、图 5-5 和图 5-6，数据来源于辽宁省监测中心历年监测）。由图 5-4 可知，2007～2008 年，辽河干流、支流，以及太子河、浑河的 COD 值均超过地表Ⅲ类标准（水质达劣Ⅴ类），浑河 2007～2019 年的 COD 值趋于平稳。随着国家和地方不断加大对辽河流域的治理力度以及水专项辽河项目的持续科技支撑，辽河干流的 COD 污染状况得到了明显的改善，水质均趋于稳

太湖治理技术路线图

国家战略：生态文明发展战略；让江河湖泊休养生息；美丽中国建设目标取得明显进展（2025年）》建设目标成效显著（2030年）》美丽中国建设目标基本实现（2035年）

治理目标：污染控制与负荷削减；负荷削减与水质改善；生态恢复；生态环境 持续改善；生态环境 全面改善；水生态环境 根本好转

减负与修复目标：

水质与水生态（2006年）	水质与水生态（2010年）	水质与水生态（2015年）	水质与水生态（2020年）	水质与水生态（2025年）	水质与水生态（2030年）	水质与水生态（2035年）
总氮：3.29mg/L	总氮：2.68mg/L	总氮：1.81mg/L	总氮：1.30mg/L	总氮：1.20mg/L	总氮：1.10mg/L	总氮：1.00mg/L
总磷：0.09mg/L	总磷：0.07mg/L	总磷：0.06mg/L	总磷：0.08mg/L	总磷：0.06mg/L	总磷：0.06mg/L	总磷：0.05mg/L
高锰酸盐指数：4.5mg/L	高锰酸盐指数：4.4mg/L	高锰酸盐指数：4.1mg/L	富营养化指数：56	富营养化指数：53	富营养化指数：51	富营养化指数：50
富营养化指数：64	富营养化指数：59	富营养化指数：56	沉水植被面积占比：6%	沉水植被面积占比：10%	沉水植被面积占比：16%	沉水植被面积占比：20%

治理思路：蓝藻湖泛灾害防控；点源、面源污染控制；生态治理与保护修复；“三水统筹”、系统施治；综合调控，流域绿色发展

技术措施：

2006年	2010年	2015年	2020年	2025—2035年
蓝藻监控与预测预警 湖泛应急处理与处置	重点行业污染物削减 清洁生产与中水回用	入湖河道生态治理 生态调水与引流工程	水环境：农业面源污染进一步控制，氮磷污染总量减排	水环境：进一步优化产业结构，持续实施氮磷污染总量减排
蓝藻拦截打捞与资源化	城镇污水一级A达标 城镇管网优化布设	湖荡湿地生态修复 湖滨带生态修复	水资源：再生水循环利用；水质水量优化调配，增好水、增生态水	水资源：强化水资源刚性约束，加大再生水循环利用，提升生态用水保障；水质水量优化调配；生态用水估算与配置；生态流量管理
污染底泥勘测与评估 底泥疏浚与资源化	种植养殖业污染控制 农村生活污染控制	湖体水生植被恢复 修复长效运维与管理	水生态：水源—河网—湖荡—湖滨带—湖体生态系统重构与植被恢复	水生态：基于水生态功能分区管理要求，严格生态空间管控，严守生态红线，持续推进生态系统恢复
			管理：水生态环境智慧监管，生态引领政策制定	管理：建立湖泊水生态管理技术体系，实施生态引领政策，实现全流域综合调控与智慧监管

生态成效（湖泊生态）：蓝藻水华频发饮用水危机；湖体富营养化状况得到好转；水生态状况良好河网水质得到显著改善；水生植被恢复成效凸显生物多样性稳步提升；水生植被逐步恢复生物多样性进一步提升；水生植被面积持续增加生态环境指数持续向好

基准年　近期　中期　远期

2006年　2010年　2015年　2020年　2025年　2030年　2035年

图 5-3　太湖流域有机物和营养物控制的总体解决技术路线图

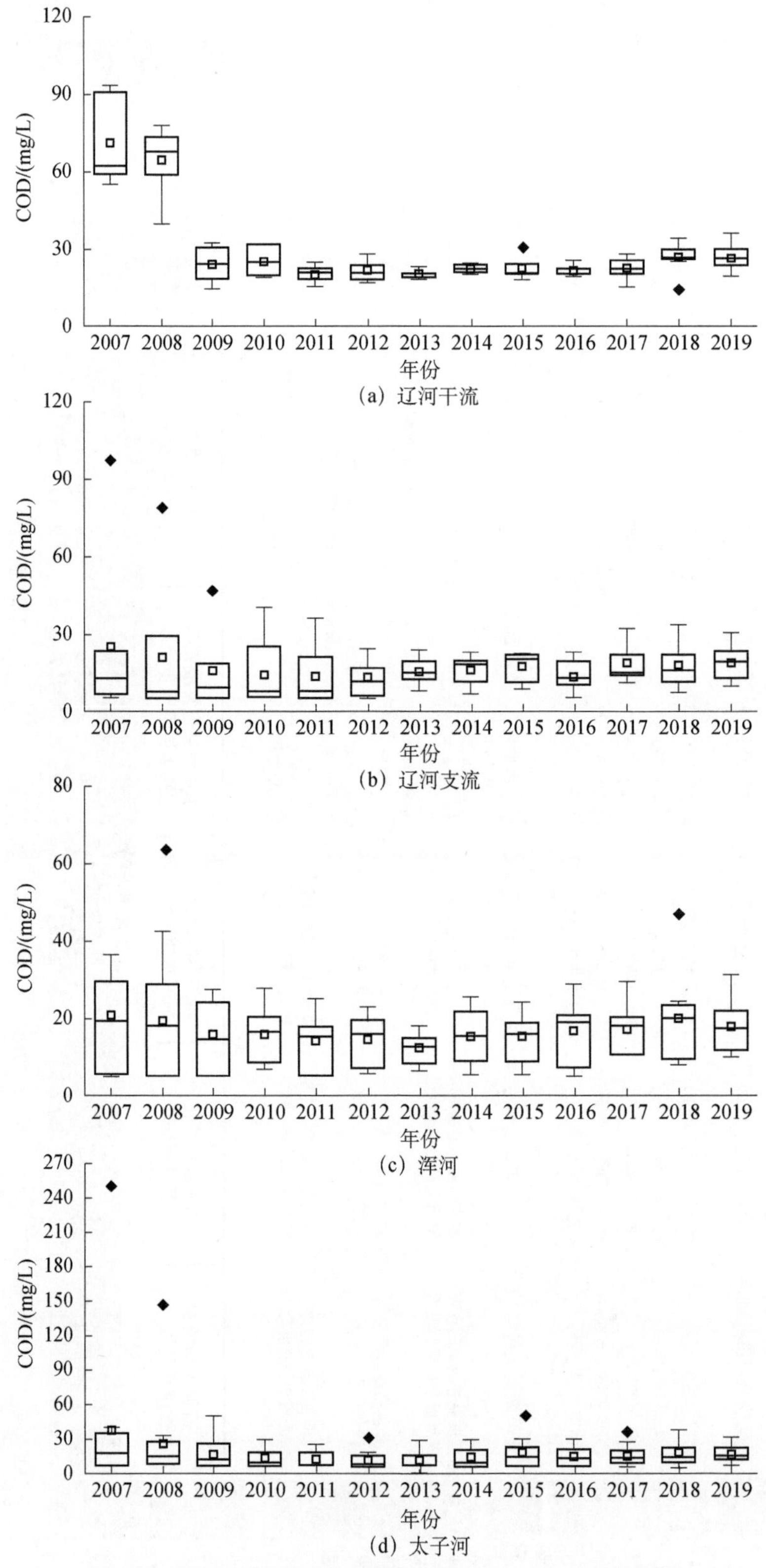

图 5-4 辽河流域主要断面 2007～2019 年 COD 变化情况图

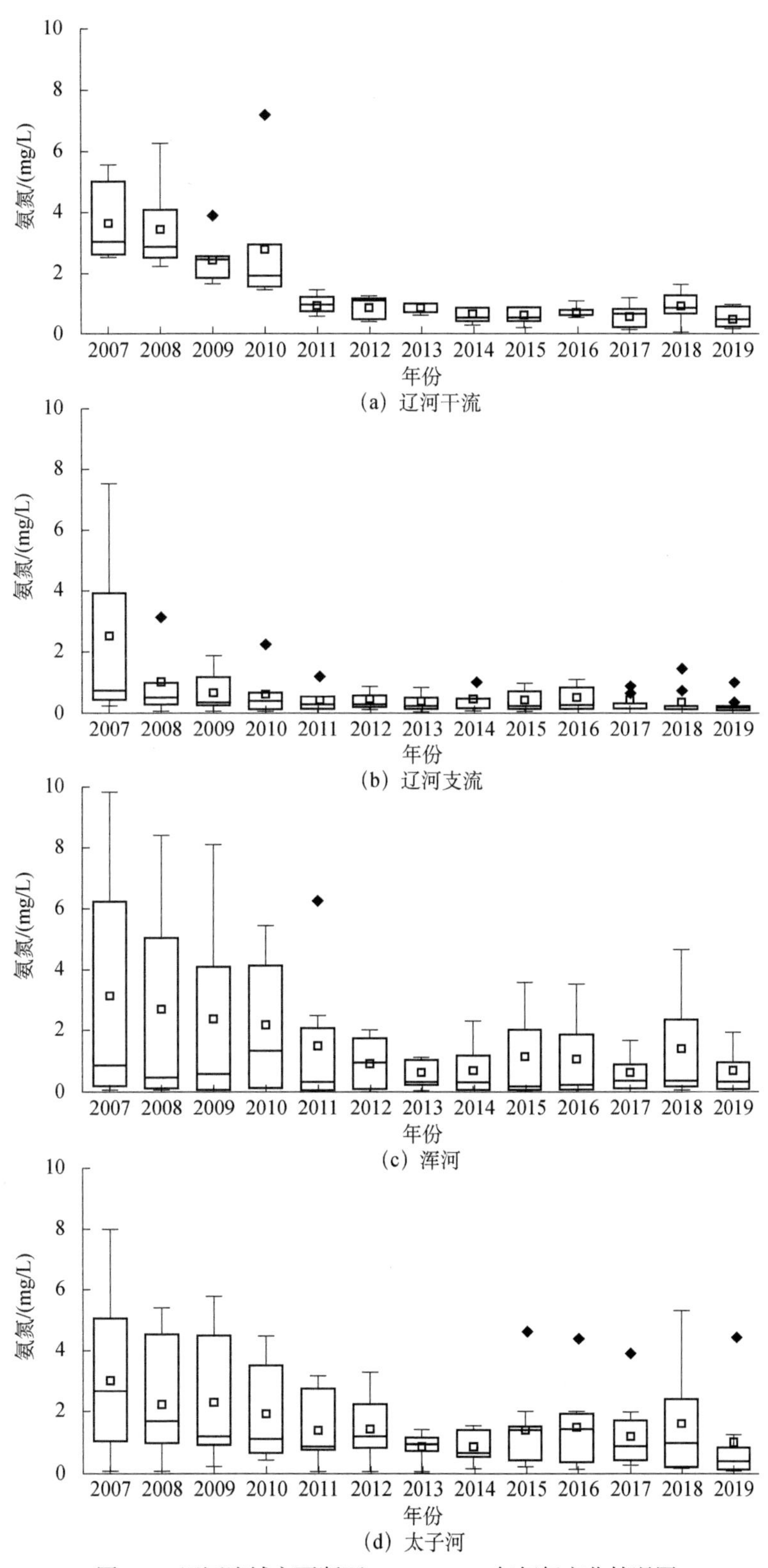

图 5-5　辽河流域主要断面 2007～2019 年氨氮变化情况图

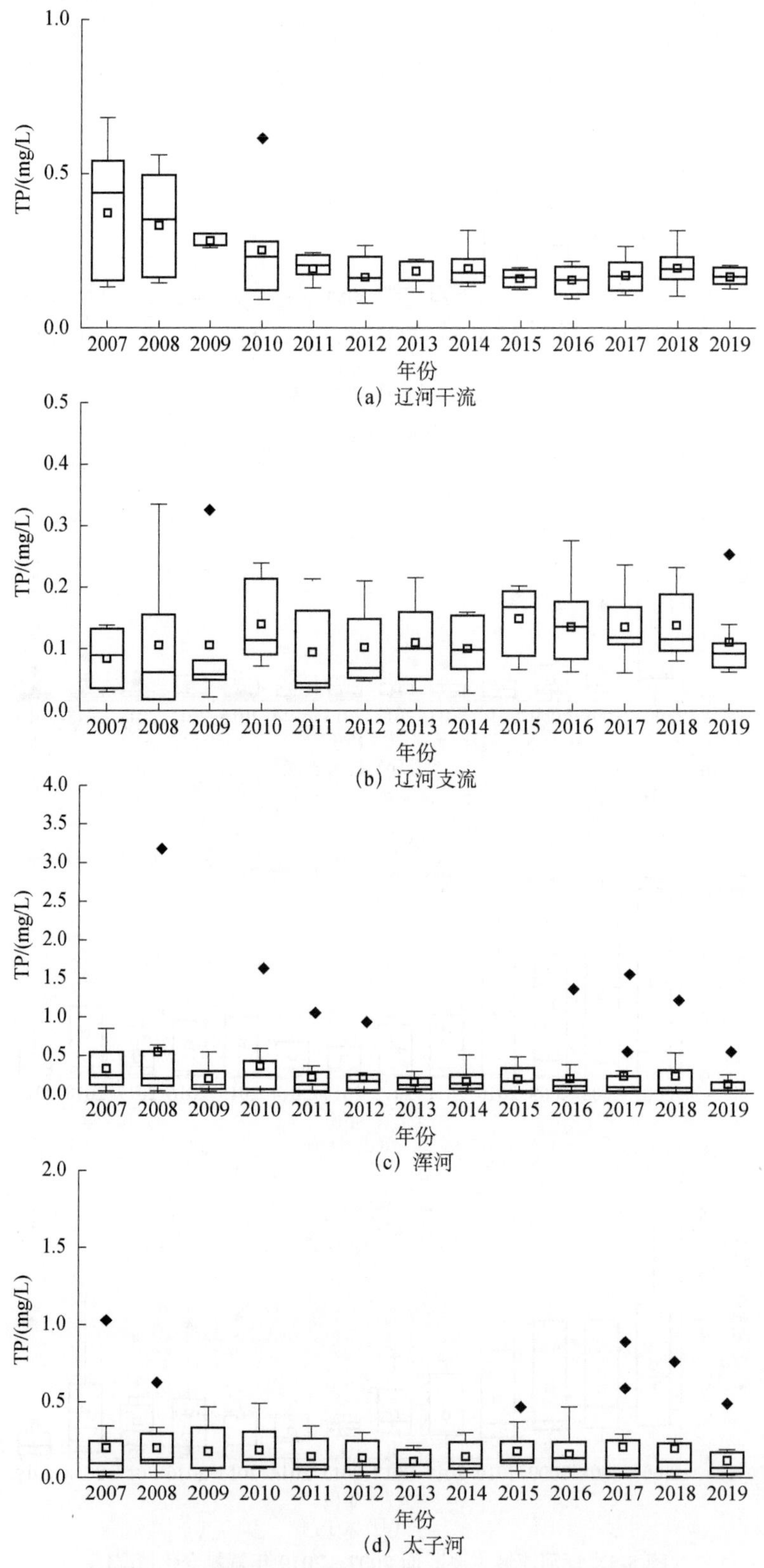

图 5-6 辽河流域主要断面 2007～2019 年 TP 变化情况图

定。由图 5-5 可知，辽河流域在 2007 年氨氮污染较为严重，水质为劣Ⅴ类；自 2011 年开始，水质趋于稳定，辽河干流和辽河支流的氨氮浓度达地表水Ⅲ类标准，而浑河和太子河的氨氮污染较为严重，是影响辽河流域水质最主要的两大河流，且 2014 年以后，氨氮浓度存在轻微幅度的升高，说明流域水污染发生一定程度的反弹。由图 5-6 可知，辽河流域 TP 污染问题并不严重，2007～2019 年的水质保持稳定，能达到地表水Ⅲ类标准。

5.2.2　辽河流域有机物和营养物控制目标

按照新时代国家经济社会发展和生态环境保护战略部署，研究制定了辽河流域有机物和营养物控制近、中、远期目标。以 2020 年为基准年。2020 年，辽河流域地表水总体水质为轻度污染，流域 92 条河流和 9 座湖库中的 209 个国控断面，水质达到或优于Ⅲ类的断面占 75.0%，劣Ⅴ类断面占 0.5%，主要污染指标为 COD、COD_{Mn} 和 BOD_5。在参评的 190 个河流断面中，水质达到或优于Ⅲ类的断面占 73.2%，劣Ⅴ类断面占 0.5%，主要污染指标为 COD、COD_{Mn} 和 BOD_5。

（1）近期目标（2025 年）：到 2025 年，辽河流域基本建成较完善的水资源调控及水污染治理体系，流域水环境质量稳中有进，国控断面水质优于Ⅲ类的比例达到 78%以上。2025 年，国控断面水质 COD 平均浓度达到 20～30mg/L，NH_3-N 平均浓度稳定达到 1.0mg/L，TP 平均浓度 0.2mg/L，有机物和营养物控制水平进一步提升。

（2）中期目标（2030 年）：到 2030 年，辽河流域水质优良比例总体稳定在 78%以上，国控断面水质 COD 平均浓度稳定达到 20mg/L，NH_3-N 平均浓度达到 0.5～1.0mg/L，TP 平均浓度稳定达到 0.2mg/L，流域水体生态环境全面改善。

（3）远期目标（2035 年）：到 2035 年，辽河流域水质优良比例总体稳定在 88%以上，国控断面水质 COD 平均浓度稳定达到 20mg/L，NH_3-N 平均浓度稳定达到 0.5mg/L，TP 平均浓度稳定达到 0.15mg/L，流域水体生态自净功能基本恢复，生态环境质量实现根本好转。

5.2.3　流域水污染治理总体策略

1. 流域统筹

针对辽河流域上下游、左右岸环境现状与污染特征，坚持流域统筹与系统施治，将辽河流域划分源头区、干流区和河口区三类六大污染控制区域，并制定分区治理策略和流域治理方案。开展全流域控制单元内污染控制与生态修复的综合示范，支撑区域水环境质量改善。开展辽河流域水生态功能四级分区方案的划定，建立以“水污染物负荷核定—环境容量计算—容量总量分配技术”为核心的控制单元污染物排放控制技术体系。

2. 分类控源

坚持分类控源的治理思路，推进工业源、城镇生活源、农业面源等污染治理。工业源方面，按照清洁生产、过程控制和末端治理全过程控制思路，逐步形成冶金、石化等六大重污染行业水污染治理的创新集成技术系统。构建工业园区节水减排清洁生产技术体系和流域清洁生产综合管理体系，建立流域工业园区清洁生产综合管理平台，促进辽河流域工业绿色发展。城镇污水方面，加快推进污水处理厂处理工艺升级改造，构建以“污水处理厂+人工湿地”为核心的区域再生水循环利用模式，提升区域再生水利用水平，削减污染物排放负荷。农村生活污染控制方面，实施农村环境综合整治，加强畜禽养殖污染防控，构建适宜的农村生活污水处理模式，强化农村生活污水和黑臭水体治理。农业面源污染控制方面，以降低氮磷负荷为着力点，加强农业面源污染控制，推进化肥、农药减量化。推进面源污染通量监测试点，构建“监测—溯源—治理—管理”一体化面源污染治理模式，在流域进行示范推广。

3. 协同治理

坚持协同治理的总体思路，统筹流域有机物和氮磷营养物控制与毒害物治理、河流与海洋污染控制、城市与农村污染治理。构建辽河流域典型行业有毒有害污染物防控体系、寒冷干旱地区农村污染治理成套技术、特大重工业城市主要污染物控制与水环境治理成套技术，并建设实施污水/污泥处理和河流治理示范工程，以实现污染物在“源—流—汇”代谢过程中的连续削减，促流域污染减排与水环境质量改善。

4. 系统修复

坚持区域整体修复策略，积极开展水生态环境保护修复。一是加强湿地恢复与建设，强化自然湿地修复、恢复和人工湿地建设，实施重要湿地生态系统保护和修复重大工程，加强排污口下游、支流入干流口、河湖入库口等关键节点人工湿地水质净化工程建设，提升氮磷营养物控制水平。二是加强河湖生态保护修复，实施重点干支流河道生态修复工程，加强重点河流源头区水源涵养保护。严守生态保护红线、环境质量底线和资源利用上限，加强河湖生态缓冲带监管。三是加强水生生物完整性恢复，实施水生生物生境恢复工程，开展水陆交错带河湖岸带区的植被建设、湿地生态修复。对生态敏感区、生态脆弱区、重要生境和生态功能受损的河湖，开展生境保护与修复。

5. 产业支撑

坚持以市场化为导向，进行水污染治理技术研发与集成、成套工艺设备开发，以及环保技术产业化政策保障机制研究，创建辽河流域水污染控制技术设备产业化平台，形成完善的水污染治理技术体系，完善辽河流域有机物和营养物控制的总体解决技术路线图和时间表。

5.2.4 辽河流域水污染治理先进技术

1. 水环境治理

1）工业源污染控制技术

针对辽河流域石化、冶金、制药等重点行业污染问题，研发控源减排技术并进行集成，见表 5-1。

表 5-1　辽河流域工业源污染控制技术

编号	技术名称	技术内容	实施成效	技术类型
1	重点行业清洁生产综合效益评估技术	包括环境效益、经济效益和社会效益三个子系统，对流域重点行业清洁生产实施绩效进行了综合评估，从内涵出发，不仅要求生产过程中节约原材料和能源，淘汰有毒原材料，减少和降低废弃物的数量与毒性，将环境因素纳入设计和所提供的服务中，客观反映出实施清洁生产后获得的环境效益、经济效益，还要将社会效益纳入到绩效综合评价体系中，更好地评估了清洁生产的前景，便于清洁生产在流域层面的推广和实施	加快推进清洁生产在流域层面的推广和实施，减少原料、能源及废弃物产量	流域清洁生产绩效综合评估
2	微絮凝–接触过滤难降解石化废水回用技术	在过滤前不设沉淀工序，通过加入一定量的絮凝剂在短时间内形成微小絮凝体，然后立即进入池滤，絮凝反应在滤池中进行	构建了一套微絮凝–接触过滤难降解石化废水回用技术，有效地解决了化纤综合废水生化系统出水 COD 和 TP 超标以及出水不能回用的瓶颈问题	石化行业废水资源化
3	多格室脱氮型膜生物反应器（MBR）技术	集成 A/O、接触氧化、膜分离等工艺，兼具颗粒污泥、生物膜、活性污泥等多种生物形态，生物量大，脱氮效果好、耐冲击，运行管理简单	构建了一套多格室脱氮型 MBR 技术，可有效提高石化行业废水处理系统的硝化和脱氮效果	石化行业废水处理
4	臭氧高效物化氧化处理技术	该集成设备在高效去除有机物的同时，可有效地强化含 N 杂环类及氨基化合物的氨化作用	构建了一套臭氧高效物化氧化处理技术，有效提高石化行业 COD 去除率以及解决难降解石化干法腈纶废水二级生化处理单元中生化性差和氨化过程难的瓶颈问题	石化行业废水处理
5	厌氧/好养（A/O）-BAF-UF-RO 化工综合有机废水回用技术	利用 A/O 工艺调整污水水质，降解有机污染物，脱除部分氮磷；耦合 BAF 保障外排出水水质，为后续膜处理工艺奠定基础；再以双膜法解决总溶解固体（TDS）等污染物的去除，实现回用锅炉或冷却水目标	构建了一套 A/O-BAF-UF-RO 化工综合有机废水回用技术，可有效实现石化行业回用锅炉或冷却水的目标	石化行业废水处理
6	油页岩干馏废水短程硝化反硝化脱氮技术	多级 A/O 串联工艺中耦合铁阳极电凝聚技术，强化废水生物处理能力，并通过工艺参数调整，实现短程硝化反硝化	构建了一套油页岩干馏废水短程硝化反硝化脱氮技术，实现油页岩废水处理中短程硝化反硝化脱氮	油页岩废水处理
7	NF–亚硝化/厌氧氨氧化–非均相电催化 RO 浓水高效处理技术	应用厌氧氨氧化来完成缺乏有机碳源的高浓度 NH_3-N 废水的高效生物脱氮，并耦合 NF 技术完成硝化抑制剂的有效分离，并利用非均相电催化技术快速降解有机污染物，可实现对膜法浓水的除碳脱氮的功能和对实际有机物污染废水的高效处理	构建了一套 NF–亚硝化/厌氧氨氧化–非均相电催化 RO 浓水高效处理技术，实现对石化行业膜法浓水的除碳脱氮的功能和对实际有机物污染废水的高效处理	石化行业膜法浓水处理

续表

编号	技术名称	技术内容	实施成效	技术类型
8	臭氧催化氧化耦合 BAF 同步除碳脱氮技术	通过投加自主研发催化剂，提高难降解有机物降解效率和废水可生化性，为 BAF 进一步除碳脱氮提供基质，可同步完成高效除碳脱氮	构建了一套臭氧催化氧化耦合 BAF 同步除碳脱氮技术，实现高效除碳脱氮，为进一步除碳脱氮提供基质	石化行业等工业废水处理
9	陶瓷膜预处理除油-强化短程硝化反硝化-臭氧非均相催化氧化焦化废水处理集成技术	形成的关键技术包括：抗污染陶瓷膜除油技术、生物强化除碳脱氮技术、基于极性有机物和总氰高效去除的高效混凝剂、催化臭氧氧化技术和吸附分离-化学催化氧化再生技术等	构建了一套陶瓷膜预处理除油-强化短程硝化反硝化-臭氧非均相催化氧化焦化废水处理集成技术，进一步增强焦化废水中 COD 的去除效果，实现冶金行业焦化废水的有效处理	冶金行业焦化废水处理
10	混凝-过滤-水质稳定钢铁综合废水回用技术	利用高效聚硅铝絮凝剂对钢铁综合废水进行预除浊，进一步利用聚合氯化铝与氢氧化钠复配使用结合高密度沉淀工艺有效地去除废水的硬度和碱度	构建了一套混凝-过滤-水质稳定钢铁综合废水回用技术，可进一步去除钢铁废水中 COD、硬度和碱度	冶金行业钢铁废水处理
11	沉淀分离-生态塘光解氧化选矿废水回用技术	针对 Cu、Zn、S 三个选矿流程废水的特征，调整工艺段药剂，承接尾矿库沉积后废水；利用浅塘跌水富氧及光降解作用实现浮选药剂的分解转化及去除，处理选矿废水中黄药及 COD，实现废水回用目标	构建了一套沉淀分离-生态塘光解氧化选矿废水回用技术，实现冶金行业尾矿废水回用目的	冶金行业尾矿废水处理
12	高级氧化-UASB-MBR 黄连素废水处理集成技术	制药废水经脉冲电絮凝物化预处理单元或臭氧氧化预处理，提高可生化性后依次进入 UASB、MBR 生化单元进行水解酸化和好氧生物作用，最后经膜过滤处理后出水	构建了一套高级氧化-UASB-MBR 黄连素废水处理集成技术，降低废水的生物毒性，提高废水可生化性，并去除大量 COD，降低了后期处理中的生物负荷	制药行业黄连素废水处理
13	湿式氧化-磷酸盐结晶高浓度磷霉素钠废水处理与磷回收技术	针对高浓度磷霉素钠废水，在湿式氧化条件下，利用分子氧破坏磷霉素废水中高浓度有机磷化合物 C—P 键，实现 P 的无机化，再采用磷酸钙和磷酸铵镁结晶沉淀方法对废水中无机化磷酸盐进行回收	构建了一套湿式氧化-磷酸盐结晶高浓度磷霉素钠废水处理与磷回收技术，有效实现 P 的无机化，再采用磷酸钙和磷酸铵镁结晶沉淀方法对废水中无机化磷酸盐进行回收	制药行业废水处理与资源化
14	难降解制药园区尾水综合处理集成技术	对难降解制药园区尾水前段采用水解酸化+臭氧氧化强化预处理，中段按特定比例将制药尾水与生活污水混合后 A^2/O 共处理，末段采用臭氧氧化深度处理的综合工艺技术	构建了一套难降解制药园区尾水综合处理集成技术，有效提高制药尾水可生化性、COD 去除效果及脱氮除磷能力	难降解制药园区尾水
15	铁碳联合强化厌氧污水处理技术	将铁碳材料安装于厌氧系统内，提高厌氧微生物之间的电子传递，提高大分子有机物的水解酸化和污泥颗粒化速度，改善污水处理效果	构建了一套铁碳联合强化厌氧污水处理技术，增强污泥的 COD 去除率并提高产甲烷率，提高污泥减量化率	工业废水、城市污泥处理

续表

编号	技术名称	技术内容	实施成效	技术类型
16	UF-NF–频繁倒极电渗析的高产水率集成膜技术	开发臭氧多相催化氧化技术，实现有机物的深度脱除，降低后续有机物膜污染，开发了抗污染 RO 脱盐技术	构建了一套 UF-NF–频繁倒极电渗析的高产水率集成膜技术，有效实现对焦化废水中腐殖酸的有效回收，并可极大降低焦化废水中有机物浓度	焦化废水的深度处理与回用
17	强化常压过滤法啤酒生产废碱液回收利用技术	采用混凝沉淀–错流陶瓷膜过滤方法，先投加混凝剂进行混凝反应，去除大颗粒杂质，再导入陶瓷膜组件内，将碱液中杂质滤过，回收碱液流出，而杂质经回流管线回流、稀释后再次进入陶瓷膜组件内	构建了一套强化常压过滤法啤酒生产废碱液回收利用技术，该技术可在去除废碱液中的大部分浊度和不溶性 COD 同时，大幅度降低碱液消耗量，减轻末端处理设施负担，提高水循环利用率，减少污染物排放	食品加工业啤酒废碱液回用
18	MBR-RO 组合工艺玉米深加工废水深度处理与回用技术	首次将 MBR-RO 联用耦合工艺应用于玉米深加工废水处理及回用领域；废水经过 MBR 处理后，出水水质稳定，满足 RO 进水要求，经 RO 处理后，出水达到循环冷却系统补充水水质标准	构建了一套 MBR-RO 组合工艺玉米深加工废水深度处理与回用技术，可有效去除玉米深加工废水中有机物，达到循环冷却系统补充水水质标准	食品加工业玉米深加工废水处理与回用
19	短产品链粮食深加工废水减排处理与中水回用组合技术	短产品链粮食深加工行业清洁生产与节水减排组合技术、粮食深加工废水沉淀预处理及强化反硝化组合工艺、短产品链粮食深加工废水中水回用技术	构建了一套短产品链粮食深加工废水减排处理与中水回用组合技术，污水排放量减少，中水处理系统出水满足循环冷却水补水要求，实现了水资源的循环利用	短产品链粮食深加工废水处理
20	农副产品加工园区综合废水生物–生态组合处理与资源化集成技术	将 SBR-HVC 人工湿地、改良 A^2/O–人工湿地进行集成，有效解决氮磷污染物去除效率低和人工湿地处理工艺冬季不能稳定运行等技术瓶颈，建立了适用于农副产品加工行业污水处理与利用的新模式	构建了一套农副产品加工园区综合废水生物–生态组合处理与资源化集成技术，有效解决人工湿地处理工艺存在的冬季难以稳定运行、氮磷污染物去除效率低等技术瓶颈，实现农副产品加工行业污水处理与资源化利用	农副产品加工行业集聚区的污水处理与利用
21	热电厂再生水高效低耗分质利用技术	针对热电厂常规工艺中水产水硬度高、铁残留严重、石灰沉泥量大，冷却水循环设备腐蚀，化水膜污染等问题，研发沿程加药、强化混凝技术替代现有石灰澄清工艺，研发高效复合缓释阻垢剂技术替代现有阻垢技术，对 BAF、RO 等相关工艺运行参数进行优化，实现热电厂水处理系统高效低耗稳定运行	构建了一套热电厂再生水高效低耗分质利用技术，可明显提升热电厂水处理系统的产水水质、稳定性和运行效率	热电厂再生水回用

2）面源污染控制技术

针对辽河流域寒冷地区面源污染控制难题，将优选的面源污染控制与综合管理技术汇集于表 5-2。

寒冷地区畜禽粪便资源化技术在辽河流域农村环境综合整治项目中得到大规模应用推广，其技术核心为厌氧发酵制沼气及好氧发酵制有机肥，其主要应用领域为农村地区畜禽养殖粪污的治理。该技术在辽宁省内 10 项大型畜禽粪便治理项目中得到应用推广，年处理畜禽养殖粪污 20 万 t，年削减 COD 7200t、削减 NH_3-N 480t，在流域水质改善与农村环境治理中起到了巨大的作用。人工湿地冬季稳定运行与强化脱氮技术在辽宁省县级污水处理厂建设中得到大规模推广，其中铁岭昌图县污水处理厂、喀喇沁左翼蒙古族自治县城市污水处理厂等 8 项污水处理项目均采用人工湿地技术，总处理规模约 14 万 t/d，年削减 COD 9655t，在辽河治理过程中起到了有效的技术支撑作用。

表 5-2 辽河流域面源污染控制技术

编号	技术名称	技术内容	实施成效	技术类型
1	河口区稻田生态系统面源污染控制与水质改善技术	技术主要包括稻田水肥调控及稻田退水沟渠–湿地生态阻控两项技术。前者是通过调控稻田灌溉时间、施肥量、施肥时间及频次，增加氮磷的生物利用率，达到氮磷肥精准施用；结合田埂宽度调节、生态田埂间作等栽培模式有效减少稻田氮磷的侧渗流失，实现稻田保水抑渗效果。后者是通过人工诱导、自然强化等方法，结合水岸带复合植物体系构建、生态沟渠设计、生态单元联结等技术措施，实现稻田退水中氮磷的多级生态削减	构建了一套河口区稻田生态系统面源污染控制与水质改善技术，有效实现稻田保水抑渗效果及退水中氮磷的多级生态削减	稻田田间及稻田生产区退水中氮磷污染控制
2	山地小流域多级生态透水坝构建技术	透水坝是采用打桩、编篱、沉树、植树、堆石等方式修建对水流干扰较小并具有缓流落淤作用的河道整治建筑物；开发出多个透水坝组成多级透水坝系统，从整体上提高透水坝对小流域河流的水质净化能力	构建了一套山地小流域多级生态透水坝构建技术，开发出多个透水坝组成多级透水坝系统，从整体上有效提高了透水坝对小流域河流的水质净化能力	山地小流域河流水体净化
3	改良的预处理-UASB-移动床生物膜反应器（MBBR）组合工艺处理高浓度乳厂废水技术	工艺采用预处理—厌氧生物处理—A/O 生物处理—深度处理联合工艺，预处理采用水力筛及初沉，厌氧生物处理选择 UASB 工艺，A/O 生物处理采用分段进水多级 A/O 式 MBBR 工艺，深度处理采用砂滤罐+活性炭过滤工艺，解决了现场工期长、污水处理成本高的技术问题，同比工期缩短 20%，处理成本缩减 20%～40%	构建了一套改良的预处理-UASB-MBBR 组合工艺处理高浓度乳厂废水技术，解决了奶牛养殖场榨乳厅清洗废水和水冲粪的粪便污水污染水体问题，改善了奶牛养殖场周边的水环境	奶牛养殖场牛粪废水处理
4	畜禽养殖废水 NH_3-N 削减及粪污资源化技术	自主研发鸟粪石沉淀法回收畜禽养殖废水氮磷技术及设备，并与沼液高耐污 RO 浓缩技术耦合，同时实现污水深度净化和粪污中氮磷回收	构建了一套畜禽养殖废水 NH_3-N 削减及粪污资源化技术，该技术不仅满足了处理后出水要求，并且回收了畜禽养殖废水中氮和磷，实现回收利用，避免对环境造成二次污染	养殖废水处理与资源化

续表

编号	技术名称	技术内容	实施成效	技术类型
5	河口湿地养殖水体污染的物理–生物联合阻控与水质改善技术	该技术包括生态用水调控技术与生物–多孔介质联合阻控技术。生态用水调控技术是针对芦苇湿地灌溉用水供需现状，研究苇田进水、出水水流的运动特征和水质变化规律。利用煤渣、沸石，以及高效有机黏合剂等研发耐冲击负荷、多孔隙的生物填料，以充分利用煤渣和沸石的大比表面积和高吸附性，强化微生物在介质表面的“附着效应”和介质微孔隙捕捉有机物的“吸附效应”净化养殖水体中的营养有机污染物	构建了一套河口湿地养殖水体污染的物理–生物联合阻控与水质改善技术，可有效净化养殖水体中的营养有机污染物	苇田河蟹养殖区水质净化
6	寒冷地区畜禽粪便资源化技术	采用日光温室与沼气池保温措施相结合的技术提高冬季沼气池内温度，保证发酵所必需的温度；增加沼气池地下防水措施防止冬季土壤含水冻结。利用改进型 USR，开展了畜禽粪便厌氧消化及畜禽粪便、剩余污泥、农村垃圾联合厌氧消化技术研究；在大堆堆肥发酵过程中筛选低温高效好氧发酵菌种，保证了菌剂投入工厂化生产后不会因为堆肥条件的变化而降低效果	构建了一套北方寒冷区沼气化–好氧堆肥法畜禽粪污资源化技术，解决畜禽粪便污染负荷高、传统发酵工艺易结壳、产气率低下的问题，对流域农村地区水质改善与污染物削减起到巨大作用	畜禽粪便资源化
7	农业面源污染主要途径甄别与面源污染控制技术	在流域范围内以农业面源污染主要来源识别、发生途径甄别等源解析技术为基础，对农业面源（农田源、养殖源、生活源）等综合应用农艺、环保、植被恢复等措施，削减流域范围内农业面源污染负荷以分散农村生活污水土地处理系统 TN 处理效果偏低的现状为突破点，研发形成农村生活污水土地处理 TN 去除效果提高技术	构建了一套农业面源污染主要途径甄别与面源污染控制技术，可准确确定农村面源污染防控重点区域，并有效控制总氮污染	北方农业面源管理与治理技术
8	人工湿地冬季稳定运行与强化脱氮技术	针对传统人工湿地的填料性能差且难以适应冬季温度低的问题，开发了基于新型廉价填料的适于寒冷地区人工湿地河水原位净化新技术。在连续运行条件下对污水的深度处理性能良好。在不同季节条件下，该技术具有较好的抗温度冲击的影响，各污染物的脱除效果稳定。增加主体处理单元的深度等措施能够使人工湿地冬季的运行更加稳定	构建了一套抗低温高效自吸氧式人工湿地面源污染物阻隔技术，有效保证人工湿地在冬季的稳定运行	人工湿地面源阻控技术
9	高效厌氧发酵技术	集成了多原料一体化预处理、改进型 USR 厌氧发酵、沼气热能转化、沼渣液资源化利用等关键技术，预处理设备较传统分体式处理设施节约占地面积约 50%，减少装机功率约 30%，厌氧反应器产气率较同类产品提高 10%～20%，突破了沼气工程自身热平衡瓶颈，解决了寒冷地区沼气工程运行不稳定难题	构建了一套高效厌氧发酵技术，实现了厌氧发酵产出品的高效利用，确保工程系统零排放，解决了寒冷地区沼气工程运行不稳定难题	农村地高效发酵有机物
10	基于混合面源污染源解析与预测的严寒地区面源污染“源头—过程—末端”生态削减集成技术	开发具有地域特色的基于源流汇全程式滞留与植物生物复合生态削减的低耗高效混合面源污染处理技术。实现“滞水收集—强化净化—防臭蓄储—原地生态利用”，形成具有区域植物风貌的基于面源污染削减的景观格局	构建了一套基于混合面源污染源解析与预测的严寒地区面源污染“源头—过程—末端”生态削减集成技术，实现面源污染控制与景观建设的有机结合	农村生活生产、城市径流及雨水径流污染的等混合面源污染控制

3）城镇生活源污染控制技术

对辽河流域城镇生活污水处理技术进行优选集成，见表 5-3。

表 5-3 辽河流域城镇生活源污染控制技术

编号	技术名称	技术内容	实施成效	技术类型
1	高负荷低回流比前置反硝化 BAF 深度脱氮技术	通过对缺氧–好氧工艺的运行参数控制，实现在低回流比的条件下，高负荷运行，实现对工业废水占比高的综合污水的深度脱氮	构建了一套高负荷低回流比前置反硝化 BAF 深度脱氮技术，可实现对污水厂工业废水占比高的综合污水的深度脱氮	污水厂综合污水处理
2	BAF 滤床厚度与粒径级配优化法综合污水处理技术	在滤池现有构筑物基础上，通过对滤床厚度以及滤料粒径级配的优化调控，实现对综合污水稳定处理达标排放	构建了一套 BAF 滤床厚度与粒径级配优化法综合污水处理技术，可有效实现污水厂对综合污水稳定达标排放	污水厂综合污水处理
3	定量调控组合人工湿地技术	针对传统工艺的污水厂尾水为高氮低磷、易造成受纳水体毒性微藻恶性增殖，为削弱低温干扰，提出以物化吸附、共沉淀、截留效能为核心，以微生态转化为辅助效应，进行氮磷比定量调控人工组合湿地技术。通过筛选功能性介质，考察不同进水磷浓度水平的磷吸附速率。形成以混合介质湿地为核心，对污水厂末端尾水氮磷定量调控的生态处理技术	构建了一套定量调控组合人工湿地技术，最终形成以混合介质湿地为核心，对污水厂末端尾水氮磷定量调控的生态处理技术	北方严寒地区城市污水厂尾水的生态深度处理
4	气浮旋流预处理技术	生化系统中保证污泥高挥发性悬浮物（VSS）/SS 时，可提高生化系统污泥活性，降低生化系统曝气混合能耗，实现节能降耗，提出气浮旋流高效快速除 SS 技术，用作生化处理段前端的预处理技术。包括通过调控溶气泵压力、流量复合参数，优化微气泡形成；调控旋流器进出口压力差，优化流场分布，强化 SS 与微气泡黏附；通过流态模拟优化旋流流场条件，强化离心分离 SS 和剪切剥离 SS 表面有机物；气浮旋流复合调控 SS 高效、快速去除等 4 方面	构建了一套气浮旋流预处理技术，有效强化低水温低 C/N 污水的脱氮除磷效果	北方严寒地区城市污水厂污水的预处理
5	AOH（厌氧–好氧–旋流）深度净化技术	针对北方严寒地区城市污水典型低温、低 C/N，生物脱氮效率低的难题，为进一步改善水质，强化脱氮，尤其是强化硝氮去除率，提出利用旋流器处理厌氧/好氧过程（A/O）混合回流液，以改善生化过程运行效率的旋流破散强化 A/O 深度脱氮技术，通过搭建三组 50L/h 的侧线厌氧/好氧反应器，控制运行参数及装置结构，确定旋流器结构参数对旋流处理效率的影响，实现生化过程运行效率的改善	构建了一套 AOH（厌氧–好氧–旋流）深度净化技术，可有效改善水质，强化脱氮以及提高硝氮去除率	北方严寒地区城市污水强化处理

续表

编号	技术名称	技术内容	实施成效	技术类型
6	A^2/O+高效脱氮微生物人工强化技术	针对城镇污水处理厂 NH_3-N 去除难达标的现状，开展原位脱氮微生物富集和分离工作。以高效脱氮微生物与活性污泥复配成为种泥，在污水处理厂的生化池投加，提高活性污泥中脱氮微生物的比例和系统 NH_3-N 去除效率，使污水处理厂出水 NH_3-N 达到并稳定在国家一级 A 标准	构建了一套 A^2/O+高效脱氮微生物人工强化技术，有效用于污水处理厂脱氮，提升生化系统脱氮性能	城镇生活污水处理厂提标改造
7	“基质+菌剂+植物+水力”人工湿地四重协同净化技术	集成优化了复合水平潜流–垂直流人工湿地组合技术；确定了适合于北方寒冷地区低温条件的有机物降解菌、脱氮细菌、除磷细菌 10：0.5：0.5（体积比），以及低温硝化细菌、低温硝化菌群、低温反硝化细菌 1：1：1（浓度比）的配置方案；确定了鸢尾、香蒲、菖蒲三种土著植物以 1：1：1 的多样性配置方案；研制了人工湿地均匀布水设备与液位调节设备，采用玻璃钢材料并实现了模块化生产，工期节约 30%左右，直接投资费用节约 20%左右；构建了“基质+菌剂+植物+水力”人工湿地四重协同净化系统，氮、磷去除率提高 7%～10%	构建了一套“基质+菌剂+植物+水力”人工湿地四重协同净化技术，可有效提高氮、磷的去除率	北方寒冷地区生活污水处理
8	入库干支流污水处理厂提标改造技术	该技术由两部分组成。将 CAST 工艺改造为 A^2/O 工艺；在改造完成基础上，在曝气方式及曝气量等方面进行优化。通过在原反应池中增加隔墙及相应设备，新建二沉池和污泥提升泵站实现改造，达到强化污水处理厂脱除 TN 效果	构建了一套入库干支流污水处理厂提标改造技术，有效强化污水处理厂脱除 TN 的效果	原为 CAST 工艺的村镇小型污水处理厂提标升级改造
9	低温环境下氧化沟高效节能污水处理技术	采用纵轴型曝气装置，并改变氧化沟的设计参数，增加有效水深，延长气泡在水中的停留时间。突破以往氧化沟工艺表面曝气的局限，曝气装置避免与户外空气直接接触，在冬季可以防止水温的降低。因此，在寒冷地区也能够充分发挥功能。该装置转刷带动污泥混合液，在叶片转动方向形成较薄的液层，增加 DO，提高氧气供给率，降低能源消耗	构建了一套低温环境下氧化沟高效节能污水处理技术，有效提高寒冷地区氧化沟污水处理效果	小城镇污水处理
10	低碳氮比垃圾渗滤液好氧硝化–双膜净化–浓缩液回灌反硝化脱氮技术	该技术采用“两级 A/O—MBR 反应器—UF/RO 膜分离—浓缩水回灌原位反硝化”集成工艺，实现垃圾渗滤液的高效处理和 NH_3-N 的去除。一方面利用填埋床中的有机物对生化处理单元残留的硝酸盐进行彻底的反硝化，另一方面通过进一步的发酵作用，降解浓缩水中残留的难降解有机物	构建了一套低碳氮比垃圾渗滤液好氧硝化–双膜净化–浓缩液回灌反硝化脱氮技术，可实现垃圾渗滤液的高效处理和 NH_3-N 的去除	生活垃圾填埋场渗滤液及餐厨垃圾处理厂污水处理

2. 水生态修复

针对辽河流域天然基流缺乏、来水主要为污水处理厂尾水的污染问题，优选水生态修复技术汇集于表 5-4。

研发的浑河中游城市河流水质改善及水生态建设整装成套技术，解决了工程冬季运行效果较差、水质达不到设计要求的问题，具有治理费用低和最大程度降解污染物等特点。

表 5-4 辽河流域水生态修复技术

编号	技术名称	技术内容	实施成效	技术类型
1	水源涵养与水生态功能恢复的植被优化与改造技术	在浑河上游源头区内，采取抚育改造、林窗调控、效应带改造、生态疏伐、冠下更新红松、封山育林等措施；强化林下有益灌草的保护和生境改善，逐渐向高效水源涵养林诱导，将低效水源涵养林培育为调水、净水、蓄水能力更强的高效水源涵养林，提高现有水源涵养林的水源涵养功能	构建了一套水源涵养与水生态功能恢复的植被优化与改造技术，有效提高现有水源涵养林的水源涵养功能	北方以森林为主要植被类型的河流源头区水源涵养与水生态恢复
2	以功能修复为目标的汇水区植物群落保护关键技术	基于缓释土壤改良剂的石灰岩基质土壤养分调控技术；基于林窗更新的次生林灌丛层恢复与保护技术；基于生态位分异的受胁群落封育与优化技术示范区生态环境质量提升，水量增加，水质改善，径流调节等功能恢复目标	构建了一套以功能修复为目标的汇水区植物群落保护关键技术，有效帮助上游汇水区生境脆弱河岸带段提高生态环境质量	上游汇水区生境脆弱河岸带段生态修复
3	水质改善的河/库周边植被结构与空间配置技术	系统集成寒冷地区入库河道植被生态恢复技术，水库周边高效水源涵养林林分结构调整和优化技术，库边湿地人工改造与恢复技术等关键技术，通过筛选乡土植物建立了多自然型入库河道，构建了乔、灌、草及水湿生植物相结合的 4 种类型的滨水植被缓冲带；结合湿地的地形地貌特征采用局部封育自然恢复与人工生物工程相结合的措施，构建和优化了库滨地貌和湿地植被模式	构建了一套水质改善的河/库周边植被结构与空间配置技术，构建和优化了库滨地貌和湿地植被模式	北方寒冷地区入库河流河岸带及水库周边植被区优化
4	河流水质原位净化强化生态护坡技术	制备了以沸石和剩余污泥为主要原料的生态混凝土材料，该生态混凝土具有良好的透水透气性、污染物吸附性能、植生性能，以及生态安全性。基于该生态混凝土材料的生态堤坝具有较好的污染物去除性能，而且季节对 COD 去除性能影响较小，四季出水 COD 均可达到《地表水环境质量标准》的Ⅲ类标准	构建了一套河流水质原位净化强化生态护坡技术，有效提高污染河流治理水平	河流生态护坡构建
5	基于正向演替的河道水生生物链培育与恢复技术	通过消除争氧物质，稳定水体的高溶氧状态，打造良好生态基础，并通过水生动植物定向培养，建立起人工生态，通过人工生态向自然生态演替，建立稳定的水生生物链，从而恢复水体生物多样性，并充分利用自然系统的循环再生、自我修复等特点，实现水生态系统的良性循环	构建了一套基于正向演替的河道水生生物链培育与恢复技术，有效实现城市河流水生态系统的良性循环	北方城市河流水生生物链恢复
6	健康河流完整性评估技术	在明确健康河流完整性概念、内涵的基础上，构建了基于河流物理完整性、化学完整性和生物完整性的生态系统完整性评价指标与方法体系，并对辽河保护区生态系统完整性进行了评价	构建了一套健康河流完整性评估技术，完善构建了生态系统完整性评价指标与方法体系，完成对辽河保护区生态系统完整性的评价	寒冷地区大型河流生态完整性评估

续表

编号	技术名称	技术内容	实施成效	技术类型
7	岸边生态防护与污染物截留技术	从污染截留、保持水土、生物多样性、景观等角度，进行河岸缓冲带植物群落优化配置，以达到削减污染、提高生物量的目的。针对河道污染现状，结合河道整治工程的水利建设，依次考虑植被对污染物的截留功能、河道的园林景观、生物多样性，建立优化的河岸缓冲带植物群落配置结构	构建了一套岸边生态防护与污染物截留技术，建立优化的河岸缓冲带植物群落配置结构	岸边污染物入河阻控、生态防护与修复
8	高效降解菌剂法湿地石油污染物净化技术	针对辽河河口区氮、磷和石油类污染问题，利用芦苇植株对氮、磷的高效吸收和同化能力，筛选和分离出高效、耐盐型土著石油降解菌，以芦苇裸露根须为固定化载体，构建了对氮、磷和石油污染具有高效净化能力的植物-微生物-土壤复合污染物净化技术	构建了一套高效降解菌剂法湿地石油污染物净化技术，可有效实现河口区湿地恢复过程中对氮、磷和石油类污染物的净化	河口区湿地修复
9	大型河流湿地网构建技术	通过基于 GIS 的河流空间特征分析及健康评估，识别湿地网空间布局，形成支流汇入口、坑塘和牛轭湖湿地网和河道修复关键技术，保障干流水质	研发了一套大型河流湿地网构建技术，实现大型湿地的生态恢复和保护，有效保障干流水质	北方大型河流湿地的生态恢复和保护
10	河口区退化芦苇湿地生境修复技术	以“三灌两排”的水分调控和淡咸水间隔灌排的盐分调控为基础形成苇田湿地用水的水盐调控技术；通过表层土壤疏松、施用芦苇专用的微生物菌剂促进土壤氮磷营养平衡，通过强化湿地水循环改善土壤含氧量，加速有机质矿化，物理和生物共同作用形成土壤改良技术。在生境修复技术基础上，采用生长素浸泡苇根，采用扦插栽植，促进芦苇生长，实现植被的快速恢复	构建了一套河口区退化芦苇湿地生境修复技术，能实现对滨海湿地植被的快速恢复	退化的滨海湿地生境修复
11	浑河中游城市河流水质改善及水生态建设整装成套技术	基于水质改善及水生态质量提升需求，研发支流河活水循环技术、傍河湿地水质提升保育技术、支流河在线立体生物持续净化技术，形成整装成套技术	构建了一套浑河中游城市河流水质改善及水生态建设整装成套技术，有效提升城市中小河流关键节点水质改善及水生态环境	城市中小河流关键节点水质改善及水生态环境提升
12	河流水生态环境建设和功能修复成套技术	基于景观生态学原理，研发岸带阻控-支流控污-干流调度的水生态环境建设和功能修复成套技术，从流域水质和水量两个层面，确保河流水质提升	构建了一套河流水生态环境建设和功能修复成套技术，有效确保河流水质改善及水生态环境恢复	北方严寒地区转型河流水质改善及水生态环境恢复

3. 水资源调控

针对辽河流域存在的水资源短缺、生态用水量不足的问题，水资源调控措施主要包括水质水量优化配置和应急调度等。对优选的辽河流域水质水量联合调度技术进行整编，见表 5-5。

表 5-5 辽河流域水质水量调控技术

编号	技术名称	技术内容	实施成效	技术类型
1	太子河流域水质水量优化配置仿真模型技术	采用 SWAT 模型对辽河流域坡面过程进行模拟，太子河流域和浑河流域的坡面过程通过模型精细模拟，辽河干流通过输出系数法估算	构建了一套太子河流域水质水量优化配置仿真模型技术，对辽河流域坡面过程进行模拟，太子河流域和浑河流域的坡面过程通过模型精细模拟，辽河干流通过输出系数法估算	流域水质水量调度
2	水污染突发事件水力应急调度预案制定关键技术	通过水污染突发事件应急调度基础数据库，建设流域污染风险源识别、水污染突发事件预测模型、水力调度模型、应急调度预案、水力应急调度决策支持系统	构建了一套水污染突发事件水力应急调度预案制定关键技术，开发建设了一套流域污染风险源识别、水污染突发事件预测模型、水力调度模型、应急调度预案、水力应急调度决策支持系统	水污染突发事件水力应急调度预案制定
3	水量-水质模型法河口区湿地水资源调控技术	该技术采用模型预测方法，建立河口区大型湿地生态-水文耦合模型和辽河口感潮河网水量-水质耦合模型，通过对湿地生态水文过程模拟和河网水质和水量预测，进行湿地淡水资源调控方案的优化	构建了一套水量-水质模型法河口区湿地水资源调控技术，通过模型预测对湿地淡水资源调控方案进行优化	河口区湿地水资源调控

在辽河流域开展以水量科学调配为核心的“水质-水量-水生态”联合调度研究中，研发了水质水量优化配置仿真模型技术、水污染突发事件水力应急调度预案制定关键技术、水量-水质模型法河口区湿地水资源调控技术，实现防洪、防污、供水等多种功能；通过水污染突发事件应急调度基础数据库，建设流域污染风险源识别、水污染突发事件预测模型、水力调度模型、应急调度预案、水力应急调度决策支持系统，显著提高了河流水环境管理和水资源调控能力，提高了河流生态用水保证率。

5.2.5 辽河流域水污染治理先进技术模式

1. 先进技术模式集成

辽河流域水污染治理技术模式，首先坚持“流域统筹”与“三水统筹”的系统施治，将辽河流域划分源头区、干流区和河口区三类六大污染控制区域，进行水生态环境控制单元划分及水污染防治精细化管理。其次，针对辽河流域不同行业、园区及生活污染源，坚持分类控源，有效控制重污染河流周边的入河污染源；并实施河岸带的生态修复，实现断面的水质改善，针对辽河干流治理与大伙房水库保护，开创性地实施划区设局，坚持区域整体修复策略。最后，在流域毒害物污染、辽河口环境保护、城乡二元发展等方面，坚持协同治理；坚持以市场化为导向，进行水污染治理技术研发与集成、成套工艺设备开发，拓展环保技术产业化政策保障机制。

1）水资源

根据辽河流域供水需求、可持续发展需求、防洪需求和水质改善需求，在充分明晰辽河流域调度目标、约束条件和流域用水过程的基础上，建立了多目标辽河流域水质水量优化调度模型，辅助决策部门制定水质水量联合调度方案。提高全民的节水意识，有效降低灌溉定额和工业用水定额，加强中水回用等都是解决流域水资源短缺的重要措施，但难以改变辽河流域水资源匮乏的本质问题，根据流域发展的需要，应逐步实行东水西调或南水北调工程。

2）水环境

①流域统筹，分区施治。针对辽河流域上下游、左右岸环境现状与污染特征，坚持流域统筹与系统施治，将辽河流域划分源头区、干流区和河口区三类六大污染控制区域，开展辽河流域水生态功能四级分区方案的制定，建立控制单元污染物排放控制技术体系。②实施分类控源。工业点源方面，按照清洁生产、过程控制和末端治理全过程控制思路，创新集成形成冶金、石化等六大重污染行业水污染治理技术系统。工业园区方面，构建园区节水减排清洁生产技术体系和流域清洁生产综合管理体系，建立流域工业园区清洁生产综合管理平台。城镇污水方面，针对污水处理厂进水水质差导致出水不达标，深度挖掘两级 BAF 工艺去除能力的优化调控技术，研发北方寒冷地区 A/O-人工湿地组合工艺污水处理技术。面源方面，开展农田污染源头控制，进行农村分散式小型生活污水处理，实现秸秆、粪便等固体污染物资源化，构建寒冷干旱地区农村污染治理成套技术。③坚持协同治理。在流域毒害物污染、辽河口环境保护、城乡二元发展等方面，坚持协同治理的总体思路。统筹氮磷营养物控制与毒害物治理、河流与海洋污染控制、城市与农村污染治理。

3）水生态

针对水生态受损问题，坚持区域整体修复策略。在大伙房源头区提出了水源涵养林结构优化与调控技术体系，应用于国家森林可持续经营试验与示范区建设。在辽河干流保护区整体建设 100km^2 的水污染控制及水环境治理综合示范区，实现了示范段水质达到地表水Ⅳ类标准（以 COD 计），河滨带植被覆盖率、湿地面积、鱼类及鸟类物种多样性得到恢复，支撑保护区河流水质持续改善，生物多样性得到显著恢复。在辽河口区研发河口湿地阻控和生境修复技术，改善河口区水质、恢复河口湿地生态。辽河流域的生态修复贯彻物理、化学、生物三个完整性的修复思想和理念，统筹水资源、水环境、水生态。①上游需涵养水源，防止水土流失，同时做好水库群联合调度，保障生态基流；②应加大力度，持续开展流域水污染治理，进一步推进城市管网建设和污水处理厂提标改造并稳定运行，加大流域重污染行业减排，从源头上控污、减污；③保护好现存的自然生态缓冲岸带，对已破坏的岸带，因地制宜，构建人工生态缓冲带，尽可能地保护和维护水生生物栖息地生境，有效减少面源污染；④重点关注城市段，作为治理的重点区域，因为辽河流域重污染河段多是流经城市的河段；⑤加强监控预警和流域统筹管理，制订有效的政策引导、激励和保障措施，从流域生态综合管理角度，确保治理的效率和效益。

辽河水污染治理具体实施模式如图 5-7 所示。

2. 工业废水治理组合技术模块

1）石化废水生物强化与高级氧化组合脱毒集成技术

针对石化废水处理装置生化尾水残留有毒有害、难生物降解有机污染物浓度高的特

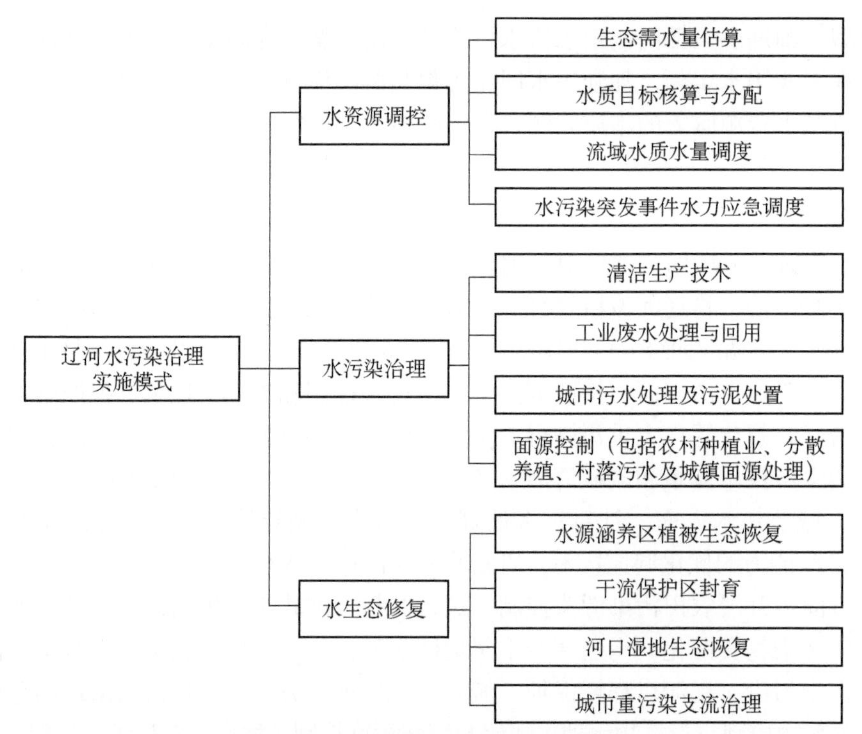

图 5-7 辽河水污染治理实施模式图

点，推荐一种由三个技术共同支撑的石化废水生物强化与高级氧化组合脱毒集成技术，分别是高浓度丙烯腈废水臭氧预处理技术、混合废水 MBBR 生物脱毒工艺升级改造技术和石化废水生化尾水 RO 浓水序批式电 Fenton 高级氧化技术。具体技术流程如下：

（1）混合污水（丙烯腈污水+生活污水+其他污水）进入集水井，经机械格栅去除大部分杂物后，经泵提升至调节池与热电厂排放的污水混合，使冬季时水温适宜微生物生长。

（2）调节池的出水进入厌氧池，经过厌氧池去除一部分有机物，之后出水进入改造后的兼氧池，即接触氧化池，利用水解增强有毒有害有机物（有机氮）的降解效率，之后进入到改造后的反硝化池，即缺氧池，并从硝化池末端回流至反硝化单元，利用反硝化反应进一步强化对有毒有害有机物的降解效率。在生物流化池通过增加填料至填充比 30%，同时投加碱度、冬季通入蒸汽保温，提高了 COD、NH_3-N 与氰化物的处理效率。

（3）三沉池出水自流进入新设置的反硝化生物滤池，在反硝化生物滤池中投加碳源（乙酸钠）将上游来水中的硝态氮还原为 N_2 释放，完成脱氮反应，由于要达到较高的脱氮率，因此碳源需过量投加。为保证出水 COD 达标，利用除碳生物滤池去除有机物。反硝化生物滤池出水通过水泵提升到除碳生物滤池，完成碳化反应，确保出水 COD 及有毒有机物（总氰化物）可以达标。

2）炼化废水协同处理分质回用技术

针对特定石油化工企业的石化类废水未分质回用的现状，推荐辽河流域炼化废水采用协同处理分质回用技术，实现了炼化一体化含油废水处理后回用。该技术作为以石化企业为核心的水循环利用模式的关键技术，实现了上下游企业间废水和再生水的梯级利用、分质供水和循环利用。其中，A/O+BAF 耦合工艺运行稳定、经济合理，为处理炼化废水的生化处理单元，尤其作为污水回用的前端生化工艺，具有对污染物去除率高、耐冲击力强等特点；COD 和 NH_3-N 的去除率可达到 90%以上，此工艺可以为回水装置提供稳定可靠的原料水，保证了污水回用装置的稳定达标运行，从而达到了节水减排的目的。

具体流程为：经过隔油、气浮等物化工序处理后的废水进入 A/O 工艺段，先经过水解酸化提高可生化性后，进入 A 段进行反硝化反应，达到脱氮的目的，然后废水再进入 O 段进行有机物的氧化降解；经 A/O 工艺处理后的污水中各类污染物浓度均已大幅度下降，称为微污染水，但是还不能稳定达标，需进入 BAF 进行二级生化处理，使水中微量污染物 COD、NH_3-N 等得到进一步降解处理，水质连续稳定达标，为回用水装置长周期运行奠定基础。

3）制药园区尾水与生活污水共处理技术

针对制药尾水含有难降解有机物、可生化性差、难以处理达标的问题，推荐一种与生活污水共处理的组合技术模式。首先利用臭氧氧化+水解酸化对制药园区尾水进行强化预处理，可将其中长链、环类大分子难生物降解物质实现开环、断链，转化为小分子、易生物降解物质。预处理后的制药园区尾水与生活污水按一定比例（20%～30%）进行混合后进入改良 A^2/O 反应器进行生物共代谢，利用生活污水中的易降解有机物充当一级基质，微生物在分解一级基质时所产生关键酶，可以同时对难降解的有机污染物（二级基质）产生作用，使其进行分解，同时实现脱氮除磷，末段采用臭氧氧化及纤维滤池进行深度处理保障出水水质达标。

4）热电厂再生水高效低耗分质利用技术

针对城市污水处理厂排水回用于热电厂常规处理工艺对低浊原水处理效率低，产水不达标，运行维护成本高，同时导致膜处理系统污染严重，出水水质恶化等问题，根据高寒地区电厂常规工艺用水、冷却循环水和热网补给水水质要求，推荐一种基于分质利用的高效低耗处理组合技术，以解决常规工艺处理不达标和过度处理问题。

创新集成“低浊废水 BAF+强化混凝–沉淀+变孔隙滤池”，形成组合技术模式，采用沿程加药、强化混凝工艺代替传统的石灰澄清工艺，处理城市污水厂低浊度、低碱度排水，降低产水中 COD、NH_3-N、浊度和 TP 含量，避免传统工艺造成产水硬度升高、铁残留严重、石灰沉泥产生量大等问题，产水稳定满足电厂常规生产用水和冷却循环补水水质要求。配合使用“高盐高硬水缓释阻垢技术”，采用高效复合缓释阻垢剂代替传统加酸阻垢，满足电厂冷却循环水水质要求，有效提高冷却循环水提高浓缩倍数，缓解设备、管路腐蚀速度。制定 RO 进水 TP 含量限值（3mg/L），据此取消前续除磷工艺，避免过度处理，以“高盐高磷废水膜处理技术”处理后的出水满足热网补给水用水要求。

5）印染废碱液循环利用与废水减排技术

针对棉印染生产过程废水排放量大、含碱浓度高而导致末端处理难度及负荷大的问题，推荐一种棉印染废碱液处理、回收及循环利用技术。基于“印染丝光工艺废碱液纳滤膜法回收技术”特种耐酸碱纳滤膜对废碱液中氢氧化钠的高透过性及对有机物和其他杂质的截留特性，实现污染物的高效去除和净化碱液的回收；同时，采用浓缩液连续回流运行方式，有效提升膜系统产水率和碱回收率，降低浓缩液比例，实现废水的减排和回用；通过增加净化碱液输送系统，将净化和回收后的碱液输送至作料高位槽，可直接用于染色等生产工段，实现净化碱液的循环再利用。主要工艺段包括过滤换热、收集输送、预处理、纳滤膜净化和净化液输送循环利用。

3. 城镇生活污水治理组合技术

1）低水温低C/N比污水深度处理组合技术

针对严寒地区城镇水污染特点和处理工艺现状，以改造和优化城镇污水处理厂污水处理工艺为出发点，通过对各处理单元的工艺形式、结构和运行方式改进和优化，提高各段处理工艺的处理效果，以此达到整体提高污水处理厂出水水质的目的，同时降低运行能耗，节省运行成本。推荐一种通过1项预处理技术、2项生化处理技术和4项尾水深度净化技术的集成工艺——低水温低C/N比污水深度处理组合技术，应用于城镇生活污染治理。

低水温低C/N比污水深度处理组合技术主要包括：前端气浮旋流速降SS预处理技术降低生化进水无机SS比例；中段可采用内嵌生物膜两级A/O系统耦合旋流破散生物极限脱氮技术，也可采用固体碳源辅助序批式生物膜反应器同步硝化反硝化脱氮技术，提高TN的去除效果；尾水处理可采用微絮凝/絮凝旋流–浅层滤布滤池强化除磷，出水可满足地表水Ⅳ类标准，或采用基于污水生化处理与复合药剂耦合强化污水厂尾水深度净化技术，在生化池出水后投加复合药剂，二沉池改造为絮凝沉池，然后直接过滤。过滤也可采用更为节水节地的分形纤维高速过滤技术。此时出水可满足地表水Ⅲ类标准，尾水深度处理采用氮磷比定量调控人工组合湿地技术进一步去除N、P，可使出水满足地表水Ⅲ类标准。

2）北方地区前置塘–自然塘–后置塘组合工艺

针对辽河流域上游大部分城镇生活污水直排污染水体的问题，根据城镇污水可生化性好，但水质、水量波动大的特点，推荐以人工强化技术有效降低污水中有机物及悬浮物浓度。适合采用稳定塘强化处理技术、组合稳定塘生态处理系统等综合配套技术，重点实施适合北方低温环境的污水处理技术，充分利用自然生态系统的自净能力，降低污水处理成本。

具体需要采用多种处理单元塘优化组合的工艺流程，应用较全的工程强化措施，有效提高稳定塘的净化效率与效果。配合按序运行沉淀厌氧塘、物化吸附反应塘（人工湿地）、自然塘及后置调节塘，可初步实现城镇污水的集中收集处理目标。

3）城市污水处理厂尾水深度处理组合工艺

推荐对辽河流域城镇污水处理厂尾水进行气浮旋流速降SS预处理单元、絮凝旋流沉淀–滤布滤池尾水深度处理单元和微絮凝滤布滤池尾水深度处理单元集成深度处理。首先通过气浮旋流预处理单元对污水进行预处理，进行SS，尤其是轻质SS和穿透性有机物的去除。接连通过两级尾水深度处理单元，对尾水深度处理工艺进行改进，实现提高污水厂尾水出水水质的同时，还节能降耗。

气浮旋流预处理技术是指利用机械、重力、气浮或者离心等原理将污水中的悬浮物与污水分离，然后将其去除的过程，目的是避免杂质和悬浮物对后续处理流程产生负面影响，同时可以削减 SS 值，减轻后续单元对 SS 的处理压力，增加生物单元 VSS/SS，同时利用旋流器的离心力和剪切力洗掉 SS 表面的有机物，缓解生物处理单元碳源不足的问题。

絮凝旋流沉淀尾水深度处理技术是利用钢渣具有物理吸附和化学共沉淀除磷的特性，同时钢渣比重较大，钢渣与絮体结合可增加絮体比重，改变絮体特性，显著增加絮体的沉降性能，缩短水力停留时间。将钢渣和混凝剂同时运用到深度处理工艺，实现钢渣和混凝剂的复合效应，还可降低药剂投加量，减少污泥产量。

絮凝旋流沉淀尾水深度处理技术与滤布滤池过滤截留特性相结合，通过絮凝旋流单元的深度处理，滤布滤池的进一步截留，可保证出水水质，实现 SS 和其他污染物的同步去除，同时可降低药剂投加量，减少污泥产量。

利用微絮凝工艺流程简单，附属设备少，运行维护简单的优势，通过在混凝单元投加混凝剂进行化学除磷，然后经过滤布滤池截留，实现 SS、TP、COD、TN 和 NH_3-N 的同步去除，可降低运行电耗和基建投资成本。

4. 农村面源水污染治理组合技术模块

1）稻田生态系统面源污染控制与水质改善技术

考虑到辽河流域特定严寒地区的气候环境，对于田间及稻田生产区退水中氮磷污染控制推荐一种集合水肥调控、退水阻控、沟渠–塘–湿地设计及植物配置的组合技术模块，以达到有效控制、削减氮磷污染的目的。工艺流程概括为“稻田水肥调控—退水沟渠污染物削减与阻控—退水污染物天然湿地削减与阻控—排入辽河”，具体如下：

稻田水肥调控技术。采用间歇灌溉方式，以固定的灌水量、施氮量、施磷量和施用次数调控稻田水肥。与此同时，在水稻生长关键期，基于叶片高光谱特征对叶片氮含量的响应，筛选敏感光谱波段，确定表征叶片氮特征光谱指数，进而利用叶片氮的“指纹光谱”实现精准施肥。

退水沟渠污染物削减与阻控技术。在经过现状调查之后，设计沟渠，将直线的顺流渠道增加凸点，增加湍流，改善渠水流态，强化渠水自净功能。针对渠道边原有独立的塘系统，通过施工，开通塘水出口，连通渠道，优化空间结构，形成沟渠–塘–湿地连通的水生态系统。在沟渠–塘–湿地接近水体的无水生植物生长的岸边带，配合栽种芦苇和菖蒲，增加水生植物多样性。最后，在植物稀少排水渠周边栽种水生植物，如芦苇、水葱等，完成稻田排水渠植物系统的构建。

2）湿地养殖水体污染的物理–生物联合阻控与水质改善技术

根据辽河河口区苇田养殖水体有机污染特征和苇田主要养殖对象河蟹的水质、水位调控及芦苇生长的水量要求提出分流水量与污染负荷，推荐一种依靠生物填料在芦苇湿地进行原位修复的物理–生物联合阻控与水质改善技术。在处理区域出水口附近设置由“多孔介质填料”所组成的“生物处理单元”，以构建芦苇湿地营养有机污染物理–生物联合阻控技术，以改善苇田养殖水体水质，维持苇田生态功能。应用于养殖苇田湿地，可有效解决苇田养殖水体的污染问题，削减进入其他水体中的污染物量。

3）与种植业相融合的农村生活污水生物生态组合处理成套技术

在增加保温措施的前提下，该组合技术可用于我国高寒旱地区辽河流域农村生活污水处理，规模一般不大于200t/d。主要突出融合种植业的创新集成，克服农村生活污水处理率低、农村与城镇在土地资源和生态消纳能力方面的巨大差异被忽视、单一技术无法满足复杂农村条件下的治理需求的问题。采取生物生态组合，以高效低耗生物单元处理农村生活污水，推进污染净化型农业的可持续发展。该技术本着因地制宜，建设成本低、高效、易维护、氮磷资源化利用的可持续发展原则，秉承“生物单元重点处理有机污染物，生态单元资源化利用氮磷”的理念，形成多种具有节能、节地、高效、低维护、景观化、园林化特征的单元技术，构建了高适应性的菜单式可选技术体系。

4）北方农村生活面源氨氮污染全过程控制成套技术

北方农村生活面源氨氮污染全过程控制成套技术的核心技术主要包括高效生物移动床–地下渗滤系统脱氮集成技术、北方农村地区高效藻类塘氨氮去除技术及BAF强化人工湿地处理农村生活污水技术三项内容。

高效生物移动床–地下渗滤系统脱氮集成技术是采用MBBR与污水地下渗滤系统两种工艺组合，通过单元条件优化实验，调整生物移动床进水污染物浓度、pH、DO、水力停留时间和污水中的C：N：P等参数，筛选确定了地下渗滤系统填料基质组成及投加比例与方式。北方农村地区高效藻类塘氨氮去除技术针对北方C/N低的农村生活污水，通过调节高效藻类塘中的藻类接种量、曝气量/搅拌速度、水力负荷、水力停留时间等条件，采用太阳能、大棚等保温措施，确定了高效藻类塘脱氮机理是通过藻类的吸收、同化作用及细菌的硝化作用。BAF强化人工湿地污水处理系统和方法通过对曝气管的开启和关闭在人工湿地内形成好氧与厌氧交替，在同一湿地内完成硝化与反硝化过程，极大地提高了脱氮能力。

工艺流程为“村庄沟渠—配水池一级高效藻类塘—二级高效藻类塘—藻类收集池—水生生物塘—储水池—回用灌溉”，具体如下：高效藻类塘系统进水由沟渠汇入配水池，采用两级高效藻类塘串联，力求达到设计要求。由于高效藻类塘出水中藻类含量高，SS较大，因此采用藻类收集池来收集大块絮状藻类团，再由水生生物塘作为除藻设施以除去水体中悬浮的藻类，水生生物塘中种植水花生、浮萍、芦苇等植物，通过人工浮岛等方式覆盖水面以遮阳，生物链抑制和物理沉淀作用去除高效藻类塘出水中的藻类，最终出水流入储水池后回用于农田灌溉。

5）“基质+菌剂+植物+水力”人工湿地四重协同净化技术

对于北方寒冷地区农村分散式生活污水，推荐一种“基质+菌剂+植物+水力”人工湿地四重协同净化技术模块。污水前处理（A^2/O工艺）后经导流槽由布水槽使污水均匀流入湿地处理系统，在湿地处理系统中通过水流方向的改变和湿地植物与低温菌剂复合体系的协同净化作用，使污水得到净化。同时，根据季节（环境温度）的变化，通过液位调节系统，实现对湿地系统水位的精准调控，确保人工湿地系统在低温条件下高效稳定运行。

5. 生态修复组合技术模块

1）“干流–岸带–支流”水生态建设和功能修复成套技术

针对快速城镇化进程中，辽河流域面临的水质恶化、生态水量不足、河道两侧景观退化与功能丧失等问题，在水生态环境变化趋势分析和预测的基础上，推荐采取“干流–岸带–支流”的治理思路，从流域水质和水量两个层面，在干流开展高寒旱地区基于生态需水保障的水质水量调控技术，在岸带开展基于河岸缓冲带水生态建设、功能修复技术和基于生态护岸的河流水质改善技术，在支流开展人工湿地低温强化水质净化技术的实施。并通过高寒旱地区河流生态功能定位，来解决在河流平枯水期基于多级拦蓄调控以保障最低生态需水量的水生态质量改善技术难题。因此，集成了快速城镇化进程中河流水生态保护技术体系，形成了城镇化进程中河流水生态建设和功能修复成套技术，全面提升河流水质和水生态环境。

在辽河流域水文情势分析和生态需水量变化规律研究的基础上，进行生态需水量的计算。构建基于保障生态水量的水质水量调控模型，确定不同情境下生态需水量与河道水质之间的关系。以此，制定能够满足水质要求的河道生态需水量的方案以及符合国家“水十条”和各级政府工作部署的不同阶段水质水量调控方案。

研究区域土著植物，筛选出具有较高景观性、耐低温、污染物削减能力强的植被，同时构建包含缓冲带带长、带宽、坡度、植株间距（代表不同植被组成）、初始土壤含水率等指标参数的相应模型，对植被带缓冲截留效果进行模拟及优化研究，最终研发出适宜辽河流域需求的河岸缓冲带植被配置模式。另外，还需筛选出本土高效污染物降解菌，并开发对应微生物菌剂，通过挂膜和直喷的方式强化植被型护坡的径流污染物削减能力，形成了“植物–微生物”耦合生态护坡系统，有效提升了研究区域河岸带的景观效益与生态效益。

对严寒地区人工湿地冬季低温环境下内部温度场变化规律、填料层内微生物种群分布变化展开研究，以诊断分析低效运行成因，将低温环境下外源热能补给、表层热损失阻隔、填料层微生物活性增强及种群优化、堵塞状况改善作为技术重点和突破点，形成以水力负荷、保温覆盖协同优化的人工湿地低温优化运行方案。研发含有耐低温异养菌、硝化菌和反硝化菌菌群的耐低温复合菌剂，复合以煤矸石–沸石原位改性反级配填料技术为主的湿地堵塞防控技术和以湿地系统缓释增氧药剂为主的强化增氧技术，形成人工湿地低温强化水质净化集成技术，保障冬季人工湿地系统稳定运行。

2）中游城市河流水质改善及水生态建设成套技术

城市河流水环境压力增大所引发的水资源短缺、水质下降、水生态恶化、水体自净能力显著退化等问题日益严重，践行“山水林田湖草是生命共同体”理念，促进实现河流水生态健康势在必行。对于辽河流域中游城市河流水质改善及水生态建设问题，推荐构建一种成套技术，具体包括：活水循环技术、傍河湿地水质保育技术及河流在线立体生物持续净化技术的“三级保障”技术系统。

活水循环技术。首先确定水系合理连通方式；基于可用的污水厂达标出水和清洁地表水，确定水系污染物扩散模型；确定控制断面水质目标及河流基本参数；最后，结合不同季节补水水质确定调水量。

傍河湿地水质保育技术。首先针对点源、面源污染以及受污染河水，通过在河道周边闲置空地、生态空间建设虹吸人工湿地、潮汐流湿地、循环流人工湿地、水平潜流人工湿地或滞留塘湿地系统，实现对受污染河水的强化净化，促使出水水质达到地表水V类标准。

河流在线立体生物持续净化技术。首先根据目标污染物确定最佳的立体生物净化模式；根据立体生物净化设备单位面积处理能力，设计生物持续净化设施面积；最后选取宽阔河面建设立体生物持续净化设施。

3）河岸带修复集成技术

针对辽河干流河岸带人类活动强烈、植被破坏与水土流失严重，河岸带生态与服务功能明显降低的现状，推荐一种包括河岸带人工强化自然封育技术，河岸边坡土壤植物稳定技术和河岸缓冲带污染阻控技术在内的河岸带修复集成技术模块。

河岸带人工强化自然封育技术。将辽河干流河槽两侧各500m作为封育区（河岸边至大堤不足500m的以大堤为界），实施退耕还河、建设管理路和阻隔带，并进行围栏封育。左岸围栏沿管理路左侧或按1050线布设，右岸围栏在阻隔带右侧，并在借堤与渡口桥梁交叉处、险工、水渠、支流入汇口等处延伸避让，确保行洪宽度。阻隔带边沟从行洪保障区界向区内方向开挖成上口宽3m，下口宽1m，深2m的倒梯形，挖出土向保障区内摊平、压实成4m宽0.8m高台地，并从台地内边缘向区内栽宽5m绿化带。管理路按四级公路标准修建，路基填筑方案分为一般填土路基和风积沙路基路段；根据河岸带地形地貌和植被特征，因地制宜实施全方位生态恢复，在常水位以上裸露或植被自然生长缓慢的滩地草原活枝扦插杞柳和柽柳，种植草木犀、紫花苜蓿等多样组合草本土著植物等，达到合理密度的80%以上；在河道滩地低洼积水段常水位附近栽植根系发达的芦苇、香蒲等挺水植物，常水位下种植荷、菱等植物，形成多层次防护，促进植被恢复，稳定地表，丰富生物多样性，提高景观效果。

河岸边坡土壤植物稳定技术。在保护区河岸边坡冲刷严重，因地制宜实施不同类型的边坡土壤–植物稳定技术和河岸缓冲带污染阻控技术，对土质松散、侵蚀较重河段实施无纺布–圆木–杞柳护岸技术，在植被稀少、土壤中度侵蚀河段实施密植扦插杞柳护岸技术，在河岸淤沙较多河段实施紫穗槐种植护岸技术，在水力冲刷较大、植被稀少的河道弯处实施扦插杞柳枝与植物捆护岸技术，通过活枝疏密扦插、无纺布保墒、圆木稳固坡脚措施快速恢复河岸边坡植被，进行边坡防护。

河岸缓冲带污染阻控技术。在农业活动强烈、滩地侵蚀裸露严重河段，搭配种植杞柳、紫穗槐与草本植物，构建多级灌草植被缓冲带，有效截留降雨径流及污染物。

5.2.6 辽河流域有机物和营养物控制技术路线图

辽河流域有机物和营养物控制技术路线图基于辽河流域治理历程梳理总结，结合水环境质量演变趋势和水质现状分析，按照“流域统筹、分类控源、协同治理、系统修复、产业支撑”的总体思路，结合国家重大战略要求和流域治理规划，系统分析辽河流域水环境质量演变趋势，结合系统动力学模型模拟研究，提出了辽河流域近期（2020～2025年）、中期（2026～2030年）和远期（2031～2035年）的有机物和营养物控制目标（图5-8）。

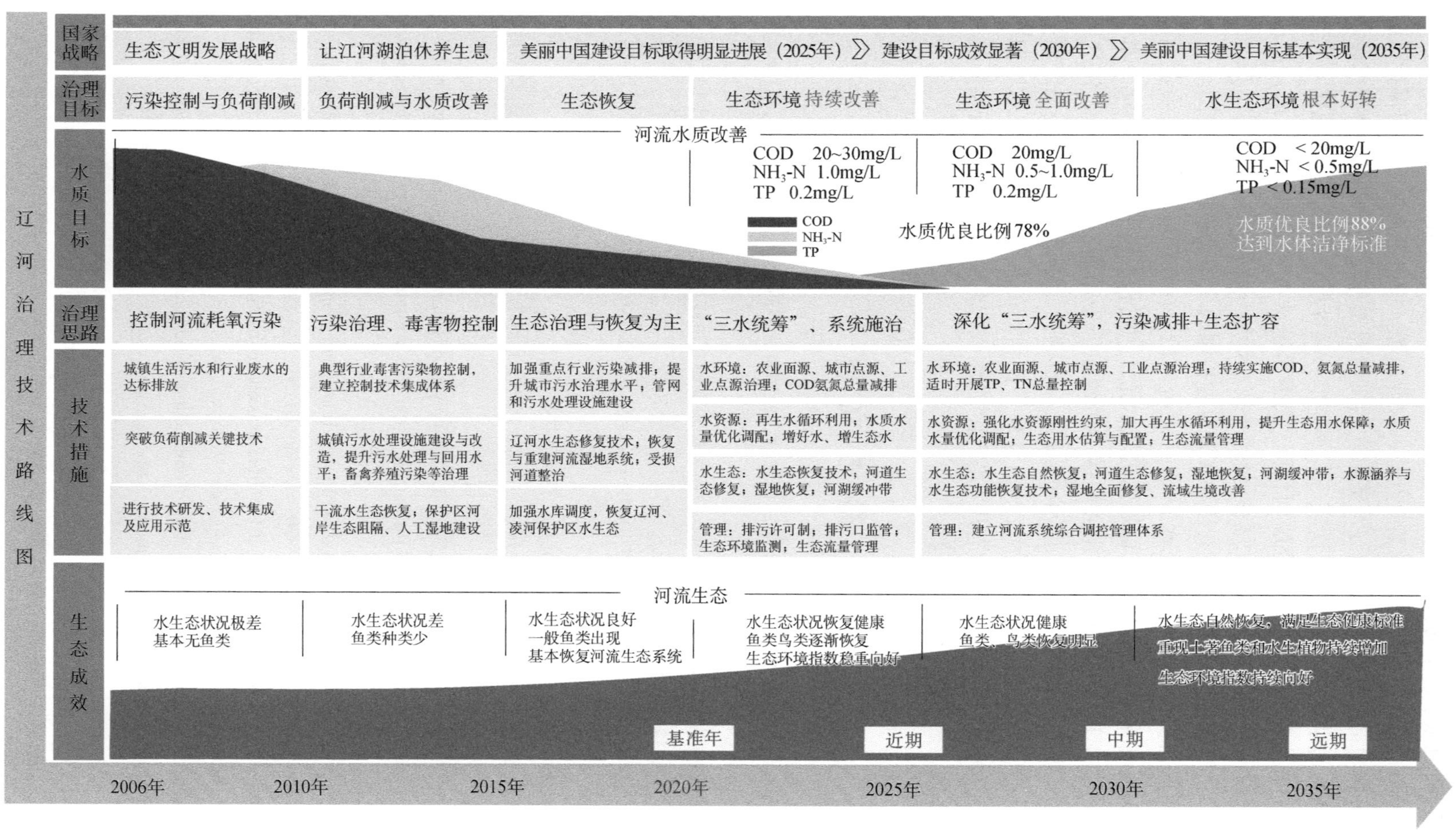

图 5-8　辽河流域有机物和营养物控制的总体解决技术路线图

同时针对辽河流域水污染的类型复杂性、治理长期性和区域结构性特点，按照辽河流域水污染治理分类指导方案，评估流域工业点源、农业面源、城镇生活源、辽河保护区湿地网构建等治理技术措施与效果，提出辽河流域水污染治理先进技术模式与组合技术模块。基于辽河流域水污染治理与生态修复模式，以水体水环境容量为依据，以河流化学完整性、物理完整性和生物完整性恢复为战略目标，根据系统动力学模型模拟结果，按照流域COD与氮磷控制目标—治理模式—指标分解—技术措施—保障条件等关键步骤，形成了覆盖近、中、远期目标的辽河流域有机物和营养物控制的总体解决技术路线图。

路线图近期重点任务在于“三水统筹”、系统施治。在水环境方面强化农业面源、城市点源、工业点源治理；水资源方面加强再生水循环利用和水质水量优化调配；水生态方面加强河道、湿地生态修复，强化河湖缓冲带建设。中远期主要任务是深化“三水统筹”，强化污染减排和生态扩容，建立河流系统综合调控管理体系。在水环境方面持续实施COD、氨氮总量减排，适时开展TP、TN总量控制；在水资源方面强化水资源刚性约束，加大再生水循环利用，提升生态用水保障；在水生态方面加强水生态自然恢复，全面修复流域湿地，使流域生境根本好转。

参考文献

侯琳萌，清华，吉庆华. 2022. 类芬顿反应的催化剂、原理与机制研究进展. 环境化学，41（6）：1843-1855.

孙怡，于利亮，黄浩斌，等. 2017.高级氧化技术处理难降解有机废水的研发趋势及实用化进展. 化工学报，68（5）：1743-1756.

王雪，王良，赵爽，等. 2020. Fenton 催化应用于治理环境水体中有机污染物. 科技创新与应用，（2）：181-182.

徐如人. 2004. 分子筛与多孔材料化学. 北京：科学出版社.

张武，纪妍妍，彭涵，等. 2018. FeY 型分子筛的高效制备及非均相 Fenton 催化降解性能. 高等学校化学学报，39（9）：1985-1992.

Li W，Patton S，Gleason，J M，et al. 2018. UV Photolysis of chloramine and persulfate for 1, 4-Dioxane removal in reverse-osmosis permeate for potable water reuse. Environmental Science & Technology，52（11）：6417-6425.

Liao P H，Chen A，Lo K V. 1995. Removal of nitrogen from swine manure wastewaters by ammonia stripping. Bioresource Technology，54（1）：17-20.

Michael I，Rizzo L，Mcardell C S，et al. 2013. Urban wastewater treatment plants as hotspots for the release of antibiotics in the environment：A review. Water Research，47（3）：957-995.

Oller I，Malato S，Sánchez-Pérez J A. 2011. Combination of advanced oxidation processes and biological treatments for wastewater decontamination—A review. Science of the Total Environment，409（20）：4141-4166.

Zhang L，Lee YW，Jahng D. 2012. Ammonia stripping for enhanced biomethanization of piggery wastewater. Journal of Hazardous Materials，199-200：36-42.

第6章　长江黄河治理路线图

长江和黄河流域在我国经济社会发展和生态安全方面具有十分重要的地位，保护治理好长江和黄河生态环境，具有重要的战略意义。近年来，随着国家长江经济带发展战略、黄河生态保护和高质量发展战略的实施，长江和黄河流域法律制度体系不断健全，长江和黄河流域生态环境治理和保护不断深入推进，然而伴随经济社会不断发展而来的生态环境压力，要求对长江和黄河流域的生态环境进行持续有效的治理，以流域高水平保护支撑流域经济高质量发展。通过分析长江和黄河流域自然地理、生态环境治理及保护概况，以及长江和黄河流域水生态环境保护面临的结构性及根源性压力，聚焦流域突出问题、修复短板及重点任务，明确水资源、水环境、水生态等各方面保护修复指标，总结提出长江和黄河流域的保护科技需求。以“国家战略—治理思路—治理目标—技术措施”为主线，以时间为轴，明确实施阶段、目标和研发重点，制定长江和黄河保护修复路线图，对于明晰我国长江和黄河生态环境治理重点、难点及目标愿景具有重要意义。本章研究提出了长江和黄河流域治理保护修复路线图。

6.1　长江流域保护修复路线图

6.1.1　长江流域概况

1. 自然地理概况

长江是世界第三、亚洲第一大河，是中华民族的母亲河、生命河。长江流域面积辽阔，总长约6397km，横跨我国地形三大阶梯，地势西高东低，长江流域地貌区域主要划分为3类：上游深切割高原区、中上游中切割山地区、中下游低山丘陵与平原区。其中主要地貌单元有青藏高原、横断山脉、云贵高原、四川盆地、江南丘陵、长江中下游平原。长江干流宜昌以上为上游，长4504km，流域面积100万km^2；宜昌至湖口为中游，长955km，流域面积68万km^2；湖口以下为下游，长938km，流域面积12万km^2。

长江流域水系发达，支流众多，年平均降水量500～1400mm，多年平均地表水资源量9012亿m^3，占全国总量的33%。有18条支流的长度超过500km，有6条支流的长度超过1000km，依次为汉江、雅砻江、嘉陵江、大渡河、乌江和沅江。流域面积超过1000km^2的有437条，超过3000km^2的有170条，超过1万km^2的有49条，超过5万km^2的有9条。长江中下游平原及其三角洲地区河汊纵横交错，湖荡星罗棋布，是我国湖泊分布最密集的区域，大型湖泊有鄱阳湖、洞庭湖、太湖、巢湖、洪泽湖等。长江流域范围及主要水系见图 6-1。

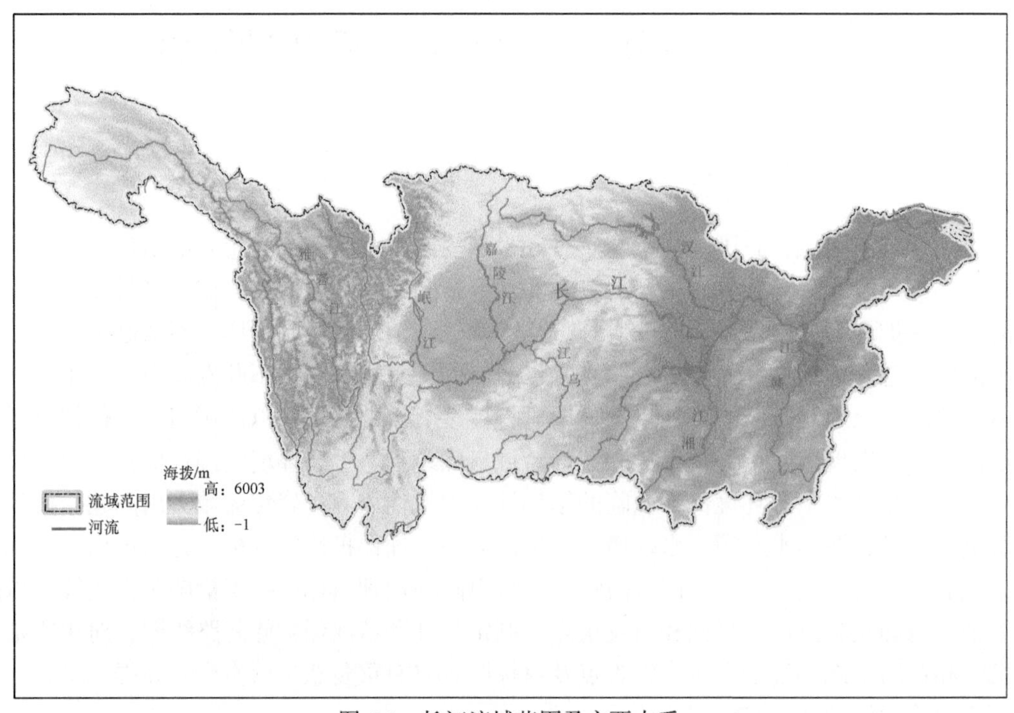

图 6-1　长江流域范围及主要水系

长江流域横跨我国东、中、西三大经济区域，涉及 19 个省市，经济总量大，人口数量众多。随着经济社会的发展，长江流域进入城市化加速时期，城市化水平不断提升。同时，由于多年来的无序利用和过度开发，长江流域生态环境问题日益恶化，可持续发展面临极大挑战。

2. 长江治理与保护概况

习近平总书记高度重视长江经济带高质量发展，从 2016 年到 2020 年先后三次组织召开长江经济带发展座谈会，提出要“共抓大保护、不搞大开发”，走“生态优先、绿色发展”之路。为加强长江流域生态环境保护和修复，促进资源合理高效利用，保障生态安全，实现人与自然和谐共生和中华民族的永续发展，自 2021 年 3 月 1 日起《中华人民共和国长江保护法》正式施行，该法是习近平总书记亲自确定的重大立法任务，开创了我国制定流域法律的先河，为今后黄河等其他流域立法形成示范引领，同时为保护长江全流域生态系统，推进长江经济带绿色发展、高质量发展提供了坚实基础，体现了长江流域生态环境系统在践行贯彻新发展理念、构建新发展格局、推动高质量发展中的重要作用。

以习近平生态文明思想为指导，按照党的十九大的战略决策部署，打赢打好污染防治攻坚战、补齐生态环境短板成为全面建成小康社会的三大攻坚任务之一，而长江保护修复攻坚战被列入生态环保七大标志性战役。为深入贯彻习近平总书记关于推动长江经济带发展系列重要讲话和重要指示批示精神，经国务院同意，2018 年 12 月生态环境部和国家发展和改革委员会联合印发《长江保护修复攻坚战行动计划》，提出到 2020 年年底，长江流域水质优良（达到或优于Ⅲ类）的国控断面比例达到 85%以上，丧失使用功能（劣于Ⅴ类）的国控断面比例低于 2%；长江经济带地级及以上城市建成区黑臭水体消除比例达 90%以上，地级及以上城市集中式饮用水水源水质优良比例高于 97%。在中央的领导下，在各相关部门和流域地方的共同努力下，长江保护修复攻坚战取得显著成效，截至 2020 年年底，长江流域水质优良断面比例为 96.7%，较 2016 年提高 14.4%，长江干流首次全线达到Ⅱ类水质，明确需消灭劣Ⅴ类的国控断面实现动态清零，一大批历史遗留问题得以有效遏制或解决（杨荣金等，2022），人民群众的幸福感和获得感进一步增强。

尽管长江生态环境质量改善明显，但部分地区环境基础设施欠账较多，黑臭水体整治、工业污染治理等污染物减排成效仍需巩固提升；面源污染在一些地方正在由原来的次要矛盾上升为主要矛盾，城乡面源污染防治亟待加强；一些地方湿地萎缩，水生态系统失衡，重点湖泊蓝藻水华居高不下，水生态保护与修复亟须突破。总体看，长江保护修复面临的形势依然复杂，任务依然艰巨。为深入贯彻习近平总书记关于推动长江经济带发展系列重要讲话和重要指示批示精神，贯彻落实《中共中央 国务院关于深入打好污染防治攻坚战的意见》和长江保护法及相关政策规划有关要求，深入打好长江保护修复攻坚战，2022 年 8 月生态环境部、国家发展和改革委员会等 17 个部门和单位联合印发实施《深入打好长江保护修复攻坚战行动方案》，提出的主要目标是到 2025 年年底，长江流域总体水质保持优良，干流水质保持Ⅱ类，饮用水安全保障水平持续提升，重要河湖生态用水得到有效保障，水生态质量明显提升；长江经济带县城生活垃圾无害化处理率达到 97%以上，县级城市建成区黑臭水体基本消除，化肥农药利用率提高到 43%以上，畜禽粪污综合利用率提高到 80%以上，农膜回收率达到 85%以上，尾矿库环境风险隐患基本可控；长江干流及主要支流水生生物完整性指数持续提升。行动方案从生态系统整体性和流域系统性出发，提出四大攻坚任务及六项保障措施，共计 34 项具体工作。

3. 长江流域生态环境问题

1）水资源

长江流域水资源供需矛盾突出，部分断面生态流量仍不足。根据近 5～10 年的实测径流数据，对长江干流和 18 条支流共 39 个控制断面的生态流量满足程度的评估结果显示，39 个控制断面中，有 36 个断面满足或基本满足生态流量保障目标，有 3 个断面不满足制定的保障目标。根据水利部批复的第一批 20 条河湖 42 个控制断面清单，调查汉江片区汉江、岷沱江片区岷江和沱江、嘉陵江片区嘉陵江及其一级支流涪江、贵州片区乌江和沅江有关控制断面、生态流量大小及其保障情况。2020 年 12 月，四个片区河流监测情况表明，汉江片区汉江安康断面出现日均流量小于生态基流的情况，四个片区控制断面生态基流满足率为 97.62%（陈善荣等，2022）。与其他流域相比，长江流域水资源总量丰沛，然而由于水资源供需矛盾突出等原因，部分区域生态流量保障上仍存在问题。

水资源供需矛盾突出是影响生态流量保障的主要原因之一。汉江流域干流先后规划 15 级梯级电站，支流也修建了众多水利枢纽。随着丹江口、王甫洲、新集、崔家营、碾盘山、兴隆等梯级水利枢纽的建成运行，汉江中下游水文情势发生较大变化。《汉江流域水量分配方案》于 2016 年获水利部批复，明确了安康、黄家港、皇庄等控制断面的生态流量保障目标。汉江流域绝大多数控制断面的流量满足程度较高，但南水北调中线工程、引汉济渭工程、鄂北地区水资源配置工程等的实施使流域内外用水统筹难度大，枯水期水资源开发和保护协调困难，生态流量保障存在不确定性。

岷沱江片区位于四川盆地腹地，部分城市处在径流极低值区，是典型的水资源贫乏地区。片区内城市可利用降水资源季节变化明显，主要集中于夏季，冬季可利用降水资源最少。同时，岷沱江片区局部开发强度大，岷江干流除承担本区域供水外，还通过都江堰工程向成都平原，以及沱江、涪江上中游丘陵区提供生活、工业、农业和生态环境用水；沱江流域属长江流域内相对缺水地区，径流年内分配不均，水资源开发程度居四川省各流域之首。随着用水量不断增加和上游供水减少，岷江水资源供需矛盾更加突出，也使生态流量保障更为困难。当前，岷江都江堰断面水资源开发利用已达到相当高的水平。近几年宝瓶口与沙黑总河的年引水量接近或超过 100 亿 m^3，占岷江上游来水总量的 70%，导致岷江干流金马河河段常现断流，造成河床大面积裸露与沙化，极大影响河流生态功能和服务功能。

嘉陵江中下游属我国成都平原粮食主产区。干流沿岸大中型灌区密布、用水量大，当遭遇枯水或特枯年份，对水库下游减水河段的生态流量保障存在影响。

2）水环境

长江流域磷污染问题突出，制约水环境质量改善。“十三五”期间，长江流域生态环境保护成效显著，水环境质量总体呈改善态势，TP 浓度整体呈下降趋势。自 2016 年开始，TP 凸显成为长江流域水体污染首要超标因子。2017～2019 年以 TP 作为水质定类因子的断面占 51.5%（陈善荣等，2020），2020 年长江流域 TP 平均浓度 0.0731mg/L，比 2016 年下降了 32.93%，但 TP 作为首超因子的超标断面占比 57.29%，仍远高于 COD（19.59%）和 NH_3-N（9.84%）作为首要因子的占比（丁肇慰和郑华，2021）。

总体而言，2020 年，长江流域水质优良（Ⅰ～Ⅲ类）断面比例为 96.7%，高于全国平均水平 13.3 个百分点，较 2015 年提高 14.9 个百分点，干流首次全线达到Ⅱ类水质。长江流域 19 省（区、市）均完成“十三五”水环境质量约束性指标。长江经济带经济保持持续健康发展，实现了在发展中保护、在保护中发展。《2021 中国生态环境状况公报》数据显示，长江流域水质为优。监测的 1017 个国控断面中，Ⅰ～Ⅲ类水质断面占 97.1%，比 2020 年上升 1.2 个百分点；劣Ⅴ类占 0.1%，比 2020 年下降了 0.4 个百分点。长江干流和主要支流水质均为优。目前，长江干流水质已连续三年保持Ⅱ类标准。

3）水生态

长江流域湖泊富营养化现象突出。长江流域湖泊分布集中，全流域面积大于 1km^2 的湖泊 648 个，总面积 1.73 万 km^2，约占我国湖泊总面积的 1/5，其中大部分位于长江中下游东部平原湖区，约占全流域湖泊总面积的 82%。2018 年，长江中下游区 19 个国控湖泊中有 9 个呈现富营养化状态，是长江流域湖泊富营养化和水华暴发最为严重的区域（季鹏飞等，2020）；中游区洞庭湖和鄱阳湖两个仅剩的天然通江湖泊均处于中营养状态；上游区 8 个国控湖泊中，有 2 个处于富营养、5 个处于中营养、1 个处于贫营养状态；源头区湖泊受人类经济活动干扰最小，水质基本能达到Ⅱ类标准（背景值除外），营养状态为贫营养（李青倩等，2022）。

水体富营养化的重要表征是藻类大量繁殖，出现水华现象。由于重点湖泊的自然条件、营养水平，以及治理成效的差异，各湖泊蓝藻水华暴发的种群群落组成、暴发频次、空间格局，以及持续时间不甚相同。2007～2019 年，太湖蓝藻水华发生频次呈波动增加趋势，特别是在 2016 年之后太湖 TP 出现反弹现象，2017～2019 年蓝藻水华暴发显著加剧，从竺山湾、梅梁湾和湖西水域扩大到中部敞水区；蓝藻水华暴发的高风险期为 5～10 月，近年蓝藻水华暴发时间提前了 30～40d，导致水华发生风险防控期加长；蓝藻水华暴发空间差异较大，水华主要发生在西部和中部水域，并逐渐向中部扩散，草型生态系统东南部水域没有蓝藻水华现象；湖体蓝藻水华年均发生面积从 2007 年的 206.2km^2 快速下降到 2014 年的 130.7km^2，而从 2015 年开始呈增大趋势，2017 年年均最大值达到 290.9km^2，超过了暴发饮用水危机事件的 2007 年；2017 年水华暴发面积单次最大值为 1582km^2，几乎覆盖太湖除水草区以外的所有区域。滇池和洱海属于云贵高原断陷构造湖泊，营养水平不同，蓝藻水华暴发特征差异较大。在 2015 年前，滇池蓝藻水华问题十分突出，随着综合治理效果不断显现，2016 年之后滇池蓝藻水华暴发频次、面积、持续时间均大大缩小。洱海属于富营养化初期湖泊，水华只是在湖湾局部区域暴发，频次、面积、持续时间要小很多。长江流域水生态问题不只是湖泊的问题，一些主要支流例如汉江、湘溪河等大型流动性河流也出现了富营养化和水华现象，例如长江最大的支流汉江中下游近 20 年就频繁暴发水华，成为优化上游丹江口水利工程生态调度的重要需求。

长江水系干支流纵横交错，大小湖泊星罗棋布，鱼类资源丰富，主要渔业资源包括青、草、鲢、鳙“四大家鱼”，以及铜鱼、长吻鮠、凤鲚、鳗鲡、螃蟹等，出产的“四大家鱼”、中华绒螯蟹等苗种品质优良，无可替代。历史上，长江天然捕捞量约占全国淡水渔业产量的 60%，最高年产量达到 42.7 万 t；长江干流“四大家鱼”鱼苗最高年产量可达 1000 亿～1300 亿尾，长江口天然蟹苗历史最高年产量达 20.05t。受水工闸坝阻隔、围湖造田、水域污染，以及过度捕捞等因素影响，长江渔业资源呈下降趋势，年天然捕捞量从 20 世纪 50～60 年代的 30 万～40 万 t 降至 2000 年左右的 10 万 t；长江湖北段是长江“四大家鱼”鱼苗的主产区，20 世纪 60 年代年均产苗 83.8 亿尾，80 年代降至 20.7 亿尾，90 年代降至 6.6 亿尾；2003 年长江口蟹苗资源仅为 15kg，天然蟹苗丧失了商业价值。此外，长江是中华鲟、白鲟、长江江豚、白鱀豚等众多珍稀特有水生动物的栖息地，这些珍稀特有水生动物位于长江水生生物食物链顶端，体型巨大，需要巨大的活动空间。由于江湖阻隔、饵料减少、捕捞误杀、航运、环境污染等影响，珍稀特有水生动物面临巨大的生存危机。中华鲟是一种大型溯河产卵的洄游性鱼类，其历史产卵场主要分布于长江上游和金沙江下游，1982 年到葛洲坝下产卵的中华鲟繁殖群体尚有 2176 尾，2017～2019 年已经降至 20 尾左右，自然产卵活动由年际间连续变成偶发。白鲟已于 1993 年功能性灭绝，2005～2010 年物种灭绝。国家一级保护动物白鱀豚，在 2006 年 11～12 月的长江豚类国际联合考察后，被宣布功能性灭绝。1984～1991 年，长江中下游长江江豚数量约 2700 头，2017 年长江江豚种群数量约 1012 头，其自然种群数量仍在下降，极度濒危的状况没有改变，保护工作形势依然十分严峻。

4）水风险

长江流域沿江集聚了化工、能源、机械制造、冶金、建材等 1 万余家重化工企业，环境风险源数量众多，分布相对集中，且流域内人口密度大，分布有众多国家级自然保护区、饮用水水源地保护区等敏感区，环境风险形势严峻。

a.“化工围江”现象明显

长江经济带分布化工企业 14813 家，省级及以上工业园区共有 1483 家。主要分布在云南省、贵州省、四川省、重庆市、湖北省、江苏省、浙江省和上海市。化工园区沿江沿河密集分布，形成“围江”之势。石化、化工、医药、有色金属采选业等高环境风险行业企业众多。长江流域上游主要为钒钛磁铁矿、铜、铅、锌、磷等资源加工冶金化工产业；上游云贵川地区主要为钒钛钢铁、磷化工、天然气、盐化工、有色冶金等；中游城市群主要为钢铁、石化、化工、有色冶金（铅、锌、铜等）行业；中下游以石化、精细化工园区居多。交通运输部长江航务管理局的资料显示：长江作为水源地，沿线化工产量约占全国 46%，长江干线港口危化品吞吐量达 1.7 亿 t，生产和运输的危化品种类超过 250 种，已形成覆盖长江上中下游的化工工业走廊（付凯等，2022）。

从总体分布来看，长江经济带下游地区工业园区数量最多，工业园区为 653 家，占比 43.3%，中游及上游分别为 431 和 425 家，分别占比 28.6%及 28.2%。各省市分布来看，江苏省工业园区数量最多，为 218 家，其中国家级工业园区达到 98 个。重庆市工业园区数量最少，为 62 家。从不同级别工业园区分布来看，江苏、浙江、上海、湖北等中下游省市国家级工业园区占比较多，而上游地区国家级工业园区较少，多为省级工业园区。

b. 航运污染风险大

长江航运承担货运量达 2.69×10^9t，支撑了长江经济带 11 省（市）[简称 11 省（市）] 经济社会发展所需 85%的铁矿石、83%的电煤和 85%的外贸货物运输量。干线港口危险化学品种类超过 250 种，生产和运输点多、线路长，年吞吐量已达 1.7×10^8t，泄漏风险大，航运污染事故风险较高；沿线港口特别是中上游港口码头污染物接收设施分布不均衡，投产年份长，设施老旧，含油污水船、岸衔接不畅通，洗舱水化学品种类复杂，处理难度大，风险防控能力弱。

长江流域航道密集，危化品码头和通航船舶数量众多，流动源监管难。港口码头几乎都建在沿江城市内，危险化学品生产和运输点多，风险管控不足。长江水系有近 12 万艘内河货运船舶，数十万船员常年在江上生产生活，船上会产生大量生活垃圾、油污水、残油、化学品洗舱水等污染物。截至 2019 年上半年，长江干线共有船舶污染物接收企业 185 家，污染物接收船舶仅 226 艘；长江干线常年航行的船舶有 10 万艘左右，相当于平均每艘接收船舶要服务 400 多艘船，船舶碰撞溢油与运输泄漏对长江水源地造成巨大的安全风险。

c. 尾矿库次生环境风险隐患多

临江高风险尾矿库占比高、管理粗放，发生垮塌、泄漏环境污染风险大。上游汇水区遍布众多尾矿库，临近长江干支流的高风险尾矿库占比高。四川省 260 座尾矿库中有 148 座高风险尾矿库，且大多管理粗放，发生垮塌、泄漏后产生的次生环境污染风险大。近年来嘉陵江流域连续发生跨界输入型污染事件，2015年锑尾矿库泄漏、2017年含铊废水通过尾矿库直排，分别导致嘉陵江水体锑和铊严重超标，严重影响了饮用水源安全，引发社会高度关注。

4. 长江大保护科技需求

1）开展流域磷污染精准与协同管控

综合考虑长江流域TP污染、富营养化问题，以及磷污染行业来源与区域排放特征，长江流域磷污染管控需要建立完善流域水环境分区分类管控体系，并从流域氮磷污染全过程控制、农业农村污染治理、实施差异化产业准入等多方面明确磷污染治理重点任务，对于"三磷"污染重点区域还要专门实施针对"三磷"特征的污染控制策略，从而形成长江流域磷污染精准与协同管控方案。

2）重点湖泊富营养化和水华防控

湖泊富营养化治理是长江流域水污染综合治理的重点任务，以四大重点湖泊为代表的大型浅水湖泊富营养化治理，可采用以湖泊氮磷削减为目标、氮磷环境容量为约束，按照"流域综合调控—陆域控源减排—流域生态修复—湖泊生境改善—流域生态管理"的全过程治理路线。通过流域综合调控，全面降低流域经济社会发展对湖泊的环境压力；陆域控源减排，减少流域氮、磷污染物排放量；流域生态修复，提高流域清洁水资源供给能力；湖泊生境改善，防止湖泊底泥内源污染和水华灾害；流域生态管理，全面提升流域生态系统智能化管理水平。

3）长江流域重点支流生态流量保障

针对汉江、岷沱江、嘉陵江、贵州四个片区的主要支流上游生态基流保障不足，存在减脱水段；河道内目标生态流量不足，鱼类繁殖期的洪水脉冲过程消失，水流"坦化"，适合"四大家鱼"等产漂流性卵鱼的自然繁殖条件缺乏；汉江中下游荆门至汉口河段水华频发，近年有向支流蔓延的趋势；以及生态流量下泄、监控和管控体系不足等问题，在研究确立生态流量的适宜核算方法和管控模式、相应考核责任主体和考核要求与指标等重点内容的基础上，需兼顾监测预警等环节，系统制定生态流量保障方案。

4）流域典型区域化工污染风险防控

以四川、湖北、江苏等为重点研究区域，"风险源识别—风险评估—风险综合防控"为核心开展化工布局风险防控方案顶层设计，在问题识别的基础上，提出长江流域不同区域化工布局风险管控策略、重点区域化工污染风险防控方案。另外，需加强长江流域上中下游风险防控顶层设计和重点区域已有化工园区风险防控措施，构建重点区域新建化工园区风险防控体系，建立健全化工污染风险源管理与防控机制。

5. 长江联合研究进展

2018年，生态环境部创新科研组织实施机制，与中国长江三峡集团有限公司（简称三峡集团）达成战略合作，按照"1+X"模式，以中国环境科学研究院为主要依托单位，联合全国269家优势科研单位、近5000名优秀科研工作者，成立国家长江生态环境保护修复联合研究中心（简称国家长江中心），形成“大兵团联合作战”的科技攻关模式。同时，为加强对地方精准、科学、依法治污的指导和支持，建立“包产到户”的驻点跟踪研究工作机制，印发《长江生态环境保护修复驻点跟踪研究工作方案》，向长江干流沿线和重要节点城市，派出58个专家工作组进行驻点跟踪研究和技术指导，并由点及面形成“城市驻点服务—片区集成—全流域总集成”三级联动、互为支撑的研究架构，实现流域整体推进和城市重点突破有机结合。

驻点跟踪研究由联合研究管理办公室、国家长江中心、各城市驻点跟踪研究工作组，以及各城市人民政府四方形成联动机制，共同签订驻点跟踪研究任务书（四方协议）开展驻点工作。以长江干流、主要支流，以及重要节点城市为主，优先选择具有典型性和代表性的城市作为驻点城市。遴选了58个驻点城市，分布在11省（市）及青海省。其中，上游22个、中游19个、下游17个，组建58个驻点组深入一线开展长江保护修复城市驻点跟踪研究，送科技、解难题，为流域区域水生态环境保护“把脉、问诊、开药方”。成立由中国科学院院士、中国工程院院士等专家组成的咨询专家组和总体专家组，为联合研究总体设计和具体实施提供战略咨询和技术指导。以解决突出生态环境问题为目标，形成科学研究与管理决策、治理方案紧密融合、相互反馈的组织管理模式，打造“前店后厂”“定制化”科技服务新模式。

6.1.2 长江流域治理保护工作与科研实践

1. 联合研究攻关科技行动

为协同推进长江保护修复工作，2019年2月28日，生态环境部与三峡集团正式签署《长江大保护战略合作协议》和《长江生态环境保护修复联合研究（第一期）执行协议》。2019年5月16日，国家长江中心在武汉正式揭牌，审议通过《长江生态环境保护修复联合研究实施方案》，标志着长江生态环境保护修复联合研究总体设计完成和联合研究（第一期）项目（简称一期项目）的全面启动实施。一期项目集中国内相关领域优秀科研团队，以科技助力打好长江生态环境保护修复攻坚战为目标，依托水专项等科研成果为基础，以集成应用研究为基本定位，着力开展以磷为核心的长江水质目标管理系统、“一市一策”解决方案和长江生态环境保护智慧决策平台构建等联合攻关，为打好长江保护修复攻坚战的科学决策和精准施策提供科技支撑。在联合研究领导小组的坚强领导与各地方的大力支持下，一期项目紧紧围绕长江保护修复攻坚战的科技需求，坚持问题导向、目标导向，以生态环境质量改善为核心，统一决策、统一管理、统一标准、统一行动和集中攻关，顺利完成了各项研究任务，积极推动水专项成果转化应用，全力支撑国家管理决策，精准做好地方科技帮扶，助力打好长江保护修复攻坚战。

2. 科技支撑成效

1）支撑长江保护修复攻坚战

生态环境部深入贯彻落实习近平总书记重要讲话和重要指示批示精神，会同11省

（市）和有关部门，扎实推进《长江保护修复攻坚战行动计划》，突出重点，推进多项专项行动。通过开展长江保护修复联合研究，特别是58个驻点工作组，深入地方科技帮扶支撑长江保护修复攻坚战。一是支撑“三磷”（磷矿、磷化工、磷石膏库）排查整治专项行动。系统筛选长江磷污染源防控技术，编制“三磷”专项排查整治行动方案、技术指南等，科技支撑磷企业生产设备、治污设施等全面排查。二是支撑城市黑臭水体整治专项行动。实现11省（市）地级及以上城市排查整治全覆盖。通过控源截污、内源治理、生态修复、活水保质等措施，支撑建成区内基本消除黑臭水体。三是支撑劣Ⅴ类国控断面整治行动。诊断长江12个劣Ⅴ类断面问题及成因，编制《长江流域消除劣Ⅴ类国控断面专项工作方案》，积极参与逐月开展的全国水生态环境形势分析，持续跟踪劣Ⅴ类国控断面水质变化情况。2020年年底，长江保护修复攻坚战确定的12个劣Ⅴ类国控断面全部消劣。四是深入开展饮用水源保护专项行动。支撑11省（市）1474个县级及以上集中式饮用水水源地3161个问题全部完成整治，城市饮用水水源地规范化建设完成比例达91.1%，9973个乡镇级集中式饮用水水源保护区全部完成划定。此外，应用科技支撑了入河排污口排查整治、规范工业园区环境管理等专项行动。

（1）精准帮扶“三磷”企业整改成效显著。研究发现，“三磷”是造成长江局部区域磷污染的重要原因。长江经济带是我国磷矿石、磷肥主产区，以及磷石膏库主要分布区，磷矿石、磷肥和磷石膏产量分别约占全国的98.2%、88.1%和82.6%，磷矿石约77%用于生产磷肥，6%用于生产黄磷，7%用于制备工业级磷酸和饲料。长江中上游是长江经济带“三磷”的重点区域（时瑶等，2020），湖北、贵州、云南和四川四个省磷矿石和磷肥产量分别占长江经济带产量的96.7%和90.8%；长江“三磷”专项排查整治行动涉及的834家企业中，四省磷矿、磷化工企业和磷石膏库分别占90.6%、94.3%和95.7%。TP超Ⅲ类断面与“三磷”企业的空间分布相关性明显，“三磷”是导致长江中上游等局部区域磷污染的重要原因。

评估优选先进适用的磷污染控制技术，为解决“三磷”污染问题提供科技手段。针对“三磷”的污染问题，联合研究组织和参与“三磷”污染防治技术交流会、黄磷行业清洁生产技术交流会，筛选磷污染控制先进适用技术12项，为黄磷尾气资源化回收、磷石膏综合利用、含磷农药母液无害化资源化提供支撑。如磷石膏深度净化分解技术可通过高温还原煅烧，生产硫酸联产水泥，硫回收率大于90%，所产硫酸回用于磷肥生产，有望成为解决磷石膏问题的有效途径。

全方位支撑国家和地方“三磷”污染整治并取得明显成效。参与编制《长江“三磷”专项排查整治技术指南》《长江“三磷”专项排查整治行动实施方案》等国家级规范性技术文件。通过两轮“点对点”调研和技术指导，精准帮扶67家“三磷”企业制定“一企一策”方案，从工艺、装备、设施、管理、污染治理装置等方面推动企业全过程防控污染。驻点工作组支撑地方“三磷”整治取得明显成效，贵阳市驻点工作组精准帮扶洋水河流域15家“三磷”企业，实现出境断面TP浓度下降超过2/3，解决了60多年来TP超标的老大难问题。德阳市驻点工作组提出“三磷”企业“一企一策”和17个磷石膏堆场“一堆一策”治理方案，实现了“消增削存”的目标，磷石膏综合利用率超过 120%。

（2）支撑长江经济带城市黑臭水体整治专项行动。研究发现，长江经济带黑臭水体总量和密度大，不同区域黑臭水体成因各异。截至 2019 年底，长江经济带 110 个地级及以上城市黑臭水体总数为 1372 个，黑臭水体数量占全国 295 个地级及以上城市黑臭水体总数的 47.3%。长江经济带黑臭水体基数较大，平均每座城市 12 个，高于全国 10 个的平均水平，主因是长江经济带城市水系较为发达、城市管网不配套且空白区域大。2019 年专项排查共发现黑臭问题河流 819 条，主要集中在长江经济带中下游地区，问题集中度较高的地区分布在湘鄂地区和苏皖地区。如河岸、河床存在垃圾类问题主要集中在湘中北和皖东、苏中地区；污水直排没有实质性解决类问题主要集中在苏皖地区；城镇污水管网不配套类问题主要集中在湘鄂皖和苏北地区。

依托驻点研究，提出黑臭水体综合治理思路和差异化管理对策，支撑河流岸线生态功能提升。一是抓住黑臭水体成因在岸上的“牛鼻子”问题，推动岸上水体统筹治理。通过多个城市的现场调研，系统梳理分析污水、垃圾“源流汇”过程，确定关键环节和问题，提出“污水处理厂进水 BOD_5 浓度”等关键指标，引导地方治理工程解决实质性问题，部分指标纳入《城市黑臭水体治理攻坚战实施方案》《“十四五”城市黑臭水体整治环境保护专项行动方案》。二是针对黑臭水体状况及其成因，进行差异化分类治理和全过程综合管理。从前期调查、污染分析与问题诊断、城市黑臭水体整治、整治效果评估、长效机制建设 5 个方面对黑臭水体全过程治理与管理进行规范化，编制了《城市黑臭水体整治技术导则》（建议稿）。三是推动岸线生态化改造和河道生态系统功能提升。通过对 54 个城市 415 个黑臭水体河道硬化情况（1243km）现场调查，提出岸线生态化改造和河道生态修复及生态系统功能提升的顶层设计，科学制定技术标准/指南，推动实现“清水绿岸、鱼翔浅底”。形成《城市黑臭水体整治过程中生态保护问题分析调研报告》，为管理决策提供了重要参考。

全方位支撑长江经济带城市黑臭水体整治环境保护专项行动。完善黑臭水体核查技术手段，升级核查 APP 和自查系统，进一步完善“互联网+天地一体”监管的标准化质控体系。编制形成《2019 年城市黑臭水体整治环境保护专项行动方案》《2019 城市黑臭水体整治排查工作手册》《城市黑臭水体整治技术导则》等规范性技术文件，开展 4 次城市黑臭水体整治技术集中培训。完成两轮次城市黑臭水体整治环境保护专项行动。推动黑臭水体整治技术在荆门、株洲等驻点城市应用推广，形成《荆门市城市黑臭水体治理攻坚战实施方案》《株洲市城市黑臭水体治理攻坚战实施方案》等方案，有力支撑了驻点城市黑臭水体消除。

（3）科学指导地方消减劣Ⅴ类。分类识别了不同劣Ⅴ类断面主要污染成因。针对长江流域 12 个消劣目标断面，驻点工作组对十堰、荆州、荆门等 7 个城市 10 个劣Ⅴ类断面进行科学研判和技术支持，编制《荆门劣Ⅴ类断面水质状况分析报告》《球溪河口水质情况分析报告》等成因分析报告。劣Ⅴ类断面污染成因在于：一是部分河流断面径流量小、水资源开发过度。神定河与泗河年均径流量分别为 0.84 亿 m^3 和 1.33 亿 m^3，季节性断流现象时有发生；釜溪河水资源开发利用率达 46%，已超过国际公认 40%的用水警戒线。二是部分城镇污水处理能力不足。自贡市现有的城市污水处理厂运行负荷率均超过 85%，部分达到 120%，对碳研所断面有较大影响。三是部分河流农业面源污染较重，治理难度较大。竹皮河拖市和马良龚家湾断面上游养殖废水直排，汛期降雨径流冲刷携带大量面源污染负荷入河；釜溪河碳研所断面上游荣县、威远县畜禽养殖污染治理规划布局不合理，种植业农药施用强度大，占用河滩地种植。四是部分断面工业污染贡献较大。富民大桥断面上游聚集了钢铁、化工、石化、建材等众多行业，部分工业园区污水收集处理设施仍然不完善；通仙桥断面上游二街工业园区有 11 家磷化工企业，松林庄出水点 TP 浓度达 217.8mg/L。

提出城市—乡镇—农村污水差异化治理推荐工艺，创新“河道环保管家”模式，支撑地方劣Ⅴ类国控断面整治。十堰市泗河、神定河劣Ⅴ类国控断面主要污染源为城镇污水排放，通过采用先进适用污水处理技术，该断面消劣工作于 2019 年下半年取得重要进展。十堰市驻点工作组在实地调研十堰市 110 种污水处理工艺的基础上，进一步分析总结全国城镇污水处理厂工艺类型，对现有污水处理工艺进行科学评估，提出长江经济带城市—乡镇—农村污水处理分级分类推荐工艺。成都市驻点工作组践行“一河一策”，建立由工作组牵头、工程技术团队跟进、区县政府购买服务的一河一组“河道环保管家”模式，确保河流长期稳定达标。

（4）支撑饮用水水源地规范化建设与风险应急管理。长江经济带地级城市饮用水水源中有 7.12%仍未达到Ⅲ类水质，主要污染物为 TP 和 BOD_5，生活点源、农业面源和交通穿越占饮用水水源地环境问题的近 50%。长江经济带饮用水水源地环境状况调查评估显示，2018 年县级以上城市饮用水水源地 1387 个，占全国 36.2%，服务人口 3.2 亿人，占全国 53.7%。309 个地级城市饮用水水源中，22 个地级以上城市饮用水源水质未达到Ⅲ类，主要污染物为 TP 和 BOD_5；81 个县级水源水质未达到Ⅲ类，主要污染物为 TP、BOD_5、COD_{Mn} 等。围绕饮用水源地专项行动要求，共梳理出饮用水水源地 2673 个环境问题，其中生活面源污染类占 21.2%、农业面源污染类占 15.2%、交通穿越类占 13.4%、工业企业类占 6.3%、旅游餐饮类占 4.7%、航运码头类占 4.0%、排污口类占 4.0%、其他类问题占 28.2%。

提出八类环境问题整治标准，支撑相关指导意见出台。编制起草了《2019 年长江经济带饮用水水源地专项执法行动形势分析研究报告》，明确了水源保护区内工业企业、排污口、交通穿越、原住居民生活面源污染、码头、农业面源污染、旅游餐饮、加油站八类问题整治标准，支撑《乡镇及以下集中式饮用水水源地生态环境保护工作的指导意见》等文件的出台。

开展饮用水源地现场调研与技术帮扶，加强饮用水源地风险防控。起草《集中式地表水型饮用水水源地突发环境事件风险源名录编制指南》，指导江西、湖南、云南、湖北四省推进落实“水十条”水源保护相关任务，水源达标率得到显著提升（江西省水源达标率提升 10.4%，湖南省水源达标率提升 3.6%，云南省水源达标率提升 2.9%，湖北省水源达标率保持 100%）。技术帮扶国家试点城市十堰市饮用水水源地环境风险应急管理，识别出丹江口水库安全保障区十堰市境内 13 条河流和水源地周边的尾矿库、工业企业、生活污水处理厂、垃圾填埋场、养殖场、道路桥梁移动源等环境风险源情况，明晰了丹江口库区高风险区域和敏感风险点，编制突发环境事件应急响应方案和流域预案，实现“一河一图一策”。十堰、上饶、株洲、重庆、南充等驻点工作组积极支撑饮用水水源地专项行动，提出包括《上饶市大坳水库城市饮用水水源保护专项规划》《关于万州区单一城市集中供水水源问题的解决建议》《南充市 2019 年饮用水水源地环境保护专项行动工作方案》等 10 余份方案、规划、建议，切实支撑了当地饮用水源保护。

2）助力地方科学决策与精准施策工作

驻点工作组紧扣地方实际需求，送科技解难题，把脉问诊开药方，解决了地方的技术和人才瓶颈，帮助地方实现科学决策和精准施策，各类成果得到地方政府充分肯定。

一是针对长江中上游等局部区域水体磷污染问题，开展“三磷”整治技术帮扶。德阳驻点工作组构建德阳市磷石膏污染防治综合治理体系，提出“三磷”企业“一企一策”、17 个磷石膏堆场“一堆一策”治理方案，推动德阳市 2019 年实现磷石膏“消增削存”的目标，即新增产量 100%综合利用、库存量持续消纳，有效削减了磷污染，助力沱江、涪江水质进一步得到改善。贵阳驻点工作组深入开展洋水河流域磷污染来源精细化解析，实现流域内 7 家磷矿企业、2 家磷肥企业、4 家黄磷企业及 2 个磷石膏库的精准治理，2019 年治理后的洋水河出境断面 TP 浓度稳定在 0.2mg/L 以下，解决了 60 多年 TP 超标的老大难问题。

二是针对长江中下游地区河湖水环境保护突出问题，提供差异化技术服务。咸宁驻点工作组以“分期实施+动态调整”“急症急诊+系统治疗”等原则，进行入河入湖排污口排查溯源，建立源—口对应关系，完成“一口一档”“一口一策”整治方案编制和排口信息管理平台建设，并向政府提交斧头湖入湖河口湿地建设等政策建议，支撑管理决策。九江驻点工作组着重针对鄱阳湖（九江市范围）TP 超标、沿江饮用水水源地安全保障与风险源管控等问题，开展长江干流九江段的 1012 个入江排口、鄱阳湖的 150 个典型入湖排口勘查和溯源，排查 10 个饮用水水源地周边 10km 范围内的环境风险源，分类提出污染源风险防控措施和“一口一策”整治方案，支撑九江市生态环境管理工作。安庆驻点工作组与地方紧密配合，量身定做“黑臭水体治理效果评估技术体系”“石塘湖水源地综合治理工程优化方案”“浅水湖泊生态系统恢复重建方案”等，支撑安庆市城区 10 条黑臭水体治理通过验收，为地方政府节约数千万治理经费，有效改善石塘湖、黄湖、大官湖水环境质量，2019 年底上述 3 湖水质均达Ⅲ类标准。

三是针对长江下游重要水体治理与修复需求，结合国家水专项等成果转化，提供系统解决方案。无锡驻点工作组依托“十三五”水专项项目，制定 20 余条黑臭河道治理方案，构建无锡市生态环境实时诊断和新吴区智慧水利综合管理系统，支撑无锡市黑臭河道治理；提出太湖水生植被恢复与良性生态系统重构等对策建议，支撑太湖生态环境改善与治理。嘉兴驻点工作组积极参与嘉兴市生态文明建设示范市创建“十大攻坚行动”，结合水专项课题研究，支撑“污水零直排区”创建、城乡污水治理、水系连通暨美丽河湖建设及科技治污能力提升等专项行动方案。湖州驻点工作组积极推广应用长兴县国控断面蓝藻防控、新塘港区域生态缓冲带划定与生态修复试点研究、城镇污水处理厂清洁排放提标改造与污泥协同治理等水专项成果，支撑区域污染减排和水质改善。

3）构建长江智慧决策平台，实现多源数据共享

优化调整长江流域地表水环境监测网络，更好满足长江流域水环境质量监测管理的需求。优化调整后，长江流域共设置断面 1328 个断面，其中河流断面 1183 个、湖库点位 145 个，覆盖流域内 18 个省、119 个地市级以上城市和部分直管市。突破了 TP 监测预处理关键技术瓶颈，优化固定 TP 前处理方法，使 TP 监测结果更加科学准确。筛选提出了长江流域水生态特征评价指标，建立了长江流域水生态规范性监测方法，完成了重点水域的水生态评价，并给出了不同水域评价方法的适用性。

建立了长江流域生态环境数据中心，实现数据汇集与交互共享。集成了长江流域的基础地理、水质监测、污染源、生态系统、水文气象、水利水务、经济社会、环境知识、长江联合研究成果、水专项成果等多源数据，建成数据集 795 个、总数据量近 10TB，驻点及联合研究上报 281.07 万条；为长江联合研究工作组、沿江 58 个驻点城市、长江流域管理局等提供数据分发与共享服务，数据共享量累计超 11GB。

开展长江流域水质时空大数据分析，实现水质断面自动诊断。从流域、区域两个研究尺度为长江流域水环境“画像”，融合流域环境质量、污染排放、经济社会等数据，实现长江流域水环境多尺度可视化。通过水质超标分析、同环比分析、临界超标预报、风险预测预警、水质排名分析等功能，实现干流水质类别变化趋势分析、水环境形势分析和重点断面分析，辅助流域水环境管理决策。

通过大数据融合技术，绘制网格化的长江流域污染排放空间分布。基于环统、污染源普查及排污许可数据，运用数据分析校正与融合处理方法，建立了 4 项污染指标（COD、NH_3-N、TP、TN）、6 种源（工业、生活、畜禽、种植等）的 1 km 网格污染物排放自动计算模型，计算长江流域主要污染物排放量和排放强度，以热力图和强度图形式进行可视化展示。

推动长江联合研究成果的集成共享，实现驻点工作的调度管理与成效分析。通过成果管理系统、调度会商系统，对长江联合研究和驻点跟踪工作进行进度调度与研究成果采集，对驻点组工作进度与驻点城市水环境改善情况进行实时排名，支撑驻点管理。

研究流域水环境智慧化管理业务流，打造水环境信息化管理平台样板。在调研水质监管需求的基础上，按照大数据采集、数据查询和可视化、水质分析、污染源分析、成因/溯源分析、智慧决策分析报告自动生成等功能要素，实现水环境大数据分析全过程应用。

汇集水环境模型成果，形成流域水环境管理辅助工具库。依托联合研究的水环境模型成果、水专项的模型成果进行集成，形成了水环境模型运行库，包括长江全流域分布式河网模型、岷沱江流域预测预报模型、长江入海口环境风险应急模型等；面向生态环境日常管理与科研应用需求，研发水质在线评价、流域生态安全评估分析、流域专题图定制、水环境形势分析报告生成等工具。

开展基于 AI 模型的水质监测断面污染路径识别研究。初步建立了基于 AI（人工智

能）方法的国控水质监测断面污染路径识别模型，通过汇聚实时水质、污染排放、气象、水文、植被等数据，运用大数据AI挖掘分析方法，建立污染路径自动提取的数理模型，开展水质成因大数据分析，实现了溯源分析、水质相关分析和水质特征学习，为进一步污染成因分析提供可靠性依据。

6.1.3 长江保护修复路线图

1. 长江大保护目标愿景

依据《中华人民共和国长江保护法》《长江保护修复攻坚战行动计划》《“十四五”长江经济带发展实施方案》选定长江流域涉及省（市）及长江干流、支流和湖泊形成的集水区域所涉及的相关行政区域作为修复范围，通过衔接《“十四五”长江经济带发展实施方案》与《深入打好长江保护修复攻坚战行动方案》等规划方案相关要求，在总结“十三五”期间长江保护修复攻坚战成果的基础上，聚焦长江流域突出问题与短板，明确了关于长江流域水环境治理、水生态修复、水资源保障，以及长江流域绿色发展管控格局等方面的大保护发展愿景。具体目标愿景归纳如下：

（1）持续深化水环境综合治理。巩固提升饮用水安全保障水平，深入推进城镇污水垃圾处理，深入实施工业污染治理，深入推进农业绿色发展和农村污染治理，强化船舶与港口污染防治，深入推进长江入河排污口整治，加强磷污染综合治理，推进锰污染综合治理，加强涉镉涉铊涉锑等重金属污染防治，深入推进尾矿库污染治理，加强塑料污染治理，稳步推进地下水污染防治。

（2）深入推进水生态系统修复。建立健全长江流域水生态考核机制，扎实推进水生生物多样性恢复，全面实施十年禁渔，实施林地、草地及湿地保护修复，深入实施自然岸线生态修复，推进生态保护和修复重大工程建设，加强重要湖泊生态环境保护修复，开展自然保护地建设与监管。

（3）着力提升水资源保障程度。严格落实用水总量和强度双控制度，巩固小水电清理整改成果，切实保障基本生态流量（水位）。

（4）加快形成绿色发展管控格局。严格国土空间用途管控，推动全流域精细化分区管控，完善污染源管理体系，防范化解沿江环境风险及引导绿色低碳转型发展。

2. 长江大保护压力状态与驱动力

长江大保护的压力状态与驱动力是长江流域保护修复路线的方向指引及内在动力，依据《“十四五”重点流域水环境综合治理规划》《全国重要生态系统保护和修复重大工程总体规划（2021—2035年）》，以及《长江保护修复攻坚战行动计划》等国家部委对长江流域的长远规划文件，对长江流域现有生态保护和修复面临的压力形势进行精确剖析，明确了长江流域在生态系统质量、生态保护和修复压力、投入机制，以及科技支撑能力方面的现有压力状态，通过进一步对接《深入打好长江保护修复攻坚战行动方案》《“十四五”长江经济带发展实施方案》等长江流域现有行动及实施方案，从政策指引和时代要求两个方面，深入总结了长江流域水污染治理及生态环境保护和修复的驱动力。

1）压力状态

“十四五”时期，长江流域水生态环境保护面临的结构性、根源性、趋势性压力尚未根本缓解，与美丽中国建设目标要求仍有不小差距，其生态系统质量问题依然突出；长江流域在生态方面历史欠账多、问题积累多、现实矛盾多，一些地区生态环境承载力已经达到或接近上限，生态保护修复任务仍十分艰巨；对于山水林田湖草作为生命共同体的内在机理和规律认识不够，落实整体保护、系统修复、综合治理的理念和要求还有很大差距，权责对等的管理体制和协调联动机制尚未系统化，统筹生态保护和修复也面临较大压力和阻力；水资源供给结构性矛盾突出，水资源紧缺问题日益加剧，对水资源的保障工作亟须推进；生态保护和修复工作的市场化投入机制、生态保护补偿机制仍不够完善，缺乏激励社会资本投入生态保护修复的有效政策和措施，生态产品价值实现缺乏有效途径，社会资本进入意愿不强；长江生态保护和修复标准体系建设、新技术推广、科研成果转化等方面比较欠缺，理论研究与工程实践存在一定程度的脱节现象，关键技术和措施的系统性和长效性不足，科技服务、共享平台和服务体系尚不健全。

2）驱动力

政策指引驱动。长江生态环境保护修复的多项政策为长江流域保护修复提供了方向指引和政策引导，党中央、国务院高度重视长江生态环境保护修复工作，“十三五”以来，在以习近平同志为核心的党中央坚强领导下，各部门各地区深入贯彻习近平生态文明思想和习近平总书记关于推动长江经济带发展系列重要讲话和重要指示批示精神，认真落实党中央、国务院决策部署，坚持问题导向、目标导向，始终把长江保护修复作为污染防治攻坚战重大标志性战役来抓。2021 年 11 月，《中共中央 国务院关于深入打好污染防治攻坚战的意见》明确把长江保护修复列入八大标志性战役，要求持续打好长江保护修复攻坚战。为此，生态环境部联合相关部门，充分衔接《长江保护修复攻坚战行动计划》，研究制定了《深入打好长江保护修复攻坚战行动方案》，对长江大保护提出了更加精确、科学的要求，为扎实推进长江保护修复攻坚战各项任务提供了坚实基础，为实现 2035 年美丽中国建设目标奠定良好基础。

时代需求驱动。保护长江，既是历史责任，也是时代要求。当前，我国生态文明建设正处在压力叠加、负重前行的关键期，已进入提供更多优质生态产品以满足人民日益增长的优美生态环境需要的攻坚期，也到了有条件有能力解决生态环境突出问题的窗口期，人民群众对美好生活的向往更加强烈，对优美环境的诉求更加迫切。我国长江流域现有生态环境质量持续好转，出现稳中向好趋势，但成效并不稳固。实施重要生态系统保护和修复重大工程，是加快生态文明建设的重要任务，是保障国家生态安全的重要基础，是满足人民群众对良好生态环境的殷切期盼的重要途径，是践行绿水青山就是金山银山理念、实现人与自然和谐共生的重要举措。2020～2035 年，是我国基本实现社会主义现代化和美丽中国目标的重要时期。我国综合国力不断增强，国家治理体系和治理能力现代化水平不断提高，为实施生态保护和修复重大工程提供了重要基础。人民生活水平不断提高，公众对生态环境的要求也越来越高，参与治理的意愿进一步增强，为实施生态保护和修复重大工程提供了较好的社会环境。生态保护和修复是一项整体性、系统性、复杂性、长期性工作，必须顺应时代要求，抓住历史机遇，统筹谋划、大力推进全国重要生态系统保护和修复重大工程，努力将国家生态安全屏障和重要生态系统保护好、修复好，为基本实现社会主义现代化和美丽中国目标奠定坚实的生态基础。

3. 长江保护修复路线图设计

根据《“十四五”重点流域水环境综合治理规划》《全国重要生态系统保护和修复重大工程总体规划（2021—2035年）》《深入打好长江保护修复攻坚战行动方案》《长江保护修复攻坚战行动计划》《“十四五”长江经济带发展实施方案》等文件要求，为了2035年生态环境根本好转、美丽中国目标基本实现，切实落实生态文明发展战略，针对长江流域水生态环境保护面临的结构性、根源性、趋势性压力，以长江干流、支流和湖泊形成的集水区域所涉及的相关行政区域作为修复范围，聚焦突出问题与短板，明确关于长江水质、饮用水安全、重要河湖生态用水、生活污水垃圾集中收集处理、黑臭水体治理、化肥农药利用、水生生物完整性指数等保护修复指标，制定长江保护修复技术路线图。具体目标如下：

（1）到2025年，长江流域总体水质保持优良，干流水质保持Ⅱ类，饮用水安全保障水平持续提升，重要河湖生态用水得到有效保障，水生态质量明显提升；长江经济带县城生活垃圾无害化处理率达到97%以上，县级城市建成区黑臭水体基本消除，化肥农药利用率提高到43%以上，畜禽粪污综合利用率提高到80%以上，农膜回收率达到85%以上，尾矿库环境风险隐患基本可控；长江干流及主要支流水生生物完整性指数持续提升。

（2）到2030年，长江流域水环境和水生态质量全面改善，生态系统功能显著增强，水脉畅通、功能完备的长江全流域黄金水道全面建成，创新型现代产业体系全面建立，上中下游一体化发展格局全面形成，生态环境更加美好、经济发展更具活力，在全国经济社会发展中发挥更加重要的示范引领和战略支撑作用。

（3）到2035年，长江流域水生生物栖息生境得到全面保护，水生生物资源显著增长，水域生态功能有效恢复，水生态环境根本好转，美丽中国水生态环境目标基本实现。与水资源承载能力相协调的生产生活方式总体形成，河湖生态流量得到保障；水源涵养功能得到有效保护，河湖生态缓冲带得到维持和恢复，生物多样性保护水平显著提升；污染物排放得到有效控制，90%以上的水体水质达到优良，城乡居民饮水安全得到全面保障，基本满足人民对优美生态环境的需要。

长江流域保护修复旨在着力提升水资源保障程度、持续深化水环境综合治理、深入推进水生态系统修复，进而加快形成绿色发展格局。长江流域保护修复路线图以三个阶段为时间轴，分别为：近期（2020～2025年）、中期（2026～2030年）、远期（2031～2035年）。从水资源、水环境、水生态及管理四方面分别给出了技术措施。长江治理技术路线图详见图6-2。

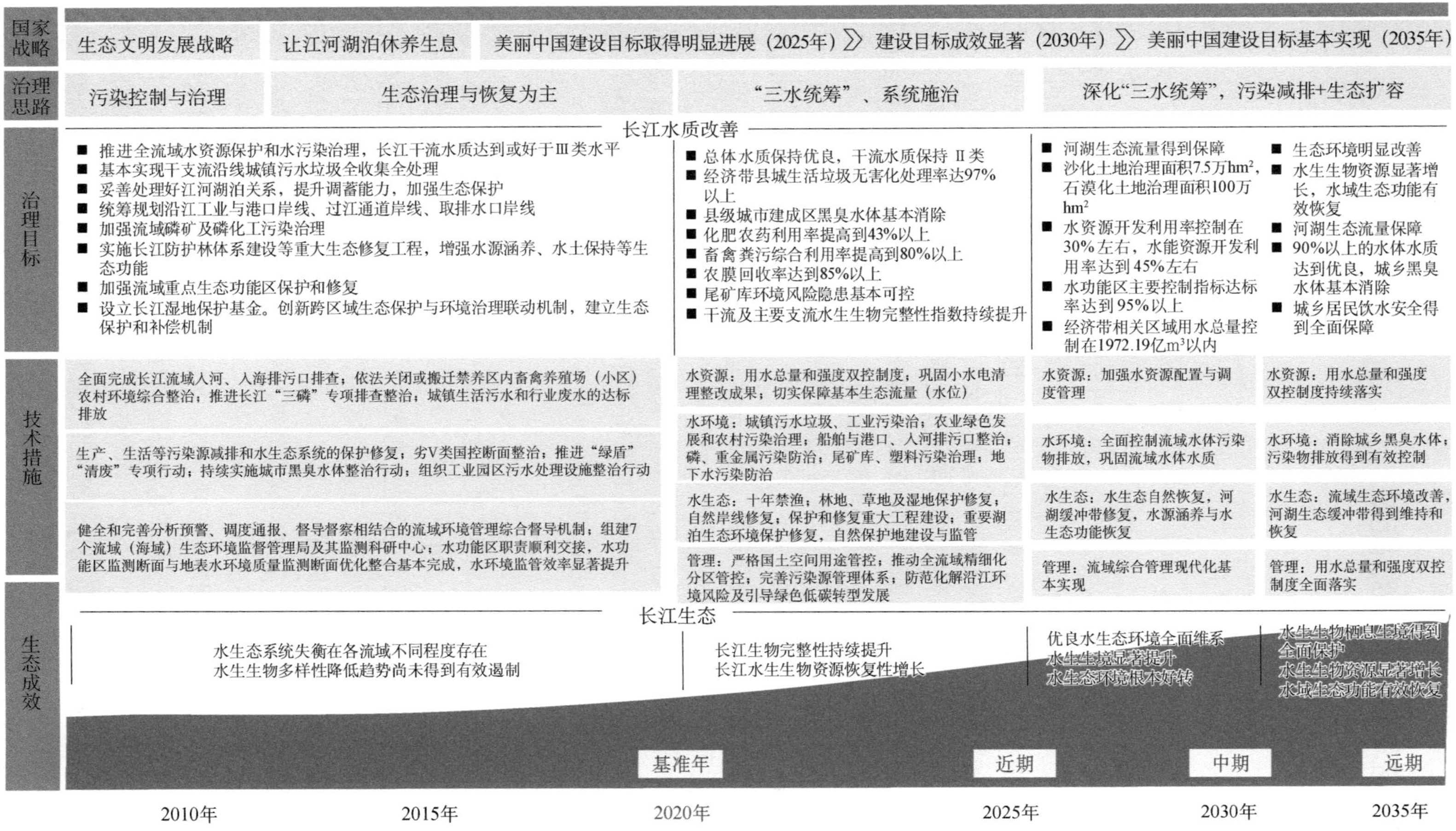

国家战略：生态文明发展战略；让江河湖泊休养生息；美丽中国建设目标取得明显进展（2025年）》建设目标成效显著（2030年）》美丽中国建设目标基本实现（2035年）

治理思路：污染控制与治理；生态治理与恢复为主；“三水统筹”、系统施治；深化“三水统筹”，污染减排+生态扩容

治理目标

长江水质改善

- 推进全流域水资源保护和水污染治理，长江干流水质达到或好于Ⅲ类水平
- 基本实现干支流沿线城镇污水垃圾全收集全处理
- 妥善处理好江河湖泊关系，提升调蓄能力，加强生态保护
- 统筹规划沿江工业与港口岸线、过江通道岸线、取排水口岸线
- 加强流域磷矿及磷化工污染治理
- 实施长江防护林体系建设等重大生态修复工程，增强水源涵养、水土保持等生态功能
- 加强流域重点生态功能区保护和修复
- 设立长江湿地保护基金。创新跨区域生态保护与环境治理联动机制，建立生态保护和补偿机制

- 总体水质保持优良，干流水质保持Ⅱ类
- 经济带县城生活垃圾无害化处理率达97%以上
- 县级城市建成区黑臭水体基本消除
- 化肥农药利用率提高到43%以上
- 畜禽粪污综合利用率提高到80%以上
- 农膜回收率达到85%以上
- 尾矿库环境风险隐患基本可控
- 干流及主要支流水生生物完整性指数持续提升

- 河湖生态流量得到保障
- 沙化土地治理面积7.5万hm^2，石漠化土地治理面积100万hm^2
- 水资源开发利用率控制在30%左右，水能资源开发利用率达到45%左右
- 水功能区主要控制指标达标率达到95%以上
- 经济带相关区域用水总量控制在1972.19亿m^3以内

- 生态环境明显改善
- 水生生物资源显著增长，水域生态功能有效恢复
- 河湖生态流量保障
- 90%以上的水体水质达到优良，城乡黑臭水体基本消除
- 城乡居民饮水安全得到全面保障

技术措施

全面完成长江流域入河、入海排污口排查；依法关闭或搬迁禁养区内畜禽养殖场（小区）农村环境综合整治；推进长江“三磷”专项排查整治；城镇生活污水和行业废水的达标排放

生产、生活等污染源减排和水生态系统的保护修复；劣V类国控断面整治；推进“绿盾”“清废”专项行动；持续实施城市黑臭水体整治行动；组织工业园区污水处理设施整治行动

健全和完善分析预警、调度通报、督导督察相结合的流域环境管理综合督导机制；组建7个流域（海域）生态环境监督管理局及其监测科研中心；水功能区职责顺利交接，水功能区监测断面与地表水环境质量监测断面优化整合基本完成，水环境监管效率显著提升

水资源：用水总量和强度双控制度；巩固小水电清理整改成果；切实保障基本生态流量（水位）

水环境：城镇污水垃圾、工业污染治；农业绿色发展和农村污染治理；船舶与港口、入河排污口整治；磷、重金属污染防治；尾矿库、塑料污染治理；地下水污染防治

水生态：十年禁渔；林地、草地及湿地保护修复；自然岸线修复；保护和修复重大工程建设；重要湖泊生态环境保护修复，自然保护地建设与监管

管理：严格国土空间用途管控；推动全流域精细化分区管控；完善污染源管理体系；防范化解沿江环境风险及引导绿色低碳转型发展

水资源：加强水资源配置与调度管理

水环境：全面控制流域水体污染物排放，巩固流域水体水质

水生态：水生态自然恢复，河湖缓冲带修复，水源涵养与水生态功能恢复

管理：流域综合管理现代化基本实现

水资源：用水总量和强度双控制度持续落实

水环境：消除城乡黑臭水体；污染物排放得到有效控制

水生态：流域生态环境改善，河湖生态缓冲带得到维持和恢复

管理：用水总量和强度双控制度全面落实

生态成效

长江生态

水生态系统失衡在各流域不同程度存在
水生生物多样性降低趋势尚未得到有效遏制

长江生物完整性持续提升
长江水生生物资源恢复性增长

优良水生态环境全面维系
水生生境显著提升
水生态环境根本好转

水生生物栖息生境得到全面保护
水生生物资源显著增长
水域生态功能有效恢复

基准年　近期　中期　远期

2010年　2015年　2020年　2025年　2030年　2035年

图 6-2　长江治理技术路线图

6.2 黄河流域治理保护路线图

6.2.1 黄河流域概况

1. 自然地理概况

黄河是中华民族的母亲河，发源于青藏高原巴颜喀拉山北麓，呈“几”字形流经青海、四川、甘肃、宁夏、内蒙古、山西、陕西、河南、山东 9 省区，全长约 5464km，流域面积约 75.24 万 km^2，是我国第二长河，2019 年年末流域总人口约 1.6 亿。黄河流域是我国重要的生态屏障和经济地带，是打赢脱贫攻坚战的重要区域，黄河流域西接昆仑山、北抵阴山、南倚秦岭、东临渤海，横跨东中西部，也是我国重要的生态安全屏障、人口活动和经济发展的重要区域，在国家发展大局和社会主义现代化建设全局中具有举足轻重的战略地位。黄淮海平原、汾渭平原、河套灌区是我国农产品主产区，粮食和肉类产量占全国 1/3 左右。黄河流域又被称为“能源流域”，煤炭、石油、天然气和有色金属资源丰富，煤炭储量占全国一半以上，是我国重要的能源、化工、原材料和基础工业基地。除了经济总量在我国占据较大比重之外，黄河流域还是我国重要的生态屏障，是连接青藏高原、黄土高原、华北平原和渤海的天然生态廊道，拥有三江源、祁连山等多个国家公园和国家重点生态功能区。国家“两屏三带”生态安全战略布局中，青藏高原生态屏障、黄土高原-川滇生态屏障、北方防沙带等均位于或穿越黄河流域。流域大部分处于干旱、半干旱地区，多年平均径流量 $5.35\times10^{10}m^3$，相当于长江的 6%；多年平均输沙量 1.6×10^9t，是长江的 3 倍。同时黄河以全国 2%的水资源承担着沿黄各省区人民群众生活和工农业生产的重要任务，是我国西北、华北地区的生命线（图 6-3）。

2. 黄河生态保护和高质量发展概况

推动黄河流域生态保护和高质量发展是党中央、国务院作出的利当前、惠长远的国家重大决策部署。2019 年 8 月至 2021 年 10 月，习近平总书记先后 7 次考察黄河流域各省（区），多次发表重要讲话，强调要“坚持生态优先、绿色发展，以水而定、量水而行，因地制宜、分类施策，上下游、干支流、左右岸统筹谋划，共同抓好大保护，协同推进大治理，着力加强生态保护治理、保障黄河长治久安、促进全流域高质量发展、改善人民群众生活、保护传承弘扬黄河文化，让黄河成为造福人民的幸福河。”从新的战略高度发出了“为黄河永远造福中华民族而不懈奋斗”的号召。习近平总书记的重要讲话为黄河大保护、大治理提供了科学指引，明确了行动方向。2021 年 10～12 月《黄河流域生态保护和高质量发展规划纲要》《黄河生态保护治理攻坚战行动方案（征求意见稿）》出台，2022 年 10 月 30 日第十三届全国人民代表大会常务委员会通过《中华人民共和国黄河保护法》，从国家层面提出黄河的顶层设计、纲领性文件和法治保障。

党的十八大以来，以习近平同志为核心的党中央着眼于生态文明建设全局，明确了“节水优先、空间均衡、系统治理、两手发力”的治水思路。经过一代接一代人的艰辛探

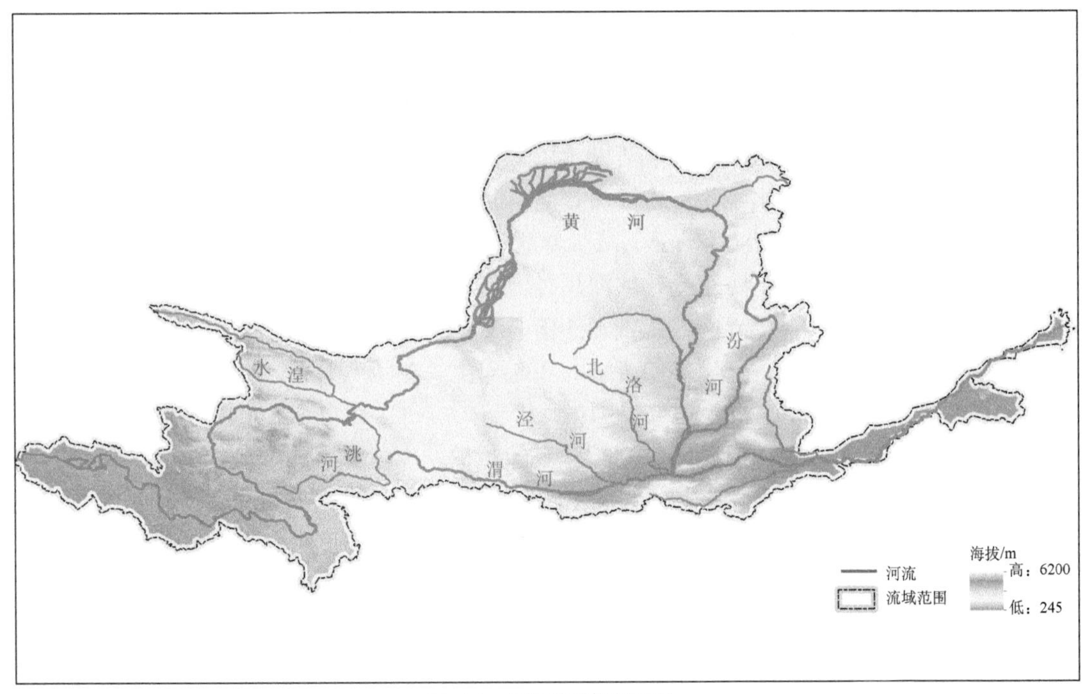

图 6-3　黄河流域范围图

索和不懈努力，黄河治理和黄河流域经济社会发展都取得了巨大成就，实现了黄河治理从被动到主动的历史性转变，创造了黄河岁岁安澜的历史奇迹。近年来，国家在黄河流域实施了一系列生态保护和建设重大工程，黄河流域生态环境质量逐步改善，人民群众获得感、幸福感、安全感显著提升，充分彰显了党的领导和社会主义制度的优势，在中华民族治理黄河的历史上书写了崭新篇章。然而，由于历史和自然原因，长期以来黄河以农业生产、能源开发为主的经济社会发展方式与流域资源承载能力不相适应，水资源短缺、生态系统脆弱、局部环境污染、潜在风险突出等问题重叠交织，成为黄河高质量发展的主要瓶颈；随着能源基地、西气东输、西电东送等国家重大战略工程的建设，流域及相关地区经济社会发展对黄河防洪安全、供水安全、饮水安全、生态安全等均提出了新的更高的保障要求。当前迫切需要摸清新时期黄河流域主要生态环境问题症结，为沿黄城市生态环境保护修复“把脉、问诊、开药方”，实现精准科学治污，形成黄河流域生态保护和高质量发展新模式。

3. 黄河流域生态环境问题

黄河流域经济发展滞后、生态系统本底脆弱，环境承载能力低，近年来通过持续治理，黄河流域生态环境持续改善，经济发展水平不断提升。但受制于一些主客观因素，在水环境、水资源、水生态和水风险等方面仍存在较为突出的问题。

1）水资源短缺和开发利用过度

黄河流经地区多属干旱半干旱地区，气候干旱少雨，流域多年平均降水 452mm，仅为长江流域的 40%。水资源总量为 598.9 亿 m^3（1956～2016 年系列），同长江流域水资源总量相差约 15 倍（9451.2 亿 m^3，2006～2019 年系列）。水资源开发利用率高达 80%，远超 40%的生态警戒线。

水资源极度短缺和高耗水发展方式是黄河流域生态水量严重不足、生态环境脆弱和生态系统持续失衡的最根本原因。黄河流域水资源时空分配不均，总量呈减少趋势，1956～2016 年黄河流域多年平均河川天然径流量为 490.0 亿 m^3，比“八七”分水方案采用的 1919～1975 年径流系列（580 亿 m^3）减少 90 亿 m^3，减幅约 17%。同时，受季风气候影响，黄河流域降水年际、年内变化导致河川径流量时间分配不均衡。黄河干流各水量站最大年径流量一般为最小年径流量的 3.1～3.5 倍，支流一般达 5～12 倍；干流及主要支流径流量集中在汛期 7～10 月，占全年径流量的 60%以上。实测资料显示，黄河相继出现了四个连续枯水段（1922～1932 年、1969～1974 年、1977～1980 年、1994～2002 年），枯水段河川平均年径流量分别相当于多年平均年径流量的 79%、89%、94%和 72%。流域人均水资源量 473m^3，仅为全国平均水平的 23%，远低于国际现行严重缺水标准水平。与水资源短缺的严峻形势相比，黄河流域用水效能偏低，人工干预强度大，“与河争地”“与河争水”“水退人进”等现象屡禁不止，导致河道生态用水被挤占，严重影响河湖生态功能。截至 2016 年，黄河流域地表水消耗率达到 60%，在特枯水年份高达 97%。此外，黄河流域再生水利用率不到 10%，远低于全国 16.4%的平均水平。但水资源开发利用率却高达 80%，生态环境用水不足 5%，水资源开发利用率已远超一般流域生态警戒线，甚至存在挖湖造景的情况（韩谞等，2021）。黄河流域农业用水占用水总量的 66.9%，生态环境补水占比仅为 7.7%。部分支流生态流量不足，13 条主要一级支流中有 7 条出现过断流，生态环境功能受到严重影响（翟元晓等，2021）。据测算黄河流域年均生态水量亏缺约 20 亿 m^3，流域 113 条支流存在不同程度断流现象，汾河、延河、无定河、窟野河等主要支流先后出现季节性断流，生态流量的不足造成黄河生态的退化和流域水环境的持续恶化。

2）部分地区水环境污染严重

黄河流域部分地区入河污染物超载严重，主要支流水污染问题突出。流域水质总体劣于全国平均水平，黄河中游部分支流水污染问题严峻，汾河干流、涑水河、石川河和清涧河等主要支流近十年水质持续为劣Ⅴ类，主要超标因子是化学需氧量和 TN。黄河流域是我国重要的能源化工和农业经济发展区域，产业结构偏重，布局不合理，污染源以农业、重工业、采矿、石化和生活源为主。2017 年统计数据显示，黄河中游的农业源水污染物排放量和畜禽养殖量均占黄河流域总量的 40%左右。中上游宁蒙灌区、汾渭平原等农产品主产区农业面源污染影响严重，是导致主要支流水质不达标的重要原因。其中，化学需氧量排放总量中农业源占比为 44.1%、生活源占比为 36.1%；氨氮排放总量中生活源占比为 59.6%、农业源占比为 20.7%。在下游区域污染物以中游输送为主，具有中游污染特征。黄河流域水质污染因子主要包括氟化物、TN、高锰酸盐指数、阴离子表面活性剂、石油类、化学需氧量、汞、铅和锌等，这表明黄河流域水污染呈现出复合性和结构性污染特征。黄河以其占全国 2%的水资源，承纳了全国约 6%的废污水和 7%的 COD 排放量，且近 30 年排入黄河的废污水总量呈逐年递增趋势，流域水污染形势严峻。

3）生态脆弱水土流失严重

黄河流域生态脆弱区分布广、类型多，上游的高原冰川、草原草甸和三江源、祁连山，中游的黄土高原，下游的黄河三角洲等，都极易发生退化，恢复难度极大且过程缓慢。流域生态系统退化导致生物多样性加速减少，水生态健康状况较差。受气候变化和高强度人类活动的影响，黄河上游局部地区生态系统退化严重，水源涵养功能降低，三江源草原草甸湿地生态功能区水土流失和沙化面积逐年增多，与 20 世纪 80 年代相比，河源区永久性冰川雪地面积减少 52%，高覆盖度草地面积减少 5.2%。黄河中游水土流失严重，黄河 50%以上的径流量都来自于黄河上游区域，但 90%以上的泥沙却源于黄河中游区域，导致水沙关系不协调，下游泥沙淤积（任保平和邹起浩，2021）。黄河下游河道是多种鱼类的栖息地，同时也是鱼类洄游的重要通道，近年来河口三角洲天然湿地萎缩 50%，下游河流廊道和生物多样性维持功能锐减。1980～2008 年黄河流域鱼类物种下降至 82 种，土著和濒危保护鱼类资源减少了 57%。历史上土著鱼类，如北方铜鱼、黄河雅罗鱼、黄河鲤等珍稀土著鱼类物种已难觅踪迹。截至 2018 年，黄河鱼类已减少到 47 种，全年捕捞量比 30 年前下降 80%，上游极边扁咽齿鱼等特有土著鱼类，受梯级闸坝、水文条件和外来物种影响，种群规模不断下降。黄河重要支流鱼类物种多样性也不同程度降低，河口主要经济鱼类及重要的标志性洄游鱼类刀鲚濒临灭绝，白鲟、达氏鲟和香鱼等珍稀种类也已近于绝迹，黄河流域水生生物多样性退化明显。

4）生态环境风险隐患突出

水少沙多、水沙时空分布不均匀是引发黄河流域生态环境风险的自然因素，随着经济社会的发展，黄河流域存在用水无度、生态失养、环境污染，部分区域生产生活取用水量大增导致邻近河段生态流量减少等情况，人为因素加剧了黄河流域生态环境的严峻形势。黄河流域是我国重要的能源、煤化工基地，煤化工行业企业数量约占全国的 80%，干支流沿河 1km 范围内有较多风险源，沿黄一定范围内高耗水、高污染企业占比较大，2020 年沿黄 9 省区原煤、焦炭、原盐、烧碱、纯碱、农用化肥、粗钢工业产品产量分别占全国的 80%、58%、44%、52%、52%、51%和 26%，但相关煤炭、火电、钢铁、焦化、化工、有色等行业清洁生产能力不足，企业治污设施、环境监管及沿河污染预警应急水平等尚未完全达到高质量绿色发展要求。部分地区有色金属矿区重金属污染历史遗留问题多，解决难度大。同时黄河干支流入河排污口随意排放加剧了黄河流域的生态环境风险，上述隐患均对黄河流域生态保护红线、环境质量底线、自然资源利用上线和生态环境准入清单提出了严峻考验与迫切需求。加强生态环境风险防范，有助于有效应对突发环境事件，提升黄河流域的生态系统完整性和功能性。加强黄河流域生态环境保护已不仅是一个保全自然生态系统的问题，还成为流域九省区落实美丽中国建设任务的前提条件和基础。

4. 黄河治理保护科技需求

黄河流域生态保护和高质量发展是一个复杂的系统工程，加强重大问题研究十分必要。目前黄河流域生态环境治理与保护基础研究和科技支撑薄弱，与黄河流域生态保护和高质量发展面临的严峻形势相比，主要存在以下几个方面的需求：

（1）流域生态环境保护修复基础研究薄弱。黄河生态环境保护修复基础研究薄弱，需加强生态环境保护修复的基础性研究。黄河流域高效生态环境治理必须对症下药、精准施策，而全面掌握流域生态环境状况是开展治理与保护的前提和基石。目前黄河流域生态环境保护相关基础性研究工作较少，流域内污染底数、生态环境本底、风险隐患和环境承载力不清，新的水沙变化形势下的流域水生态退化成因和演变规律不清，流域水循环过程与生态环境响应机制不清，缺乏明确的生态修复标准，无法支撑科学决策和精准施策。

（2）生态保护和高质量发展的协同机制不清。目前，黄河流域生态保护和高质量发展的协同机制尚不清晰。黄河流域人口众多、整体发展水平较为落后，流域经济发展意愿强烈，生态环境若持续超载负重，极易形成贫困与生态环境破坏的恶性循环。近年来，黄河流域 9 省区生产总值占全国比重呈下降趋势，平均常住人口城镇化率也低于全国总体水平，多数省份处于工业化中期阶段，石油、煤炭及天然气开采业等资源能源产业和重化工业比重偏高，工业企业普遍存在同质化现象突出，资源利用简单粗放，产业链短，精细化、绿色化水平偏低的问题，生态园区、特色农业等绿色产业发展缓慢。流域长期形成的“高耗能、高排放、粗放化、低效益”的经济增长模式，造成黄河污染治理、保护修复和经济发展之间矛盾突出（高明国和陆秋雨，2021）。如何在保障流域生态环境质量改善的基础上，全面实现在资源环境约束下的黄河高质量发展与互馈，形成面向“生态产业化，产业生态化”的流域绿色发展模式，是当前黄河治理的关键技术需求和难点。

（3）流域系统治理的顶层设计不足。黄河流域的问题“表象在黄河，根子在流域”，要彻底解决表象的问题，就要顺应自然属性，尊重自然规律，实施全流域统筹兼顾、协同治理。黄河流域生态环境治理已取得一定成效，但是上下游、干支流、左右岸协同治理能力较弱，上下游、干支流水质改善不同步，水陆统筹和三水共治认识不足，治理模式仍存在碎片化的问题，缺乏国家层面的流域统筹与顶层设计。

（4）协同攻关的长效机制和管理体制机制不健全。当前黄河生态环境相关领域的研究项目和技术团队分散，科技创新平台规模小，科技资源共享不足，成果转化应用较慢，集中攻关能力较弱，缺乏协同攻关的长效机制和管理体制机制，难以有效支撑黄河重大科学问题的解决。亟须建设面向黄河生态环境质量改善的核心攻关团队，形成支撑黄河流域生态保护和高质量发展科技合力。

6.2.2 黄河治理保护路线图

1. 黄河攻坚战目标与流域治理保护愿景

2022 年 9 月，生态环境部等 12 部门印发《黄河生态保护治理攻坚战行动方案》，方案聚焦当前黄河生态保护治理的短板和弱项，以维护黄河生态安全为目标，以改善生态环境质量为核心，提出了河湖生态保护治理、减污降碳协同增效、城镇环境治理设施补短板、农业农村环境治理和生态保护修复 5 大重点攻坚行动和 23 项具体任务。

黄河生态保护治理攻坚战，深入贯彻习近平生态文明思想，坚持稳中求进工作总基调，完整、准确、全面贯彻新发展理念，坚持绿水青山就是金山银山，准确把握重在保护、要在治理的战略要求，落实以水定城、以水定地、以水定人、以水定产，共同抓好大保护，协同推进大治理，以维护黄河生态安全为目标，以改善生态环境质量为核心，统筹水资源、水环境和水生态，加强综合治理、系统治理、源头治理，推进山水林田湖草沙一体化保护修复，协同推动生态保护与环境治理，提升流域生态系统质量和稳定性，落实各方生态环境保护责任，着力解决人民群众关心的突出生态环境问题，实现流域生态安全屏障更加牢固、生态环境质量持续改善，让黄河成为造福人民的幸福河。

通过攻坚，黄河流域生态系统质量和稳定性稳步提升，干流及主要支流生态流量得到有效保障，水环境质量持续改善，污染治理水平得到明显提升，生态环境风险有效控制，共同抓好大保护、协同推进大治理的格局基本形成。

2. 联合研究科技攻关设计

为科技支撑黄河流域生态保护和高质量发展，2021 年 9 月，生态环境部组建国家黄河生态保护和高质量发展联合研究中心，组织开展黄河流域生态保护和高质量发展联合研究。联合研究聚焦“十四五”及中长期黄河生态环境保护科技支撑需求，以流域统筹、分类施策为原则，以黄河流域生态环境质量改善和高质量发展为目标，以“生态增容—减污降碳”为主线，统筹生态保护和绿色发展，开展生态保护与修复、水环境综合调控、固废处置与利用、减污降碳、“一市一策”和流域总体解决方案等方面的联合攻关，全面支撑国家黄河保护与发展战略决策和黄河污染防治攻坚战重点工作实施，助力新时期黄河流域水生态环境保护和高质量发展。黄河联合研究总体思路如图 6-4 所示。

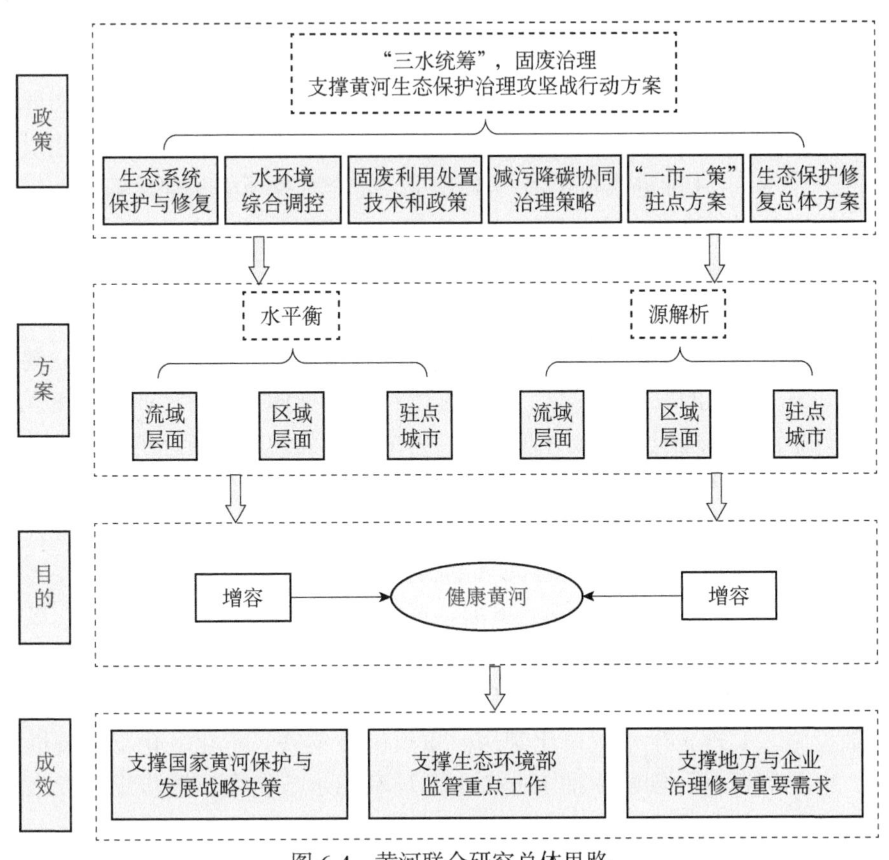

图 6-4　黄河联合研究总体思路

3. 黄河治理保护路线图设计

1）黄河治理保护目标

通过深入打好污染防治攻坚战，统筹推进山水林田湖草沙等综合治理、系统治理、源头治理，实现流域生态系统质量和稳定性稳步提升，干流及主要支流生态流量得到有效保障，水环境质量持续改善，污染治理水平得到明显提升，生态环境风险有效控制，共同抓好大保护、协同推进大治理的格局基本形成。

2）黄河治理重点任务

（1）明确黄河流域不同区域保护修复重点。立足于黄河全流域和生态系统的整体性，按照"一干两区三湖十廊"的水生态环境保护空间布局，明确黄河流域不同区域保护修复重点，共同抓好大保护，协同推进大治理。①"一干"即黄河干流。干流上中游（花园口以上）水质达到Ⅱ类，干流及主要支流生态流量得到有效保障，维护水生态安全健康。②"两区"即黄河河源区、黄河三角洲。提升黄河河源区水源涵养功能，推进黄河三角洲生物多样性保护。③"三湖"即乌梁素海、红碱淖、东平湖。重点推进湖泊系统保护。④"十廊"即湟水、洮河、窟野河、无定河、延河、汾河、渭河、沁河、伊洛河、大汶河等重点支流。推进水环境治理与水生态系统保护修复，维护生态廊道功能。

（2）全面深化水污染治理。①深化重点行业工业废水治理。持续实施煤化工、焦化、农药、农副食品加工、原料药制造等重点行业工业废水稳定达标排放治理。②完善城镇生活污水污泥收集处理设施。合理布局污水处理设施，着力提升污水处理厂超负荷运行地区的污水处理能力。③强化农业面源污染治理。开展农业面源污染治理和监督指导试点，划分农业面源污染优先治理区域，探索开展农业面源污染调查监测评估工作，建设农业面源污染监测"一张网"。④推进农村生活污水治理。健全城乡环境基础设施统一规划、统一建设、统一管护机制，推动市政公用设施向郊区乡村和规模较大中心镇延伸。⑤加强入河排污口排查整治。开展流域入河排污口排查溯源，明确入河排污口责任主体，实施入河排污口分类整治和监督管理。

（3）强化水资源节约集约利用。①落实水资源用水总量和强度双控。建立健全覆盖全流域省市县三级行政区的取用水总量、用水强度控制指标体系，对黄河干支流规模以上取水口实施动态监管，合理配置区域行业用水，将节水作为约束性指标纳入当地政绩考核范围。②科学配置全流域水资源。优化、细化基于"丰增枯减"原则下的《黄河可供水量分配方案》，强化全流域水量统一调度，科学优化水资源配置。优化生态调度方式，细化实化生态用水计划，合理拓宽黄河生态调水范围。③实施深度节水控水行动。实施节水改造，推进高标准农田建设，推广喷灌、微灌、低压管灌等高效节水灌溉技术。鼓励工业园区内企业间分质串联用水，梯级用水。推进城镇节水降损工程建设，推广普及生活节水器具。④推进污水资源化利用。开展地级及以上城市污水资源化利用示范城市建设，规划建设配套基础设施，实现再生水规模化利用。重点围绕钢铁、石化、化工、造纸、纺织印染、食品、电子等行业，创建一批工业废水循环利用示范企业，逐步提高废水综合利用率。积极推动再生水、雨水和苦咸水等非常规水源利用。

（4）推进美丽河湖水生态保护。①维护干支流重要水体水生态系统，加大黄河干支流重要水体保护和综合治理力度，分区分类实施保护修复。加强河湖生态缓冲带保护，强化岸线用途管制和节约集约利用，维护岸线的生态功能。②以黄河干流及主要支流河源区为重点，加强水源涵养区保护修复。③恢复受损河湖水生态系统，积极开展河岸生态缓冲带和水生植被恢复等活水保质与生态修复措施，全面提升水体自净能力。④积极推进美丽河湖保护与建设，完善美丽河湖长效管理机制，提升河湖生态环境品质。

（5）实施水体差异化保护治理。①全面保障饮用水水源安全，加强饮用水水源地规范化建设，开展不达标水源治理。②维护良好水体水生态健康，实施河湖水生态健康修复维护工程，推进河湖自然恢复与人工修复。③实施受污染水体消劣达标行动，编制实施劣Ⅴ类水体消劣行动方案，分期分批开展水环境综合整治。④综合整治城乡黑臭水体。全面开展县级城市建成区黑臭水体排查与综合整治，健全城市黑臭水体治理长效机制。开展农村黑臭水体整治试点示范，总结分区分类的农村黑臭水体治理模式，完善农村黑臭水体管理机制。

（6）加强环境风险防控。①加强工业园区环境风险防控，以沿黄河涉危、涉重工业园区为重点，强化工业园区环境风险防控。②强化企业环境风险管控。以黄河干流及主要支流为重点，严控石化、化工、原料药制造、印染、化纤、有色金属等行业企业环境风险。③强化尾矿库环境污染防控。加强尾矿库环境风险隐患排查治理，完善尾水回用系统、废水处理系统及防扬散、防泄漏措施，加强尾矿库尾水排放及下游监测断面水质的监测监控，建设和完善尾矿库下游区域环境风险防控工程设施。④加强有毒有害物质环境监管。严格涉重金属行业环境准入，持续加强重点区域、重点行业重金属污染减排和监控预警。⑤提升环境风险预警应急水平。开展流域环境风险调查评估，加强流域生态环境风险监控预警，提升流域环境应急响应能力，强化次生环境事件风险管控。

3）黄河治理保护路线图

根据《黄河生态保护治理攻坚战行动方案》《重点流域水生态环境保护规划》《黄河流域生态保护和高质量发展规划纲要》《黄河流域综合规划（2012—2030 年）》等文件，以推动 2035 年美丽中国目标基本实现为主导思想，切实落实生态文明发展战略；瞄准当前黄河生态保护治理的短板和弱项，维护黄河生态安全，改善黄河生态环境质量，开展河湖生态保护治理、减污降碳协同增效、城镇环境治理设施补短板、农业农村环境治理和生态保护修复等工作，准确把握重在保护、要在治理的战略要求，落实以水定城、以水定地、以水定人、以水定产，共同抓好大保护，协同推进大治理；统筹水资源、水环境和水生态，加强综合治理、系统治理、源头治理，推进山水林田湖草沙一体化保护修复，协同推动生态保护与环境治理，提升流域生态系统质量和稳定性，制定黄河治理保护路线图（图 6-5）。目标和相关措施如下：

到 2025 年，黄河流域森林覆盖率达到 21.58%，水土保持率达到 67.74%，退化天然林修复 1050 万亩，沙化土地综合治理 136 万 hm^2，地表水达到或优于Ⅲ类水体比例达到 81.9%，地表水劣Ⅴ类水体基本消除，黄河干流上中游（花园口以上）水质达到Ⅱ类，县级及以上城市集中式饮用水水源水质达到或优于Ⅲ类比例不低于 90%，县级城市建成区黑臭水体消除比例达到 90%以上。

到 2030 年，生态环境质量明显改善。黄河流域生态安全格局初步构建，产业结构和空间布局得到优化，环境和气候治理能力系统提升，生态环境监管体系全面建设，生态环

国家战略：生态文明发展战略；让江河湖泊休养生息；美丽中国建设目标取得明显进展（2025年）》建设目标成效显著（2030年）》美丽中国建设目标基本实现（2035年）

治理思路：以污染减排为主；强化流域综合治理；“三水统筹”、系统施治；深化“三水统筹”，污染减排+生态扩容

治理目标（水生态改善）：

- 主要跨省界断面水质稳定达标，黄河干流水质稳定达到使用功能要求
- 渭河水质明显改善，汾河主要污染物浓度大幅度下降
- 流域水功能区达标率进一步提高，重点城市水污染治理水平显著提高

- 流域水环境治理阶段性改善，严重污染水体大幅减少，水质达标率不断提高
- 城镇水污染防治体系初步建成，综合治理机制更加完善
- 饮用水安全保障水平持续提升

- 地表水达到或优于Ⅲ类水体比例达到81.9%
- 地表水劣Ⅴ类水体基本消除
- 黄河干流中上游水质达到Ⅱ类
- 县级城市建成区黑臭水体消除比例达到90%
- 水土保持率达到67.74%

2030年
- 生态环境质量明显改善
- 生态安全格局初步构建
- 产业结构和空间布局得到优化
- 环境治理能力系统提升
- 生态环境监管体系全面建设
- 生态环境保护体制机制进一步完善
- 生态系统质量和稳定性全面提升

2035年
- 生态环境全面改善
- 生态安全格局基本构建
- 生态环境监管体系和生态环境保护体制机制全面形成
- 现代环境治理体系全面完善
- 黄河流域生态保护和高质量发展取得重大战略成果

技术措施：

- 加强水源地整治，保障饮用水安全
- 深化工业达标排放，降低环境风险
- 推进污水处理设施建设，提高运营水平
- 结合农业节水，实施农业面源污染防治试点
- 提升监控预警能力水平

- 污水处理与提标改造、污水管网建设与改造、污水再生利用
- 河湖水环境治理与生态修复
- 化学需氧量、氨氮、总磷等污染物排放削减
- 城市黑臭水体治理
- 农业面源污染防治

水环境：劣V类水体消劣行动；工业废水、城镇污水、农村污水、农业面源；排污口排查

水资源：再生水循环利用；水质水量优化调配；深度节水、控水

水生态：美丽河湖水生态保护；水源涵养区保护、河道生态修复、湿地恢复、河湖缓冲带

管理：干支流环境风险调查与管控；生态环境分区管控

水环境：深化重点行业工业废水治理；工业、城乡污水、农业面源持续控制

水资源：落实水资源用水总量和强度双控，科学配置全流域水资源

水生态：维护干支流重要水体水生态系统，河湖生态缓冲带保护，维护岸线的生态功能

管理：加大黄河干支流重要水体保护和综合治理力度，分区分类实施保护修复

水环境：综合整治城乡黑臭水体；工业、城乡污水、农业面源持续控制

水资源：深度节水、控水，推进污水资源化利用

水生态：加强水源涵养区保护修复，全面提升水体自净能力

管理：完善美丽河湖长效管理机制，现代环境治理体系全面完善

生态成效（河流生态）：

黄河干流断面水质明显改善，重点支流污染物浓度大幅降低

水生态环境得到阶段性改善
污染严重水体大幅减少，水功能区水质达标率提高

水生态状况良好
一般鱼类出现
基本恢复河流

生态环境突出问题从根本上得到有效解决
生态系统质量和稳定性全面提升

生态安全格局基本建成
生态系统健康稳定

基准年　近期　中期　远期

2010年　2015年　2020年　2025年　2030年　2035年

图 6-5　黄河治理保护路线图

境保护体制机制进一步完善，生态环境突出问题从根本上得到有效解决，生态系统质量和稳定性全面提升，现代环境治理体系基本形成，人民群众获得感、幸福感、安全感显著增强。

到2035年，生态环境全面改善。黄河流域生态安全格局基本构建，绿色生产生活方式广泛形成，环境和气候治理能力明显提升，生态环境监管体系和生态环境保护体制机制全面形成，生态系统健康稳定，现代环境治理体系全面完善，黄河流域生态保护和高质量发展取得重大战略成果。

黄河流域的治理保护旨在提升黄河流域生态系统质量和稳定性，有效保障干流及主要支流生态流量，持续改善水环境质量，明显提升污染治理水平，有效控制生态环境风险，形成共同抓好大保护、协同推进大治理的格局，黄河流域保护修复路线图以三个阶段为时间轴，分别为：近期（2020～2025年）、中期（2026～2030年）、远期（2031～2035年），从水资源、水环境、水生态及管理四方面分别给出了技术措施。

参考文献

陈善荣，董广霞，张凤英，等. 2022.“十三五”时期长江经济带地表水水质及关联分析. 环境工程技术学报，12（2）：361-369.

陈善荣，何立环，林兰钰，等. 2020. 近40年来长江干流水质变化研究. 环境科学研究，33（5）：1119-1128.

丁肇慰，郑华. 2021. 长江流域总氮排放量预测. 环境科学，42（12）：5768-5776.

付凯，张秋英，李兆，等. 2022. 城市化进程中长江经济带长江干流水化学演变特征及影响因素. 环境科学学报，42（11）：160-171.

高明国，陆秋雨. 2021. 黄河流域水资源利用与经济发展脱钩关系研究. 环境科学与技术，44（8）：198-206

韩谞，潘保柱，陈越，等. 2021. 黄河水环境特征与氮磷负荷时空分布. 环境科学，42（12）：5786-5795.

季鹏飞，许海，詹旭，等. 2020. 长江中下游湖泊水体氮磷比时空变化特征及其影响因素. 环境科学，41（9）：4030-4041.

李青倩，袁鹏，杨鹊平，等. 2022. 长江水系氮磷生态化学计量学空间变化特征及影响因素. 环境工程技术学报，12（2）：573-580.

任保平，邹起浩. 2021. 黄河流域环境承载力的评价及进一步提升的政策取向. 西北大学学报（自然科学版），51（5）：824-838.

时瑶，秦延文，马迎群，等. 2020. 长江流域上游地区“三磷”污染现状及对策研究. 环境科学研究，33（10）：2283-2289.

杨荣金，孙美莹，张乐，等. 2022. 长江经济带生态环境保护的若干战略问题. 环境科学研究，33（8）：1795-1804.

翟元晓，崔胜辉，高兵，等. 2021. 黄河流域农业生产活性氮排放的时空特征研究. 环境科学学报，41（7）：2886-2895.

参考文献